有机合成——切断法

原书第二版

Organic Synthesis:
The Disconnection Approach
2nd Edition

Stuart Warren(英)
Paul Wyatt(英) 原著

药明康德新药开发有限公司 译
荣国斌 校

科学出版社
北京

图字：01－2010－1298

内 容 简 介

本书共四十章。第一章对应用于有机合成设计的反合成分析中的切断法进行总体的描述，并简要概括本书的主要内容。从第二章开始对切断法进行分类并详细介绍，涉及切断法的基本原则、单基团和二基团 C—X 键切断法、立体选择性、区域选择性以及各类中小碳环和杂环的合成等等各种切断分析法，并介绍了许多天然的或人工设计的药物分子的合成策略。各章还附有实用的参考文献方便读者查阅。

本书可作为有机合成、药物化学合成以及相关专业的高年级学生和研究生的学习教材，也可作为大专院校教师以及从事有机合成、药物合成、合成工艺研究人员的参考用书。

Organic Synthesis：The Disconnection Approach，2nd Edition
Stuart Warren；Paul Wyatt

图书在版编目(CIP)数据

有机合成——切断法(原书第二版)/(英)沃伦(Warren，S.)等著；药明康德新药开发有限公司译. —北京：科学出版社，2010.6
书名原文：Organic Synthesis：The Disconnection Approach
ISBN 978-7-03-027670-4

Ⅰ.①有… Ⅱ.①沃…②药… Ⅲ.①有机合成 Ⅳ.①O621.3

中国版本图书馆 CIP 数据核字(2010)第 093815 号

责任编辑：潘志坚 谭宏宇 / 责任校对：刘珊珊
责任印制：刘 学 / 封面设计：殷 靓

科学出版社 出版
北京东黄城根北街 16 号
邮政编码：100717
http：//www.sciencep.com

南京展望文化发展有限公司排版
广东虎彩云印刷有限公司印刷
科学出版社发行 各地新华书店经销

*

2010 年 7 月第 一 版 开本：B5(720×1000)
2024 年 4 月第三十五次印刷 印张：23 3/4
字数：461 000

定价：98.00 元

谨奉献本书第二版给我们的良师益友 Danis Haigh Marrian(1920—2007)。

Marrian 也是本书第一版编写的积极参与者。

译 者 的 话

有机合成是一门充满创造性的科学，是利用有机化学反应将易得的或简单的有机化合物原料制备成较复杂的有机化合物的研究过程。通过艰辛而又充满成就感的有机合成工作可以人工制备天然化合物，更可以创造出大量非天然的具特殊性能的为人类美好生活和健康生存所需的各类化合物。

由 Stuart Warren 和 Paul Wyatt 共同编写的 *Organic Synthesis: The Disconnection Approach*《有机合成——切断法》一书是最早较全面地介绍反合成分析这一当今已成为有机合成工作者在实践中的主要运作手段的指导教科书之一。该书于 1981 年出版后就因其精辟兼顾简明的原理论述和详尽而又实用的实践分析等写作特点而受到广泛好评，成为许多有机合成工作者书桌案头上的一本必备参考读物。两位作者经多年酝酿后于 2008 年完成了该书第二版的编写。新版很好地反映出 20 多年来有机合成的新进展，内容更加丰富，同时又引入了许多医药行业的实际例子，使之更具参考阅读价值。

一直以“变革新药研发、造福人类健康”为使命，专注于制药研究的药明康德新药开发有限公司自 2000 年成立以来，已经拥有 4 000 名员工，并成为全球业务种类最齐全的一体化新药研发服务公司。公司于 2007 年 8 月 9 日在纽约证券交易所上市；2008 年初成功收购了美国的 AppTec 实验室服务公司；2009 年在苏州建成亚洲最大的药物安全评价中心。2007 年，公司在天津成立分公司以专注于纯化学研究。天津药明康德如今已拥有近 600 名员工，正向着成为一个世界一流、亚洲最大的纯合成化学研发中心而努力。

药明康德一直在为不断地提高公司科学研究的水平而追踪世界新成果，同时也努力把国际先进知识和经验介绍给国内的同行，以共同提高中国小分子药物研发的整体水平。至今已先后与华东理工大学出版社合作完成了有很高学术水平的《有机化合物的波谱解析》及《新药合成艺术》的翻译出版。本书的引进、翻译、出版是与科学出版社合作完成的。药明康德研究管理人员优秀的专业知识背景为本书的翻译质量提供了保证。相信本书的出版能为国内新药研究专业人才的培养和药物合成的研发有所贡献。

本书的翻译工作由公司化学合成部的徐艳博士、高宇博士、尹云星、虞爱加、何飞明、牟其明博士、许智博士、俞鸿斌、杨金华博士、迟玉石博士、李进飞、江志赶、张扬博士、张涛、彭作中、杨建丽、施峰、张治柳、陈华祥、徐卫良博士、罗云富、韦昌青、杜晓行、赵夕龙、徐木生博士、马建义、孟卫华博士、刘海涛、董长青博士、李享、高文忠博士、李金鹏、李尚丰博士、陈琦辉博士、董环文博士、钟传富、张素娜博士、邵志军、王建兵、吴益明和罗永分别完成。由徐艳博士、高宇博士、杨金华博士、张扬博士、彭作中、陈华祥、罗云富、徐木生博士、高文忠博士和李金鹏负责统稿。

本书由姜鲁勇博士介绍引进，药明康德公司合成化学副总裁马汝建博士牵头负责，华东理工大学荣国斌教授审校，在此一并表示特别的感谢。

陈曙辉　博士
药明康德新药开发有限公司科研总裁
Chen_Shuhui@wuxiapptec. com

前　　言

Wiley 出版社发行 Stuart Warren 所著的 *Organic Synthesis: The Disconnection Approach*(《有机合成:切断法》)一书距今已经 26 年了,这种关于合成的策略方法已被广为应用,但该书在内容和形式上也已显得日渐陈旧。2007 年,Wiley 出版社又出版了 Paul Wyatt 和 Stuart Warren 共同编写的 *Organic Synthesis: Strategy and Control*(《有机合成:策略与控制》)一书。这本内容更为丰富的书可以说是为大学四年级学生和研究工作者所著的一个续篇。相应的教科书已于 2008 年出版。这本新书使原版本在内容和形式上显得更加的陈旧,也体现出 20 世纪 80 年代的学生和现在的学生所期待的知识间的差距。第二版的《有机合成:切断法》正是为了弥补这样的差距。

本书第二版的架构与第一版基本相同。它将新概念的章节和合成策略的章节交替编写阐述,能够将新的信息和概念更好地贯穿于书的整体架构中。第二版和第一版一样有四十章,每章的标题完全相同。某些章节改动很少,但有些章节也引入了大量新的信息,进行了彻底的改编和更新,特别是引用了近年来最新的实例。

这些最新的实例来自于作者在医药行业教授的课程。我们的基础课程是 *The Disconnection Approach* (《切断法》),本书从课程中收集来的实例,强化了合成不同化合物推断方法,也使得本书更为生动,更加能够激发学生的兴趣。在主要内容整理发表后,我们希望能很快出版第二版教学用书。

该书的第一版实际上是 Wiley 出版社出版的有机合成丛书的第三本。第一本是 1974 年出版的 *The Carbonyl Group: An Introduction to Organic Mechanisms*(《羰基:有机合成机理导论》)。这是一本循序渐进的书,以求与那些希望在阅读过程中解决问题的读者有一定程度的交流。而当今,人们已很少使用循序渐进的学习方法,取而代之的是计算机上的交互程序。Paul Wyatt 正在编写一部电子书,用来代替《羰基:有机合成机理导论》,这将完善一套形式统一并与教材配套的电子丛书。我们相信这将会对有机合成专业的学生将来的职业发展起到循序渐进的作用。

Stuart Warren 和 Paul Wyatt
2008 年 3 月

主要参考书目

书中提及的一些参考书目全称如下

Clayden, *Lithium*: J. Clayden, *Organolithiums: Selectivity for Synthesis*, Pergamon, 2002.

Clayden, *Organic Chemistry*: J. Clayden, N. Greeves, S. Warren and P. Wothers, *Organic Chemistry*, Oxford University Press, Oxford, 2000.

Comp. *Org. Synth.*: eds. Ian Fleming and B. M. Trost, *Comprehensive Organic Synthesis*, Pergamon, Oxford, 1991, six volumes.

Corey, *Logic*: E. J. Corey and X.-M. Cheng, *The Logic of Chemical Synthesis*, Wiley, New York, 1989.

Fieser, *Reagents*: L. Fieser and M. Fieser, *Reagents for Organic Synthesis*, Wiley, New York, 20 volumes, 1976—2000, later volumes by T.-L, Ho.

Flieming, *Orbitals*: Ian Fleming, *Frontier Orbitals and Organic Chemical Reactions*, Wiley, London. 1976.

Fleming, *Syntheses*: Ian Fleming, *Selected Organic Syntheses*, Wiley, London, 1973.

Houben-Weyl: *Methoden der Organischem Chemie*, ed. E. Müller, and *Methods of Organic Chemistry*, ed. H.-G. Padeken, Thieme, Stuttgart, many volumes, 1909—2004.

House: H. O. House, *Modern Synthetic Reactions*, Benjamin, Menlo Park, Second Edition, 1972.

Nicolaou and Sorensen: K. C. Nicolaou and E. Sorensen, *Classics in Total Synthesis: Targets, Strategies, Methods.* VCH, Weinheim, 1996. Second volume now published.

Saunders, *Top Drugs*: J. Saunders, *Top Drugs: Top Synthetic Routes*, Oxford

University Press，Oxford，2000.

Strategy and Control；P. Wyatt and S. Warren，*Organic Synthesis: Strategy and Control*，Wiley，Chichester，2007 and *Workbook*，2008.（有机合成：策略与控制/（英）怀亚特和沃伦著，张艳，王剑波等译. 北京：科学出版社，2009）

Vogel：B. S. Furniss，A. J. Hannaford，P. W. G. Smith，and A. R. Tatchell，*Vogel's Textbook of Practical Organic Chemistry*，Fifth Edition，Longman，Harlow，1989.

目　　录

第一章　切断法

本书旨在传授你如何通过缜密的逻辑思维自行设计合成路线。通过本书的训练，你将能够通过一系列逆向思维把目标分子恰当地切断，找到合理的路线，而不再胡乱猜测如何合成目标分子。这种逆向思维的方法就是切断法。

计划合成目标分子时，你所知道的首先是这个分子的化学结构。毫无疑问，这个分子是由许多原子组成的，但是直接把原子组合成分子是不可能的，你需要通过一些稍小分子的组合来合成这个目标分子。但是选择哪些稍小分子的组合呢？举例来说，如果想做下面的木质接头，你需要查一下做家具的书，找到一幅分解图，图中说明了用两块木板和两个螺丝的组合可以做成这个木质接头。

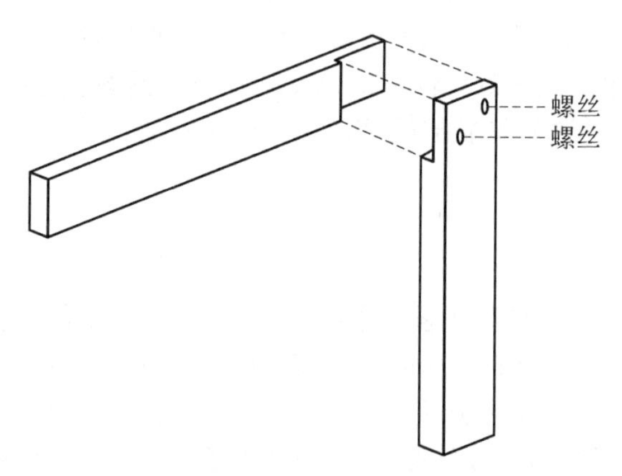

这和用切断法来设计合成路线来讲道理是一致的：我们首先“纸上谈兵”，把目标分子切断成一些稍小的起始原料；然后再通过实验室的化学反应把这些起始原料组合成目标分子。虽然道理是一样的，但这要比做木质接头困难多了，因为做木质接头简单而直观，但设计合成路线需要足够的化学知识和缜密的逻辑思维。最早提出切断法这一概念的是 Robert Robinson，他于 1917 年发表了一篇文献，报道了托品酮(tropinone)的合成方法。[1] 在这篇著名的文献里，他分析了托品酮的结构，提出了“假想分解”的概念，并用虚线表示切断的位置。

托品酮：Robinson 的分析

NMe=O ⟹(根据对称性假想分解) CHO / CHO + $MeNH_2$ + 丙酮(=O)

他所提出的合成方法非常有名，不但因为合成路线如此简短，而且因为它模拟了托品酮的天然合成过程——反应以水为溶剂在 pH 等于 7 的条件下就可以进行，收率高达 92.5%。实际上，在真正的反应过程中，Robinson 并没有用丙酮做反应原料(如上面“假想分解”中表示的)，而用了丙酮二甲酸，这是 Schöpf 1935 年改进了的反应方法。[2]

托品酮：合成方法

CHO / CHO + $MeNH_2$ + CO_2H / =O / CO_2H →(pH7, 水) NMe=O

92.5% 收率

值得一提的是，在此之后一直没有人重新提起切断法这一概念。直到 20 世纪 60 年代，哈佛大学的 E. J. Corey 教授开始研究如何编写计算机程序来设计合成路线。[3] 他的计算机程序需要一套系统的逻辑方法，于是他选择了切断法，或称逆向合成分析，作为编写程序的基本逻辑方法。本书所讨论的各种概念和方法都来源于 E. J. Corey 教授的研究工作。该程序后来被命名为 LHASA，虽然该程序现在已很少使用，但切断法，或称逆向合成分析这套逻辑思维方法被绝大部分有机化学家承袭下来，一直沿用至今。

Multistriatin 的合成

Multistriatin(**1**)是一种双环缩酮类信息素，是欧洲榆小蠹的信息素之一。这种蠹虫能够传播引起荷兰榆树病的真菌，导致榆树大量死亡。人们希望通过人工合成 multistriatin 来诱捕这种蠹虫，从而防止病害扩散。通过分析 Multistriatin 的结构，我们发现它是环状化合物，两个氧原子同时连接在碳原子 C6 上形成缩醛官能团。

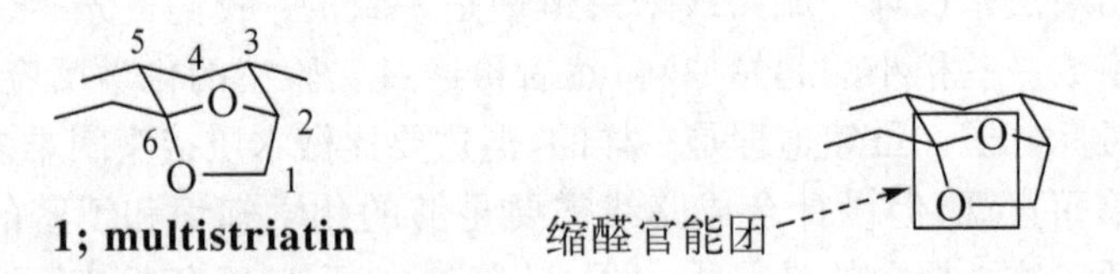

1; multistriatin

我们知道一个很成熟的缩醛合成方法：即在酸性催化条件下，由醛(或酮)和两个醇(或一个二醇)反应制得。

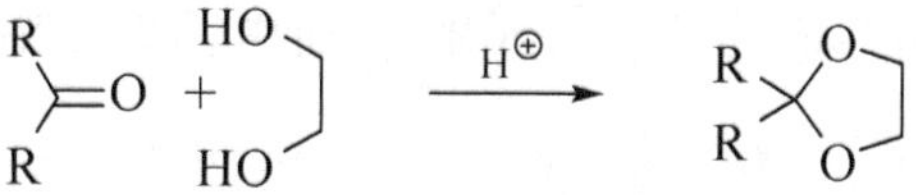

R, R C=O + HO, HO (ethylene glycol) —$H^{\oplus}$→ 2,2-R,R-1,3-dioxolane

利用这个反应,我们倒推回去,把 C6 上的两个 C—O 单键切断,发现 **2** 就是合成 **1** 的起始原料。可见,切断就是成键的逆过程。在推理时,我们一般用"⟹"来表示逆向合成分析的步骤。**2** 的结构看起来不太美观,于是我们把它重画成 **2a**。把碳原子标记一下可以确保 **2** 和 **2a** 的结构完全一致。

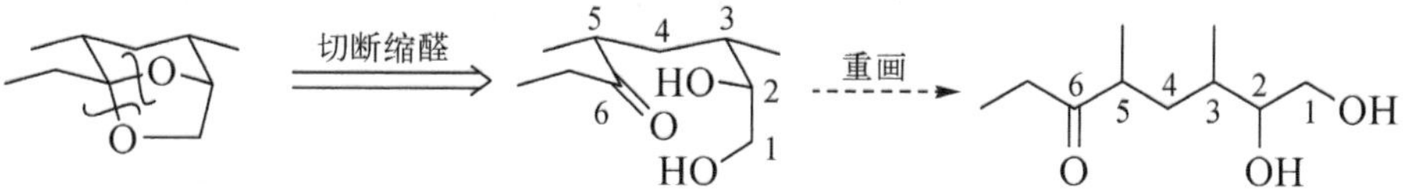

切断缩醛 ⟹ **2** (HO, O, HO; 1–6) --重画--> **2a** (6, 5, 4, 3, 2, 1 OH; O, OH)

2a 是链状分子,有一个碳链骨架,两个羟基和一个酮。毫无疑问,我们需要把两个较小分子通过 C—C 单键连接起来得到长链的 **2a**。但从哪里切断呢? 从 C4 和 C5 之间切断是不错的选择,因为起始原料 **3** 是对称的酮,比较容易取得。我们知道,酮在强碱作用下去质子化可以形成碳负离子 **3**,具有亲核性,那么另一起始原料 **4** 就必须是一个碳正离子,具亲电性,这一点我们在图中标记正负电荷来表示。

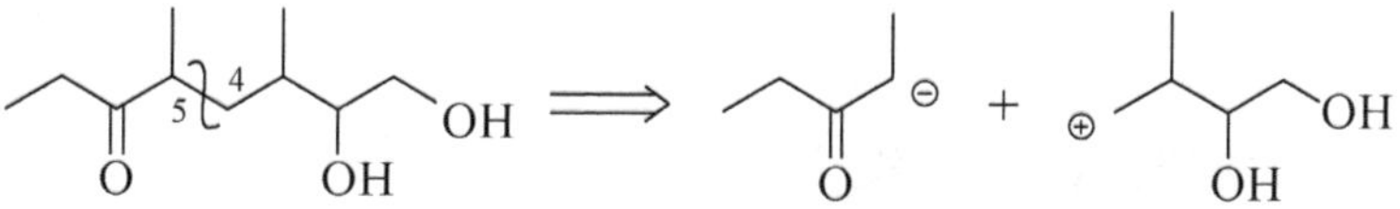

2b (5, 4; O, OH, OH) ⟹ **3** (O, ⊖) + **4** (⊕, OH, OH)

碳负离子 **3** 可由酮 **5** 和碱反应制得。而得到碳正离子 **4** 则需要在 C4 处引入离去基团 X(leaving group),例如卤素原子等。具体采用何种离去基团稍后确定。

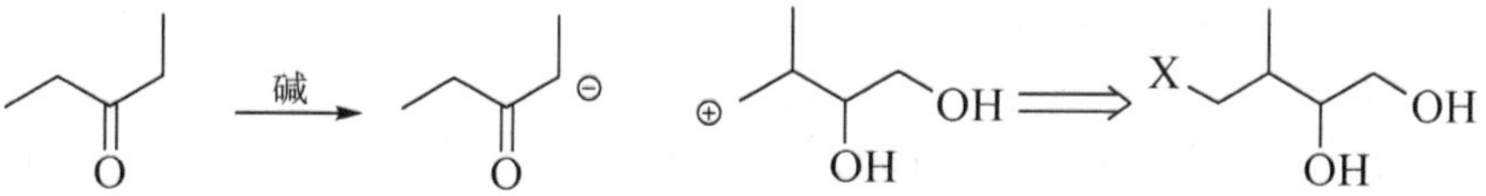

5 (O) —碱→ **3** (O, ⊖)   **4** (⊕, OH, OH) ⟹ **6; X= 离去基团** (X, OH, OH)

化合物 **6** 有三个官能团,其中离去基团 X 还未确定,另外两个醇羟基构成 1,2-二醇官能团。我们知道通过烯烃 **7** 的双羟基化反应可以制备 1,2-二醇。经过进一步分析,我们发现不饱和醇 **7a** 是很好的起始原料。

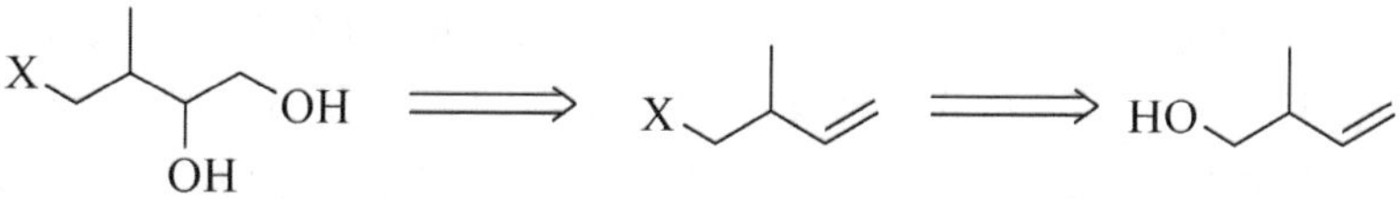

6a; X= 离去基团 (X, OH, OH) ⟹ **7** (X) ⟹ **7a** (HO)

在实际反应操作中[4] 醇 **7a** 是由酸 **8** 制得，而离去基团 X 则采用了对甲苯磺酰基(X = OTs)。

HO_2C **8** —$LiAlH_4$→ HO **7a** —TsCl, pyridine→ TsO **7; X=OTs**

酮 **5** 在碱的作用下，与 **7** 连接起来形成 C—C 单键，得到的不饱和酮 **9** 由过氧酸氧化得到环氧化合物 **10**，其用路易斯酸 $SnCl_4$ 处理可以直接关环得到目标产物 Multistriatin(**1**)。

5 —1. 碱; 2. 7; X=OTs→ **9** —RCO_3H→ **10** —$SnCl_4$→ **TM1**

你可能注意到实际的合成过程和切断法分析并不完全一致。我们本来计划用 1,2-二醇 **2a** 做最后一步关环反应，但在实验中发现环氧化合物 **10** 更实用，可以直接关环。这种情况很常见：经常发现实验室经验告诉我们一些比原计划更好的点子，但是基本思想，或者说总的路线保持不变。

总结：设计合成路线的例行程序

1. 分析

(a) 辨认并确定目标分子中有哪些官能团。

(b) 思考在哪里切断，用哪些已知可靠的反应切断？

(c) 对片断进行分析看是否需要重复切断，从而找到易于取得的起始原料。

2. 合成

(a) 根据上面的分析写出书面的合成计划，同时写出所需试剂和反应条件。

(b) 根据合成中遇到的实际情况(反应的成功失败)来修改计划。

这套设计合成路线的例行程序将自始至终贯穿于本书各个章节。

本书其他章节包含的内容有哪些？

其实，之前所述的 multistriatin(**1**)合成有个很大的缺陷，即未曾在设计过程中考虑如何控制四个手性中心的立体化学(如 **11** 中四个加重的黑点)。这样我们合成出来的将是各种异构体的混合物，而实际上只有天然的特定构型异构体才能吸引蠹虫。所以说在设计路线时考虑立体化学因素是很重要的，当然，立体选择性合成 multistriatin 的方法已经开发出来了。

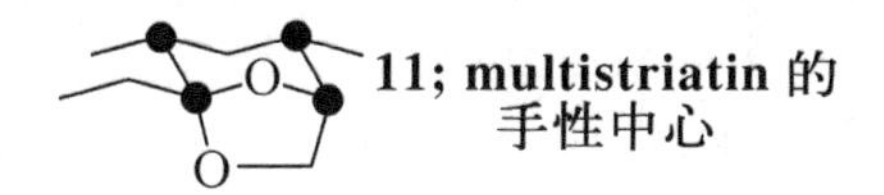

为了更有效地设计合成路线，我们必须掌握包括立体化学在内的知识，列举如下：

1. 理解反应机理。
2. 懂得常用的反应类型。
3. 知道哪些化合物是易于取得的，有这方面的经验。
4. 了解立体化学知识。

如果觉得自己的化学知识薄弱，请不要太过担忧。本书每一章节都将讨论以上四点中的一点或几点，因此将可以强化你对化学知识的理解。假如某一章需要一定的背景知识，你可以在章节起始部分看到 Clayden 所著《有机化学》相关章节的介绍。

实际上，欧洲榆小蠹所释放的信息素包含三种物质：multistriatin(**1**)，醇 **12** 和 α-荜澄茄油烯(α-Cubebene，**13**)。本书将由浅入深，首先分析像醇 **12** 这样简单分子的合成，进而考察像 multistriatin 或 α-荜澄茄油烯那样复杂分子的合成。

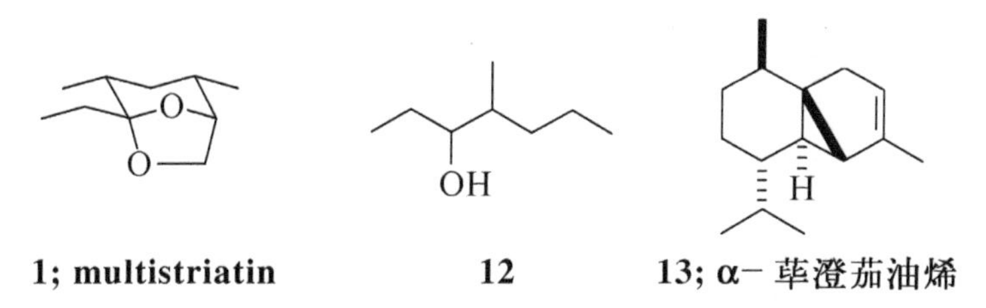

各国化学家设计了很多不同路线来合成 multistriatin，合成是一门充满创造性的科学，对一个目标分子来说，合成路线可能多种多样，不存在什么"完全正确"的合成方法。由于篇幅所限，一般情况下本书对一个目标分子只给出一种合成方法。但毫无疑问，你完全可以设计比文献报道更简短，立体选择性更强，收率更高，通用性更强——总之是更好的合成路线。如能做到这点你将受益匪浅。

（高宇　译）

参考文献

1. R. Robinson, *J. Chem. Soc.*, 1917, **111**, 762.

2. C. Schöpf and G. Lehmann, *Liebig's Annalen*, 1935, **518**, 1.

3. E. J. Corey, *Quart. Rev.*, 1971, **25**, 455; E. J. Corey and X.-M. Cheng, *The Logic of Chemical Synthesis*, Wiley, New York, 1989.

4. G. T. Pearce, W. E. Core and R. M. Silverstein, *J. Org. Chem.*, 1976, **41**, 2797.

第二章　基本原则：合成子和试剂芳香族化合物的合成

本章需要的背景知识：芳环上的亲电取代；芳环上的亲核取代；还原。

芳族化合物的合成

苯环是一个非常稳定的结构单元。合成芳香化合物通常意味着在苯环上引入侧链。因此，切断几乎总是在侧链和苯环之间。我们所要做的就是决定何时进行切断，以及在哪里切断。在本章中，你将会遇到专业术语：*合成子*(*Synthon*)和*官能团互换*(*Functional Group Interconversion*，*FGI*)。

切断和官能团转换(FGI)

大家已经知道切断就是各种已知可靠反应的逆过程。因此只有当你头脑中有这样的反应时，你才能去做相应的切断。在设计局部麻醉药苯佐卡因(**1**)的合成时，我们发现结构上有酯基，而酯可以由相应的酸(这里是 2)和醇(这里是乙醇)制备，而且这是可靠的反应，因此应该切断 C—O 酯键。从现在起，我们经常会将切断的理由或者反应名称写在箭头上方。

O　OEt　H_2N　**1; benzocaine**　　O　OEt　H_2N　**1a**　$\xRightarrow[\text{酯键切断}]{\text{C—O}}$　O　OH　H_2N　**2**　+ EtOH

分子上的切断标识是横穿键的一些波浪线。这里的“反应箭头”用的是逻辑学上的“推理”箭头，意味着酯可以由酸和醇制备而来。

接下来，我们可以考虑切断氨基或羧基，但我们知道没有相应的好反应来支持这些切断。因此先得把这两个基团变为别的、能用已知可靠反应引入苯环的基团，这就是官能团转换，或简称 FGI。当然这也是个虚拟的过程，就和“切断”一样，是真实反应的逆过程。我们知道氨基可以由硝基还原而得，芳香羧酸可以由甲基氧化而得。FGI 就是这些反应的逆过程。我们先“氧化”氨基，再“还原”酸。

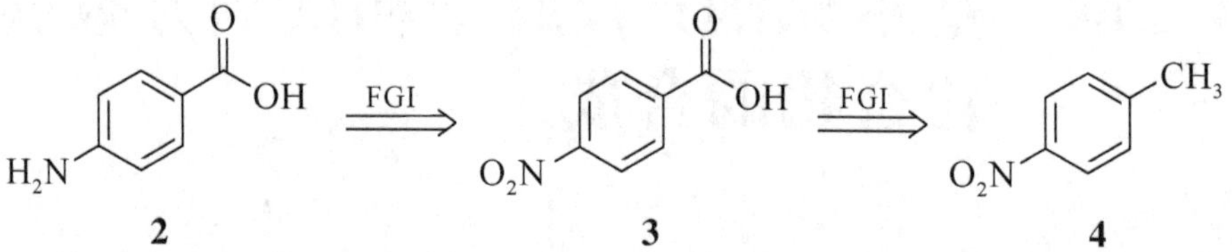

2 $\xRightarrow{\text{FGI}}$ **3** $\xRightarrow{\text{FGI}}$ **4**

其实这个顺序并不重要，只是表示我们可以用接下来的反应做回来。重要的是我们已经找到了原料 **4**，并且知道该怎样去制备 **2**。如果切断 **4a** 的硝基，那么余下的将是甲苯。而甲苯能被硝酸和硫酸形成的混酸对位硝化。

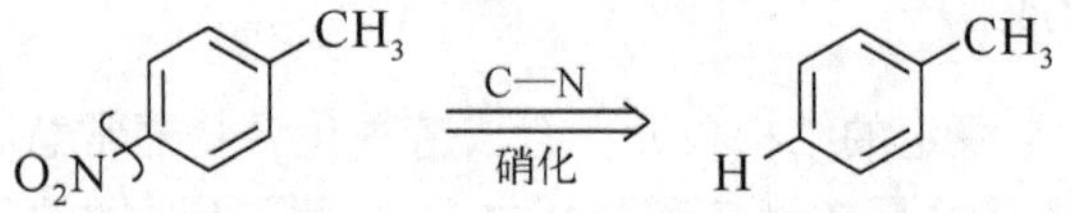

4a $\xRightarrow[\text{硝化}]{\text{C—N}}$ **5; 甲苯**

现在，我们可以写出合成路线。当然我们不能准确预测具体哪些试剂和条件将会成功用于反应。任何明智的化学家不会在没有研究相关文献的前提下去做反应尝试。写合成路线能够大致知道哪些试剂就足够了。我们只要给出文献中常用的试剂和反应条件。在这里重要的是先硝化后氧化，这才是得到正确产物的方法。[1]

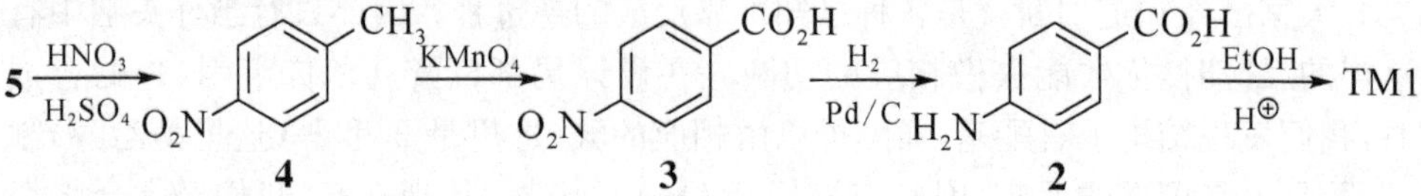

5 $\xrightarrow[H_2SO_4]{HNO_3}$ **4** $\xrightarrow{KMnO_4}$ **3** $\xrightarrow[Pd/C]{H_2}$ **2** $\xrightarrow[H^{\oplus}]{EtOH}$ TM1

以 Friedel - Crafts 酰基化为例说明合成子

对芳环来说，另一个有用的切断对应于傅-克酰基化反应（Friedel - Crafts Acylation）。有山楂花香味的酮 **6** 即可用此反应合成。**7** 与乙酰氯和三氯化铝反应生成 **6**，[2] 收率高达 94%～96%。这是一个好反应。

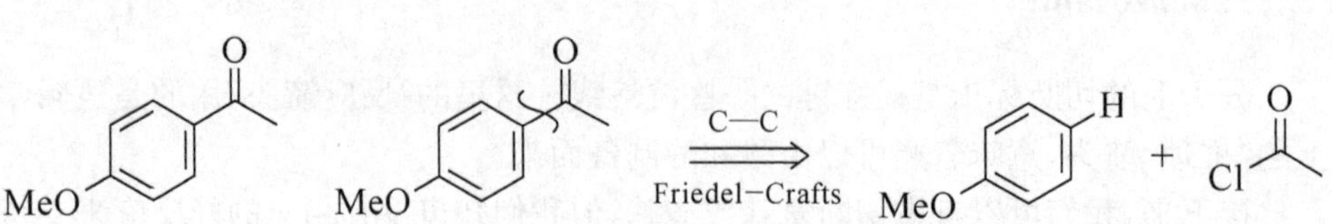

6　　**6a** $\xRightarrow[\text{Friedel—Crafts}]{\text{C—C}}$ **7** + 乙酰氯

在上面这个反应和硝化甲苯制备苯佐卡因的反应中，进攻苯环的试剂都是阳离子：傅-克酰基化反应中是 CH_3CO^+，硝化反应中是 NO_2^+。切断与苯环相连的化学键，我们第一选择是寻找阳离子试剂。这样，我们就能采用芳环上的亲电取代反应。我们不仅要知道切断哪个键，还要知道怎样选择电性。在这个切断点，原则上我们可以任意选择电性，但我们选择了 **a** 而没有选择 **b**，就是为了利用芳环上的亲电取代反应。

8，**9**，**10**，**11** 这四个片段是合成子，它们是理论离子，或许会应用到实际反应中，或许不会，但它们有助于我们选择反应试剂。在这里，合成子 **11** 是一个真实的中间体，但其他不是。对于 **10** 这样的阴离子合成子，试剂通常是相应的碳氢化合物，H^+ 会在反应过程中脱去。对 **11** 这样的阳离子合成子，试剂通常是相应的卤化物，因为卤素作为离去基团会在反应过程中离去。在合成分析中是写合成子还是直接写试剂，取决于个人的喜好。随着你对逆合成分析越来越熟练，你可能发现写合成子已经变得不必要且挺麻烦的。

以 Friedel－Crafts 烷基化为例说明合成子

傅-克烷基化（Friedel－Crafts Alkylation）也非常有用，尽管它不如傅-克酰基化可靠，但尤其适用于叔卤代物。对于 **BHT**（叔丁基羟基甲苯，**13**），我们可以切断 b 键除掉甲基，或切断 a 键除掉两个叔丁基。因为多种原因，我们倾向于切断 a 键。首先甲基酚 **15** 容易获得而 **14** 不易；其次叔丁基正离子比甲基正离子稳定得多，这样叔丁基烷基化会更可靠；最后，羟基的邻位定位效应比甲基强得多。

OH b C—C Friedel −Crafts Me⊕ 14 OH a a b 13; BHT a C—C Friedel −Crafts OH 15 ⊕ 叔丁基碳正离子

对于生成叔丁基正离子的试剂，我们有多种选择，如：路易斯酸催化卤化物；质子酸催化叔丁醇或异丁烯。最经济的方法是用烯烃为试剂，因为没有废物的产生。质子化生成叔丁基正离子，两个叔丁基可一次引入。[3]

OH H⊕ OH 15 13; BHT

以 Friedel－Crafts 烷基化为例说明官能团添加

以伯卤化物做傅-克烷基化的尝试常常因为阳离子中间态的重排而产生“错误”的产品。如果我们想合成异丁苯 **16**，看起来显然应该用卤代烃来对苯烷基化，例如使用 **18** 和 $AlCl_3$。

C—C Friedel −Crafts H + ⊕ Cl **16; *i*-butylbenzene** **17** **18**

这个反应生成两个带叔丁基的产物 **21** 和 **22**，而不是带异丁基的产物。中间体发生复重排是因为一级正离子 **17** 很不稳定，**19** 中的 H 会发生迁移生成正离子 **20**。

18 $AlCl_3$ [$Cl_3\overset{\ominus}{Al}$ Cl⊕ H ⊕] + **19** **20** **21** **22**

合成 **BHT**（叔丁基羟基甲苯，**13**）时，傅-克烷基化有优势，但由于重排反应，**16** 无法用傅-克烷基化合成。傅-克酰基化可以避免这些问题，首先酰基不会重排，其次因为吸电子基的引入，产物被钝化，从而限制它进一步被亲电进攻。我们可以将酮还原成亚甲基得到产物。这步还原可以用很多方法(见第二十四章)，在这里 Clemmensen 还原能得到满意的结果。[4]

$$\text{23} + \text{苯} \xrightarrow{AlCl_3} \text{24} \xrightarrow[\text{conc. HCl}]{\text{Zn, Hg}} \text{TM 16}$$

在这个例子里可以看到，如有必要，在切断之前我们可以加入(虚拟的)一个官能团，称之为官能团添加(Functional Group Addition, FGA)，这个官能团可以用已知可靠的反应除掉。可以把羰基放在任何地方，但是我们选择把它放在与苯环相邻的位置，这样放我们可以做一个很可靠的切断。

$$\text{TM 16} \xRightarrow{\text{FGA}} \text{24} \xRightarrow[\text{Friedel-Crafts}]{\text{C—C}} \text{苯} + \text{23}$$

用于亲电取代的可靠试剂

表 2.1 总结了用于亲电取代的可靠试剂。在 Clayden 所著的 *Organic Chemistry* 的第二十二章有详细的机理，定位和应用。

表 2.1　芳族亲电取代的试剂

$$\text{R-C}_6\text{H}_4\text{-H} \xrightarrow[\text{导电试剂}]{X^{\oplus}} \text{R-C}_6\text{H}_4\text{-X}$$

合成子	试　剂	反　应	说　明
R^+	$RBr + AlCl_3$ ROH 或烷烃$+H^+$	傅-克烷基化	叔烷化反应很好，可以进行仲烷基化
RCO^+	$RCOCl + AlCl_3$	傅-克酰基化	非常常用
NO_2^+	$HNO_3 + H_2SO_4$	硝　化	非常剧烈
Cl^+	$Cl_2 + FeCl_3$	氯　代	也可用其他路易斯酸
Br^+	$Br_2 + Fe\ (=FeBr_3)$	溴　代	也可用其他路易斯酸
$^+SO_2OH$	H_2SO_4	磺　化	可能需要发烟硫酸
$^+SO_2Cl$	$ClSO_2OH + H_2SO_4$	氯磺化	非常剧烈
ArN_2^+	$ArNH_2 + HONO$	重氮偶联	产品是偶氮化合物[2]

芳香环的亲核取代

以上我们主要讨论了通过芳香环的亲电取代将正离子合成子引入苯环的反应。下面我们将讨论芳香环的亲核取代，如化合物 **25** 和 **27** 的切断，需要亲电的芳香环和亲核试剂。芳香环的亲核取代反应需要 **26** 带一个离去基团 X（可能是卤素），以及像烷氧基或者胺这样的亲核试剂。

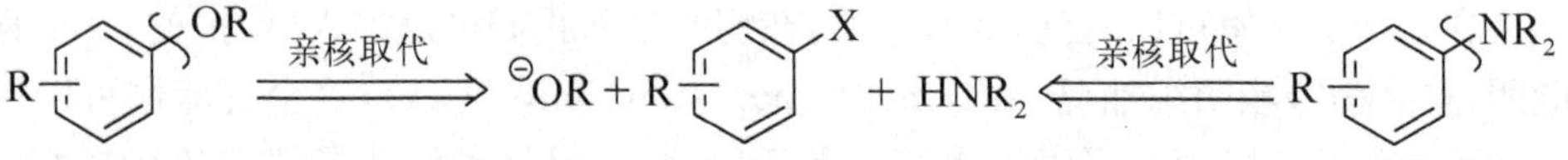

亲核取代 亲核取代

25 **26** **27**

亲核试剂通常可以是醇或胺，但芳香环的亲电性是个问题。因为苯环是亲核性的，即使较弱，但却不是亲电性的。因此芳香卤代物无法发生 S_N2 反应。如果想做芳环的亲核取代反应，在邻位或者对位必须有强吸电子基团，如硝基或者羰基，它们可以在亲核试剂进攻时吸收电子，从而使 **28** 到 **30** 的反应成为可能。

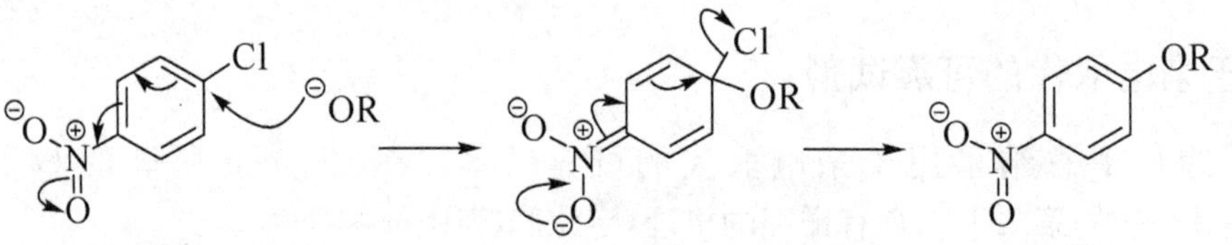

28 **29** **30**

幸运的是，在氯苯上的直接硝化正好发生在所要的位置上（邻位或对位，而不是间位）。因此目标分子的特性可以指导我们选择极性。礼来公司针对发芽前使用的除草剂氟乐灵 B（trifluralin B，**31**）有三个吸电子官能团：在胺的邻位和对位分别有两个硝基和一个三氟甲基，正好有利于化合物 **32** 的亲核取代。硝基可以由硝化反应引入（氯的邻对位，三氟甲基的间位）。

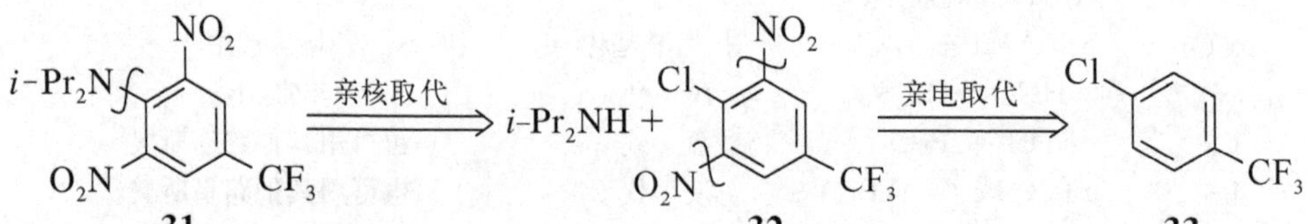

亲核取代 亲电取代

31 **32** **33**

这个合成本身是很简单的，[5] 正如任何农用化学品的合成一样。第二步加碱的目的是除去反应中生成的 HCl 而不是胺的去质子化。

$$\underset{\textbf{33}}{\text{Cl},\ CF_3} \xrightarrow[H_2SO_4]{HNO_3} \underset{\textbf{32}}{\text{Cl},\ NO_2,\ O_2N,\ CF_3} \xrightarrow[\text{碱}]{i\text{-}Pr_2NH} \underset{\textbf{31}}{i\text{-}Pr_2N,\ NO_2,\ O_2N,\ CF_3}$$

思考机理

很明显，选择亲核取代还是亲电取代取决于机理，这对于所有的切断、合成子和试剂的选择都是至关重要的。**31** 的合成很简单是因为芳香环上的氯被三个官能团活化了。氟西汀 Fluoxetine（百忧解，Prozac）是一个应用广泛的抗抑郁药。在它的合成中，芳基醚 **34** 是一个基本的中间体。[6] 尽管 **b** 切断看上去很诱人，因为在这里做一个简单的 S_N2 反应就可以。但实际上 **a** 切断更好，因为 **34** 必须是一个光学纯的化合物，而光学纯的化合物 **36** 醇是可以得到的。

$$\underset{\textbf{34}}{F_3C,\ O,\ a,\ b,\ NHMe,\ Ph} \xRightarrow[\text{a}]{\text{亲核取代}} \underset{\textbf{35}}{F,\ F_3C} + \underset{\textbf{36}}{HO,\ NHMe,\ Ph}$$

你可能很惊讶氟作为离去基团。在卤素当中，氟是最差的离去基团，因为 C—F 键非常牢固：很少见到氟作为离去基团的 S_N2 反应。然而对于亲核性的芳香族化合物来说，这是最好的选择。尤其是当环上只有一个 CF_3 基团弱活化时。在这个两步反应中，难的步骤是亲核试剂的加成：芳香性被破坏，生成的中间体是一个不稳定的负离子。第二步 **38** 是快反应。氟的强电负性加速了第一步反应的速率。它对第二步的影响不大，因为第二步是快反应。

$$\underset{\textbf{37}}{F_3C,\ F,\ {}^{\ominus}O,\ NHMe,\ Ph} \longrightarrow \underset{\textbf{38}}{F_3C,\ \ominus,\ F,\ O,\ NHMe,\ Ph} \longrightarrow \textbf{34}$$

或许你已经注意到了，氟乐灵 **31** 的合成已经表明，对于芳香环的亲核性取代反应来说，胺是好的亲核试剂。这里的亲核试剂是一个氨基醇 **36**。如果直接用 **36** 可能导致生成胺而不是醚。为了避免这点，**36** 首先用钠氢处理使之形成氧负离子，然后再加到 **35** 中。醇的亲核性弱于胺，但氧负离子的亲核性比胺更强。希望你现在已经明白为什么理解反应机理是合成设计的一个基本要素。

S_N1 历程的芳香环的亲核取代

尽管 S_N2 历程在芳香环的亲核取代中是不可能的，但是如果有足够好的离去基团，S_N1 历程是可能的。在这个分子中，重氮盐 **42** 在微热下放出一分子 N_2。标准流程是芳香化合物 **39** 硝化得到 **40**，**40** 被还原得到胺 **41**，然后以 $NaNO_2$/HCl进行重氮化得到重氮盐 **42**。亚硝酸 HONO 给出 NO^+ 去进攻 N 得到重氮盐 **42**。

39 —(HNO_3, H_2SO_4)→ **40** —(H_2/Pd/C or $SnCl_2$)→ **41** —($NaNO_2$, HCl, 5℃)→ **42**

重氮盐 **42** 在 0～5°C 是稳定的。但如果升温到室温就会分解放出 N_2 和不稳定的芳基正离子 **43**。**43** 上芳香环体系平面上的空轨道是 sp^2 杂化的而不是一般如化合物 **20** 那样正离子的 p 轨道。它可以与任何亲核试剂发生反应，甚至是水。这也是一个合成酚的方法。

42a —(>10℃)→ **43** —(:OH_2)→ **44** —($-H^{\oplus}$)→ **45**

这个方法对于合成那些很难通过亲电取代得到的取代基来说尤其有价值，比如 OH 或者 CN。表 2.2 列出了一些可供选择的试剂。对于 CN,Cl 或 Br 的加成，一价铜的衍生物通常能得到最好的结果。因此芳香氰化物 **46** 可以由胺 **47** 的重氮盐而来，常规可以倒推以甲苯作为起始原料。

46 ⇒(亲核取代) **47** ⇒(FGI) **48** ⇒(亲电取代) **5; 甲苯**

合成工作是很简单的。[7] 你甚至不需做前两步，因为胺 **47** 可以直接买到。用这条路线工厂已经做到很大规模了。请注意我们并没有画出重氮盐。如果你愿意你可以画出来。但对于这种两步不需要分离的反应，我们以这种形式表示：1. 试剂A，2. 试剂 B。这就使所有试剂很清楚明了而不是简单的混在一起。另外一种形式是表 2.2 中使用的：活性中间体写在方括号里。这有助于显示反应条件，因为温度控制对重氮化反应是非常重要的。

5; 甲苯 (Me) —(HNO_3, H_2SO_4)→ 48 (Me, NO_2) —($H_2/Pd/C$ or $SnCl_2$)→ 47 (Me, NH_2) —(1. $NaNO_2$, HCl, 5℃; 2. Cu(I)CN)→ 46 (Me, CN)

表 2.2　对芳香重氮化物亲核取代的试剂

41 (R, NH_2) —($NaNO_2$, HCl, 5℃)→ [42 (R, $N_2^{\oplus}$)] —(试剂)→ 49 (R, Z)

合成子	试　剂	说　　明
—OH	水	可能 S_N1 反应
—OR	醇	可能 S_N1 反应
—CN	氰化亚铜	可能是一个自由基反应
—Cl	氯化亚铜	可能是一个自由基反应
—Br	溴化亚铜	可能是一个自由基反应
—I	碘化钾	最好的碘化方法
—Ar	芳族化合物	Friedel - Crafts 芳基化反应
—H	次磷酸或酸性醇	还原重氮盐

邻位和对位的混合物

甲苯的硝化会得到对位硝基化合物 **4** 和邻位硝基化合物 **48**。实际上这个反应得到的是一个混合物。如果邻对位产物能被分开，则这个反应是可接受，尤其是工业上已经可以做到很大的规模。合成糖精是一个好例子。糖精 **50** 是一个环状酰亚胺：一个氮原子和两个酸形成的双酰胺。如果我们切断 C—N 和 S—N 键，那么得到的二酸（一个羧酸，一个磺酸）就是 **51**。这两个官能团都是间位定位基，所以我们必须要做一些官能团转化使它们其中的一个成为邻、对位定位基。我们可以用本章开头用到的氧化反应（**4** 到 **3**）。化合物 **52** 可由磺化反应制备而得。

50; 糖精 (O, NH, S, O, O) ⇒(C—N 和 S—N; 酰胺) 51 (O, OH, S, OH, O, O) ⇒(FGI) 52 (CH_3, S, OH, O, O) ⇒(亲电取代) 5 甲苯

实际上用氯磺酸可以直接得到磺酰氯。你可能会觉得奇怪，认为氯应该是离去基团。但是这里没有路易斯酸。取而代之的是，氯磺酸自身质子化，它提供了一分子水作为离去基团（见操作手册）。

Me　$ClSO_2OH$　Me　SO_2Cl　+　Me　ClO_2S

5　53　54

这个反应得到的是邻位取代化合物 **53** 和对位取代化合物 **54** 的混合物。邻位取代化合物通过氨化和氧化转化为糖精，而对位化合物对甲苯磺酰氯 **54** 可以作为试剂出售，用于将醇转化为离去基团。

53　NH_3　Me　SO_2NH_2　$KMnO_4$　CO_2H　SO_2NH_2　加热　O　NH　S　O　O

55　56　50; 糖精

（尹云星　译）

参考文献

1. *Drug Synthesis*, Vol. 1, page 9; H. Salkowski, Ber., 1895, **28**, 1917.
2. P. H. Gore in *Friedel - Crafts and Related reactions*, ed. G. A. Olah, Vol. Ⅲ, Part 1, interscience, New York, 1964, p. 180.
3. *W. Weinrich*, *Ind. Eng. Chem.*, 1943, 35, 264; S. H. Patinkin and B. S. Friedman in ref. 2, vol. Ⅱ, part 1, p. 81.
4. E. L. Martin, *Org. React*, 1942, **1**, 155.
5. *Pesticides*, p. 154; *Pesticide Manual*, p. 537.
6. Saunders, *Top Drugs*, Oxford University Press, p. 44.
7. H. T. Clarke and R. R. Read, *Org. Synth. Coll.*, 1932, **1**. 514.

第三章　策略Ⅰ：次序先后问题

本章需要的背景知识参考：芳环上的亲电取代。

本书将采用指导性章节（讨论概念和原则）和策略性章节（讨论方法和策略）交替演进的方式。比如上一章介绍了一些概念，属于指导性章节。而这一章将讨论为什么选择一条路线而不选择另一条路线；换句话说我们怎样考虑整个合成计划而不是单一的某步。本章我们将用芳族化合物的合成为例讨论次序先后问题。具体的事例是特别的，但准则是通用的。

准则 1：

考虑每个官能团彼此的相互影响。第一步反应引入的基团（即最后切断的基团）如能有效增加随后反应的活性，则该方法对整个反应路线是有益的。因此，对于芳族化合物，首先引入的基团在反应活性或者定位性上最好有利于其他基团的引入。

菖蒲香酮 **1** 可以有两种切断方法。**a** 切断看起来不错：用烷基仲卤代物 **2** 和酮 **3** 做傅-克烷基化。但由于酮 **3** 是间位定位基，反应得不到正确产物。傅-克酰基化（**b** 切断）才是正确的选择，因为化合物 **4** 的异丙基是邻对位定位基。而且异丙基是活化基团，而酮则是钝化基团。

分析

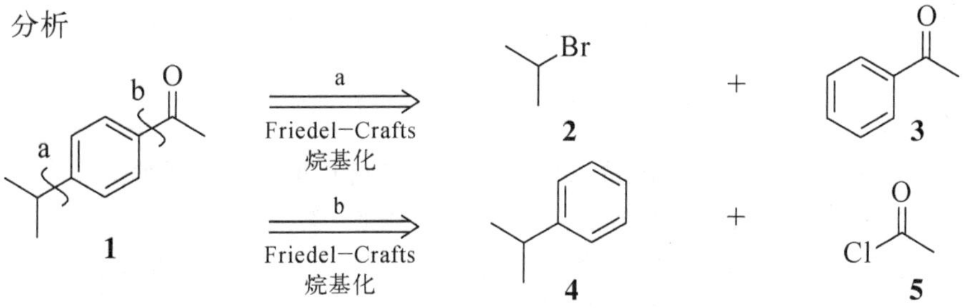

b　O　a　Br　a　Friedel−Crafts　烷基化　2　+　O　3　1　b　Friedel−Crafts　烷基化　4　+　O　Cl　5

先烷基化后酰基，很容易就得到化合物 **1**。[1] 异丙基的空间位阻效应将确保对位酮 **1** 是主要产物。

合成

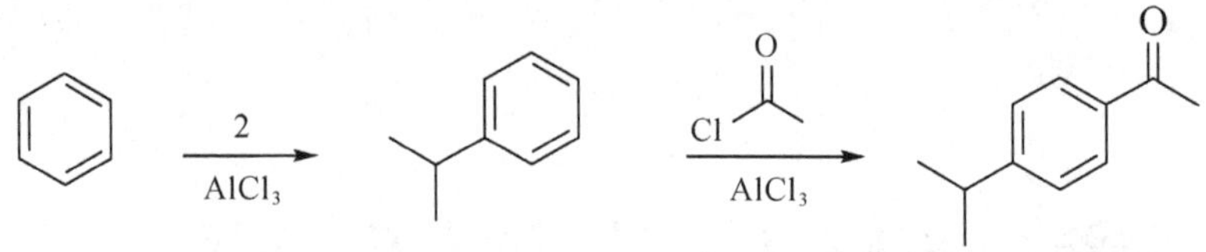

benzene　4　1; 86% 收率

我们下一个例子强调的是准则 1 的一个方面。一些官能团钝化效应极强以至于一旦它们被引入则很难进行下一步反应。还有一些官能团太不稳定以至于我们不愿意冒险进行下一步的反应。人工麝香 **6** 是使香水增香和定香的重要材料，它是个苯环上有 5 个取代基的芳族化合物。2 个硝基是非常致钝的，所以我们最先将其切断，最后引入。

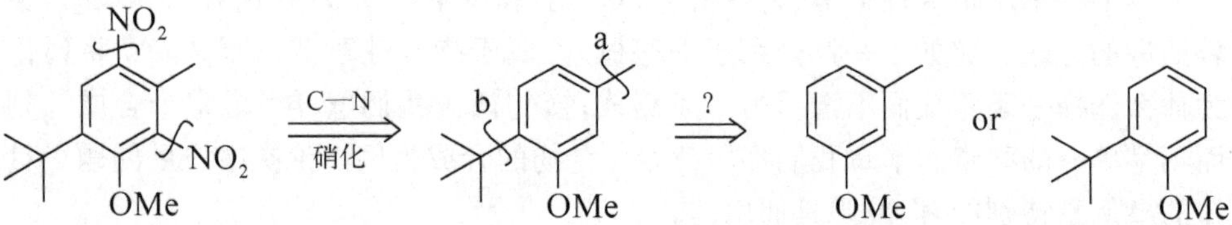

6; 麝香　7　8　or　9

下一步，我们用傅-克烷基化的方式切断甲基 **7a** 或者叔丁基 **7b**。化合物 **8** 和 **9** 上的甲氧基和烃基都是邻对位定位基，但是甲氧基更强，因为氧上孤对电子的离域能增强芳香体系的电子云密度。因此用 **9** 会得到错误的产物，而用 **8** 才能得到正确的。而且用叔丁基比用甲基进行烷基化反应更好（S_N1 的机理）。起始原料 **8** 很容易通过酚甲基化得到。实验证明傅-克烷基化时叔丁基引入甲氧基的邻位而不是对位。[2]

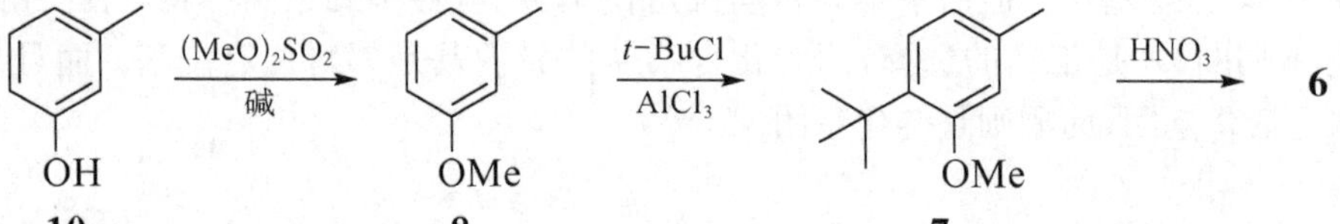

10　8　7　6

准则 2:

官能团的变换能显著地改变反应活性。把醇或酚变成叔丁基醚增加了空间位阻；通过氧化还原，醇、醛、酮很容易相互转换；羰基化合物是吸电子的，而醇是弱给电子的。硝基对芳族化合物影响显著，它有非常强的吸电子性、致钝性，同时也是间位定位基，而通常由硝基还原得到的氨基则具有很强的给电子性、致活性，同时是邻对位定位基。在设计合成路线时，官能团变换给我们挑选反应条件提供了更多的选择。

一个简单的例子是通过甲苯氯化得到四氯化合物 **11**。事实上，在切断 Ar—Cl

键之前，我们必须把间位定位基 CCl_3 变成邻对位定位基甲基。

Cl_3C—C₆H₄—Cl　$\xRightarrow[\text{氯化}]{\text{FGI 或 C—Cl}}$　H_3C—C₆H₄—Cl　$\xRightarrow[\text{氯化}]{\text{C—Cl}}$　H_3C—C₆H₅

11　**12**　**甲苯**

化合物 **11** 通常被用来制备三氟化合物 **13**。[3] 甲苯在路易斯酸催化剂作用下氯化得到化合物 **12**，再和氯气及五氯化磷反应得到 **11**。

甲苯 $\xrightarrow[FeCl_3]{Cl_2}$ H_3C—C₆H₄—Cl $\xrightarrow[PCl_5]{Cl_2}$ Cl_3C—C₆H₄—Cl $\xrightarrow{SbF_5}$ F_3C—C₆H₄—Cl

12　**11**; 93% 收率　**13**; 95% 收率

准则 3：

有些取代基是很难引入的，所以最好直接选择带这些基团的原料。所有芳族化合物的合成没有必要都从苯开始：许多芳族化合物都在供应商目录中有售。苯酚及其衍生物就是很好的例子。通常甲基或伯烃基很难由傅-克烷基化引入，因为伯卤代物容易发生重排反应。[4]

Woodward 曾用三取代的苯 **14** 作为原料来合成天然产物利血平(Reserpine)。[5] 我们不希望通过反应引入甲氧基，而是直接选择茴香醚（甲氧基苯）作为起始原料。两个氮都需要通过硝化引入，但以什么顺序呢？

准则 3：我们不愿意引入这个取代基 ----→ MeO

NH_2 胺基通过硝化和还原引入

NO_2 硝基通过硝化引入

14

甲氧基是邻对位定位基，硝化茴香醚 **15** 由于空间位阻的原因主要得到是对位产物 **16**。硝化不能用硝酸和硫酸的混酸，因为甲氧基的致活效应将导致 2,4 -双硝化产物。因此只能单独用硝酸。[6] 这也说明第二个硝基通过 **16** 不能引入到正确的位置。还原得到 **17** 没有问题，许多试剂都可以，但三价钛效果最好。[7] **17** 的氨基是更强的致活和定位基团，可以让硝基上到正确的位置（准则 2）。

MeO—C₆H₅ $\xrightarrow{HNO_3}$ MeO—C₆H₄—NO_2 $\xrightarrow[H_2O]{TiCl_3}$ MeO—C₆H₄—NH_2 $\xrightarrow{HNO_3}$?

15　**16**　**17**

在实际的操作过程中，由于太强的活化效应，**17** 在硝化反应时发生氧化。所以，氨基首先被乙酰化，得到的 **18** 不需分离直接硝化得到 **19**（单独用硝酸）。再把酰胺水解即可得到 **14**，收率很高。[8]

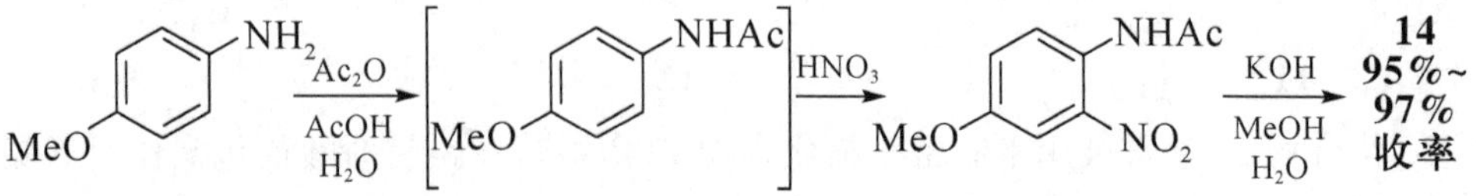

17 $\xrightarrow[\text{AcOH, } H_2O]{Ac_2O}$ [**18**] $\xrightarrow{HNO_3}$ **19** $\xrightarrow[\text{MeOH, } H_2O]{KOH}$ **14** 95%~97% 收率

准则 4：

一些双取代的化合物也是可以买到的，比如一些不容易通过亲电取代得到的双取代化合物（特别是邻位双取代）。下面列举了一些，供应商目录有更多类似化合物。

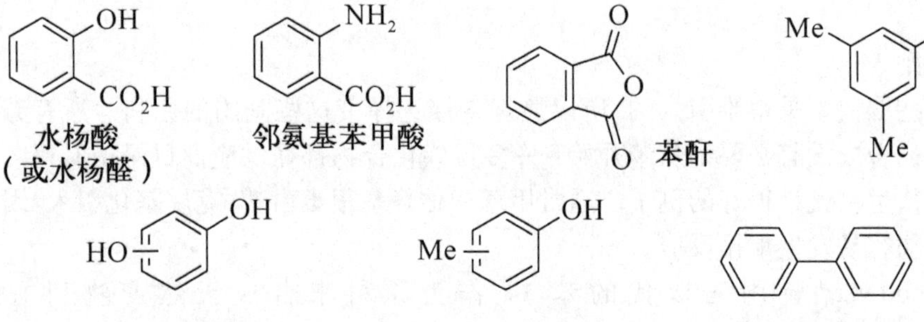

水杨酸（或水杨醛）　邻氨基苯甲酸　苯酐　苯

邻、间和对位苯二酚　邻、间和对位甲苯酚　联苯

一个好的例子是用 **21** 来合成 GSK 抗哮喘药舒喘宁 **20**。酮 **21** 可通过傅-克酰基化由化合物 **22**（水杨酸）和乙酰氯得到。

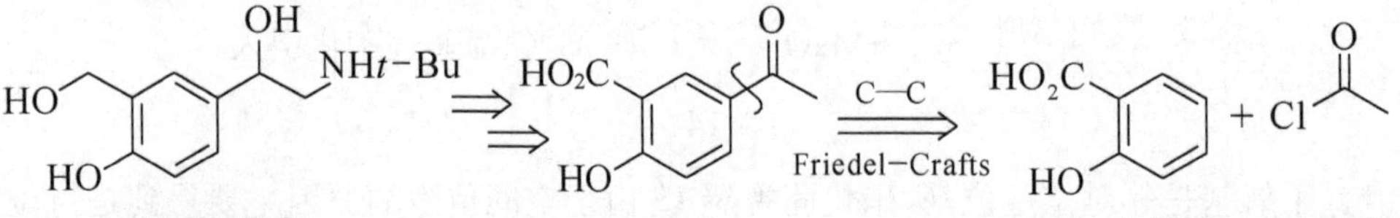

20; 舒喘宁 ⟹ **21** $\xrightarrow[\text{Friedel-Crafts}]{\text{C—C}}$ **22**; 水杨酸 + 乙酰氯

实际的合成比看起来还要简单，酚羟基不但没有干扰反应，而且直接乙酰化得到 **23**，然后在三氯化铝作用下重排得到 **21**。[9] 甚至中间体 **23**（阿司匹林）也是便宜易得的。

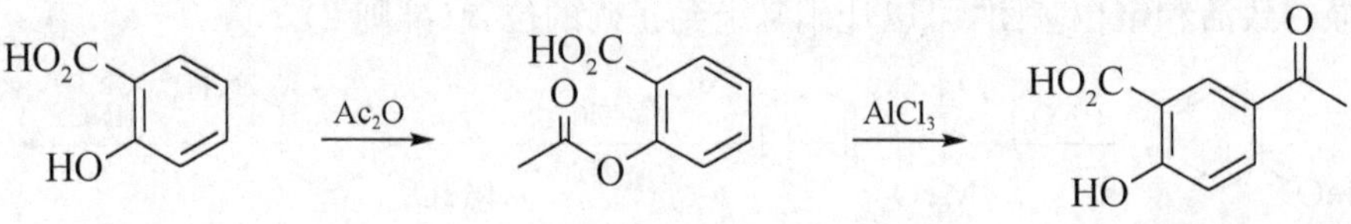

22 $\xrightarrow{Ac_2O}$ **23** $\xrightarrow{AlCl_3}$ **TM21**

准则 5：

一些取代基可以通过亲核取代引入到苯环上。这类反应比亲电取代难，需要强吸电子基（如硝基或羰基）在离去基团（如卤化物）的邻对位（第二章）。幸运的是，芳卤化物的硝化或傅-克酰基化正好发生在邻对位。例如，氟苯 **24** 傅-克酰基化时得到酮 **25**，后者发生亲核取代（加成-消除机理）[10]得到胺 **26**。

RCOCl / $AlCl_3$；RNH_2

24　**25**　**26**

如果这类活化不能实现，还有一种方法是把氮原子转换成重氮盐，再通过 S_N1 的机理被取代。Hull 大学曾经研究酸 **27** 的液晶行为，[11]其骨架是联苯，它与亲电试剂反应发生在对位（准则 4）。为了将氯原子引入到正确的位置上，必须将羧基用一个比苯基更强的邻对位定位基替代，这里我们选用氨基化合物 **28**。

CO_2H, Cl；FGI 径重氮盐的 S_NAr；NH_2, Cl；C—Cl 氯化；NH_2；FGI 还原；NO_2；C—N 硝化

27　**28**　**29**　**30**　联苯

引进羧基的亲核试剂是氰基负离子，以一价铜盐形式存在。同时，化合物 **29** 的氨基需乙酰化以防过度氯化（参见 **18**）。

联苯 $\xrightarrow[H_2SO_4]{HNO_3}$ **30** (NO_2, Ph) $\xrightarrow[2.\ Ac_2O]{1.\ H_2,\ Pd/C}$ **31** (NHAc, Ph) $\xrightarrow[2.\ HCl,\ H_2O]{1.\ Cl_2}$ **28** $\xrightarrow[2.\ Cu(I)CN]{1.\ NaNO_2,\ HCl}$ **32** (CN, Cl, Ph) $\xrightarrow{NaOH}$ **27**

准则 6：

尽量选择生成单一产物的反应作为一系列反应的起始反应，而不要选择生成混合物的反应作为起始反应。对于芳族化合物，如果邻对位取代基都要引入的话，先引入对位取代基比先引入邻位取代基更好。

化合物 **33** 被用来合成抗疟药物。[12]根据准则 3，我们不选择切断乙氧基。对于 **36** 来说，乙氧基的定位效应使得硝化或氯甲基化都能发生在正确位置（邻对位）。切断 **a** 或者 **b** 都值得考虑。

O_2N a b Cl OEt **33** ⇒(a, 硝化) Cl OEt **34** ⇒(C—C, 氯甲基化) OEt **36**

⇒(b, 氯甲基化) O_2N OEt **35** ⇒(C—N, 硝化) OEt **36**

由于乙氧基的空间位阻效应，硝化或氯甲基化都应该发生在对位，所以应该先进行硝化。同时考虑硝化 **34** 可能也把 CH_2Cl 氧化成醛或酸，所以氯甲基化应该放在后面。[12]

OEt **36** →(HNO_3) O_2N OEt **35** →(CH_2O, HCl, $ZnCl_2$) O_2N Cl OEt **TM33; 75% 收率**

当然，并非在所有情况下都要用全部这六条准则，事实上，某些准则之间甚至有可能相互抵触。重要的是要学会判断，然后在实验中尝试选择好的路线。还是那句话，条条大路通罗马。

（虞爱加　译）

参考文献

1. G. Baddeley, G. Holt and W. Pickles, *J. Chem. Soc.*, 1952, 4162.
2. M. S. Carpenter, W. M. Easter and T. F. Wood, *J. Org. Chem.*, 1951, **16**, 586.
3. H. S. Booth, H. M. Elsey and P. E. Burchfield, *J. Am. Chem. Soc.*, 1935, **57**, 2066.
4. Clayden, *Organic Chemistry*, page 573.
5. R. B. Woodward, F. E. Bader, H. Bichel, A. J. Frey and R. W. Kierstead, *Tetrahedran*, 1958, **2**, 1.
6. *Vogel*, page 1256.
7. T. L. Ho and C. M. Wong, *Synthesis*, 1974, 45.
8. P. E. Fanta and D. S. Tarbell, *Org. Synth.*, 1945, **25**, 78.

9. D. T. Collin, D. Hartley, D. Jack, L. H. C. Lunts, J. C. Press, A. C. Ritchie and P. Toon, *J. Med. Chem.*, 1970, **13**, 674.
10. Clayden, *Organic Chemistry*, chapter 23.
11. D. J. Byron, G. W. Gray, A. Ibbotson and B. M. Worral, *J. Chem. Soc.*, 1963, 2253; D. J. Byron, G. W. Gray, and R. C. Wilson, *J. Chem. Soc.* (*C*), 1966, 840.
12. J. H. Burckhalter, F. H. Tendick, E. M. Jones, P. A. Jones, W. F. Holcomb and A. L. Rawlins, *J. Am. Chem. Soc.*, 1948, **70**, 1363.

第四章　单个基团 C—X 切断法

本章需要的背景知识：羰基上的亲核取代；饱和碳上的亲核取代。

第二章和第三章中我们从芳香化合物开始是由于切断的位置很容易确定。接下来我们将讨论醚、酰胺等化合物，因为切断的位置也比较容易确定：我们只要把杂原子(X)和碳原子的连接切断：如 C—O、C—N 或 C—S 的切断。我们把这种只要识别出一个官能团(如酯、醚、酰胺等)就能进行切断的方法叫做单个基团 C—X 切断法。

相应的反应大部分是离子型 S_N1 或 S_N2 亲核取代，或者是羰基与氨、醇和硫醇的亲核取代。通常情况下，切断 **1** 对应的电性是碳正离子合成子 **2** 和杂原子负离子合成子 **3**。对应的试剂是酰基卤代物或烷基卤代物 **4** 作为亲电试剂，以及胺、醇或硫醇 **5** 作为亲核试剂。

$$\underset{\mathbf{1}}{R\!-\!\!\!\!\!\!\sim\!X} \xRightarrow{C—X} \boxed{\underset{\mathbf{2}}{R^{\oplus}} + \underset{\mathbf{3}}{X^{\ominus}}}_{\text{合成子}} \Longrightarrow \boxed{\underset{\mathbf{4}}{RHal} + \underset{\mathbf{5}}{HX}}_{\text{试剂}}$$

如果杂原子是周期表上第二或第三行的元素如 S、Si、P 和 Se，电性则可能相反：碳负离子合成子 **6** 和杂原子正离子合成子 **7**。对应的试剂是金属有机化合物 **8** 或 **9**，以及化合物 **10** 如 RSCl，Me_3SiCl 和 Ph_2PCl 为代表，这些我们会在后面介绍。

$$\underset{\mathbf{1}}{R\!-\!\!\!\!\!\!\sim\!X} \xRightarrow{C—X} \boxed{\underset{\mathbf{6}}{R^{\ominus}} + \underset{\mathbf{7}}{X^{\oplus}}}_{\text{合成子}} \Longrightarrow \boxed{\underset{\mathbf{8}}{RLi}\text{ 或 }\underset{\mathbf{9}}{RMgBr} + \underset{\mathbf{10}}{X—Cl}}_{\text{试剂}}$$

羰基衍生物 RCO. X

我们从酸的衍生物开始是因为我们通常会选择羰基和杂原子之间的键进行切断。比如从酰氯 **12** 和胺或醇来合成酯 **11** 和酰胺 **13**。

R^1COOR^2 $\xrightarrow[\text{酯}]{C—O}$ R^2OH + R^1COCl + R^2NH_2 $\xleftarrow[\text{酰胺}]{C—N}$ R^1CONHR^2

11; 酯 **醇** **12** **胺** **13; 酰胺**

酯 **14** 即可以用作驱虫剂又可以用作香料，很容易用此方法合成。通过分析马上可以给出两个常用试剂：苄醇 **15** 和苯甲酰氯 **16**。把这两个试剂混合在吡啶中即可得到酯 **14**。

$PhCH_2OCOPh$ $\xrightarrow[\text{酯}]{C—O}$ $PhCH_2OH$ + $ClCOPh$

14 **15** **16**

酰氯通常被用于这类反应是因为在酸的衍生物中它是活性最高的亲电试剂，而且它能通过酸和五氯化磷或二氯亚砜的反应来制备。其他重要的酸的衍生物都可以通过酰氯或比自身反应活性更高的其他衍生物来合成。因此我们可以从酰氯、酸酐或酯来合成酰胺，但是从酰胺来合成其他的衍生物却很困难。所有的酸的衍生物除了酰胺都可以很容易的从酸来合成。

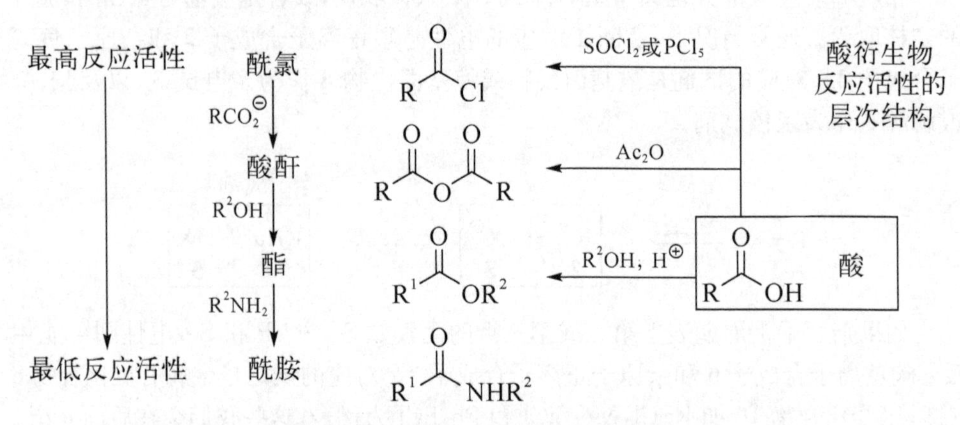

一个简单的例子是用于稻田的除草剂敌稗 **17**。酰胺切断后的胺 **18** 很明显是通过邻二氯苯 **20** 的硝化和还原得到的。邻二氯苯 **20** 苯环上每个取代位置的电性都相同，只不过化学位阻效应导致化合物 **19** 是硝化的主要产物。

$\xrightarrow[\text{酰胺}]{C—N}$ $\xrightarrow[\text{还原}]{FGI}$ $\Rightarrow$

17; 敌稗 **18** **19** **20**

合成非常简单，[1] 唯一需要指出的是还原尽可能用催化氢化而不要用锡加盐酸，因为反应会变杂。工业上喜欢用催化的方法来避免产生有毒副产物。

20 →(HNO_3, H_2SO_4) 19 →(H_2, Pd/C) 18 →(EtCOCl) 17

另一种选择是在烷基和杂原子之间切断 **21**，而这需要酸的阴离子 **22** 和卤代烷烃通过 S_N2 反应得到。但是羰基上的反应比 S_N2 反应更可靠，也更多的被采用。除非 S_N2 反应特别好，像下面合成 **23** 一样。

21; 酯 ⇒(C—O 酯) **22** + Br—R^2　**23**

醚的合成

醚键上切断哪一根键对醚的合成影响非常重要。而有些醚，像栀子花香精 **24**，哪一根醚键的切断对合成都没有影响。原料可以是醇 **26** 或 **27** 和卤代烷烃 **25** 或 **28**。

24 ⇒(a) **25** + **26**；**24** ⇒(b) **27** + **28**

我们通常用钠氢来处理醇得到负离子，钠氢的氢负离子非常强，在反应中一定是作为碱而不是亲核试剂。在钠氢的作用下，无论哪种醇都会形成氧负离子亲核试剂。这时无论加入哪种氯代物，都会发生 S_N2 反应。我们更倾向于路线 **a**，因为苄氯的反应活性更高，并且不像化合物 **28** 可能发生消除。[2]

26 →(NaH) **29** →(**25**) **24**; 85% 收率

根据反应机理选择合成路线

在其他情况下，作出选择的依据是因为两个 S_N2 只有一个能反应。烯丙基苯基醚 **32** 可以切断成溴苯 **30** 和烯丙醇 **31**，或者苯酚 **33** 和烯丙基溴 **34**。

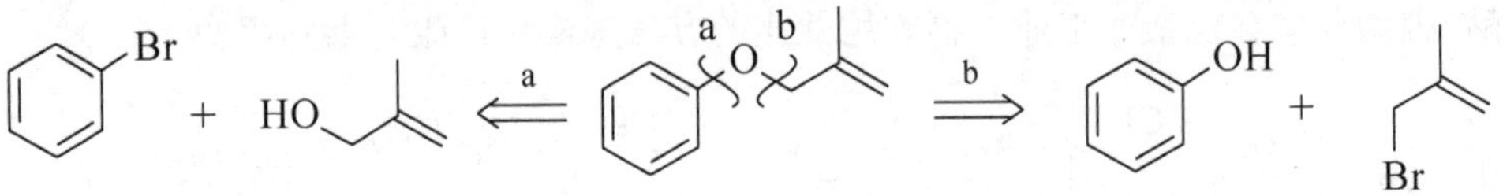

我们选择路线 **b** 的原因是苯酚（p*K*a＝10）比醇 **31**（p*K*a～15）的酸性强，只要用较弱一点的碱如 NaOH 就能让反应进行。但最主要的原因是路线 **b** 能够反应而路线 **a** 不能。对烯丙基溴的亲核取代反应可以很好地进行，[3] 但是对溴苯却很难（第二章和第三章）。[4]

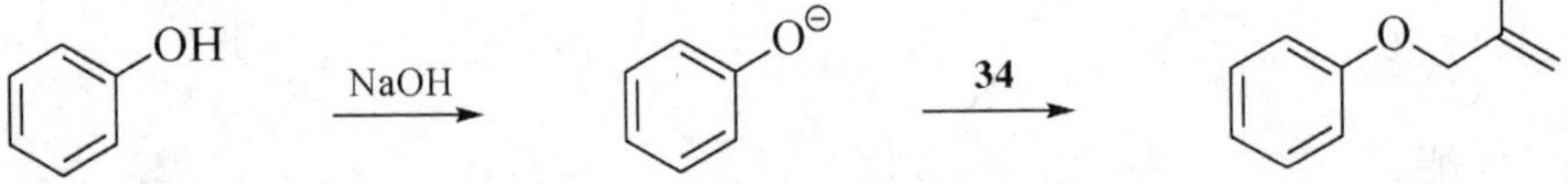

请注意我们还没有考虑通过极性反转的方法来判断切断。为了改进路线 **a** 的切断，我们可能会考虑一个亲核的苯基片断如 **36** 和一个实际上不存在的亲电氧化物如次氯酸化合物 **37**。不过即使化合物 **37** 存在的话也有爆炸的危险。

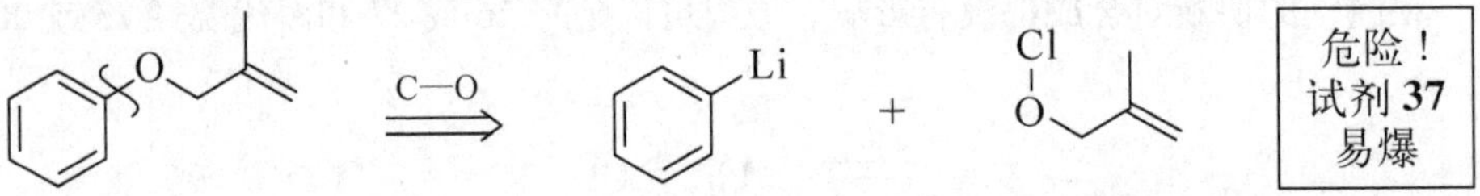

危险！试剂 **37** 易爆

醇和一些试剂如 PBr_3、HCl 或路易斯酸等反应可以得到卤代烷烃，因此在设计醚的合成时完全可以把两个醇作为起始原料，然后再决定把哪个醇转换成亲电试剂。如合成醚 **24** 的两个醇可以是 **26** 和 **27**。

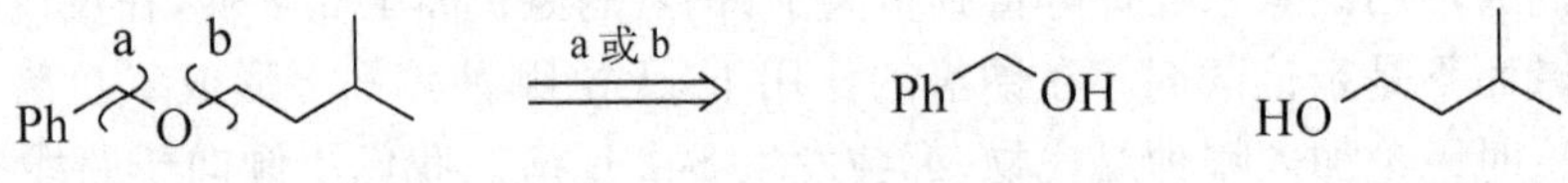

任何一个醇都可以被转换成相应的氯代或溴代物。苄氯 **25** 可以通过苄基上的 S_N1 和 S_N2 两种反应来合成。制备溴代烷烃 **38** 需要更剧烈的条件但是收率也可以达到 85％。[5] 实际上 **25** 和 **38** 都可以直接购买。

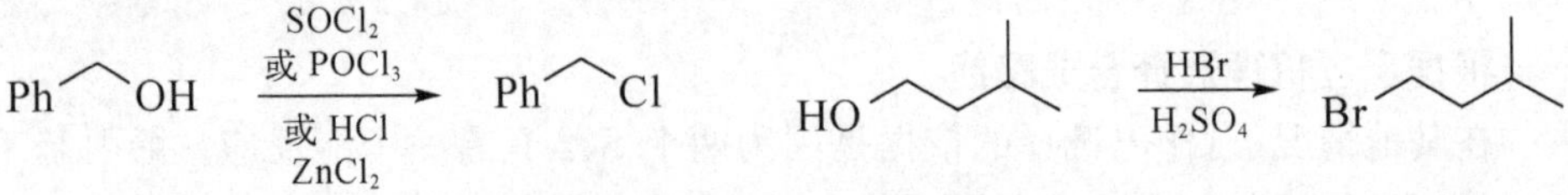

如果是对称的醚 ROR,只要将醇 ROH 在酸里反应就可以得到。请注意这种方法只适用于合成对称的醚。如果把 **26** 和 **27** 的混合物在酸里反应就得不到好的收率,任何一个醇都会二聚,这样得到的三个产物很难分离。这一类问题我们会在下一章中讨论。

硫醚的合成

不对称硫醚的切断方法与我们刚刚讨论的醚一样。可以把硫醇 **42** 转变为负离子 **41**,其与卤代烃 **40** 反应可以得到硫醚 **39**。硫醇的反应活性比醇高得多,因为硫醇比醇的酸性强,或者说 H_2S 比水的酸性强。对于饱和碳原子,硫负离子 **41** 比氧负离子亲核性强,也降低发生消除反应的风险。

R^1–S–R^2 (**39**) ⟹(C—S 硫醚) R^1–Hal (**40**) + $^{\ominus}$S–R^2 (**41**) ⟹ HS–R^2 (**42**)

杀螨剂(灭鼠和灭虱)氯杀螨 **43** 切断后得到酸性的苯硫酚 **44** 和活泼的苄氯 **25**。把两个试剂混合到乙醇中用乙醇钠作碱就可以得到 **43**。[6]

43 ⟹(C—S 硫醚) **44** (SH, Cl) + **25** (Cl)

对称的硫醚可以通过卤代烷烃和硫化钠直接反应得到,反应首先产生单阴离子再生成第二个 C—S 键。只需要把溴代烷烃和硫化钠加入到乙醇中即可:[7] 从溴丙烷来合成二丙硫醚(R=Et)的收率为 91%,而从苄氯 **25** 来合成二苄硫醚(R=Ph)的收率为 83%。

R–S–R (**45**) ⟹(C−S 硫醚) R–Br (**46**)　$^{\ominus}$S$^{\ominus}$　Br–R (**46**)

可由醇制备的化合物概述

我们没有提到的一些亲核试剂也可以用在这些反应中。所有的亲核杂原子都可以取代由醇衍生的离去基团。

RO(C=O)R[1] ← R^1COCl，吡啶 ← ROH

ROH → RCl, RBr；TsCl，吡啶 → ROTs；MsCl，三乙胺 → ROMs

RCl / RBr / ROTs / ROMs：
- R^1OH，碱 → ROR^1 ethers
- R^1SH，碱 → RSR^1 sulfides
- 1. $(NH_2)_2CS$ 2. NaOH，H_2O → RSH thiols*
- 卤代物负离子 → RHal 烷基卤代物
- 亲核负离子 → RNu 其他衍生物

前面我们集中讲述了卤代烷烃的取代反应，其实由对甲苯磺酰氯合成的对甲苯磺酸酯和由甲磺酰氯合成的甲磺酸酯可以像卤代烷烃一样进行取代反应。把醇转换成氯代物或溴代物在本章的开始就讨论过了。而把不同试剂混合来生成硫醇则会在下一章中讨论。

TsCl= 对甲苯磺酰氯 (p-Me$C_6H_4SO_2Cl$)　　MsCl= 甲烷磺酰氯 ($MeSO_2Cl$)

（何正明　译）

参考文献

1. *Pesticides*. p. 152；*Pesticide Manual*. p 446；W. Schäfer. L，Eue and P. wegler，*Ger. Pat.*，1958，1,039,779；*Chem. Abstr.*，1960，**54**，20060i.
2. *Perfumes*，page 226；G. Errera，Gazz. *Chim. Ital.*，1887，**17**. 197.
3. Clayden，*Organic Chemistry*，chapter 17.
4. Clayden，*Organic Chemistry*，chapter 23.
5. *Vogel*，page 562.
6. J. E. Cranham，D. J. Higgons and H. A. Stevenson，*Chem. And Ind.*（*London*），1953，1206；H. A. Stevenson，R. F. Brooks，D. J. Higgons and J. E. Cranham，*Brit. Pat.*，1955，738,170；*Chem. Abstr.*，1956，**50**，10334b.
7. *Vogel*，page 790.

第五章　策略Ⅱ：化学选择性

本章需要的背景知识：酸碱度和 pKa 值；化学选择性：选择性反应和保护。

如果分子中存在两个反应基团，而我们只想让其中一个基团参与反应而另一个不参与反应，这就是所谓的化学选择性问题，包括以下几点：

1. 两个不同基团的相对反应活性，比如氨基和羟基。

HO–C₆H₄–NH₂ (**1**) $\xrightarrow{?}$ HO–C₆H₄–NHCOCH₃ (**2**) 或 CH₃COO–C₆H₄–NH₂ (**3**)

2. 控制两个相同基团中的一个参与反应，比如单醚化合物 **5** 的制备。

HO–C₆H₁₀–OH (**4**) $\xrightarrow{?}$ HO–C₆H₁₀–OMe (**5**) + MeO–C₆H₁₀–OMe (**6**)

3. 控制可以连续两次反应的基团只反应一次，比如硫醇 **8** 的制备。

RCH_2Br (**7**) $\xrightarrow{Na_2S}$ $RCH_2S^{\ominus}$ (**8**) $\xrightarrow{RCH_2Br}$ RCH_2SCH_2R (**9**)

准则 1：如果两个基团具有不同的反应活性，活性高的基团优先反应。

广谱镇痛剂扑热息痛 **2**，可以由氨基酚 **1** 与醋酐的反应来制备。由于胺的亲核性要强于酚(比较氨和水的碱性)，故该反应只生成需要的酰胺，而没有副产物酯。氨基酚 **1** 的制备见本书第二章。

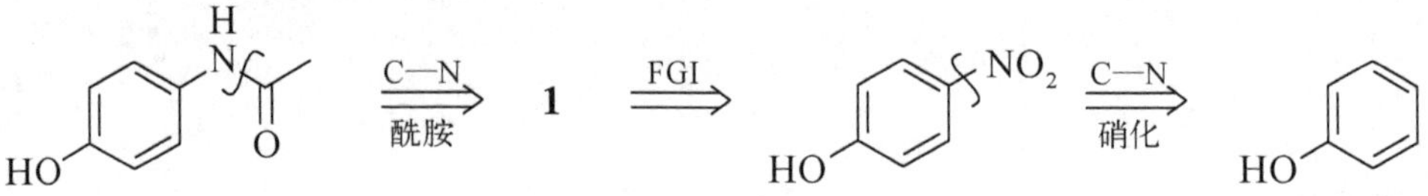

C—N 酰胺 1 FGI NO_2 C—N 硝化

HO HO HO

2 10 11; 苯酚

基于上述分析，合成路线就很清楚了。稀硝酸条件下硝化酚，然后催化氢化硝基得到化合物 **1**。[1] **1** 与醋酐的反应就可以得到 **2**。

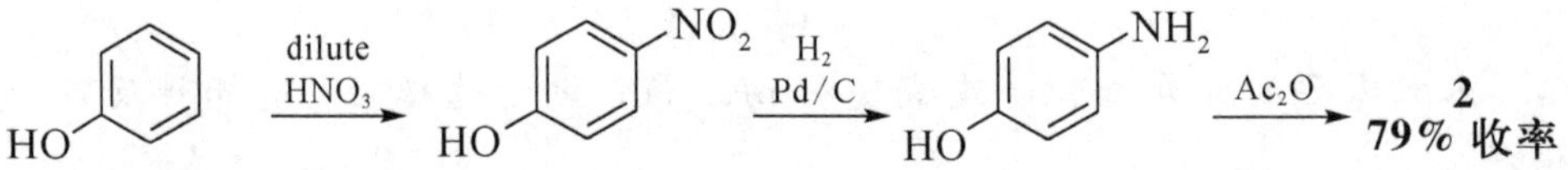

NO_2 NH_2 dilute HNO_3 H_2 Pd/C Ac_2O **2** **79% 收率**

HO HO HO

11; 苯酚 **10** **1**

环美卡因的合成：

当两个都是氧亲核试剂的时候，选择性反应看起来有些困难，但当一个亲核试剂是醇，另一个亲核试剂是羧酸时，选择性就很容易实现。显而易见，局部麻醉剂环美卡因 **12** 可以由羧酸和氨基醇来制备。我们主要分析酸 **13** 的合成。首先在烷基一侧来切断 **13a** 的醚键，以便能够发生 S_N2 反应。由于化合物 **15** 中既有羟基又有羧基，到底哪个基团将作为亲核试剂参与反应就涉及化学选择性问题。

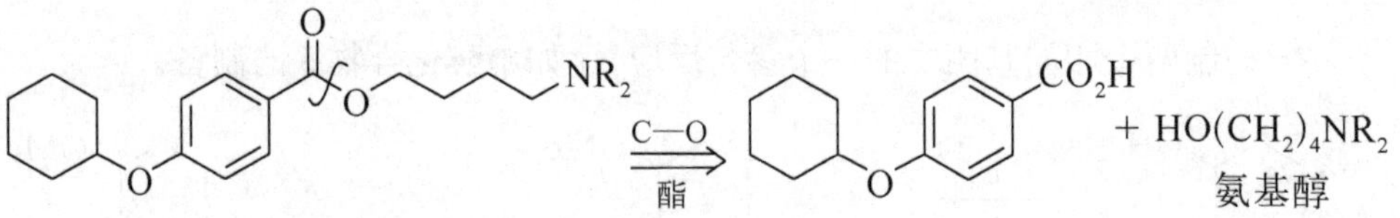

O O NR_2 C—O 酯 CO_2H + $HO(CH_2)_4NR_2$ 氨基醇

12; cyclomethycaine **13**

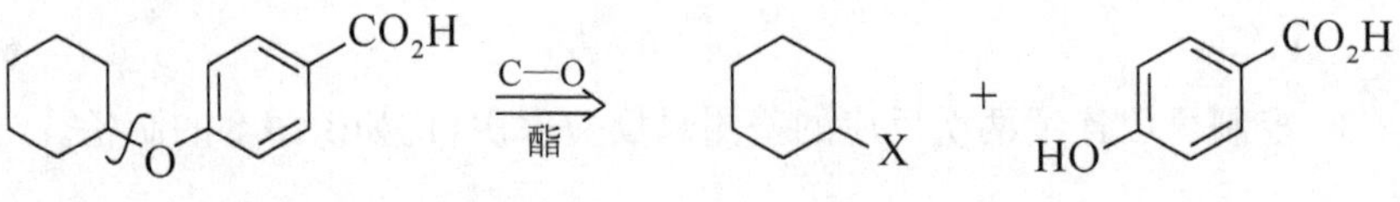

CO_2H C—O 酯 X + CO_2H HO

13a **14** **15**

答案取决于反应的 pH。如果 pH＜5，那么化合物 **15** 就是中性分子。尽管羟基的亲核性要比离域状态的羧基强，但是还不足以与烷基卤代烃发生反应。我们可以通过提高反应的碱性来提高底物的反应活性。当 pH 在 5～10 之间时，其主要以羧酸阴离子 **16** 的形式存在。在此状态下肯定是羧基阴离子反应，而这不是我们所期望发生的反应。当反应的 pH＞10 时，其主要以双阴离子 **17** 的形式存在。在此状态下酚氧负离子的亲核性要大于羧酸阴离子的亲核性，就实现了反应所需要的选择性。

15 ⇌(碱 / pH~5) 16 ⇌(碱 / pH~10) 17

只需要加入两当量的强碱和适当的卤代烃就能得到所需要的醚。由于 **14** 是一个相对不活泼的二级卤代烃，因此需要一个好的离去基团比如碘代物来提高反应活性。[2]

15 →(碱) 17 + 14; X=1 → TM13

准则 2：如果一个反应基团可以连续发生两次反应，第一次反应产物就会与起始原料存在竞争关系。只有当起始原料的反应活性大于第一次反应产物时，反应才会停止在第一次反应。反之，第一次反应产物就会发生第二次反应。

通过卤代烃与 NaSH 或者 Na_2S 反应来制备硫醇难以控制，往往得到二次反应产物硫醚。这是由于硫醇的亲核性与 NaSH 或者 Na_2S 相当，例如化合物 **18** 同 NaSH 反应得到硫醇 **19**，硫醇 **19** 在碱性条件下会进一步生成阴离子 **20**，其与卤代烃 **18** 反应而得到硫醚 **21**，反应无法停留在硫醇 **19**。稍后我们将介绍如何解决这个问题。第 8 章还将解决不能通过氨与卤代烃反应来制备伯胺的问题。

Br—R (18) + ⊖HS → R—SH (19) + ⊖HS ⇌ R—S⊖ (20) + R—Br → R—S—R (21)

但是也有一些利用该准则的成功例子。比如醇与光气或光气类似物来制备氯甲酸酯。我们就以氯甲酸苄酯 **22**（将在下一节中作为重要的保护基来介绍）的制备来说明。将其切断成苄醇和光气 **23** 是合理的。但是氯甲酸苄酯 **22** 本身也是一个酰氯，其有可能进一步与苄醇反应生成碳酸二苄酯。但是由于 **24a** 存在共振态 **24b**，使得其亲电性比光气要差很多，所以反应就能停留在氯甲酸苄酯 **22**。[3] 酮在酸性条件下的单卤代反应（见第七章）是仅发生一次反应的另一成功例子。

22 ⟹(C—O / 酯) 苄醇 + 23；24a ⟷ 24b

准则 3： 准则 1 和 2 不能解决的问题可以由保护基来解决。

如果我们想要两个基团中低活性的基团参与反应，可以先保护活性高的基团。如果我们想让可以发生两次反应的试剂只发生一次反应，可以先保护这个试剂。所谓保护基就是其被引入到官能团后，该官能团反应活性变差或全部消失。选择保护基应该遵循易引入，易脱除的原则。理想情况最好是不要引入保护基，毕竟这样会使整个路线增加两步，但实际上保护基是不可避免的。近来文献报道的复杂分子的合成，几乎都涉及多个保护基的应用。保护基将在第九章专门介绍。

应用保护基的经典例子就是氨基酸化学。由于氨基的亲核性要强于羧基，如果我们想要羧基作为亲核试剂参与反应，我们必须保护氨基。氯甲酸苄酯 **22** 通常用于氨基的保护。氨基甲酸苄酯 **26** 由于其 N 原子与羰基的共轭效应导致其亲核性大大削弱。如果你比较 **23**，**22** 和 **26** 羰基的亲电性，不难发现呈依次降低的趋势。在碱性溶液中化合物 **26** 的羧基阴离子就可以与亲电试剂发生反应。

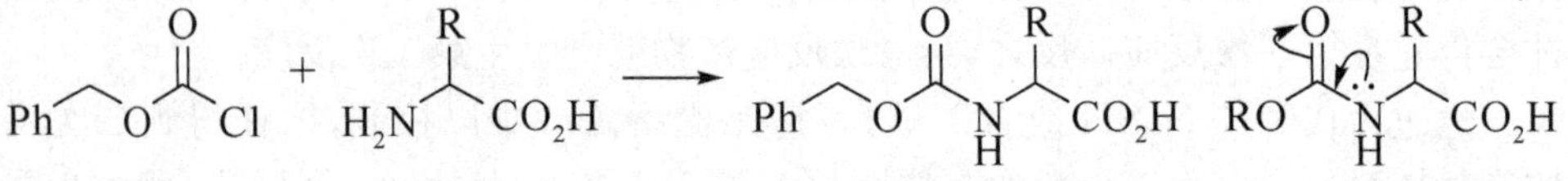

22 + **25** ⟶ **26**　　**27**

如果我们用硫脲 **28** 替代 NaSH 或者 Na_2S 作为亲核试剂，硫醇 **19** 就很容易制备，尽管硫脲具有高度离域性，但对于饱和碳原子仍不失为一个很好的亲核试剂。其产物硫脲翁盐 **30** 是一个阳离子根本不会再发生亲核反应，其在碱性条件下水解成尿素和硫醇 **19**。

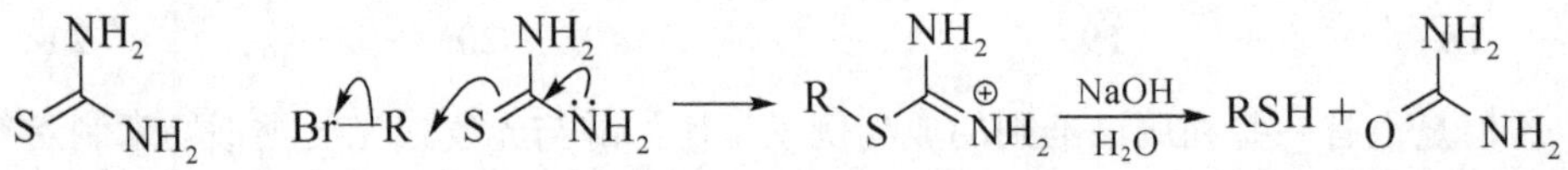

28; 硫脲　　**29** ⟶ **30** $\xrightarrow[H_2O]{NaOH}$ RSH (**19**) + **31; 尿素**

镇静剂卡普托二胺 **32** 包含两个硫化物，四个 C—S 键，可以在靠近中心硫原子处将其切断成胺 **34** 和硫醇 **33**。

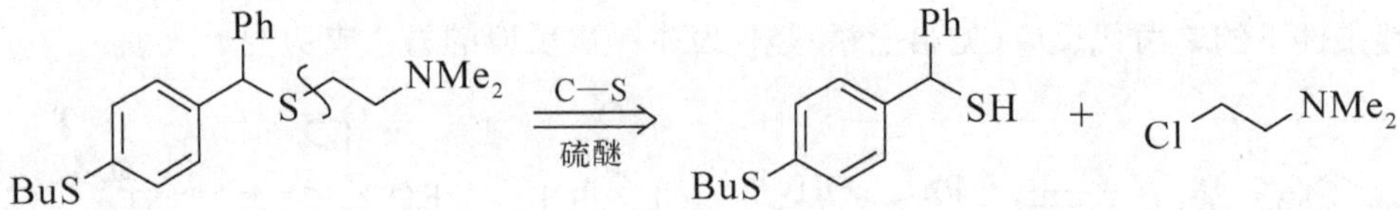

32; 卡普托二胺 $\xRightarrow[硫醚]{C—S}$ **33** + **34**

硫醇 **33** 可以由卤代物 **35** 用硫脲法来制备。卤代物 **35** 可以通过前几章介绍的方法多次切断成苯硫酚 **39**。

33 ⟹(C—S, 硫脲法) BuS–C₆H₄–CH(Ph)Cl **35** ⟹(C—Cl) BuS–C₆H₄–CH(Ph)OH **36** ⟹(FGI) BuS–C₆H₄–C(=O)Ph **37**

BuS–C₆H₄–C(=O)Ph **37a** ⟹(C—C, Friedel-Crafts) Bu–S–Ph **38** ⟹(C—S, 硫醚) HS–Ph **39**

由于硫酚是酸性的，硫代物 **38** 的制备仅仅需要弱碱。BuS 是供电子基团，其对位定位效应使 **38** 的傅-克酰化反应生成 **37a**。经过上述分析，合成路线就很清楚了。[4]

PhSH (**39**) —($BuCl$, Na_2CO_3)→ PhSBu (**38**) —($PhCOCl$, $AlCl_3$)→ **37** —(1. $NaBH_4$; 2. $SOCl_2$)→ **35** —(1. $(H_2N)_2CS$; 2. NaOH, H_2O)→ **33** —(**34**, 碱)→ **TM32**

准则 4：当分子中存在两个等同的基团时，可以通过多种方法来控制使其中一个基团反应。

(a) 与准则 2 一样，如果第一次反应产物的活性比起始原料要低，第二次反应就可以避免。

部分还原间二硝基苯就是很好的例子。在浓硫酸中用 90%的发烟硝酸硝化间硝基苯 **40** 得到间二硝基苯 **41**，[5] 其能够被 NaSH 部分还原得到间硝基苯胺 **42**。[6] 还原反应是底物获得电子的过程，而硝基作为强吸电子基团是利于还原反应的，因而 **41** 比 **42** 更容易还原，故反应能够停留在一个硝基被还原的产物。

O_2N–Ph **40** —(发烟 HNO_3, H_2SO_4)→ O_2N–C₆H₄–NO_2 **41; 85% 收率** —(NaHS, MeOH)→ O_2N–C₆H₄–NH_2 **42; 90% 收率**

(b) 从统计学角度来看，即便起始原料与第一次反应产物具有相似的反应活性，只要控制试剂的当量为 1，仍然可以得到预期产物，收率中等。

从纯粹统计学角度来看，二醇 **43** 与强碱作用可以得到 50%单阴离子 **44**，25%双阴离子以及 25%起始原料 **43**。但是起始原料不与溴乙烷反应，双阴离子由于两个负电荷距离太近不稳定也不与溴乙烷反应，只有单阴离子 **44** 参与反应。在维他命 E 的合成中，单醚产物 **45** 的收率可以达到 65%，超过了理论产率 50%。[7]

HO～～OH —Na, xylene→ HO～～$O^{\ominus}$ —EtBr→ HO～～OEt

43 **44** **45; 62% 收率**

(c) 最好的办法就是把两个等同的官能团合并成一个官能团，并且该官能团只能发生一次反应，生成中间体的反应活性要远低于起始原料，只是这种办法不是总能够实现。环丁二酸酐 **48** 是很好的例子，将 **47** 或者 **48** 在甲醇的酸性溶液中反应只能得到二酯 **46**。但是在碱性条件下则可以得到单酯 **49**，再将另一个羧基转化为酰氯。这样两个羧基就以不同的方法得以活化。

CO_2Me/CO_2Me ←MeOH, acid— CO_2H/CO_2H —Ac_2O→ (O, O, O) —$MeO^{\ominus}$, MeOH→ CO_2Me/CO_2H —$SOCl_2$→ CO_2Me/COCl

46 **47** **48** **49** **50**

这种方法之所以有效是因为甲氧基阴离子进攻 **51** 的羰基形成羧酸阴离子 **52**，而甲氧基阴离子无法再进攻羧酸阴离子形成二酯。反应完成后中和反应液即可得到单酯 **49**。[8]

O, O, O + $^{\ominus}$OMe —MeOH→ CO_2Me/$CO_2^{\ominus}$ —酸性后处理→ CO_2Me/CO_2H

51 **52** **49**

环丁二酸酐同样可以用于傅-克反应。需要注意的是傅-克反应发生在氯的对位而不是甲基的对位，而且只发生一次反应。产物 **54** 曾被用于杀菌剂的合成。[9]

Me, Cl + (O, O, O) —$AlCl_3$→ Me, Cl, O, CO_2H

53 **48** **54**

这些方法，尤其是方法(a)和(b)，能否成功取决于能否有效地把起始原料，一次反应产物和二次反应产物分开。如果分不开，则需要考虑别的方法。

一个忠告：

即使两个基团不是完全对等，而是近似对等，试图只让其中一个基团反应的策略也未必成功。比如二醇**55**和二酚**56**，单纯靠一个甲基的区别，不足以区别这两个官能团的反应活性。试图从这两个化合物来制备单醚化合物是注定要失败的。

OH　OH　　OH　OH

55　　**56**

（牟其明　译）

参考文献

1. Spiegler, *U. S. Pat.*, 1960, 2,947,781; *Chem. Abstr.*, 1961, **55**, 7353f; M. Freifelder, *J. Org. Chem.*, 1962, **27**, 1092.
2. S. P. McElvain and T. P. Carney, *J. Am. Chem. Soc.*, 1946, **68**, 2952.
3. M. Bergmann and L. Zervas, *Ber.*, 1932, **65**, 1192.
4. *Drug Synthesis* page 44; O. H. Hubner and P. V. Petersen, *U. S. Pat.*, 1958, 2,830,088; *Chem. Abstr.*, 1958, **52**, 14690i.
5. *Vogel*, page 855.
6. *Vogel*, page 895; H. H. Hodgson and E. R. Ward, *J. Chem. Soc.*, 1949, 1316.
7. L. I. Smith and J. A. Sprung, *J. Am. Chem. Soc.*, 1943, **65**, 1276.
8. P. Ruggli and A. Maeder, *Helv. Chim. Acta*, 1942, **25**, 936.
9. T. Tojima, H. Takeshiba and T. Kinoto, *Bull. Chem. Soc. Jpn.*, 1979, **52**, 2441.

第六章　二基团 C—X 键切断法

本章需要的背景知识：共轭加成；烯醇与烯醇醚的合成和反应。

单基团和二基团 C — X 切断

如果要做硫醚化合物 **1**，你肯定会毫不犹豫地直接从硫和脂肪链间进行 C—S 切断，这样可以保证有一个很好的 S_N2 反应。这个目标分子中只有一个官能团，因此可以选择单基团 C—X 切断。

PhS∿ (1) ⟹(C—S 硫醚) $PhS^{\ominus}$ (2) + Br∿ (3)

要合成化合物 **4**，你可能很想当然地做同样的决定，将 **2** 作为亲核试剂，**5** 作为亲电试剂。

PhS∿C(=O)CH₃ (4) ⟹(C—S 硫醚) $PhS^{\ominus}$ (2) + BrCH₂CH₂C(=O)CH₃ (5)

这样做并没有错，只是忽略了化合物 **4** 分子中的另外一个官能团——酮，因此未看到二基团切断的机会。本章要传递的信息就是二基团切断比单基团切断好。回到合成子，还是硫合成子 **2**，但是碳合成子 **6** 会让你联想到另外一个试剂。

(4) ⟹(C—S 硫醚) $PhS^{\ominus}$ (2) + $^{\oplus}CH_2CH_2C(=O)CH_3$ (6)

二基团切断的思想是引入其他的基团从而发现更好的试剂。此处通过简单地增加一个双键，羰基可以使亲电体 **6** 成为正离子中心。

PhS⌇ 4 $\overset{C—S}{\underset{硫醚}{\Longrightarrow}}$ $PhS^{\ominus}$ 2 + $\oplus$ 6; 合成子 $\Longrightarrow$ 7; 试剂

这样可以通过硫醇负离子 **2** 对 α,β-不饱和酮 **7** 进行共轭加成生成烯醇盐中间体 **8**,然后从 PhSH 中捕获一个质子而得到化合物 **4**，同时再生亲核试剂 **2**。

$PhS^{\ominus}$ **2** + **7; 试剂** ⟶ **8** ⟶ $PhS^{\ominus}$ **2** + **4**

使用化合物 **7** 的这个路线比使用化合物 **5** 的好,有如下几个方面的原因：

1. 可以避免浪费一个溴原子作为离去基团,因为化合物 **7** 本身就有亲电性。

2. 在 C—S 键的形成中,目标分子中的两个官能团同时起到了作用。

3. 烯醇中间体 **8** 能够再生成亲核试剂 **2**,因而不需要强碱,强酸或者高温等条件,只需要催化量的弱碱即可。

4. 在这些反应条件下,化合物 **5** 也倾向于发生消除反应而生成化合物 **7**。

识别二基团 C—X 切断

关键的一步是识别两个官能团之间的关系。将带有官能团的*碳原子*进行编号,无所谓哪个是 1 号,这只不过是为了解释它们的关系。我们可以看到化合物 **4a** 有 1,3-二基团。也就是说,这个化合物中的两个官能团化的碳原子存在 1,3-关系。知道了这些,我们就可以选择共轭加成反应来对化合物 **4b** 进行切断,以化合物 **2** 和化合物 **7** 作为反应的原料。

4 --编号--> **4a** --选择切断位置--> **4b**

开始的时候你也许喜欢画出合成子,然后再选择合适的亲电试剂。通过本章的学习你会看到,每种关系都有不同的化学方法来实现,例如对于有 1,3-关联的目标分子,我们可以通过共轭加成的方式得到。这样你不需要写出合成子就可以直接找到需要的底物。这点上因人而异。

PhS⌇ 4 $\overset{C—S}{\underset{硫醚}{\Longrightarrow}}$ $PhS^{\ominus}$ 2 + $\oplus$ 6; 合成子 $\Longrightarrow$ 7; 试剂

1,3-二基团切断

既然我们选择了共轭加成，底物有一个吸电子基团就很重要，通常情况为羰基，也可能是合适位置上的氰基。这种切断方式的通式如下：

O　X　R　C—X ⟹ XH + ⊕ O R ⟹ O R

9　10　11; 合成子　12; 试剂

亲核试剂取决于杂原子。当杂原子为 O 或 S 时，碱很可能是必需的。如果杂原子为 N 时，胺本身的亲核性足以进行共轭加成。以胺基酯为例，通过标记 **13a** 上的碳原子揭示出 1,3-关联，C—N 切断给出合成这个分子的原料仲胺 **14** 和丙烯酸酯 **15**。

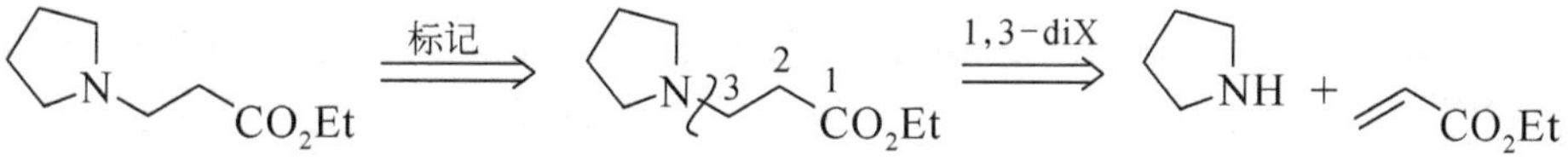

N CO_2Et　标记 ⟹　N 3 2 1 CO_2Et　1,3-diX ⟹　NH + CO_2Et

13　13a　14　15

一个潜在的问题在这时就显示出来了。在这个反应中，我们希望得到共轭加成的产物。但是，亲核试剂也可能直接进攻羰基而生成化合物 **18**，那么我们如何控制这个反应生成 1,4-共轭加成产物还是 1,2-羰基加成产物呢？总的来说，亲电试剂的反应活性至关重要。亲电性非常强的化合物如酰氯和醛会生成羰基加成产物，而亲电性较弱的酯和酮更加倾向于共轭加成。

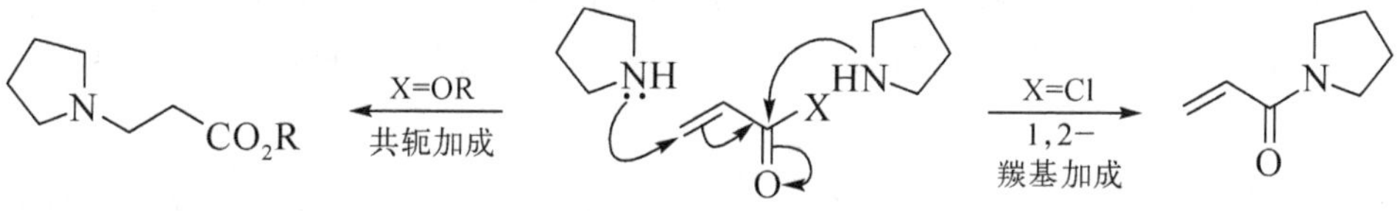

N CO_2R　X=OR 共轭加成 ⟵　NH　HN　X　O　X=Cl 1,2-羰基加成 ⟶　N O

16　17　18

如果没有羰基怎么办？

氨基醇 **19** 具有 1,3-切断关系，但是分子中没有羰基结构。我们可以通过官能团转化引入一个羰基，可以是一个酯或者醛。醛会更容易被还原为醇，但是可能发生羰基加成反应。所以我们选择酯作为官能团(各种酯都可以)。

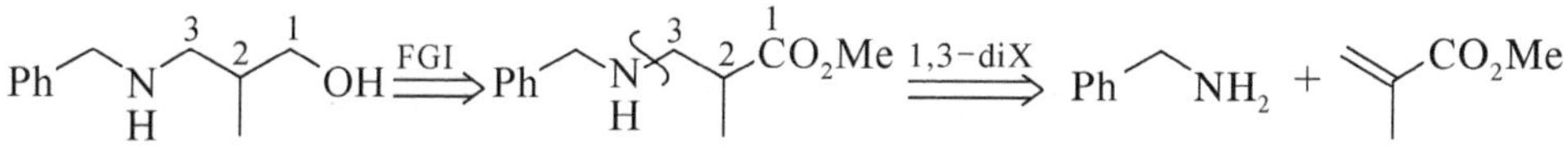

Ph N H 3 2 1 OH　FGI ⟹　Ph N H 3 2 1 CO_2Me　1,3-diX ⟹　Ph NH_2 + CO_2Me

19　20　21　22

合成很简单,我们需要 $LiAlH_4$ 来还原酯。

Ph⌒NH_2 + CO_2Me ⟶ Ph⌒N(H)⌒CO_2Me $\xrightarrow{LiAlH_4}$ **TM19**

21 **22** **20**

设想一下像二胺 **23** 这种不含 O 原子的官能团的情况该怎么办?我们不需要羰基来进行共轭加成,事实上腈好得多。因此对伯胺进行官能团转换变成氰基,然后切断到二乙胺和丙烯腈。只要将两个底物混合进行反应后,再进行催化还原或者用 $LiAlH_4$ 还原 **24** 就可以得到目标分子。

Et_2N(3)(2)(1)NH_2 $\xRightarrow{FGI}$ Et_2N(3)(2)(1)CN $\xRightarrow{1,3-diX}$ Et_2NH + CN

23 **24** **25**

1,3-双官能团化合物举例

光学纯的化合物 **26** 被用来研究傅-克酰基化反应的立体化学。通过酯键的切断,我们得到一个含有 1,3-二基团切断关系的碳骨架 **27**。但是我们需要一个羰基,因此通过官能团转化为酯 **28**,它可以通过化合物 **29** 和氯化物进行共轭加成得到。

Cl, O, O, Ph $\xRightarrow[酯]{C—O}$ Cl (1)(2)(3) OH $\xRightarrow{FGI}$ Cl (1)(2)(3)CO_2R $\xRightarrow{1,3-diX}$ CO_2R

26 **27** **28** **29**

酸也可以作为中间体进行共轭加成反应并可以通过奎宁盐来拆分。HCl 的共轭加成是成功的,然后酸可以通过 $LiAlH_4$ 还原成醇后再按一般的方法进行酯化。[1]

CO_2H $\xrightarrow{HCl}$ Cl CO_2H $\xrightarrow[奎宁盐]{拆分}$ Cl CO_2H $\xrightarrow[2.\ PhCOCl,\ 吡啶]{1.\ LiAlH_4}$ **(+)-TM26**

29 **28** **(+)-28**

胺基醚 **30** 包含一个七元环,具有 1,3-关联结构,但是没有羰基结构。我们可以先将七元环脱掉,然后在 3 号 C 的位置加入一个羰基。更简短的合成方法则来自腈 **31**,可以将醇 **32** 作为一个整体加成到丙烯腈 **25**。

O(3)(2)(1)NH_2 $\xRightarrow{FGI}$ O(3)(2)(1)CN $\xRightarrow{1,3-diX}$ OH + CN

30 **31** **32** **25**

这是一个简单的两步合成，腈通过催化氢化还原得到目标分子。[2]

32 + 25 —NaOMe→ 31; 76% 收率 —H_2, Rh/Al_2O_3→ **TM30** 76% 收率

1,2-二基团切断

1,2-二基团切断是一种用第二个官能团来得到亲电的碳原子的方法。化合物 **36** 可以切断为常规的杂原子亲核基团和一个合成子 **37**。氨基，巯基，烷氧基-醇等(**33～35**)都适用于这种方式。

33 **34** **35** **36** —1,2-diX⇒ $X^{\ominus}$ + **37**

如果不能立即看出用什么试剂来满足合成子 **37** 的结构，你并不孤单。我们怎么样才能用 **1** 号碳上的羟基来使 **2** 号碳具有亲电性？一种方法是你可以想象一下如果你得到了合成子 **37**，接下来会发生什么？**38** 会很快环化成三元环 **39**，然后失去一个质子形成环氧化合物 **40**。环氧化合物是有张力的醚，可以与胺 **41** 反应而得到 **42**，从而得到氨基醇 **33**。

38 → **39** —$-H^{\oplus}$→ **40**　**41** → **42** —$\pm H^{\oplus}$→ **33**

不论亲核试剂进攻这个环氧的哪个位置，得到的都是化合物 **42**。如果像化合物 **43** 和 **45** 那样在一端有取代基团，我们仍然可以进行 1,2-二基团切断为同一个环氧 **44**。这很显然是个问题。通常情况下，亲核试剂进攻三元环 **46** 取代基较少的位置，这样我们只能合成 **45**，而不能合成 **43**。

43 —1,2-diX⇒ **44**　**45** —1,2-diX⇒ **44**　$X^{\ominus}$ + **46** → **45**

化合物**47**在羰基氧化水平的切断给出不同的合成子**48**,对应的最好的试剂是α-卤代羰基化合物**49**。初步看来这像一个单官能团切断,其实不然,这里有两个原因。羰基的存在使得卤素的S_N2取代反应变得非常快。化合物**49**可以从酮**51**,在酸的催化下卤化烯醇**50**来制备。

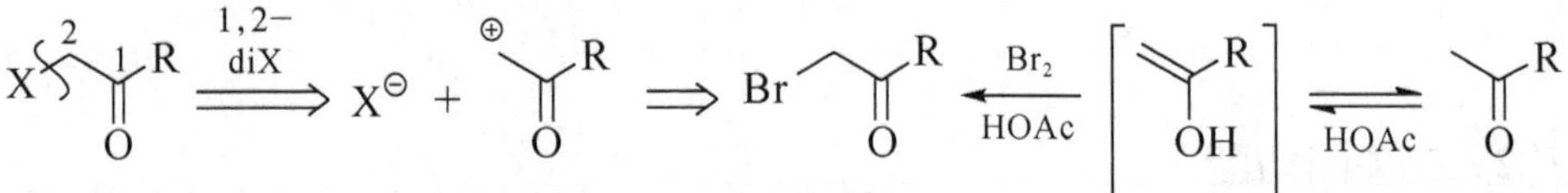

1,2-diX; $X^{\ominus}$; Br_2; HOAc; HOAc

47 **48** **49** **50** **51**

1,2-双官能团化合物举例

醚**52**被用来研究克莱森重排反应。通过1,2-二基团切断,**52**可以通过化合物**53**的负离子进攻环氧化合物**54**中位阻较少的一端得到。

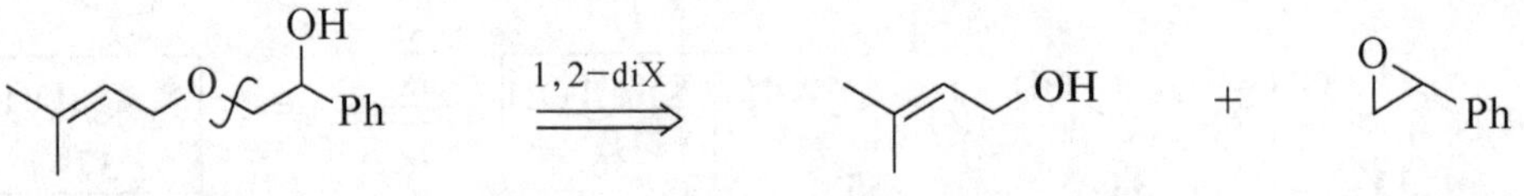

1,2-diX

52 **53** **54**

烯醇**53**用NaH来处理得到负离子**55**,然后与从苯乙烯制得的环氧化合物**54**进行反应。[3]

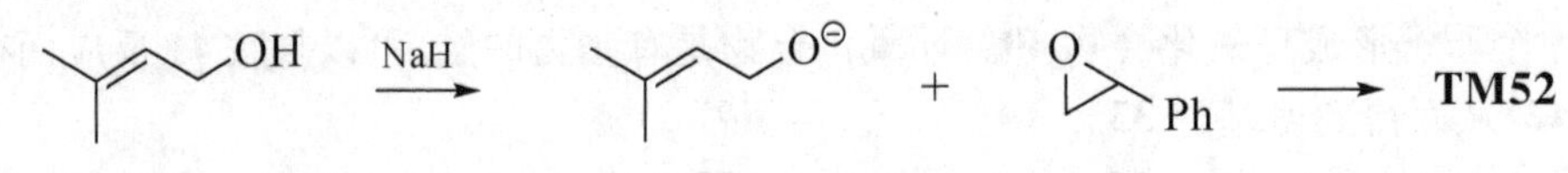

NaH → TM52

53 **55** **54**

像酯**56**这样的化合物曾在第四章中简要介绍过。现在我们可以通过1,2-二基团切断来设计它们的合成。这里的亲电试剂是α-卤代羰基化合物**57**,亲核试剂是羧酸的负离子。

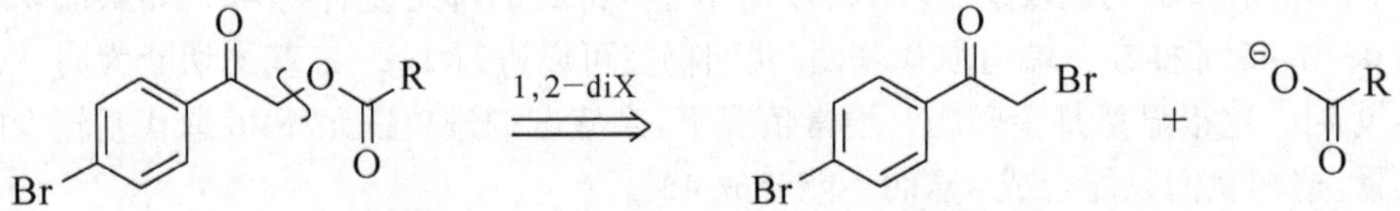

1,2-diX

56 **57** **58**

溴代物**57**可以通过**59**的溴化反应制得。只需要在很弱的碱($NaHCO_3$)存在下,就可以将羧酸转变为羧酸负离子。这个反应表明α-卤代羰基化合物有多高的活性,因为羧酸负离子的亲核性是非常弱的。化合物**56**是羧酸衍生物,它的结晶度非常好,可以用来表征或者纯化相应的酸。[4]

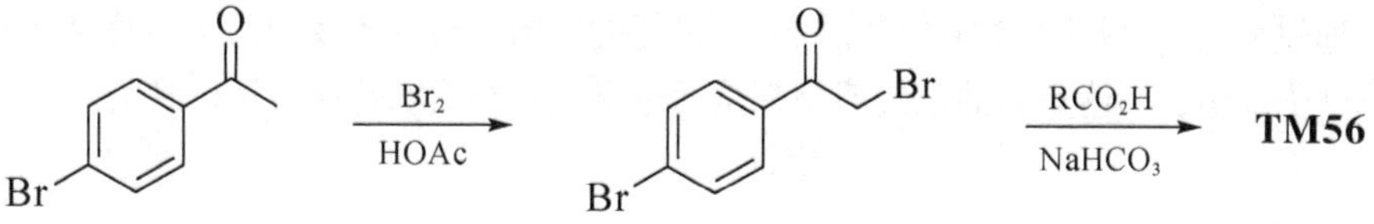

$\xrightarrow[HOAc]{Br_2}$　$\xrightarrow[NaHCO_3]{RCO_2H}$ **TM56**

59　**57**

辉瑞公司出品的抗菌药物氟康唑 **Fluconazole 60** 是说明这个切断的重要性的一个更好的例子。[5] 在这个分子中的 N 原子和 OH 官能团之间有两个相似的 1,2-二基团切断。你可能认为，我们可以用同样的方式来切断这两个部分，其实不然。第一个切断很简单：我们可以让三唑 **62** 来进攻环氧化合物 **61** 较少位阻的一侧。

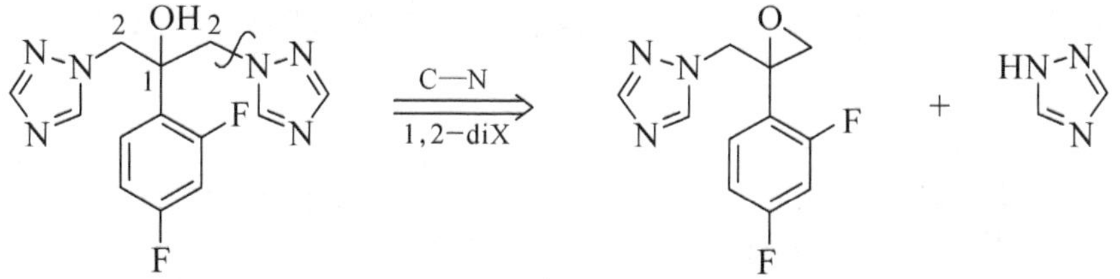

C—N 1,2-diX

60; 氟康唑　**61**　**62; 三唑**

但是怎么来合成环氧化合物 **61** 呢？很明显，可以通过化合物 **63** 的氧化反应得到，而化合物 **63** 可以通过酮 **64** 的 Wittig 反应（见第十五章）或者直接通过硫叶立德反应得到（见第三十章）。

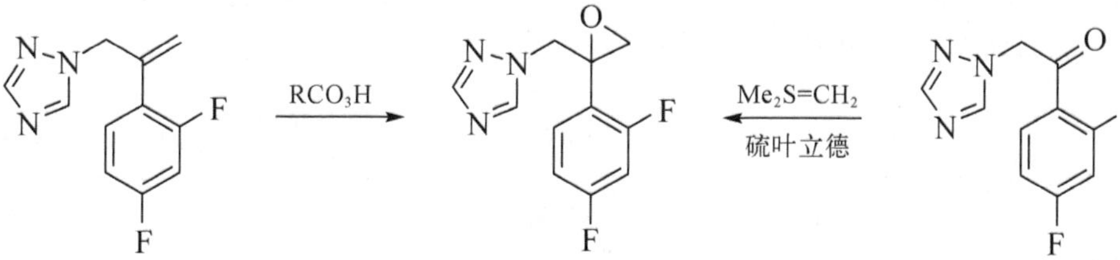

RCO_3H　$Me_2S{=}CH_2$ 硫叶立德

63　**61**　**64**

酮 **64** 仍然有一个 1,2-二基团切断的关系但是这是在羰基氧化水平上的，因此我们将其切断为三唑 **62** 和化合物 **65**。化合物 **65** 可以通过 **66** 与氯乙酰氯的傅-克反应得到。这里我们也同样用到了氯乙酰氯的 1,2-二基团切断。

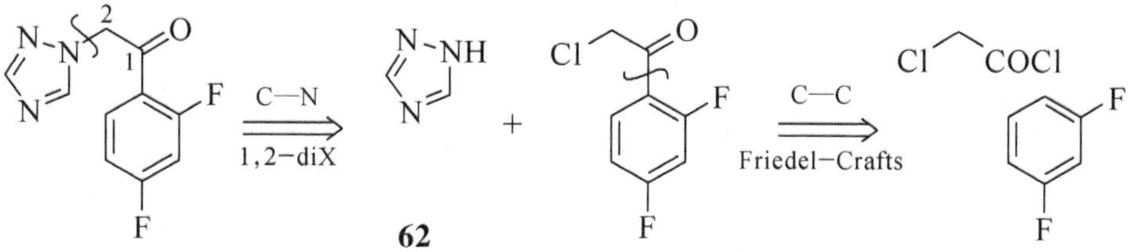

C—N 1,2-diX　C—C Friedel-Crafts　Cl⌒COCl

64　**62** 三唑　**65**　**66**

通过分析，合成化合物 **60** 只需要通过易得的原料经过 5 步反应就可以完成。这个合成例子说明了一些知名的现代药物都是通过书本中经典的合成方法得到的。[6]

1，1-二基团切断关联

1,1-二基团切断看上去比较奇怪，实际上它说明有两个官能团连接在同一个碳原子上。你已经知道如何合成缩醛 **68**：通过醛 **67** 和醇（如甲醇）在酸性条件下反应。**68a** 的两个 C—O 键均被切断。这就揭示了一个非常有价值的事实：两个杂原子连接在一个碳原子上，是在羰基的氧化水平上的（如 **67** 和 **68** 中两个 C—O 键连接在同一个碳原子上）。目标分子可能是通过羰基化合物来合成的。

合成　R—CHO (**67**) —MeOH, $H^{\oplus}$→ R–CH(OMe)(OMe) (**68**)

分析　R–CH(OMe)(OMe) (**68a**) ⇒(1,1-diX; 2 × C—O) R—CHO (**67**) + HOMe + HOMe

你可能会想，我们没有使用两个基团啊，但我们确实用了。在缩醛的生成和水解中的关键步骤就是 OR 基团被其他基团排斥。在具体的合成中，半缩醛 **69** 在质子化以后紧接着就脱去了一分子水生成化合物 **70**，第二个甲醇分子的引入才成为可能。在水解反应中，这个过程颠倒过来。缩醛“不仅仅”是醚，它们具有很高的活性，因为有两个 RO 基团连接在同一个碳原子上面。

R—CHO (**67**) —MeOH, $H^{\oplus}$→ R–CH(OH)(OMe) (**69**) ⇌($H^{\oplus}$) R–CH($OH_2^{\oplus}$)(:OMe) (**70**) ⇌ R–CH=$O^{\oplus}$Me + HOMe (**71**) ⇌($-H^{\oplus}$) R–CH(OMe)(OMe) (**68**)

如果一个碳原子上面连接的两个杂原子是相同的，最好将两个 C—X 键都切断，然后直接在原来的位置换上羰基。杂环化合物 **72** 有两个 C—N 键连在同一个碳原子上。将两个 C—X 键同时切断，得到环己酮和一个非常不稳定的亚胺 **73**。我们清楚怎么合成亚胺：羰基化合物和胺反应。因此同时切断两个亚胺，我们就得到二酮 **74** 和氨水。

72 ⇒(1,1-diX; 2 × C—N) 环己酮 + **73** (HN=C(Ph)–C(Ph)=NH) ⇒(2 × C—N; 亚胺) **74** (PhCO–COPh) + 2 × NH_3

假设你没有看到这个 1,1-二基团切断但是注意到了亚胺,**72a** 切断得到二酮 **74** 和一个非常不稳定的二胺 **75**。这时,你不可避免地要选择 1,1-二基团切断 **75**,两种切断我们得到相同的起始原料。

72a　$\xRightarrow[\text{亚胺}]{2\times \text{C—N}}$　**74** + **75**　$\xRightarrow[2\times \text{C—N}]{1,1\text{-diX}}$　**环己酮** + 2 × NH_3

具体合成中是什么样的情况呢？事实上,在第二十九和第三十九章中你将会看到,合成稳定的五元环和六元环时,这个方法非常好：你只需要将 **74** 环己酮和醋酸铵混合,以醋酸铵作为氨的来源以及酸性催化剂,就可以以很高的收率得到目标分子 **72**。[7]

如果连接在同一个碳原子上的两个基团不同且其中一个是 O 原子的话,则保留羰基的 O 原子,将另一个切断更有意义。膦酸酯 **76** 的合成就是一个例子。亲核合成子 **77** 可以通过 **78** 去质子化得到。

76　**76a**　$\xRightarrow[\text{C—P}]{1,1\text{-diX}}$　**RCHO** + **77**　$\Longrightarrow$　H—P(O)$(OR)_2$ **78**

这个反应可能比较陌生,但你可能知道化合物 **78**(R＝Et),二乙基亚磷酸盐可以买到并且可以用碱脱去质子得到负离子 **77**(画成 **79** 更好),与醛加成得到目标分子的负离子 **81**。

78 $\xrightarrow{\text{碱}}$ $^{\ominus}$P(O)$(OR)_2$ **77** ⟷ :P$(O^{\ominus})(OR)_2$ **79**　**80** ⟶ **81** ⟶ **76**

一个实际的例子就是通过 **78** 和 **82** 来合成 **83**(R＝Et)。在弱碱三乙胺的存在下,生成负离子 **79**。目标分子的负离子被铵盐质子化后以很好的收率得到目标分子。

82 + H−P(O)$(OEt)_2$ **78; R=Et** $\xrightarrow{Et_3N}$ **83; 94% 收率**

二官能团切断法在全合成分析中的初步探讨

天然产物瓶子草素(sarracenin) **84** 的多环笼状结构使这个分子初看来是一个很可怕的目标合成分子。随着这本书继续讨论,识别碳骨架的连续片段越来越重要,最首要的就是切断结构性的 C—X 键,应该优先选择二基团切断。这个策略用在这里特别好。**84** 的骨架结构中有很多的 C—O 键。一个非常明显的 1,1 -二基团 C—O 切断在 **84** 中用黑色的小球标出。该处的缩醛隐藏着一个羰基。**84** 中的黑色标注部分对应 **85** 中的醛,缩醛切断后得到减少了两个环的 **85**。

掩蔽的 C=O　**84; (−)-sarracenin**　$\xRightarrow[\text{缩醛}]{1,1\text{-diX}}$　**85**　$\xRightarrow[\text{半缩醛}]{1,1\text{-diX}}$　**86**

$\xRightarrow[\text{烯醇互变}]{\text{FGI}}$　**87**　$\xRightarrow{\text{重画结构}}$　**88**　$\Longrightarrow$　**89**

进一步的观察可以发现分子 **85** 中包含着一个半缩醛的结构,切断后得到了烯醇 **86**。将烯醇结构转变后得到了一个结构简单一些的分子 **87**。这时已经没有了任何的环状结构。事实上,当重新画出分子的结构 **88** 时,我们发现了一些碳骨架的连续片段。在已经发表的合成中,[8] 右边的两个醛重新连接为一个烯,左边的醇和醛连接为另一个,得到化合物 **89**。这个分子看上去比 Sarracenin **84** 简单了很多,但其实它们具有相同数目的碳原子。我们会在第二十七章中继续介绍重新连接的合成策略。

（许智　译）

参考文献

1. T. Nakajima, S. Masuda, S. Nakashima, T. Kondo, Y. Nakamoto and S. Suga, *Bull. Chem. Soc. Jpn.* 1979, **52**, 2377.
2. M. Freifelder, *J. Am. Chem. Soc.*, 1960, **82**, 2386.

3. J. L. J. Kachinasky and R. G. Salomon, *Tetrahedron Lett.*, 1977, 3235.
4. J. B. Hendrickson and C. Kandall, *Tetrahedron Lett.*, 1970, 343; W. L. Judefind and E. E.. 0Reid, *J. Am. Chem. Soc.*, 1920, **42**, 1043.
5. K. Richardson, *Contemporary Organic Synthesis*, 1996, **3**, 125.
6. *Sandwich Drug Discoveries*, Pfizer technical booklet, 1999.
7. E. J. Corey, R. Imwinkelried, S. Pikul and Y. B. Ciang, J. Am. Chem. Soc., 1989, **111**, 5493; E. J. Corey, D. -H, Lee and S. Sarshar, *Tetrahedron: Asymmetry*, 1995, **6**, 3; S. Pikul and E. J. Corey, *Org. Synth.*, 1993, **71**, 22.
8. M. -Y. Chang, C. -P. Chang, W. -K. Yin and N. -C. Chang, *J. Org. Chem.*, 1997, **62**, 641.

第七章　策略Ⅲ：极性的反转，环化反应，策略小结

本章将更深入地探讨从第四至第六章讨论中引申出来的两个战略性问题。

极性反转

环氧化合物和α-卤代羰基化合物的合成

在第六章中，根据目标分子的切断方式，需要用到三种类型的合成子。1,3-切断只需要合成子 **2**；1,2-切断有两个相关的合成子 **5** 和 **8**；而 1,1-切断也有两个合成子 **11** 和 **14**。1,3-切断和 1,1-切断的合成子利用羰基的亲电性很容易转变为试剂 **3**、**12** 和 **15**。但合成子 **5** 和 **8** 却不容易转变：试剂 **6** 和合成子 **5** 并不相似，合成子 **8** 不稳定，所以这些中间体无法制备。

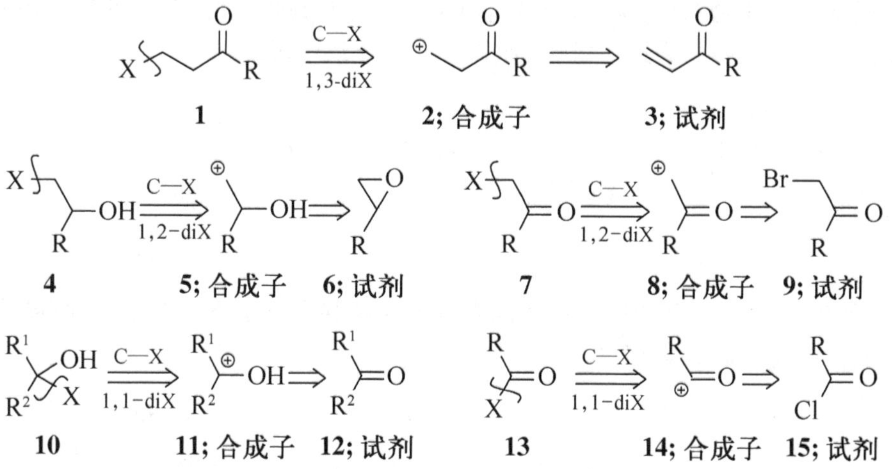

C—X, 1,3-diX

1　　**2; 合成子**　　**3; 试剂**

C—X, 1,2-diX

4　　**5; 合成子**　　**6; 试剂**　　**7**　　**8; 合成子**　　**9; 试剂**

C—X, 1,1-diX

10　　**11; 合成子**　　**12; 试剂**　　**13**　　**14; 合成子**　　**15; 试剂**

我们利用环氧化合物 **6** 代替合成子 **5**，α-卤代酮 **9** 代替 **8** 解决了以上问题：这两个看似不同的模式其实基于同一原理——这就是本章所要讲解的。以 **8** 为例很容易说明这个问题：即正离子逆转为负离子，因为羰基化合物 **18** 和烯醇 **17** 可以互变，本身具有很高的活性，由此可以发现合成子 **16**。[1] **18** 用 Br_2 在酸性条件处

理能选择性地生成在所需位置上亲电的α-卤代酮 **9**。

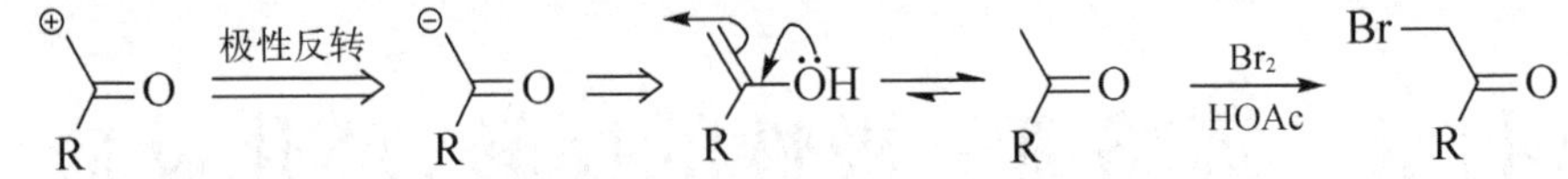

极性反转　Br₂ HOAc

8; 合成子　**16; 合成子**　**17; 烯醇**　**18; 试剂**　**9; 试剂**

环氧化合物 **6** 是亲电的，但是从何而来呢？环氧化合物最重要的一种制备方法是由烯烃 **19** 用过氧酸 **21** RCO_3H 氧化得到的。烯烃是亲核性的：[2] 与 Br_2 反应成二溴化合物 **20**，而与亲电试剂过氧酸 **21** 反应成环氧化合物。与前面一样，该类反应也是将亲核性的烯烃转变为亲电的衍生物。最常用的过氧酸是间氯过氧苯甲酸 mCPBA，但也有很多其他的试剂。

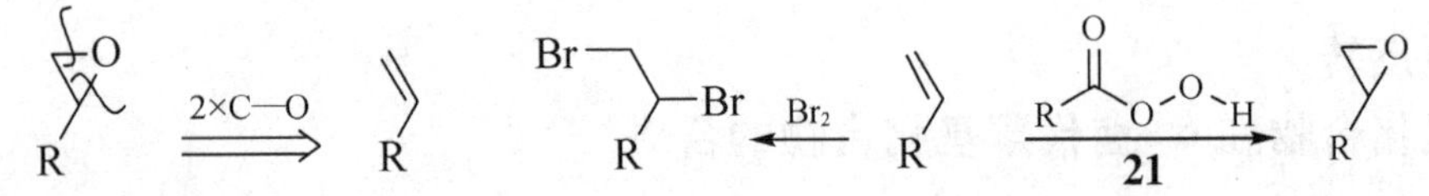

2×C—O　Br_2

6; 环氧化合物　**19; 烯烃**　**20**　**19; 烯烃**　**21 过氧酸**　**6; 环氧化合物**

酮的卤代

酮的卤代必须在酸溶液中进行才能避免多卤化。[1] 知道这点后再合成第六章中用来做羧酸衍生物的化合物 **22** 就简单了：只要注意到化合物 **23** 苯环上两个基团的定位效应就很容易联想到利用 Friedel - Crafts 反应切断。

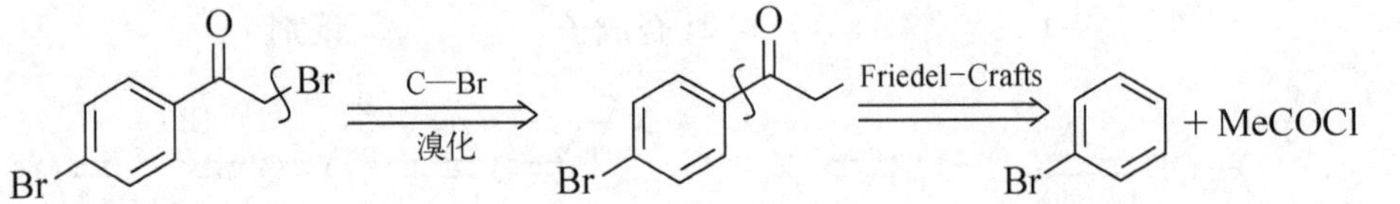

C—Br 溴化　Friedel-Crafts　+ MeCOCl

22　**23**　**24**

合成很简洁：苯环上的溴化在没有 Lewis 酸存在下是不会发生的，而烯醇和 Br_2 的反应则不需要添加任何催化剂。[3]

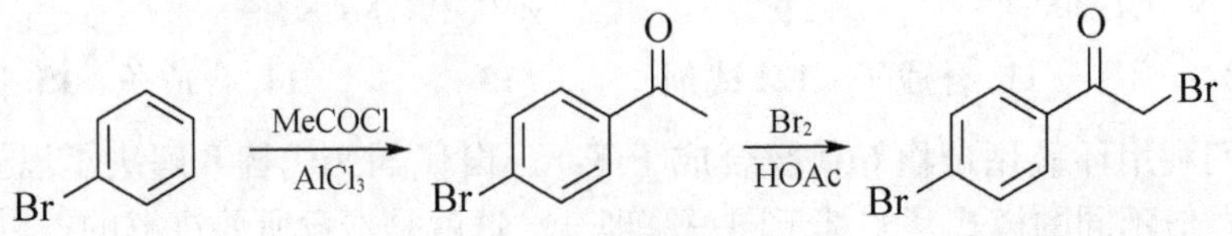

MeCOCl $AlCl_3$　Br_2 HOAc

24　**23; 79% 收率**　**22; 72% 收率**

由于酮的烯醇化只能发生在一边，所有溴化是唯一的。一般来说该反应只适合对称的酮[4]（如 **25**），或者一端封闭的（如 **23**，**27**），[5] 或者烯醇式有位置选择的[6]（如 **29**）。

25 → (Br_2, HOAc) → **26**　**27** → (Br_2, HOAc) → **28**　**29** → (Br_2, HOAc) → **30**

酸的卤代

由于酸的烯醇结构只能在一边，所以它的卤化是唯一的。Br_2 和 PCl_3 或者 Br_2 和红磷是两个可行的方法。酸用 PCl_3 处理转变成酰氯，用 PBr_3 处理成酰溴，PBr_3 是在红磷和 Br_2 的混合物中形成的。反应混合物用水进行后处理后，以很高的收率得到化合物 **34**。[7]

31 → (Br_2, PCl_3) → [**32**] → (Br_2) → [**33**] → (NaOH, H_2O) → **34; 86% 收率**

如果用醇去淬灭反应，只有酰卤能发生反应，这是一个制备 α-溴酯 **38** 的简单方法。水和醇在 S_N2 反应中的亲核性远不及它们和酰卤的反应活性，所以该类反应不会生成化合物 **39**。

35 → ($SOCl_2$ or PCl_5) → [**36**] → (Br_2) → [**37**] → (MeOH) → **38**　[**39**]

很多 α-氯代酸已经商业化（如氯乙酸、氯丙酸等），氯乙酰氯 **41** 在工业上已经大规模生产。[8]用来生产一些四氮唑兴奋剂的 α-氯代酰胺 **40** 按如下切断是最佳选择，因为 **41** 非常便宜。[9]

40 ⇒ (C—N 酰胺) ⇒ **41** + **42** ⇒ (C—N 硝化) ⇒ **43; 苯胺**

在硝化之前最好用乙酰基保护苯胺，这样可以避免氧化和多硝化，并且减少了邻位硝化产物。化合物 **45** 的收率是指在和邻位异构体分离后的产率。[10] 注意在最后一步反应中氮和氧一样，更易进攻酰基而不是烷基氯。

43 $\xrightarrow{Ac_2O}$ **44; 80% 收率** $\xrightarrow[H_2SO_4]{HNO_3}$ **45; 60% 收率** $\xrightarrow[H_2O]{H^{\oplus}}$ **42; 96% 收率** $\xrightarrow{\mathbf{41}}$ **TM40 62% 收率**

环化反应

一般来讲，分子内的反应要比分子间的反应更易进行：熵是主要因素。在第六章中我们已经讨论过从酮到缩醛，用二醇 **47** 比甲醇要容易。反应平衡趋向环合的缩醛 **48** 而不是甲基缩醛 **46**。原因是生成 **48** 只要两个分子（酮和二醇），而生成 **46** 需要三个分子（即两个甲醇分子和酮分子）。熵是一个热力学因素。

46 $\underset{}{\overset{H^{\oplus}}{\rightleftharpoons}}$ MeOH + $R_2C{=}O$ + **47** $\overset{H^{\oplus}}{\rightleftharpoons}$ **48**

生成三元环、五元环、六元环、七元环的速率要大于相关的双分子反应的速率。这是动力学控制的，但熵的减小（环合过程中自由能的减少）也是一个因素。用两个不同的醇来制醚的收率一般很低，即使反应进行了，得到的也只是由各个醇自身生成的醚以及混合醚 **51** 在内的三个醚的混合物。

49 + **50** $\xrightarrow{H^{\oplus}}$ **51**

二醇分子内关环反应则完全不同。分子内关环的速率高很多，因此即使这个看似不可能的反应也能进行得很好，也不会有选择性的问题。**52** 上氮原子的侧链即使不同也一样能得到 **53**，而与哪个羟基质子化或哪个羟基亲核进攻无关。母核是吗啡啉 **54**，这个结构单元存在于很多的药物分子中比如麻醉药苯吗庚酮[11] **55**。

52 $\xrightarrow{H^{\oplus}}$ **53**　　**54; 吗啡啉**　　**55; 苯吗庚酮**

合成这些化合物所需的二醇，通过化合物 **56** 的 1，2 -切断分析，可以由胺

RNH_2 和两分子环氧乙烷来制备。因为环氧乙烷要反应两次，所以必须过量。二醇 **56** 在酸性条件下环化。[12]

HO　OH　N　R　$2 \times$ C—N　1,2-diX　O　O　RNH_2

56

环化反应能够使一些本来在双分子反应中不适用而被淘汰的反应变得可行。**58b** 在醚键上切断后得到的绝对合理的二醇 **59** 很容易进行关环。但制备 **59** 的过程中却存在邻位和对位的选择性问题，也许更倾向于生成本来不需要的对位异构体。

O　Cl　R　a　C—C　Friedel-Crafts　O　a　b　R　b　C—O　醚　OH　OH　R

57　**58**　**59**

考虑到中间体[13] **61** 的不稳定性，我们通常不会选择 **58a** 切断。但 **61** 的不稳定指的是它很容易关环转变为 **58**。事实上，**61** 很难分离出来，即使在 35°C 下也会转变为 **58**。

OH　RCHO　HCl　O　Cl　R　35℃　O　R

60　**61**　**58; 95% 收率**

制备西地那非（Sildenafil，即伟哥，Pfizer 公司用来治疗男性 ED 的药）的最后一步堪称一个戏剧性的例子。**62** 的环合必须是酰胺上的氮原子进攻另一个酰胺上的羰基 C 原子（如箭头所示），这是一个异常困难的反应：因为酰胺是弱亲电性的也是弱亲核性的。但反应收率却达到 90%，[14] 这正是由于此处是分子内反应。

62　EtO　O　H_2N　O　Me　N　N　N　H　Pr　O=S=O　N　NMe　t-BuOK　t-BuOH　回流　EtO　HN　O　Me　N　N　N　Pr　O=S=O　N　NMe

63;
西地那非
90.2% 收率

二酰胺**62**在叔丁醇中回流几个小时，以叔丁醇钾作为催化剂，反应过程中有亲核性的胺负离子参加反应。反应后用水稀释，用 HCl 中和到 pH＝7.5 得到纯的**63**。

策略小结

我们在第一章给出了合成策略的梗概(骨架)，现在可以用第二到第七章中的很多要点使之具体(赋予它们生命)。本书在后面还有更全面的描述(概括)。

分析：

1. 在目标分子中找出主要官能团。

2. 用已知的可靠反应进行切断，若需要时利用官能团转化找到合适的官能团。切断：

(a) 连接芳香环和分子其他部分的键，如 Ar—X，Ar—C(第二章和第三章)。

(b) 所有的 C—X 键(第四章)尤其是：

(i) 与酰基相连的键 RCO—X(第四章)；

(ii) 用双基团切断(第六章)；

(iii) 饱和环中易于关环的(第七章)。

3. 再次强调原料易得的重要性。

合成：

1. 按顺序画出合成路线，并添加所有的试剂和反应条件。

2. 检查顺序是否合理。

3. 检查化学选择性是否合理(第五章)，若有必要添加保护基(第九章)。

4. 根据 2 和 3(以后又根据未能预测的实验失败或成功)修正路线。

实例：沙丁胺醇

治疗哮喘药沙丁胺醇 Salbutamol **64**(GSK 公司，亦称喘乐宁)和肾上腺素**65**结构类似。多出的碳原子(**64**中用黑点标出的)避免了对心脏的毒副作用，叔丁基使药效更长久。

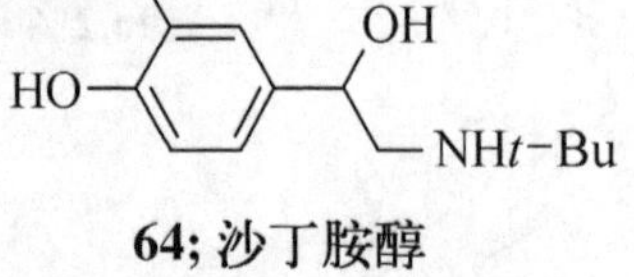

64; 沙丁胺醇 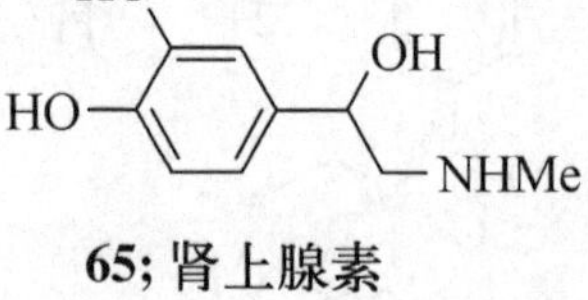　　　　**65; 肾上腺素**

沙丁胺醇有三个羟基和一个氨基，但是仅有的二官能团切断是在 **64a** 上切断 C—N 键，以环氧化合物 **66** 为原料。这个方法是可行的，但存在一个化学问题，我们将在第 30 章中讲解。

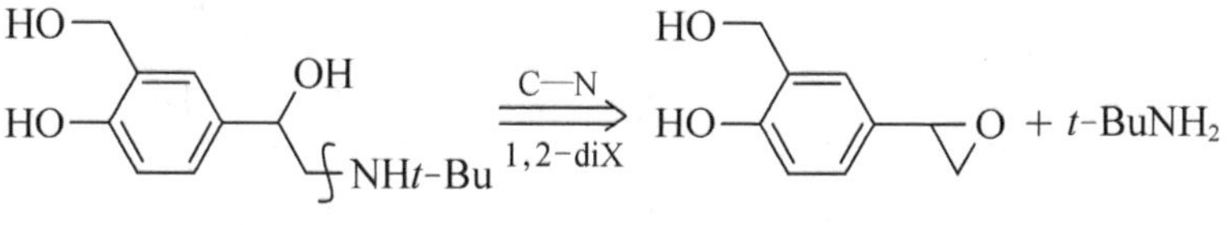

HO— HO— OH NHt-Bu C—N ⟹ 1,2-diX HO— HO— O + t-BuNH$_2$

64a **66**

另一条路线是通过 FGI 回到酮 **67**，然后是 α-溴代酮 **68**，它可以用本章前面讨论的方法从酮 **69** 来制备。制备 **69** 显然要用到傅-克酰化，但怎样制备二醇 **70** 呢？在第三章我们讲过制备邻位取代芳香化合物最好的策略是用可得的邻位芳香化合物。这里显然是水杨酸 **71**。

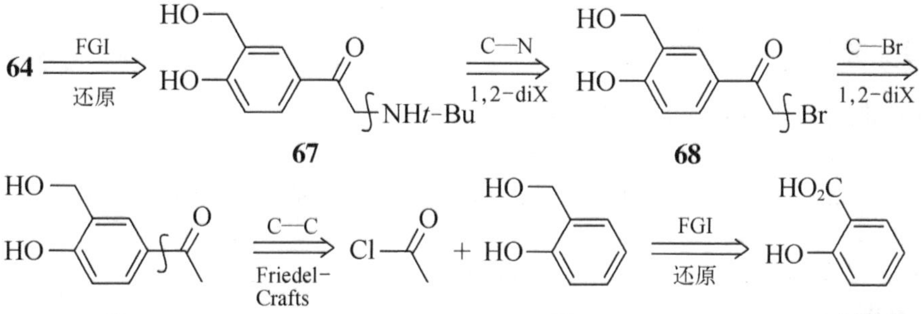

64 FGI ⟹ 还原 HO— HO— O NHt-Bu C—N ⟹ 1,2-diX HO— HO— O Br C—Br ⟹ 1,2-diX

67 **68**

HO— HO— O C—C ⟹ Friedel-Crafts Cl— O + HO— HO— FGI ⟹ 还原 HO$_2$C HO—

69 **70** **71; 水杨酸**

对第三章提及的酮 **73** 进一步研究发现它可以从阿司匹林 **72** 经过傅-克反应得到。因为有两个还原反应（即酸和酮），它们可以放在最后一步完成。所以路线变成了：

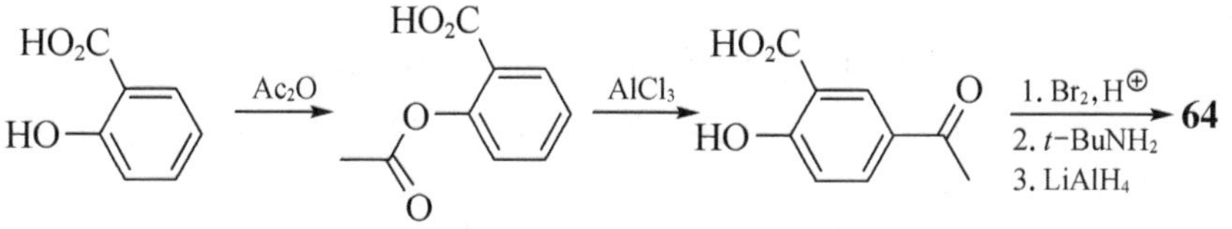

HO$_2$C HO— Ac$_2$O ⟶ HO$_2$C O O AlCl$_3$ ⟶ HO$_2$C HO— O 1. Br$_2$, H$^{\oplus}$ 2. t-BuNH$_2$ 3. LiAlH$_4$ ⟶ **64**

71; 水杨酸 **72; 阿司匹林** **73**

再来检查一下化学选择性问题，由于 α-溴代酮 74 的活性很高，可能会与胺发生两次烷基化，所以最好将胺用苄基保护，苄基可以用催化氢化脱除。通过实验发现 73 的溴化在中性条件下比在酸性条件下效果更好。最后的合成路线如下：

73 $\xrightarrow[CHCl_3]{Br_2}$ 74 $\xrightarrow{t\text{-BuNHCH}_2\text{Ph}}$ 75 $\xrightarrow{LiAlH_4}$ 76 $\xrightarrow[Pd/C]{H_2}$ 64; 沙丁胺醇

该路线短而且收率高,很好地利用了本书先前的策略,同时引申出了两个新的话题:胺的合成和保护基的使用。

（俞鸿斌　译）

参考文献

1. Clayden *Organic Chemistry*, chapter 21.
2. Clayden *Organic Chemistry*, chapter 20.
3. R. Adams and C. R. Noller, *Org. Synth. Coll.*, 1932, **1**, 109; W. D. Langley, *Ibid.*, 127.
4. P. A. Levene, *Org. Synth. Coll.*, 1943, **2**, 88.
5. O. Widman and E. Wahlberg, *Ber.* 1911, **44**, 2065.
6. E. M. Schultz and S. Michey, *Org. Synth. Coll.*, 1955, **3**, 343.
7. *Vogel*, page 722.
8. G. F. MacKenzie and E. K. Morris, *U. S. Pat.*, 1958, 2,848,491; *Chem. Abstr.*, 1959, **53**, 1151b.
9. E. K. Harvill, R. M. Herbst and E. G. Schreiner, *J. Org. Chem.*, 1952, **17**, 1597.
10. *Vogel*, page 919.
11. M. Bockmühl and G. Ehrhardt, *Liebig's Ann. Chem.*, 1948, **561**, 52.
12. N. H. Cromwell in *Heterocyclic Compounds*, ed. R. C. Elderfield, Vol 6, 1957, Wiley, New York, pp. 502 - 517.
13. A. Reiche and E. Schemitz, *Chem. Ber.*, 1956, **89**, 1254.
14. D. J. Dale, P. J. Dunn, C. Golightly, M. L. Hughes, P. C. Levett, A. K. Pearce, P. M. Searle, G. Eard and A. S. Wood, *Org. Process Res. Dev.*, 2000, **4**, 17.

第八章　胺的合成

本章所需的背景知识：脱除羰基氧原子的羰基亲核取代。

胺的合成需要单独一章来讨论，因为在第四章中用于醚、硫醚及类似化合物的 **C—X** 切断(**1a**)不能用于胺类化合物。这里的问题在于第一个烷基化产物 **2** 的亲核性和原料 **1** 至少相同(如果不是因为每个烷基的供电效应而更强的话)会进一步烷基化生成叔胺 **3** 甚至是季铵盐 **4**。只加入一个当量的碘甲烷来控制反应是不起作用的，因为生成的产物 **1** 会和原料 **2** 争夺碘甲烷。

$RNHMe$ (**1**)　　$RNHMe$ (**1a**) $\xRightarrow{C—N}$ RNH_2 (**2**) + Me—I　没有实际用途

RNH_2 (**2**) $\xrightarrow{MeI}$ $RNHMe$ (**1**) $\xrightarrow{MeI}$ $RNMe_2$ (**3**) $\xrightarrow{MeI}$ $RN^{\oplus}Me_3$ $I^{\ominus}$ (**4**)

这个简单的通过胺和烷基卤反应的烷基化反应偶尔可以用来合成比原料亲核性弱的产物。这可能是电子方面的原因：甘氨酸 **6** 可以通过氨和 **5** 的烷基化来制备，因为它主要以两性离子 **7** 的形式存在，不再有亲核性的氮原子。也可能是位阻的原因：在第七章中提到的 α-卤代酮 **8** 和有空间位阻的胺 **9** 的烷基化以很好的收率得到了位阻效应更大的胺 **10**，并且没有季铵盐生成。如果是环化反应也会进行得很好(第七章)。

$ClCH_2CO_2H$ (**5**) $\xrightarrow{NH_3}$ $H_2NCH_2CO_2H$ (**6; 甘氨酸**) $\rightleftharpoons$ $H_3N^{\oplus}CH_2CO_2^{\ominus}$ (**7; 两性离子**)

8 (HO, HO_2C, Br) $\xrightarrow[\textbf{9}]{t\text{-BuNHCH}_2\text{Ph}}$ **10** (HO, HO_2C, Ph, N*t*-Bu)

更加常用的方法是通过和羰基化合物反应来代替烷基化。此类反应通常只发生一次，在大多数时候不会再次发生。因为生成的产物，如酰胺 **12** 和亚胺 **15**，比原料胺的亲核性低很多，这些产物被还原为目标胺。酰胺路线局限于分子结构中有和氮原子相连的亚甲基胺 **13**，而亚胺的方法，即还原胺化反应，则很常用。[1] 这是制备胺类化合物的最为重要的方法，最近的一项调查显示制药工业生产的大多数的胺都是用这种方法制备的。

R^1COCl (**11**) $\xrightarrow{R^2NH_2\ \mathbf{2}}$ R^1CONHR^2 (**12; amide**) $\xrightarrow[\text{或}BH_3]{LiAlH_4}$ $R^1CH_2NHR^2$ (**13**)

R^1COR^2 (**14**) $\xrightarrow{R^3NH_2}$ $R^1C(=NR^3)R^2$ (**15; imine**) $\xrightarrow[\text{或}NaB(CN)H_3\ \text{或}NaB(OAc)_3H]{H_2,\ \text{催化剂}}$ $R^1CH(NHR^3)R^2$ (**16**) 还原胺化

在应用 C—N 切断以前首先要做一个初步的官能团转换。胺 **17** 可以从酰胺 **18** 或亚胺 **21**，也就是从两种不同的胺 **20** 或 **22** 与两种不同的羰基化合物 **19** 或 **23** 来制备。这些方法是很通用的。

17 (a) (b) $\xRightarrow[\text{还原}]{FGI(a)}$ **18** $\xRightarrow[\text{酰胺}]{C—N}$ **19** Cl H_2N **20**

17 $\xRightarrow[\text{还原}]{FGI(b)}$ **21** $\xRightarrow[\text{亚胺}]{C—N}$ **22** NH_2 O **23**

胺 **17** 的一个已经发表的合成方法是还原胺化。[2] 注意没有必要通常也不值得分离相当不稳定的亚胺，因为 $NaBH_3CN$ 或 $NaBH(OAc)_3$ 还原是在亚胺形成的条件下发生的。[3] 亚胺和起始原料平衡存在，需要略微酸性的条件，因为质子化的亚胺比醛或酮能更快地被还原。这两种还原剂在 pH 5 以上是稳定的。

22 NH_2 + O **23** $\xrightarrow[HOAc,\ NaOAc]{NaBH_4}$ **TM17; 63% 收率**

通过酰胺的方法合成的一个例子是环状化合物 **24**。在 **25** 的支链上加一个羰基，使我们可以用易得的哌啶 **26** 作为原料。再催化还原酰胺 **25**，以 92%的收率得到 **24**。[4]

N　FGI 还原 ⟹　O N　C—N 酰胺 ⟹　NH + RCOCl

24　**25**　**26**

还原胺化

这种最常用的合成胺的方法可以用来合成伯胺、仲胺或叔胺，只要能够和醛或酮形成亚胺即可。但是叔碳原子不能用还原胺化的方法连接到氮原子上，因为叔碳上不可能有羰基。这个方法是在醛 **27** 或酮的存在下选择性还原亚胺 **28**，而催化氢化则选择性地还原亚胺 **28**，因为亚胺的 C ═ N 键比醛或酮的 C ═ O 键弱。

R^1CHO (O, R^1, H) ⇌ (R^2NH_2) N-R^2, R^1, H ⇌ ($H^{\oplus}$) H, $N^{\oplus}$, R^2, R^1, H → (还原) H, N, R^2, R^1, H, H

27　**28**　**29**　**30**

常规的亲核性还原剂如 $NaBH_4$ 更容易还原亲电性更强的醛 **27**，而不是亚胺 **28**。它们必须在能够形成亲电性更强的亚胺盐 **29** 的略带酸性(pH 5～6)的溶液中使用。但是像 $NaBH_4$ 一类的还原剂在酸性溶液中不稳定，分解放出氢气。这就是为什么使用改进的硼氢化合物[$NaB(CN)H_3$ 或 $NaB(OAc)_3H$]的原因。吸电性的 CN 或 OAc 削弱了硼原子上氢的亲核性，使之能够选择性地还原亚胺，并使其在酸中稳定。

如果亚胺足够稳定，可以分离，[5] 像二芳基亚胺 **32** 或拥挤的脂肪胺 **35**，可以用 $NaBH_4$ 来还原，因为这时没有来自未反应的醛的竞争。

O, Ar^1, H → (Ar^2NH_2) N-Ar^2, Ar^1, H → ($NaBH_4$) HN-Ar^2, Ar^1　　OHC → (t-$BuNH_2$) t-BuN

31　**32**　**33**　**34**　**35**

还原胺化法合成伯胺

这里所用的胺可以是氨水，但未取代的亚胺 **36** 非常不稳定。通常用醋酸氨作为氨的来源，并且能够同时达到用 $NaB(CN)H_3$ 或 $NaB(OAc)_3H$ 还原胺化所需要的 pH。醛 **37**(R^2＝H)或酮 **37** 都可以应用于这个反应。

还原胺化法合成仲胺

例 **17**、**30** 和 **33** 说明了怎样用醛来制备仲胺。酮可以用来制备类似 **40** 的胺，

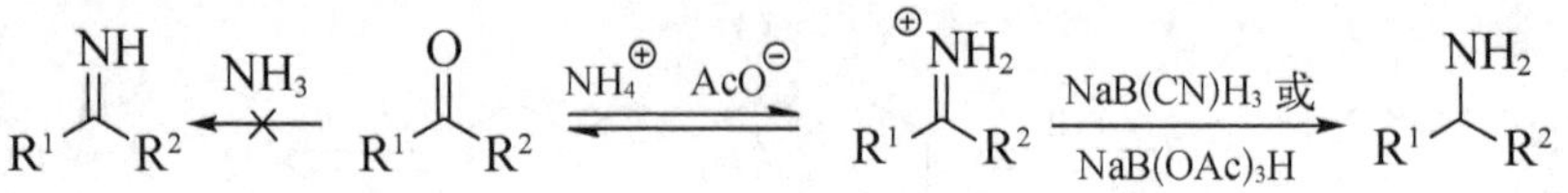

NH NH_3 O $NH_4^{\oplus}$ $AcO^{\ominus}$ $^{\oplus}NH_2$ $NaB(CN)H_3$ 或 $NaB(OAc)_3H$ NH_2

R^1 R^2 R^1 R^2 R^1 R^2 R^1 R^2

36 **37** **38** **39**

两者都可以通过切断 **28a** 和 **41** 来实现。如果和氮原子相连的两个碳原子中的一个是叔碳，那么肯定是 **30** 中的 R^2 或 **40** 中的 R^3，因为叔碳中心不可能通过还原来建立。

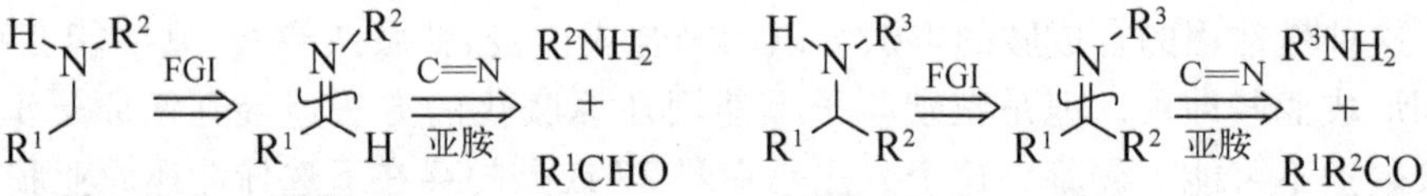

H N R^2 R^1 FGI N R^2 R^1 H C=N 亚胺 R^2NH_2 + R^1CHO H N R^3 R^1 R^2 FGI N R^3 R^1 R^2 C=N 亚胺 R^3NH_2 + R^1R^2CO

30 **28a** **40** **41**

还原胺化方法合成叔胺

乍一看似乎叔胺不能通过还原胺化的方法来合成，因为不能形成亚胺。如果一个仲胺如哌啶 **42** 和醛反应，形成的产物是烯胺 **44** 而不是亚胺。但是细想：烯胺 **44** 是亚胺盐 **45** 去质子化形成的，而这正是和 $NaB(CN)H_3$ 或 $NaB(OAc)_3H$ 反应得到叔胺 **46** 所需要的。因此这里没有什么问题。

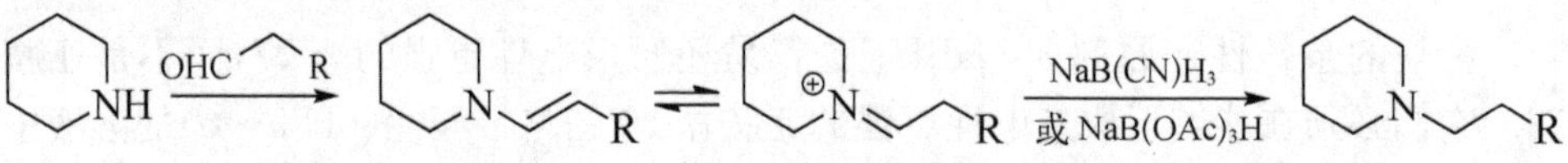

NH OHC R N R N R $NaB(CN)H_3$ 或 $NaB(OAc)_3H$ N R

42 **43** **44; 烯胺** **45; 亚胺盐** **46**

这些切断是很直接的：在对叔胺 **47** 或 **49** 进行官能团转换后，画出亚胺盐 **48** 或 **50**，按照一般的方法来切断 C═N。至于画哪种亚胺，你通常会有三种选择。当有一个取代基是叔取代基时，这个选择就不存在。我们不久将会探索到这个问题。

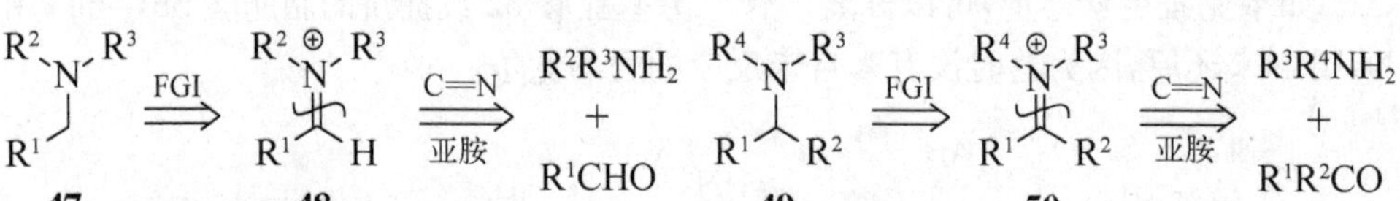

R^2 N R^3 R^1 FGI R^2 N R^3 R^1 H C=N 亚胺 $R^2R^3NH_2$ + R^1CHO R^4 N R^3 R^1 R^2 FGI R^4 N R^3 R^1 R^2 C=N 亚胺 $R^3R^4NH_2$ + R^1R^2CO

47 **48** **49** **50**

合成胺的其他方法

烷基化制备伯胺

方法之一是直接用氮亲核试剂进行烷基化。初步官能团转化将 **51** 逆推为烷基叠氮 **52**，使得可以进行 C—N 切断成烷基卤和叠氮负离子 **54**。这个有趣的物种是直线型的，可以像飞镖一样滑进拥挤的分子中。但是有一个缺点：所有的叠氮化合物都有毒，并且有潜在的爆炸性。

$$\text{R}\diagup\diagdown\text{NH}_2 \xrightarrow[\text{还原}]{\text{FGI}} \text{R}\diagup\diagdown\text{N}_3 \xrightarrow{\text{C—N}} \text{R}\diagup\diagdown\text{Br} + \text{N}_3^{\ominus} \qquad \overset{\ominus}{\text{N}}{=}\overset{\oplus}{\text{N}}{=}\overset{\ominus}{\text{N}}$$

51 **52** **53** **54** **54**

叠氮钠等盐可用到这个反应中，产物可在质子化的溶剂中用 $NaBH_4$ 或 Ph_3P 来进行催化还原。类似辛胺 **57** 这类的简单的胺可以用这种方法来制备。[6] 叠氮化合物 **56** 没有被分离出来，整个反应过程是在同一水溶液中进行的，以降低爆炸的危险。

$$\text{Hex}\diagdown\diagup\text{Br} \xrightarrow{\text{NaN}_3} [\text{Hex}\diagdown\diagup\text{N}_3] \xrightarrow{\text{NaBH}_4} \text{Hex}\diagdown\diagup\text{NH}_2$$

55; Hex=n-hexyl **56** **57;88% 收率**

一个更加深入的切断来自另一个不同类型的官能团转换(还是用还原反应)，思路是用氰基离子 **61** 作为亲核试剂。这形成了一个 C—C 键，而不是 C—N 键，但是至少切断了两个原子。氰基的结构很有趣：它只能是线性的，在氮原子上有孤对电子，在碳原子上有负电荷，使之成为罕见的真正的碳负离子。缺点是氰化物的毒性很大。

$$\text{R}\diagdown\diagup\text{NH}_2 \xrightarrow[\text{还原}]{\text{FGI}} \text{R}\diagdown\diagup\text{CN} \xrightarrow{\text{C—C}} \text{R}\diagdown\text{Br} + {}^{\ominus}\text{CN} \qquad {}^{\ominus}\text{C}{\equiv}\text{N:}$$

58 **59** **60** **61** **61**

当氰基的 S_N2 反应像和苄溴 **62** 反应的表现一样好时，这种方法尤其有用。可以用各种试剂来还原，在这里用雷尼镍氢化会给出很好的结果。[7]

$$\text{Ph}\diagdown\text{Br} \xrightarrow{\text{NaCN}} \text{Ph}\diagdown\text{CN} \xrightarrow[\text{Raney Ni}]{\text{H}_2} \text{Ph}\diagdown\diagup\text{NH}_2$$

62 **63** **64; 90% 收率**

叔碳原子和氮原子的连接

方法之一是用烷基硝基化合物，将在第二十二章中讨论。另一个很直接的方法是 Ritter 反应，[8] 但是这个反应因为涉及 S_N1 反应只能成功地用于叔烷基。氮亲核试剂是腈——一个出了名的弱亲核试剂，需要一个碳正离子来进行反应。叔丁醇和乙腈在酸性溶液中混合，叔碳正离子被腈 **66** 进攻形成酰胺 **69**。酰胺水解生成t-$BuNH_2$或还原生成仲胺 **70**。腈要根据另外一个烷基结构来选择。

$$t\text{-BuOH} \xrightarrow{\text{H}^{\oplus}} t\text{-Bu}\overset{\oplus}{\text{O}}\text{H}_2\ (\mathbf{65}) \longrightarrow t\text{-Bu}^{\oplus} + :\text{N}{\equiv}\text{C—Me}\ (\mathbf{66})$$

$$\longrightarrow t\text{-Bu}\overset{\oplus}{\text{N}}{\equiv}\text{C—Me} + \text{OH}_2\ (\mathbf{67}) \longrightarrow t\text{-Bu—N}{=}\text{C(OH)Me}\ (\mathbf{68}) \rightleftharpoons t\text{-Bu—NH—C(=O)Me}\ (\mathbf{69}) \xrightarrow[\text{H}_2\text{O}]{\text{NaOH}} t\text{-BuNH}_2$$

$$\mathbf{69} \xrightarrow{\text{LiAlH}_4} t\text{-Bu—NH—CH}_2\text{Me}\ (\mathbf{70})$$

Monomorine Ⅰ的合成

最后我们来举一个实例，它概括了这一章中讨论的方法，同时回顾一下立体化学。Monomorine Ⅰ **71** 是厨蚁（Monomorium pharaonis）的追踪信息素。这些厨蚁是医院中传播感染的害虫，它们是顺着 Monomorine 的踪迹来传播病害的。合成的 Monomorine 可能可以用来诱杀它们。这是一个含有双环的胺，基于还原胺化的所有 C—N 切断给出一个如 **72a** 所画的直链酮。

H N $3\times$C—N 还原胺化 O O O Bu 重画 O O O Bu

71; monomorine **72** **72a**

合成这个分子的化学家们认为[9] 用 **72** 和氨进行反应的要求较高，因此选择了硝基化合物 **73** 作为起始原料。思路是硝基被还原后可以提供中间的那个氮原子。正如我们将在第二十二和第二十四章所看到的那样，硝基可以很好地稳定碳负离子，这些负离子的共轭加成反应进行得很好。由此来切断 **73**。硝基戊烷 **75** 可以通过硝基丙烷 **75b** 负离子的烷基化，或者通过亚硝基负离子和溴戊烷 **75** 通过 S_N2 反应来制备。

O O O_2N Bu C—C 共轭加成 O O + a b O_2N Bu b ⟹ O_2N—Me + BuBr a ⟹ $NO_2^{\ominus}$ + Br Bu

73 **74** **75**

下面来谈谈合成。硝基化合物 **75** 通过溴戊烷和一个亚硝酸盐在 DMSO 中反应制备，DMSO 是 S_N2 反应的优良溶剂，然后加成到由二酮 **74** 制备的缩酮 **76** 上，在强碱四甲基胍 **77** 的催化下生成生成 **78**，即部分保护的 **73**。接下来是各种还原反应了

O O O **75** Me_2N =NH Me_2N **77** 四甲基胍 O O O O_2N

76 **78; 64% 收率**

硝基催化还原生成胺 **79** 并立即环化生成亚胺 **80**，接着被还原成环状胺 **81**。当生成的平面亚胺五元环靠近钯-碳催化剂时，还原可以在氢原子的一面或丁基的

一面进行。实际上选择性地在位阻较小的一面发生，第二个氢原子和第一个氢原子是 *cis*-关系，立体化学是正确的（比较 **81** 和 **71**）。

78 →(H_2, Pd/C) [**79**] → [**80**] → **81**

现在这个缩酮被水解回到酮 **82**，同时环化生成烯胺，形成一个稳定的六元环。这个环状的烯胺可以被分离出来，在略微酸性的溶液中用 $NaB(CN)H_3$ 处理。这样烯胺和亚胺盐平衡存在（比较 **44** 和 **45**），还原仍然发生在位阻较小的一边，也就是说和另外两个氢是顺式的。

81 →(1. $H_2O, H^{\oplus}$; 2. 碱后处理) [**82**] → **83** →($NaB(CN)H_3$, pH 3.8~5.4) **71; 68% from 81**

这个漂亮的合成运用了本章所讲的一些合成胺的方法。下一章我们会讲到保护基团，后面还会讨论到硝基化学。

（杨金华 译）

参考文献

1. E. W. Baxter and A. Ab. Reitz, *Org. React.*, 2002, **59**, 1.
2. K. A. Schellenberg, *J. Org. Chem.*, 1963, **28**, 3259.
3. A. F. Abdel-Magid and S. J. Mehrman, *Org. Process Res. Dev.*, 2006, **10**, 971.
4. B. Wojcik and H. Adkins, *J. Am. Chem. Soc.*, 1934, **56**, 2419.
5. *Vogel*, page 783.
6. *Vogel*, page 772.
7. R. F. Nystrom, *J. Am. Chem. Soc.*, 1955, **77**, 2544; *Vogel*, page 773.
8. L. I. Krimen and D. J. Cota, *Org. React.*, 1969, **17**, 213.
9. R. V. Stevens and A. W. M. Lee, *J. Chem. Soc.*, *Chem. Commun.*, 1982, 102; R. V. Stevens, *Acc. Chem. Res.*, 1984, **17**, 289.

第九章　战略Ⅳ：保护基

本章所需的背景知识：化学选择性：选择性反应和保护。

在前面几章中曾偶尔提到保护基，而在此章中这个概念将被系统地论述，并将罗列一些常见官能团适宜的保护基。对官能团进行保护可以帮助我们克服一些简单的化学选择性问题。$NaBH_4$ 可以很容易地将酮酯 **1** 还原成醇 **2**，这是因为 $NaBH_4$ 作为一种亲核试剂倾向于进攻更具有亲电性的酮。

通过选择性还原酮酯 **1** 中亲电性较弱的酯来制备醇 **3** 却并不容易，但是可以先将酮保护为不与亲核性试剂反应的缩酮 **4**，再用亲核能力更强的试剂 $LiAlH_4$ 来还原酯基。

保护基另一项重要的作用是避免底物与其自身发生反应。在上一章中我们曾讨论过氮杂双环的合成，但是并没有提到如何合成其重要中间体 **12**。化合物 **12** 的合成是通过先将酮内酯 **6** 与 HCl 直接反应得到化合物 **9**(收率 89% ～ 93%)，[1] 其反应历程是氯负离子首先取代质子化的酯基得到化合物 **8**，然后再脱羧得到化合物 **9**。

从化合物 **9** 直接合成格氏试剂显然是行不通的，这是因为得到的亲核格氏试剂将迅速进攻酮基。我们需要将酮 **9** 用乙二醇保护为缩酮 **10**，然后再将其制备为格氏试剂与丙烯醛反应得到烯丙醇 **11**，最后用二氧化锰氧化得到化合物 **12**。[2]

HO⌒OH, $H^{\oplus}$ → **10** —(1. Mg, THF; 2. OHC⌒)→ **11; 61% 收率** —(MnO_2)→ **12; 75% 收率**

一个适宜的保护基所必需的性质

1. 容易接上。
2. 对那些与未保护官能团反应的试剂是惰性的。
3. 容易脱除。

最后一条不太引人注意但往往却是最难实现的，许多合成路线由于在最后一步脱除保护基时无法避免破坏分子结构而失败。

醚和酰胺作为保护基

醇和胺的保护看起来挺简单，甲醚或者酰胺很容易制备而且可以抗拒很多试剂的作用。所以将醇和胺保护为甲醚或者酰胺并进行后续的反应一般是没有任何问题的，例如将化合物 **13** 和 **17** 中 R^1 片断各自转变为化合物 **16** 和 **20** 中的 R^2 片断。但是这种保护往往是不合适的，因为这类保护基需要在很剧烈的反应条件下脱除。例如，甲醚的裂解需要在酸性条件下以获得较好的亲核性才行；而酰胺的水解往往需要在 10% NaOH 溶液中回流，或者在封管中用浓盐酸于 100℃下反应过夜才行。

R^1—OH (**13**) —(碱, MeI)→ R^1—OMe (**14**) —(反应)→ R^2—OMe (**15**) —(HI, 回流)→ R^2—OH (**16**)

R^1—NH_2 (**17**) —(MeCOCl)→ R^1NHCOMe (**18**) —(反应)→ R^2NHCOMe (**19**) —(NaOH, H_2O, 回流)→ R^2—NH_2 (**20**)

这类保护基只有在被保护分子在脱除保护基的反应条件下具有足够化学稳定性时才能使用。例如，如果苯胺 **21** 直接溴化则会生成 2,4,6-三溴衍生物 **22**，虽然这步反应的收率几乎是定量的，但是我们更希望能够得到单溴代产物。因此需要对分子进行保护来避免过度反应。酰胺 **23** 很容易得到，而且溴化只发生在对位（*N*-乙酰基的分子位阻比氨基大）并且水解脱保护不会对苯环造成任何影响。[3]

NH_2-苯 **21** → (Br_2, HOAc) → 2,4,6-三溴苯胺 **22; 100% 收率**

21 → (Ac_2O) → NHAc **23** → (Br_2, HOAc) → NHAc, Br **24; 84% 收率** → (conc、HCl, EtOH, reflux) → NH_2, Br **25; 97% 收率**

Achilles Heel 策略

利用一些稳定性较弱的醚或酰胺作为保护基则可以避免脱除时必需的剧烈反应条件。例如二氢吡喃，DHP **26** 可以将醇转变为实质上为缩醛的一种醚加以保护。DHP 首先质子化转变为带正离子的中间体 **28**，然后再与醇反应得到 THP 衍生物——缩醛 **29**。而化合物 **29** 只需要弱酸就可以脱保护，这是因为形成醚键的 C—O 键(**30** 中的 a)比形成缩醛的 C—O 键(**30** 中的 b)要稳定得多。[4]

26; DHP → ($H^{\oplus}$) **27** ⇌ **28** → (ROH) → RO-THP **29; ROTHP** → (反应) → R^1O-THP (a, b) **30; R^1OTHP** → ($H^{\oplus}$, H_2O) → R^1OH

而另一种更容易脱保护的方法是用苄氯对醇进行保护，利用 C—O 键与苯环的共轭作用降低醚键的稳定性，从而可以通过金属催化剂在氢化条件下脱除。[5]

R^1OH → (NaH, Cl⌒Ph) → R^1O⌒Ph **31** → (反应) → R^2O⌒Ph **32** → (H_2, 催化剂) → R^2OH

降低酰胺键的稳定性同样是脱除氨基保护的关键所在。胺通过氯甲酸苄酯 **33** 保护得到化合物 **34**，虽然这是酰胺，但分子另一侧却是苄酯。氢化可以很容易地裂解较弱的苄—氧键得到不稳定的中间体 **36**，再脱羧得到胺。在脱保护过程中，虽然 C—N 键被切开，但并不需要对羰基亲核进攻。氯甲酸苄酯这种常用保护基的缩写为 Cbz 或者更简单的 Z。

R^1NH_2 → (ClC(O)O⌒Ph **33**) → R^1NHC(O)O⌒Ph **34** → (反应) → R^2NHC(O)O⌒Ph **35**

→ (H_2, 催化剂) → [R^2NHC(O)OH] **36** ⇌ $R^2NH_2^{\oplus}$C(O)$O^{\ominus}$ **37** → R^2NH_2 + CO_2

苄基和 Cbz 保护基都被用于阿斯巴甜 **38** 的合成中，这种二肽是蔗糖甜度的 150 倍且广泛用于各种软饮料中，它的商品名为 Nutrasweet™。化合物 **38** 的逆合成分析显然只有一种切断是合理的：将酰胺键切断得到天门冬氨酸 **39** 和苯丙氨酸 **40** 两个起始原料。

C—N 氨化

38; 阿斯巴甜 **39; 天门冬氨酸** **40; 苯丙氨酸甲酯**

苯丙氨酸只需将其保护为甲酯就可以；而天门冬氨酸则需要将氨基和一个羧基保护，但同时要保留一个羧基参加反应。Cbz 可以很方便地将天门冬氨酸的氨基保护，而两个羧酸则先同时用苄醇酯化。

33 Cbz—Cl; $PhCH_2OH$, $H^{\oplus}$

39; 天门冬氨酸 **41; Cbz-Asp** **42**

接下来需要将一个苄酯水解同时要保持另一个羧基依旧被保护。这看起来仅通过水解很难实现，但是多肽化学家们却知道在一定碱性下水解 **42** 可以得到目标化合物 **43**。很明显这是因为酰胺键可以增加酯基的亲电性。化合物 **43** 必须将其羧基活化使其更容易被亲核进攻，而将其转变为三氯苯酯 **44** 是一种很好的选择。[6]

42 1. LiOH, H_2O, 丙酮 2. $H^{\oplus}$ → **43**; ArOH, 甲苯, $H^{\oplus}$ → **44**

其后的偶合反应只需要弱碱即可，而且苄酯可以方便地通过氢化除去。要注意的是，苄酯是为了保护羧基；而三氯苯酯则是为了活化羧基，其亲电活性比苄酯 **44** 和甲酯 **40** 要强的多。

40; 苯丙氨酸甲酯 —**44**, Et_3N→ **45; 96% 收率** —H_2, Pd/C, H_2O, HOAc→ **38; 阿斯巴甜 87% 收率**

与Cbz保护基类似的Boc保护基(叔丁氧羰基)却通过不同的方法使酯基脱除。Boc保护的方法是胺或醇与氯甲酰叔丁酯**46**反应接上Boc基后再进行一系列反应,最后在无需水的酸性条件下"水解"。其脱保护历程是酯先被质子化,叔丁基正离子通过**49** S_N1反应历程得到中间体**36**,再脱羧得到胺。

R^1NH_2 → (Cl–CO–O*t*-Bu, **46**) → R^1NH–CO–O*t*-Bu (**47**) —反应→ R^2NH–CO–O*t*-Bu (**48**) = R^1NHBoc

$H^{\oplus}$ → **49** → **36** → $R^2NH_2^{\oplus}$–$CO_2^{\ominus}$ (**37**) → R^2NH_2 + CO_2

醇的保护

上面我们已经提到THP作为醇的保护基,但是醇的保护运用更加广泛的是各种硅基保护基。你可能对三甲基硅基(Me_3Si-, TMS)很熟悉,但事实上由于它非常容易被脱除,甚至在色谱柱中也不稳定,因此很少用于醇的保护。而常用于醇保护的硅试剂是空间位阻更大的三乙基硅基(TES)、三异丙基硅基(TIPS)、叔丁基二甲基硅基(TBDMS,或TBS)以及位阻最大的叔丁基二苯基硅基(TBDPS)。硅保护醇是通过在弱碱性条件下醇与各种氯硅烷反应得到,如以咪唑为碱,DMF为溶剂。硅基保护基可以在酸性条件下用亲核试剂脱除。特别是氟离子,因为其对大数分子中的碳原子惰性,所以经常使用四丁基氟化铵(TBAF)脱除硅基保护基。

Matin和Mlzer在埃博霉素B的合成中使用化合物**50**作为原料。[7] 化合物**50**已经有一个羟基用对甲氧苄基保护,再用TBDMS保护基正交保护另一个羟基,就可以使两个保护基在不同条件下脱除时互不影响。异丙烯基格氏试剂与醛**52**反应得到含第三个羟基的醇**53**,再用TBAF脱除TBDMS得到二醇**54**,最后用丙酮保护得到缩酮**55**。整条路线各步的收率都很高,最后PMB可用苯醌氧化脱除。

OPMB / OH **50** → (t-$BuMe_2SiCl$, 咪唑, DMF, 20℃) → OPMB / TBDMSO **51; 97% 收率** → (1. O_3 2. Ph_3P) → OPMB / TBDMSO / CHO **52; 98% 收率** → (BrMg–C(CH₃)=CH₂)

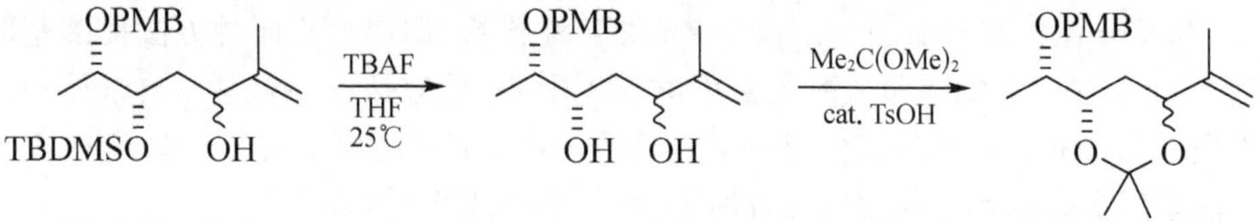

TBAF, THF, 25℃ ; $Me_2C(OMe)_2$, cat. TsOH

53; 89% 收率 **54; 99% 收率** **55; 99% 收率**

Davidson 在 laulimalide 的合成中展示了如何通过正交保护策略保护多元醇。[8] 起始原料化合物 **56** 和 **57** 分别通过 TBDMS 保护基和缩醛保护分子中各自的羟基。得到的醇 **58** 用对甲氧苄醚保护后，再将缩醛通过缩醛交换"水解"掉得到自由的二醇 **60**。接着用大位阻的特戊酰基选择性保护伯醇得到化合物 **61**，再用 TIPS 保护基保护仲醇得到化合物 **62**，最后用 DIBAL 还原酯基选择性除去特戊酰基得到醇 **63**。

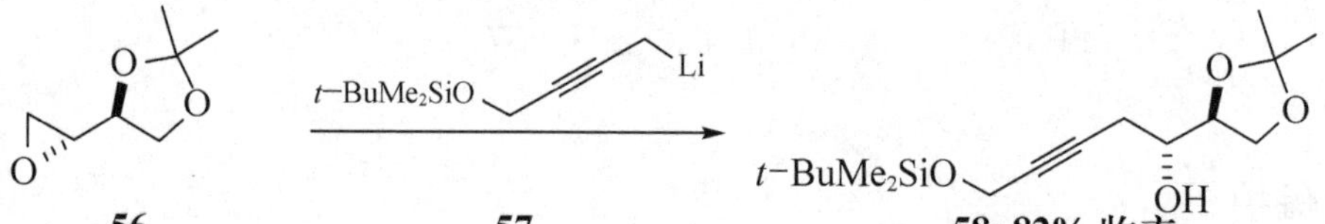

56 **57** **58; 82% 收率**

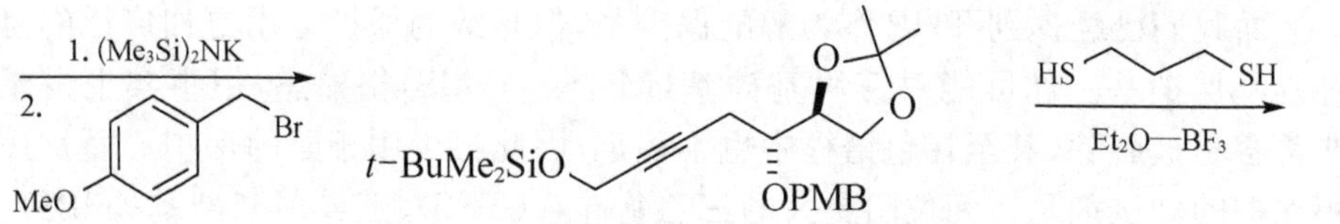

1. $(Me_3Si)_2NK$ 2. 对甲氧基苄溴 ; HS～SH, $Et_2O—BF_3$

59

t-BuCOCl, Et_3N, CH_2Cl_2

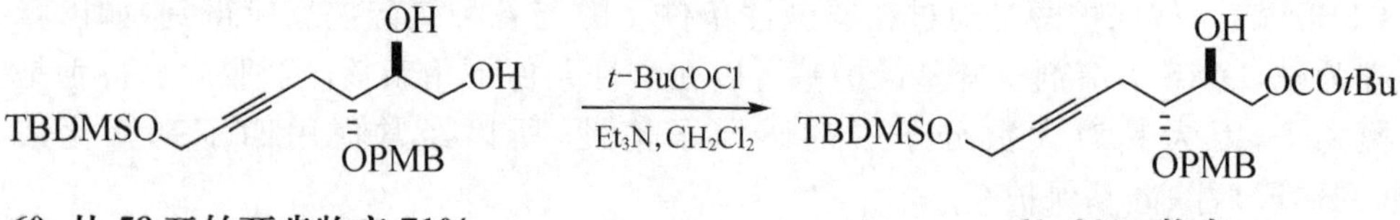

60; 从 58 开始两步收率 71% **61; 93% 收率**

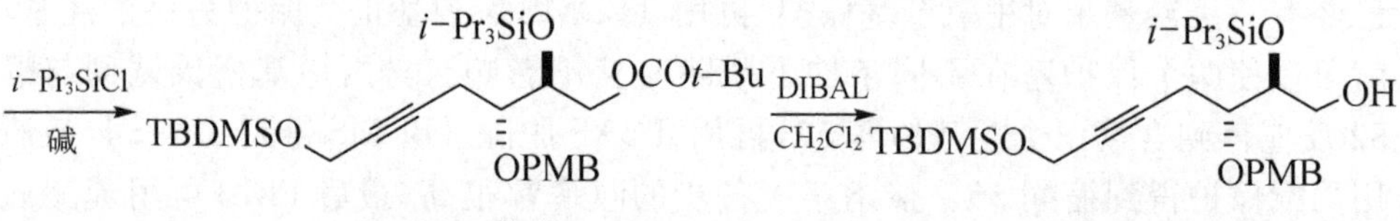

i-Pr_3SiCl, 碱 ; DIBAL, CH_2Cl_2

62; 95% 收率 **63; 98% 收率**

全合成最后阶段所有羟基的保护都被除去，硅保护基可以通过氟离子脱除，而对甲氧苄醚可以用 Ce[IV] 裂解除去。Ley 经过 22 年的艰苦工作成功地全合成了苗苦楝子素(azadirachtin) **64**，其关键中间体是化合物 **65**。[9] 你应该注意到 **65** 中的羟基保护只使用苄醚和一个硅醚。这体现了一种最前沿的"最低限度保护"思想。合成一个分子的最理想状态是不使用任何保护基，但事实上官能团的保护往往不可或缺，所以我们的目标是尽可能的“最低限度保护”。

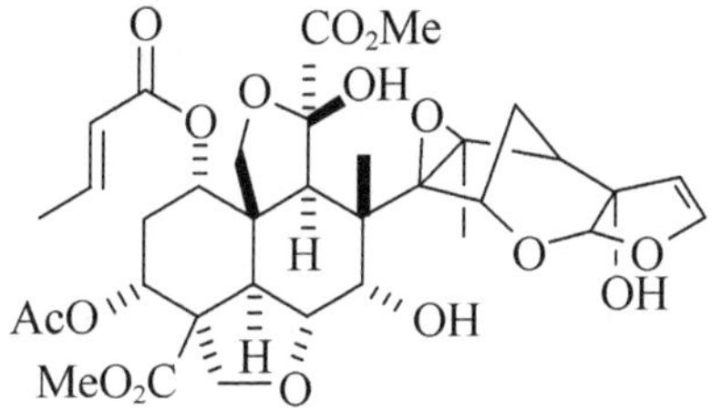

64; azadirachtin

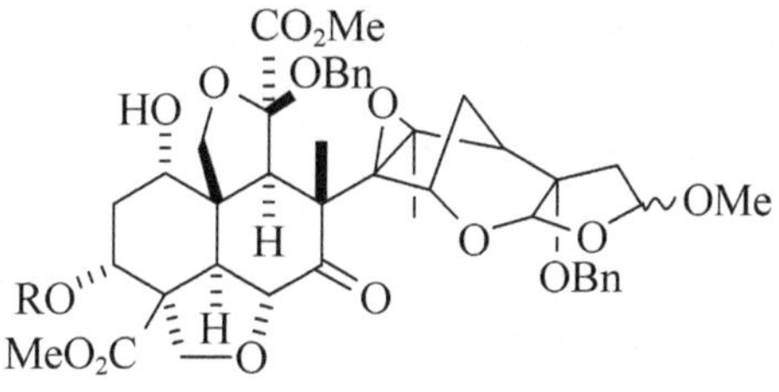

65; R = *t*−BuMe$_2$Si

关于保护基的文献

保护基是一个非常广泛的概念，一种重要的官能团往往有数以百计的不同类型保护基。因此你在进行合成前参考相关文献尤其重要。保护基相关的参考工具书往往被认为很枯燥，但幸运的是有一本的著作是个例外，那就是 Phil Kocienski 编著的翔实而生动的 *Protecting Groups*。[10]如果你对推荐此书有所怀疑，你可以翻到 *Protecting Groups* 一书的第 644 页，此章关于醇的保护共用 176 页篇幅并罗列了 686 篇参考文献介绍了几百种不同的醇的保护基；而此章的突出优点是介绍了如何对伯醇、仲醇和叔醇进行选择性保护和脱保护。例如如何选择不同的试剂来选择性脱除化合物 **67** 上酚羟基或醇羟基上的 TBDMS 保护基。[11]

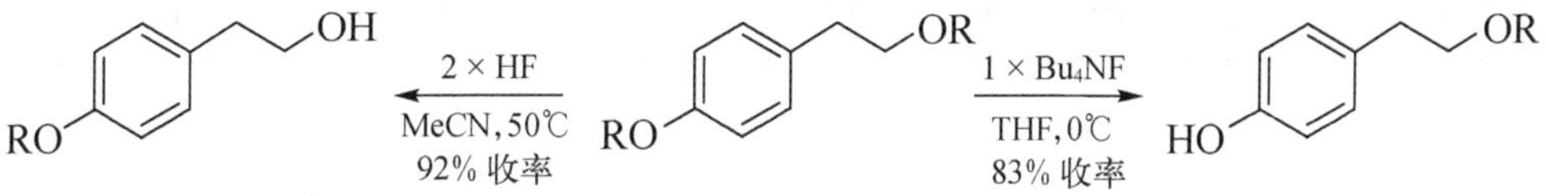

2 × HF，MeCN，50℃，92% 收率；1 × Bu$_4$NF，THF，0℃，83% 收率

66; R = *t*−BuMe$_2$Si　**67; R = *t*−BuMe$_2$Si**　**68; R = *t*−BuMe$_2$Si**

保护基一览

下表罗列了一些简单而实用的保护基。

表 9.1　一些官能团的常用保护基(PG)

保护基	加入试剂	脱保护	PG 能抗拒的基团	能与 PG 反应的基团
醛/RCHO 和酮/R$_2$CO 的保护				
缩　醛(缩酮)	ROH 或二醇 H^+	H^+，H_2O	亲核试剂，碱或还原剂	亲电试剂，氧化剂

（续表）

保护基	加入试剂	脱保护	PG 能抗拒基团	能与 PG 反应的基团
羧酸/RCOOH 的保护				
甲酯/RCO_2Me	CH_2N_2	NaOH，H_2O	弱碱，亲电试剂	强碱，亲核试剂
乙酯/RCO_2Et	EtOH，H^+	NaOH，H_2O		
苄酯/RCO_2Bn	BnOH，H^+	H_2，催化剂或 HBr		
丁酯/RCO_2t-Bu	t-BuOH，H^+	H^+		
负离子/RCO_2^-	碱	酸	亲核试剂	亲电试剂
醇/ROH 的保护				
醚/ROBn	$PhCH_2Br$，碱	H_2，催化剂或 HBr	参见教材	亲核试剂
硅醚	R_3SiCl，碱	F^- 或 H^+，H_2O	参见教材	亲核试剂
缩醛/THP	DHP，H^+	H^+，H_2O	碱	酸
酯/ROCOR′	R′COCl，吡啶	NH_3，MeOH	亲电试剂	亲核试剂
酚/ArOH 的保护				
醚/ArOMe	Me_2CO_3，K_2CO_3	HI，HBr 或 BBr_3	碱	亲电试剂
MOM	$MeOCH_2Cl$，碱	HOAc，H_2O		
胺/RNH_2 的保护				
酰胺/RNHCOR′	RCOCl	NaOH，H_2O 或盐酸	亲电试剂	碱，亲核试剂
氨基甲酸酯/$RNHCO_2R'$	ROCOCl	参见教材	亲电试剂	碱，亲核试剂
硫醇/RSH 的保护				
硫酯/RSAc	AcCl，碱	NaOH，H_2O	亲电试剂	氧化

（迟玉石 译）

参考文献

1. G. W. Cannon, R. C. Ellis and J. R. Leal, *Org. Synth.*, 1951, **31**, 74.
2. R. V. Stevens and A. W. M. Lee, *J. Chem. Soc.*, *Chem. Commun.*, 1982, 102; R. V. Stevens, *Acc. Chem. Res.*, 1984, **17**, 289.
3. *Vogel*, pages 909, 918.
4. *Vogel*, page 552.
5. W. H. Hartung and R. Simonoff, *Org. React.*, 1953, **7**, 263.
6. R. H. Mazur, J. M. Schlatter and A. H. Colgkamp, *J. Am. Chem. Soc.*, 1969, **91**, 2684.
7. H. J. Martin, P. Pojarliev, H. Kählig and J. Mulzer, *Chem. Eur. J.*, 2001, **7**, 2261.

8. A. Sivaramakrishnan, G. T. Nadolski, I. A. McAlexander and B. S. Davidson, *Tetrahedron Lett.*, 2002, **43**, 213.
9. G. E. Veitch, E. Beckmann, B. J. Burke, A. Boyer, S. L. Maslen and S. V. Ley, *Angew. Chem. Int. Ed.*, 2007, 46, 7629.
10. P. J. Kocienski, *Protecting Groups*, 3rd Edition, Thieme, Stuttgart, 2004.
11. E. W. Collington, H. Finch and I. J. Smith, *Tetrahedron Lett.*, 1985, **26**, 681.

第十章　单基团 C—C 键切断 I：醇

本章所需的背景知识：利用有机金属试剂建立 C—C 键。

现在我们放下碳与其他原子的切断（C—X 切断）而转向更有挑战性的 C—C 键切断。它们之所以更有挑战性，是因为有机化合物中含有许多 C—C 键，并且一开始很难找到切断哪一个键。不过有个好消息：我们在第六章中遇到的二基团的 C—X 键切断的合成子将被用到一个基团的 C—C 键切断，我们先介绍三个主要类型。在每一个类型里我们将用碳单元 R 来替换杂原子。

对于那些在一个碳原子连有两个杂原子的化合物，我们采用 1,1-切断将化合物 **1** 的一个杂原子还原成羰基化合物（这里是醛），和一个亲核杂原子 **2**。如果用 R^2 替换杂原子，我们就可以用相同的方法切断成醛和一些碳亲核性试剂 **4**（可以是 R^2Li 或 R^2MgBr）。

1,1-diX 切断：

$$\underset{\mathbf{1}}{\mathrm{RCH(OH)P(O)(OR)_2}} \xrightarrow[\text{C—X}]{\text{1,1-diX}} \underset{\mathbf{RCHO}}{\mathrm{RCHO}} + \underset{\mathbf{2}}{{}^{\ominus}\mathrm{P(O)(OR)_2}}$$

相对应的 C—C 切断：

$$\underset{\mathbf{3}}{\mathrm{R^1CH(OH)R^2}} \xrightarrow[\text{C—C}]{} \underset{\mathbf{RCHO}}{\mathrm{R^1CHO}} + \underset{\mathbf{4}}{{}^{\ominus}\mathrm{R^2}}$$

对于有 1,2-官能团的化合物 **5**，我们通常将其切断成醇的氧化水平的环氧化合物 **6** 和亲核性杂原子。我们可以用同样的环氧化合物和一个有亲核性碳的化合物（如 R^2Li 和 R^2MgBr）切断相对应的化合物 **7** 中的 C—C 键。

1,2-diX 切断：

$$\underset{\mathbf{5}}{\mathrm{X\text{-}\overset{2}{C}H_2\text{-}\overset{1}{C}H_2OH}} \xrightarrow{\text{1,2-diX}} \mathrm{X^{\ominus}} + \underset{\mathbf{6}}{\text{环氧乙烷 (C2, C1)}}$$

相对应的 C—C 切断：

$$\underset{\mathbf{7}}{\mathrm{R\text{-}\overset{2}{C}H_2\text{-}\overset{1}{C}H_2OH}} \xrightarrow{\text{C—C}} \mathrm{R^{\ominus}} + \underset{\mathbf{6}}{\text{环氧乙烷 (C2, C1)}}$$

同样的 1,2-切断可以将羰基化合物 **8** 切断成亲电性试剂 **9**（如 α-溴代酮）和亲核性杂原子。还有更好的报道，通常我们习惯于亲核性杂原子，但其实也可以用亲核或亲电性的碳原子，这取决于哪个更好。这里我们宁愿用亲核性的碳合成子 **11** 的烯醇式。

$$\text{X}\frown\overset{2}{}\overset{1}{\text{C(=O)R}}\ \xRightarrow{1,2\text{-diX}}\ \text{X}^{\ominus} + {}^{\oplus}\text{C(=O)R}\qquad \text{R}^1\frown\overset{2}{}\overset{1}{\text{C(=O)R}^2}\ \xRightarrow{\text{C—C}}\ \text{Br—R}^1 + {}^{\ominus}\text{C(=O)R}^2$$

8　　9　　10　　11

在第六章里已经提及，1，3－官能团化合物 **12** 可以很容易通过切断为对烯酮 **13** 的共轭加成。化合物 **14** 的 C—C 键相对地可以切断成同样的烯酮 **13**，但是亲核试剂应该是铜衍生物 RCu（烷基铜），R_2CuLi（烷基铜锂），或者是 RMgBr（格氏试剂）和 Cu(I)Br（溴化亚铜）的反应产物。

$$\text{X}\frown\text{CH}_2\text{CH}_2\text{COCH}_3\ \xRightarrow[\text{C—X}]{1,3\text{-diX}}\ \text{X}^{\ominus} + \text{CH}_2\text{=CHCOCH}_3\qquad \text{R}\frown\text{CH}_2\text{CH}_2\text{COCH}_3\ \xRightarrow[\text{C—C}]{}\ \text{R}^{\ominus} + \text{CH}_2\text{=CHCOCH}_3$$

12　　**13; 试剂**　　14　　**13; 试剂**

亲核性碳试剂

最简单的非官能团化亲核性碳（**15** 和 **17**）是由卤代烷跟各种金属试剂（如锂或镁试剂）反应或通过各种有机金属试剂（如丁基锂）在相应的无水溶剂（如乙醚或四氢呋喃 **16**）中进行交换而得到。烯醇化物 **11** 是很重要的亲核性物质，它将在以后章节里进一步讨论。

$$\text{R—Hal}\ \xrightarrow[\text{THF}]{\text{Li}}\ \underset{\mathbf{15}}{\text{R—Li}}\ \xleftarrow[\text{THF}]{\text{BuLi}}\ \text{R—Cl}\qquad \mathbf{16}\ \text{THF}\qquad \text{R—Hal}\ \xrightarrow[\text{Et}_2\text{O}]{\text{Mg}}\ \underset{\mathbf{17}}{\text{R—MgHal}}$$

“1,1 C—C”键的切断：醇的合成

化合物 **3** 的切断表明任何醇都可以在羟基邻位键切断，同分异构的醇 **18** 和 **20** 均可以由丙酮制得，**18** 要用到格氏试剂 **19**，**20** 要用到丁基锂。

$$\underset{\mathbf{18}}{(\text{CH}_3)_2\text{CHCH}_2\frown\text{C(CH}_3)_2\text{OH}}\ \xRightarrow{\text{C—C}}\ \underset{\mathbf{19}}{(\text{CH}_3)_2\text{CHCH}_2\text{MgBr}} + \underset{\text{丙酮}}{\text{CH}_3\text{COCH}_3} + \underset{\text{BuLi}}{\text{CH}_3\text{CH}_2\text{CH}_2\text{CH}_2\text{Li}}\ \xLeftarrow{\text{C—C}}\ \underset{\mathbf{20}}{\text{CH}_3\text{CH}_2\text{CH}_2\text{CH}_2\frown\text{C(CH}_3)_2\text{OH}}$$

化合物 **18** 是用格氏试剂合成的一个例子。其格氏试剂可以由相应的卤代烷与镁在无水乙醚中制得[1]，无须分离即可与亲电试剂直接反应，所有的操作都必须在严格的无水条件下进行。

Br　Mg / Et_2O　[MgBr]　丙酮　OH

21　**19**　**18**

止痛剂胺基酯 **22** 在 C—C 键切断前必须先进行 C—X 切断。[2]酯切断得到叔醇 **23**，再将苯基切断后就可以看到化合物 **24** 中隐藏的酮和氨基的 1,3-切断关系。

Me_2N　Ph　O　Et　C—O 酯　Me_2N　Ph　OH　C—C　Me_2N　O　1,3-diX　Me_2NH +　O

22　**23**　**24**　**25**

合成很简单，用苯基锂替代格氏试剂。其中苄基叔醇的烷基化需要比较温和的条件来避免其发生消除反应。

O　Me_2NH / Et_2O　**24**　PhLi　Me_2N　OH　Ph　$(EtCO)_2O$ / 吡啶　Me_2N　Ph　O　Et

25　**23**; 2 步收率 60%　**22**

在选择对哪一个 C—C 键上进行切断的问题上，通常其原料的是否易得是一个有利的线索。例如，我们不希望切断杂环醇 **28** 的芳香环，可以选择在 **a** 和 **b** 键进行切断。

N　R　⊖　OHC　O　O　⇐ a　N　R　a b　OH　O　O　⇒ b　N　R　CHO　⊖　O　O

26　**27**　**28**　**29**　**30**

实际上，醛 **29** 和简单易制的溴代乙缩醛 **32** 在市场上都可以买到，所以路线 **b** 被选用。用被保护的格氏试剂 **33** 来做碳亲核试剂(可以和第九章化合物 **10** 进行比较)。[3]

O　H　HO　OH / HBr　Br　O　O　Mg / Et_2O　BrMg　O　O　**29**　**28** **98% 收率**

31; 丙烯醛　**32**　**33**

醛和酮的合成

合成醛和酮的最简单的方法是将醇氧化。将化合物进行官能团转变(FGI)成醇，再将与羟基相邻的一个 C—C 键切断。Lythgoe 就是采用这一方法制备不同 R 基的一系列酮 **34**，进而得到炔的一个新合成方法。[4]切断醇 **35** 的 C—R 键可见它可以由醛 **36** 制得，而醛 **36** 又可以用同样的方法合成。

34　FGI ⟹　**35**　C—C ⟹　**36**　FGI ⟹　**37**　C—C ⟹　**38**

醇 **35** 的氧化容易实现，因为它不存在过度氧化的问题。但是醛 **36** 就可以被过度氧化成酸，因此要十分小心。实际上，PCC（氯铬酸吡啶盐，三氧化铬的盐酸盐溶在吡啶里）可以用作这两者的氧化。[5]

38 —(1. Mg, Et_2O; 2. CH_2O; 3. PDC)→ **36** —(1. n-HexMgBr; 2. PDC)→ **34; 68% 收率**

直接将烷基溴化镁格氏试剂或者烷基锂与酯基反应不能得到酮，但是与氰基反应是可以的（见第十三章）。[6]

醇转变成醛的氧化剂

醇氧化成醛的关键问题是过度氧化，解决这一问题的简单方法是将其氧化成羧酸，再进行选择性还原（如 DIBAL－H，二异丁基铝氢）。但是下表列举出一些氧化剂的效果很好，并且能够用于将仲醇氧化到酮。[7]在 Fieser 的文献[8]和 *Comprehensive Organic Synthesis* 的氧化章节里有充分的介绍。[9]

表格 10.1　氧化醇到醛的试剂

试剂名	试　剂	从 醇 到 醛
	Na_2CrO_7，H^+	醛形成后从反应里蒸馏出来
Jones	CrO_3，H_2SO_4，丙酮	醛形成后从反应里蒸馏出来
Collins[10]	CrO_3，吡啶	用于 CH_2Cl_2 溶液中
PCC[11]	CrO_3，吡啶盐酸盐	不需改进
PDC[11]	$(Pyridine.H^+)_2Cr_2O_7$	用于 CH_2Cl_2 溶液中
Swern[12]	1. $(COCl)_2$，DMSO，2. Et_3N	不需改进

羧酸的合成

同样的切断方法也可以用在羧酸 **41** 上，用 CO_2 作为亲电性试剂与格氏试剂 **40** 反应，干冰（固体 CO_2）在这些反应中更为方便。通过功能团转换，变换极性成氰基化合物 **42**，同样的切断将氰基负离子作为亲核试剂进攻卤代烷 **39**，而不需要做成格氏试剂。这两种路线的选择决定于反应的机理和条件。

$$\underset{\mathbf{39}}{R{-}Br} \xLeftarrow{FGI} \underset{\mathbf{40}}{R{-}MgBr} + CO_2 \xLeftarrow{C-C} \underset{\mathbf{41}}{R \wr CO_2H} \xRightarrow{FGI} \underset{\mathbf{42}}{R \wr CN} \xRightarrow{C-C} \underset{\mathbf{39}}{R{-}Br} + {}^{\ominus}CN$$

如果羰基连在叔碳或者仲碳时，用氰基进攻的 S_N2 反应就不太好，用格氏试剂的反应会更好一些。特戊酸 **44** 能从叔丁基氯以较高的收率得到。[13]有文献详细报道了酸 **46** 的合成，描述了怎样用 NaOH 水溶液从乙醚里提出，再用盐酸中和，从水里萃取出来并进行蒸馏。[14]

$$\underset{\mathbf{43}}{t\text{-}BuCl} \xrightarrow[2.\ CO_2(S)]{1.\ Mg,\ Et_2O} \underset{\mathbf{44};\ 70\%\ 收率}{t\text{-}BuCO_2H} \qquad \underset{\mathbf{45}}{CH_3CH_2CH(CH_3)Cl} \xrightarrow[2.\ CO_2(S)]{1.\ Mg,\ Et_2O} \underset{\mathbf{46};\ 79\%\ 收率}{CH_3CH_2CH(CH_3)CO_2H}$$

另一方面若对烯丙基卤化物 **47** 和苄基卤化物 **50** 而言，氰基的 S_N2 反应更加优越。[15]水解氰化物 **48** 可以得到酸 **49**，或者用醇在酸性条件下水解直接得到对应的酯 **52**。[16]

$$\underset{\mathbf{47}}{CH_2{=}CHCH_2Br} \xrightarrow{CuCN} \underset{\mathbf{48};\ 84\%\ 收率}{CH_2{=}CHCH_2CN} \xrightarrow{浓盐酸} \underset{\mathbf{49};\ 82\%\ 收率}{CH_2{=}CHCH_2CO_2H}$$

$$\underset{\mathbf{50}}{PhCH_2Cl} \xrightarrow[H_2O,\ EtOH]{NaCN} \underset{\mathbf{51};\ 90\%\ 收率}{PhCH_2CN} \xrightarrow[H^{\oplus}]{EtOH} \underset{\mathbf{52};\ 87\%\ 收率}{PhCH_2CO_2Et}$$

羧酸也可以用醇直接氧化得到，羧酸衍生物可以由酸做成酰氯而得到。因为酸又可以还原成醇，在这些方法之间就可以相互转化。由一个基团的 C—C 键切断来进行羰基化合物的合成将在第十三章进一步讨论。

“1,2 C—C”切断：醇的合成

本章一开始用化合物 **5,6,7** 为例介绍了 C—C 切断和 1,2-切断的相似性。环氧开环在合成中应用广泛，尤其是单取代环氧与碳亲核试剂反应具有很好的选择性。用于香料的醇 **53** 可以用此法合成，切断 **53a** 的羟基邻位的 C—C 键显现它可以由环氧化合物 **54** 合成，而环氧化合物 **54** 又可以从 1-丁烯制得。

Ph 2 1 OH **53**　Ph OH **53a** $\xrightarrow{1,2\,C—C}$ PhMgX + O **54** $\xrightarrow{2\times C—O}$ **1-丁烯**

格氏试剂和有机金属试剂是由环氧位阻较小的一边进攻，所以格氏试剂与环氧化合物 **54** 反应只得到醇 **53**，在第十二章我们将看到这一反应是具有立体专一性。

1-丁烯 $\xrightarrow{RCO_3H}$ O **54** $\xrightarrow{PhMgBr}$ Ph OH **53**

在这里我们不对 1,2-类型的 C—C 切断作进一步的讨论，在本书后面的章节里，会有深入的讨论，尤其是在羰基氧化水平上。下表简单的列出一些前面章节里谈论过的能从醇制得的衍生物。在所有的实例中，第一步是先由官能团转化的方法转变成醇，再作 C—C 键切断。

表格 10.2　由醇制得的化合物

反应类型	产　物	章	进一步的产物	章节
氧　化	醛，酮，酸	10	还原胺化成胺，或者由酰胺还原成胺	8
酯　化	酯	4	由酰胺还原成胺	8
磺酰化	磺酸酯	4	其他取代(如下)	4
氢溴酸或三溴化磷	溴化物		醚，硫醚	4
		4	硫醇	5
氯化亚砜	氯化物		腈	10

合成醇和相关化合物的实例

合成双环胺所需的醇 **55** 可以从羟基两边的 C—C 键切断，得到醛 **57** 和格氏试剂 **56** 作为其原料。[17]但我们能否也同时从另一侧切断呢？

OH **55** $\xrightarrow{1,1\,C—C}$ MgX **56**　O H ? **57**

实际上对称性醇可以由格氏试剂与酯一步合成，因为反应第一步生成的醛 **57** 比酯更具有亲电性，会继续参与反应。所以要注意，醛是不能从格氏试剂与酯反应得到，但是如果两步都需要，这的确是一个很好的合成方法。

1. Mg, Et_2O　2. HCO_2Et　OH　56 和 57 的反应产物

55; 89% 收率

叔烷基氯 **58** 被用来研究吸电子基团对 S_N1 反应的影响，将其经官能团转化成醇 **59** 后就可以经过 C—C 键切断成一个格氏试剂 **60** 和丙酮。

Cl　FGI　OH　C—C　MgX　O　+　O_2N　O_2N　O_2N

58　**59**　**60**

硝基一定要在某一阶段引入，苯环上另一个取代基体积大，并且是邻对位定位基，因此无所谓什么时候引入。因为要在含有吸电集团的苯环上做一系列的化合物，所以选择了 **62** 作为中间体，将硝化放在最后一步。[18]

Cl　1. Mg, Et_2O　2. $Me_2C{=}O$　OH　$SOCl_2$　吡啶　Cl　HNO_3　Ac_2O　**TM 58**

50　**61**　**62**

达非那新 Darifenacin **63** 是 Pfizer 用来治疗小便失禁的药物。像第八章所述胺的合成那样切断 C—N 键成小很多的杂环化合物 **64**，**64** 又可以基于烯醇的烷基化切断成烯醇式 **65** 和醇 **66**。而化合物 **66** 是非常便宜的手性氨基酸羟基脯氨酸。[19]

Ph Ph　H_2N　O　H　N　O　C—N　Ph Ph　H_2N　O　H　NH　C—C　Ph Ph　H_2N　O　⊖　HO　H　NH

63; 达非那新　**64**　**65**　**66**

这样切断存在两个问题：酰胺的烯醇化物不实用，因为 NH 质子酸性比 C—H 更强，解决办法是用腈来代替，它以后可水解成酰胺。另一个更为严重的问题是在将连个片段连起来的 S_N2 反应中，会发生构型反转形成没有生物活性的达非那新的异构体。解决这一问题的方法是发生两次反转，先用对甲苯磺酰基保护氨基形成 **67**，再用 Misunobu 反应将醇羟基对甲苯磺酰化，这一酯化反应就实现了构型的反转。[20]

66 → ($TsCl$, Et_3N) → 67 → ($TsOMe$, Ph_3P, DEAD) → 68

66

67

68

69; DEAD 偶氮 = 甲酸 = 乙酯

$EtO_2C-N=N-CO_2Et$

氰基化合物 **70** 用钠氢形成稳定的负离子和对甲苯磺酸酯反应形成化合物 **71**，这就实现了预期构型的再次反转。用氢溴酸在苯酚里脱掉氨基上的甲苯磺酰基后，得到胺 **72**，然后接上分子其余部分成酰胺，再将其还原成胺，水解氰基到酰胺就得到达非那新 **63**。

70 → (1. NaH, PhMe; 2. 68) → 71 → (HBr, PhOH) → 72

70

71; 70% 收率

72; 85% 收率

其他单基团的 C—C 键切断

还有许多由一个基团形成 C—C 键的反应。其中最重要的炔烃的烷基化如 **73**（第十六章介绍），烯烃的 Wittig 反应 **74**（第十五章介绍）和硝基的烷基化如 **75**（第二十二章介绍）。烯烃双键外切断 **76**，尤其是切断共轭双烯 **77** 的两个双键之间的钯催化反应，这些策略在 *Strategy and Control* 这本书里有深入讨论。

73 **74** **75** **76** **77**

需要避免的 C—C 键切断

所有我们提到的切断都是以官能团为导向的。我们从来没有看到一个烷基从另一个烷基上切断 **78** 而没有任何官能团为导向。格氏试剂 **79** 和一个烷基卤 **80** 反应表面上是可以得到 **78**，但是它们很快形成平衡存在的 **81** 和 **82**，如果这个偶联反应能够发生，必定得到 **78** 和二聚体的混合物。所以用官能团来指导切断是非常有效的。

$$R^1-R^2 \Longrightarrow R^1-MgBr + Br-R^2 \rightleftharpoons R^1-Br + BrMg-R^2$$

78 **79** **80** **81** **82**

（李进飞 译）

参考文献

1. *Vogel*, pages 537 - 541.
2. M. G. Mertes, P. Hanna and A. A. Ramsey, *J. Med. Chem.*, 1970, **13**, 125.
3. H. Muratake and M. Natsume, *Heterocycles*, 1989, **29**, 783.
4. B. Lythgoe and I. Waterhouse, *J. Chem. Soc. Perkin Trans. 1*, 1979, 2429.
5. E. J. Corey and J. W. Suggs, *Tetrahedron Lett.*, 1975, 2647.
6. M. S. Kharashch and O. Reinmuth, *Grignard Reactions of Non-Metallic Substances*, Prentice-Hall, New York, 1954, pages 767 - 845.
7. *Vogel*, pages 607 - 611.
8. Fieser, *Reagents.*
9. *Comprehensive Organic Synthesis*, eds B. M. Trost and Ian Fleming, Pergamon, Oxford, 1991, volume 7, Oxidation, ed. S. V. Ley.
10. J. C. Collins, W. W. Hes and F. J. Franck, *Tetrahedron Lett.*, 1968, 3363.
11. E. J. Corey and G. Schmidt, *Tetrahedron Lett.*, 1979, 399.
12. A. J. Mancuso and D. Swern, *Synthesis*, 1981,165.
13. Ref. 6, pages 913 - 960.
14. *Vogel*, page 674.
15. K. Friedrich and K. Wallenfels in *The Chemistry of the Cyano Group*, ed. Z, Rappoport, Interscience, London, 1970, pp. 67 - 110; F. C. Schaeffer, *Ibid.*, pages 256 - 262.
16. R. Adams and A. F. Thal, *Org. Synth. Coll.*, 1932, **1**, 107, 270; J. V. Supniewsky and P. L. Salzberg, *Ibid.*, 46; E. Reitz, *Ibid.*, 1955, **3**, 851.
17. M. Rejzek and R. A. Stockman, *Tetrahedron Lett.*, 2002, **43**, 6505.
18. J. F. Bunnett and S. Sridharan, *J. Org. Chem*, 1979, **44**, 1458.
19. *Drugs of the Future*, 1996, **21**, 1105.
20. Clayden, *Organic Chemistry*, page 431.

第十一章　通用策略 A：切断的选择

这是介绍综合性合成策略四章中的第一章。这四章将讨论可以应用于整体合成设计而非某一特定领域的重要规则。本章节将告诉你如何去选择一个碳碳键的切断处。即便像下面醇 **1** 这样的简单分子(在第一章中曾作为榆树皮甲虫信息素的成分之一介绍过),仍然可以由如图所标记的 5 个地方进行切断。

1: 榆树皮甲虫信息素　OH　⟹ ?

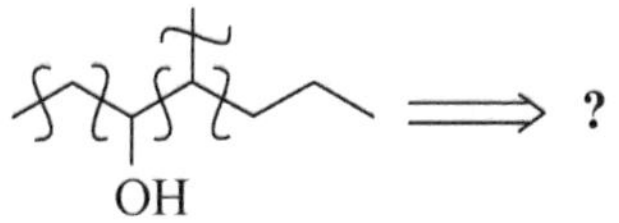

最简化

5 个切断处中,**1a** 是很好的选择。有两个原因。我们断键时一般向最简化方向努力,这样可以很快找到比较简单的起始原料,合成路线也比较短。具体原因如下:

(a) 在分子中间切断,使其断为合理的两半分子,这比仅在分子末端切断一个原子要好得多。

(b) 在分子侧链处切断,这样可以得到简单的直链起始原料。这里就可以得到醛 **2** 和格氏试剂 **3**。**3** 可以由 **4** 制备。而 **2** 和 **4** 都是商业可供的。

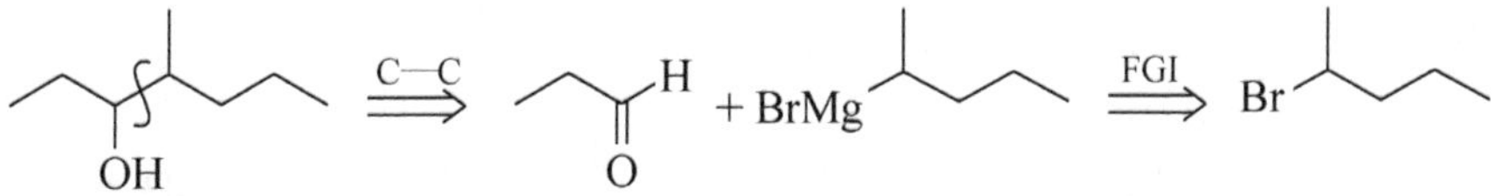

OH **1a** $\xRightarrow{C-C}$ H O **2** + BrMg **3** $\xRightarrow{FGI}$ Br **4**

这个醇的合成实际上是一步法操作完成的,其化学反应过程我们在上一章里讨论过。[1]

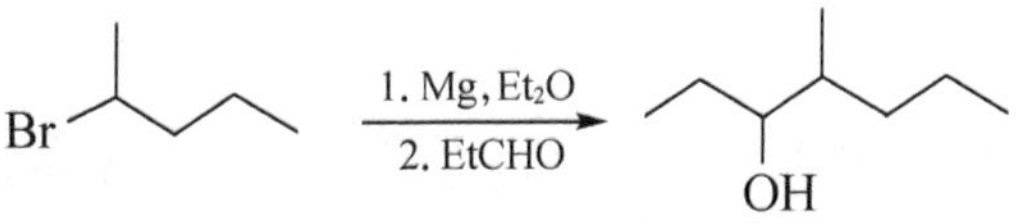

Br **4** $\xrightarrow[2.\ EtCHO]{1.\ Mg,\ Et_2O}$ OH **1**

我们可以把这一规则延伸应用到环与链的衔接处及环与环的衔接处，通常这些地方都是切断点。某些药物分子中含有双环类结构 **5**，在环环连接处断裂是很好的例子。

5 ⟹(1,1− C—C) 6 + 7

格氏试剂 **7** 是由氯代物制备的，而氯代物最终是由苯酚经氯代和甲基化得来。[2]对于类似化合物 **6** 的制备，我们将在第十九章中讨论。

8; 苯酚 →(1. Cl_2; 2. NaOH, Me_2SO_4) **9** →(1. Mg, Et_2O; 2. 酮 6) **TM5**

对称性

在上一章中，对称性得到很好应用，可以帮助对某些分子进行切断，得到两个对称一样的片段。对称的叔醇 **10** 可以由两分子的格氏试剂 **11** 与一分子的乙酸乙酯反应得到。醇 **12** 可以由格氏试剂 **12** 和环氧化合物 **14** 制备，断键在分子 **12** 的分支处。

10 ⟹(1,1− C—C) **11** **+MeCO₂Et** ⟹(FGI) **12** ⟹(1,2− C—C) **13** + **14**

该合成由 Grignard 本人完成，其中溴代物 **16** 是从醇 **12** 与 PBr_3 制备而来，后者在 S_N2 取代反应中是很好用的试剂。[3]

15 →(1. Mg, Et_2O; 2. 环氧乙烷) **12** →(PBr_3) **16** →(1. Mg, Et_2O; 2. $MeCO_2Et$) **TM10** **45% 收率**

合理的起始原料

找寻可买到的原料是设计的一条基本准则。很明显，不可能有一个列表，包含所有易得化合物，或者让每个化学家都非常清楚什么是买得到的，什么买不到。除此之外，这些信息也在一年年或者一周周的发生变化。这对于不同的人员是非常不同的，尤其是价格方面，比如，研究型的可能只需要几克，开发型的需要公斤级的，而工业化生产的则可能需要几吨。解决办法就是经常参阅供应商提供的产品目录。对较大供应商来说，比如 Aldrich 和 Fluka，他们提供的产品目录是免费的。

依旧按照对称性原理，叔醇 **17** 可拆分为丁基亲核基团和丙烯酸酯，[4]这两种试剂都非常易得而便宜。但很多时候运气并不总是这么好。

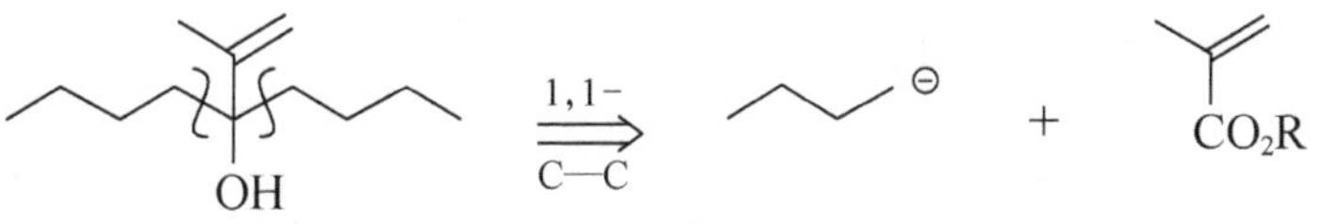

OH
17
1,1-
C—C
CO_2R
18
用 BuLi 制备
19
丙烯酸酯

在某些情况下，没有便宜易得的原料，需要寻找更加容易制备的。羟醛 **20** 是 Buchi 在全合成天然产物 nuciferal **21** 中的一个中间体。[5]

OH
CHO
20
CHO
21; nuciferal

很明显，叔醇连接处是切断点。总共有 3 处切断，排除比较差的 **20a**，需要在剩下的 **20b** 和 **20c** 中选择一个，它们都是来自酮与格氏试剂的反应。我们可以很容易地制备化合物 **22**(甲苯溴代)和化合物 **24**(甲苯 Friedel - Clafts 酰基化)，但如何制备化合物 **23** 和 **25**?

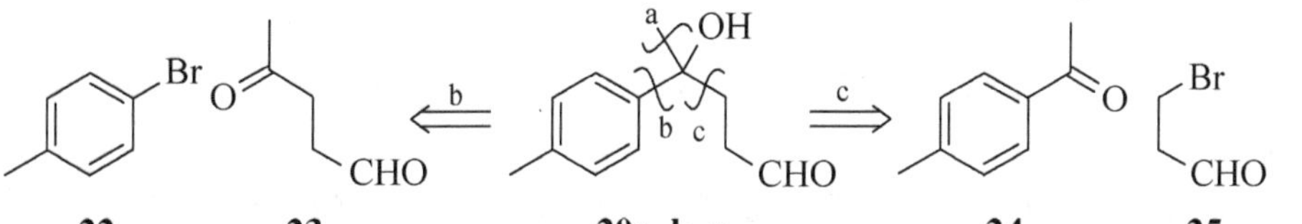

Br
O
CHO
22　**23**
b
a
OH
b　c
CHO
20a, b, c
c
O
Br
CHO
24　**25**

目前我们还没有遇到制备 **23** 的方法，虽然应该是可以合成出来的，但当格氏试剂与酮 **23** 反应时，如何实现反应的化学选择性，不影响活性更高的醛是难度很大的。Buchi 更加倾向路线 c，因为他知道如何制备保护的化合物 **25**，即 **27**，后者将被用来合成格氏试剂。我们也了解这一点，其实就是第十章的化合物 **32**。由 **27** 出发合成格氏试剂，然后与酮 **24** 反应，得到保护了的中间体 **20**。Buchi 更愿意将保护基保留到全合成的最后面几步。

HO OH / HBr; 1. Mg, Et_2O 2. 24

26; acrolein **27** **28**

回到上一章的一系列化合物，Bunnett 和 Sridharan 通过不同路线合成了其中一个化合物 **29**。他们倒推回到醇，这和前面一样，但他们是在两个甲基处切断的。一个原因是很难把一个甲氧基接到苯环上，但主要原因是用切断甲基的方法所使用的原料甲酯是可以购买得到的。

FGI ⟹ C—C ⟹ + 2MeMgI

29 **30** **31**

该合成非常快捷，但文献中没有报道收率。[6]

MeMgI; $SOCl_2$ 吡啶

31 **30** **TM29**

现有化合物

Aldrich 产品目录有超过 34 000 化合物，这里只列了常用的一部分。

直链状化合物：C_1 到 C_{10} 或更长的醇类、烷烃类、酸类、醛类、胺类、腈类、酮类

侧链化合物：

异醛 **叔丁基** **异丁基** **叔戊基** **1-X-3-甲基丁烷** **2-乙基己烷**

环状化合物：C_4 到 C_{10} 及其他：酮，醇，烯烃，卤代物，胺类

芳香化合物：各种系列，参见目录

杂环化合物：各种饱和及不饱和

单体（制备聚合物用）：丁二烯，异戊二烯，苯乙烯，丙烯酸酯类，甲基丙烯酸酯类，不饱和腈类，氯代物和醛类

正确分子切断规则总结

1. 合成步骤尽量短
2. 切断处的反应要已知且可信
3. 优先切断 C—X 键，尤其是在双基团切断时
4. 根据分子中的官能团切断 C—C 键

(a) 目标最简化，如果可能的话

-切断在分子中间

-切断在支侧链处

-切断在链和环交接处

(b) 应用对称性(如果合适)

5. 应用官能团转化使切断更容易
6. 断裂后的起始原料要么可以买到要么容易制备

以上规则只有部分可以应用于所有分子，有的时候又相互矛盾。只有不断联系实践，才会逐渐提高分子切断的水平。有些复杂分子的逆合成分析可以有多种方法，没有“唯一”答案。

(江志赶　译)

参考文献

1. R. M. Einterz, J. W. Ponder and R. S. Lenox, *J. Chem. Ed.*, 1977. **54**, 382.
2. G. M. Badger, H. C. Carrington and J. A. Hendry, *Brit. Pat.*, 1946, 576, 962; *Chem. Abstr.*, 1948, **42**, 3782g.
3. V. Grignard, *Ann. Chim.* (*Paris*), 1901 (7), **24**, 475.
4. P. J. Pearce, D. H. Richards and N. F. Scilly, *J. Chem. Soc.*, *Chem. Commun.*, 1970, 1160.
5. G. Büchi and H. Wüest, *J. Org. Chem.*, 1969, **34**, 1122.
6. J. F. Bunnett and S. Sridharan, *J. Org. Chem.*, 1979, **44**, 1458.

第十二章　策略Ⅴ：立体选择性 A

本章所需的背景知识：立体化学。

有机化合物的生物性能取决于它们的立体化学结构，这一事实已被药物、杀虫剂、昆虫信息素、植物生长调节剂、香料、调味剂及所有具有生物活性的化合物所证实。例如用于铃兰香水的顺式羟基醛 **1** 具有强烈使人愉悦的气味，而对应的反式羟基醛 **2** 则完全没有气味。在这里我们应注意化合物 **1** 和 **2** 是非对映异构体，是非手性化合物。具有应用价值的合成设计应控制反应选择性生成纯品 **1**，而不是 **1** 和热力学更稳定的双平伏键异构体 **2** 的混合物。在一般合成反应条件下，2 占 92%的含量，而 1 只有 8%的含量。

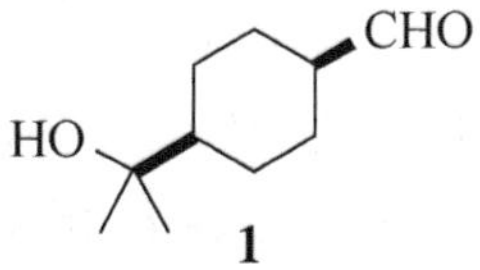

1 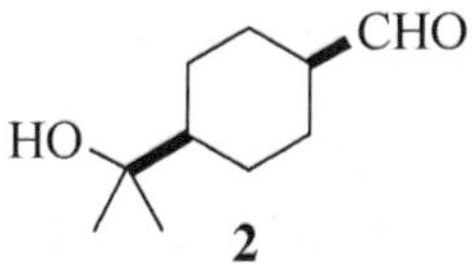　　**2** 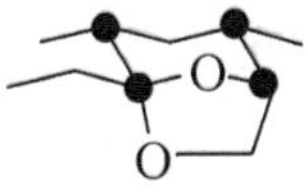　　**3; multistriatin 中的手性中心**

榆树皮甲虫双环缩酮类信息素 **3** 是一个相对复杂的例子，你可能回忆起在第一章我们讲到只有单一的对映异构体才能吸引甲虫。通过控制选择性合成具有正确相对构型的非对映异构体是不够的，此化合物还必须为光学纯的单一对映立体异构体。本章中，我们先讨论如何得到单一对映立体异构体，然后再考虑带有多个手性中心的具备正确相对构型的非对映异构体。本章只做简单介绍，对更多的细节可参照参考书 *Strategy and Control*[1] 和 Clayden 所著的 *Organic Chemistry*。[2]

光学纯化合物

我们接下来讨论两种策略来制备光学纯化合物。即在合成过程中通过对外消旋体进行拆分；或者在合成中使用光学纯的起始原料。其他策略参照参考书 *Strategy and Control*。

手性拆分

对映立体异构体不能像非对映立体异构体那样通过常规的如结晶、蒸馏或色谱柱等提纯方法来进行分离。手性拆分从原理上讲，需首先使用光学纯的“拆分试剂”将外消旋体混合物转化成一对非对映立体异构体，然后再通过常规方法进行分离。Cram[3]在研究消除反应的立体化学工作中，设计了一不具取代作用的光学纯强碱**4**，类似于手性的LDA。**4**可通过化合物**5**同正丁基锂反应制备。通过官能团转化并切断C—N键，化合物**6**可由特戊酸酰氯**7**及胺**8**合成得到。

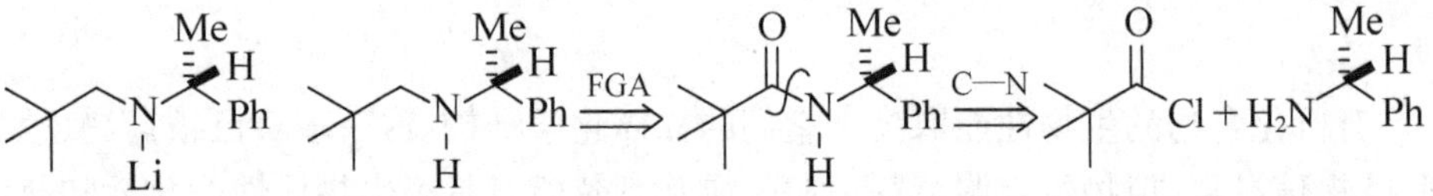

Me H N Ph Li
Me H N Ph H FGA ⟹
O Me H N Ph H C—N ⟹
O Cl + H_2N Me H Ph

4 **5** **6** **7** **8**

光学纯的化合物**8**则先通过化合物**9**与甲酸胺进行还原胺化，通过中间体*N*-甲酰胺**10**水解制得外消旋体(±)-**8**，接下来利用(*S*)-苹果酸**11**进行拆分获得。[4]

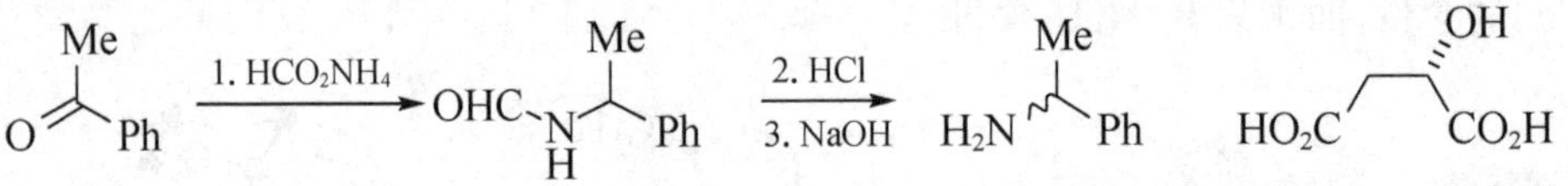

Me O Ph —1. HCO_2NH_4→ OHC N H Me Ph —2. HCl, 3. NaOH→ H_2N Me Ph   OH HO_2C CO_2H

9 **10** (±)-**8** **11; (*S*)-(−) 马来酸**

以上繁琐的方法在今天已不需要，制备和拆分化合物**8**也已被列入本科生实验。[5]通过常规方法还原胺化生成外消旋体**8**，然后再对相应的酒石酸盐**12**在甲醇中进行结晶后中和即可得到光学纯的(+)-(*R*)-**8**。实际上这个近乎完美的拆分方法可得到两个光学纯的对映异构体。其中一个的酒石酸盐从甲醇溶液中结晶出来，而另一个则保留在母液中。**8**的酒石酸盐是非对映立体异构体，因此具有不同的物理性质。在形成盐的过程中没有生成共价键，通过氢氧化钠中和即可得到光学纯的**8**，而酒石酸则以钠盐形式存在于溶液中。

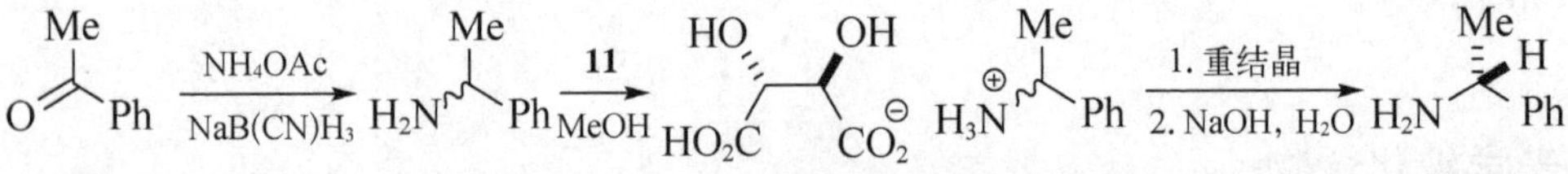

Me O Ph —NH_4OAc, $NaB(CN)H_3$→ H_2N Me Ph —**11**, MeOH→ HO OH HO_2C $CO_2^{\ominus}$ $H_3N^{\oplus}$ Me Ph —1. 重结晶, 2. NaOH, H_2O→ H_2N Me H Ph

9 (±)-**8** **12; 8 的酒石酸盐** (+)-***R*-8**

Cram通过对酰胺**6**还原完成了化合物**5**的合成。下图两步产率都很高，更重要的是，在这两步中手性中心没有发生消旋化。这些原理已广泛应用于各种经典的手性拆分中。

t-BuCOCl　　$LiAlH_4$

(+)-***R***-8　　(+)-6; 90% 收率　　(+)-5; 97% 收率

光学纯起始原料

自然界的天然产物中提供了大量的光学纯起始原料，如不同结构的氨基酸。羟基酸如苹果酸 **11** 及乳酸 **13** 也提供了宝贵的资源。我们在此举一例子说明这类合成。乳酸乙酯 **14** 转换成相应的甲磺酸脂(很好的离去基团，类似甲基苯磺酸脂) **15**，然后用氢化铝(由四氢锂铝和浓硫酸反应制备)还原得到伯醇 **16**。化合物 **16** 不需纯化，碱性处理下生成环氧化合物 **17**。最后一步环氧化反应是分子内的 S_N2 取代，手性中心构型发生完全翻转。

$MeSO_2Cl$ / Et_3N　　AlH_3　　KOH / H_2O

13　　**14; (+)-*S*-乳酸乙酯**　　**(+)-*S*-15 98% 收率**　　**(*S*)-16**　　**(+)-(*R*)-17 72% 由 15**

立体专一性和立体选择性反应

立体专一性反应

由反应机理决定，立体专一性反应生成专一的并可预见的立体化学产物。在由化合物 **16** 生成 **17** 的反应中，S_N2 反应机理决定亲核的氧原子从手性碳原子的背面进攻，因而发生手性中心翻转。从光学纯的原料开始，甲基苯磺酸脂 **18** 的(R)-和(S)-对映异构体分别与乙酸根负离子发生 S_N2 取代反应，得到相应构型翻转产物。

(*R*)-18　　**(*S*)-19**　　**(*S*)-18**　　**(*R*)-19**

同样情况也发生在非对映异构体中。化合物 **20** 是非手性化合物，虽不存在对映异构体问题，但顺式或反式异构体在 S_N2 反应中发生构型翻转分别生成反式或顺式异构体 **21**。

$AcO^{\ominus}$ / S_N2

反式 -20　　**顺式 -21**　　**顺式 -20**　　**反式 -21**

四氧化锇作用下，烯烃发生双羟基化反应为立体专一的顺式加成反应：即两个羟基加到烯烃的同侧。如 *E*-**22** 只生成顺式非对映异构体二醇 *syn*-**23**，而 *Z*-**22** 经过顺式加成得到反式非对映异构体二醇 *anti*-**23**。

E-**22** —OsO_4→ **顺式-23**　　*Z*-**22** —OsO_4→ **翻转** - - - - → **反式-23**

然而，如果你想从同一种烯烃(如环戊烯)既得到顺式二醇又得到反式二醇，则需要考虑使用其他方法。环氧化反应也是一个顺式立体专一反应，但环氧化合物的开环为 S_N2 反应，从而使一个手性中心发生翻转，从而建立反式构形关系。在非强碱性条件下，乙酸根负离子作为亲核试剂对环氧开环，化合物 **27** 在氨/甲醇作用下水解得到反式二醇。

顺式-24 ←OsO_4— **25** —*m*CPBA→ **26** —$AcO^{\ominus}$→ **27** —NH_3/MeOH→ **反式-24**

下表列出了几种常见的立体专一反应。掌握反应的机理是设计反应并控制立体化学结果的关键所在。

反应类型	反应式	反应结果
S_N2 取代反应	$Nu^{\ominus}$	构型翻转
E2 消除反应	碱	反平面消除
烯烃亲电加成反应	RCO_3H；OsO_4	顺式加成
烯烃亲电加成反应	Br_2；PhSCl	反式加成

（续表）

反应类型	反应式	反应结果
烯烃炔烃的氢化反应	R−C≡C−R →(H_2, Pd/C，有毒的) RCH=CHR；$R^1R^1C=CR^2R^2$ →(H_2, Pd/C)	顺式加成
重排反应	R^* … X or R^* … X → Y … R^*	R^* 构型保持 C—X 反应中心构型翻转
不涉及手性中心的反应	任意	构型保持

你也许会对上表中的“重排”一项感到奇怪，但“重排”在胺 **8** 的合成中是一个有价值的选择。[7] 手性纯的 **28** 转化成叠氮 **29** 并进一步失去氮气得到氮宾 **30**。此时氮原子上只有 6 个电子和 1 个空轨道，因而整个支链能迁移到这个空轨道处。在这个过程中该支链至少保持了 99.6%的构象，得到异氰酸酯 **31**，进一步与水加成得到不稳定的氨基甲酸 **32**，从而自动脱 CO_2 转化成胺 **8**。由于无法买到手性纯的酸 **28**，我们倾向于采用酒石酸拆分的方法。不过，手性纯的两个对映异构体 **8** 是可以买到的，我们也可以用它去拆分酸 **28**。

Ph−CH(CH₃)−CO_2H (**28**) →(NaN_3, H_2SO_4) Ph−CH(CH₃)−CO−N_3 (**29**) →($-N_2$) Ph−CH(CH₃)−CO−N: (**30**) → Ph−CH(CH₃)−NCO (**31 异氰酸酯**) →(H_2O) Ph−CH(CH₃)−NHCO_2H (**32 氨基甲酸**)

非对映体选择性合成榆树皮甲虫双环缩酮类信息素：

我们在第一章中提到过会在后文中介绍榆树皮甲虫信息素的合成，这里加以介绍。该分子包含四个手性中心但其中一个不重要(如图以隐藏的羰基表示)。切断缩酮键可倒推得到羰基二醇 **33**。如果我们制得 **33** 它就必然会环化生成 **3**，而无法产生其他的立体化学结果。进一步通过烯醇盐烷基化反应断 C—C 键会得到对称的酮 **34** 和二醇 **35**，该二醇在邻近两个手性碳(如图以圆圈标记)的一端连有一个离去基团(X)。

3; multistriatin 显示隐藏的羰基 ⇒(1,1-diX，缩酮) **33** ⇒(C—C，烯醇烷基化) **34** + **35**

离去基团将来自醇，因而其基本骨架应该是一个1,2,4-三醇**36**。该分子是一个接近对称的分子，如果我们如图所示继续切断C—C键就能得到一个对称的环氧化物**37**。可见，两个起始原料**34**和**37**都是易得的对称化合物：我们只需要制备出**37**即可。该环氧化物可以由顺式烯烃**38**制得，而该烯烃可由Lindlar试剂还原炔烃**39**得到。

35 ⟹(FGI) **36** [HO, 4, H, 3, Me, HO, 2, HO, 1] ⟹(1,2 C—C) **37** [HO, HO, H, O, H] ⟹(1,2 C—O) **38** [HO, HO, H, H] ⟹(FGI) **39** [HO, HO]

该炔烃很容易通过乙炔和甲醛反应制备得到。那么剩下两个问题：第一，如何区分**36**中的三个醇；第二，采用什么样的甲基负离子与环氧化物**37**反应？事实上，以环缩醛**40**的形式对两个羟基加以保护可以使环氧化反应顺利进行；而实验发现二甲基铜锂是使环氧开环的最好试剂并得到**42**，可是这并不是我们想保护的两个羟基。

39 →(H_2, Pd/C; $BaSO_4$, Lindlar) **38** →($Me_2C{=}O$, $H^{\oplus}$) **40** [O, O] →(*m*CPBA) **41** [O, O, H, O, H] →(Me_2CuLi) **42** [O, O, Me, OH]

缩醛的形成是热力学控制反应，而五元环比七元环在热力学上稳定。因而解决办法是将**42**用酸处理，它会通过缩醛交换生成**43**。如此一来，需要参与反应的羟基就没有被保护，转化成碘化物进而跟**34**的烯醇锂盐进行烷基化反应。之后再用酸处理，缩醛**45**可异构化为**3**同时失去一分子的丙酮。在没有刻意控制羰基旁边的手性碳的情况下关环可得到85%的**3**，其甲基处于e键的位置；而只有15%的非对映异构体生成。[8]

42 →(HCl) **43** [HO, Me, H, O, O] →(1. TsCl 吡啶; 2. NaI 丙酮) **44** [I, Me, H, O, O] →(34, LDA) **45** [O, Me, H, O, O] →($H^{\oplus}$) **3**

可是重要的是要制备手性醇的榆树皮甲虫信息素**3**。我们再回顾该合成时会发现，第一个手性中间体是**42**。多次尝试后，选择通过将外消旋体**42**与手性醇的异氰酸酯(+)-*R*-**46**反应可得到非对映异构体氨基甲酸酯**47**的混合物，进而通过重结晶加以分离。通过 $LiAlH_4$ 还原可以得到手性纯的醇 **42**，利用它作为原料，手性纯的榆树皮甲虫信息素 **3**（＞99％）能够通过上面描述的方法制得。

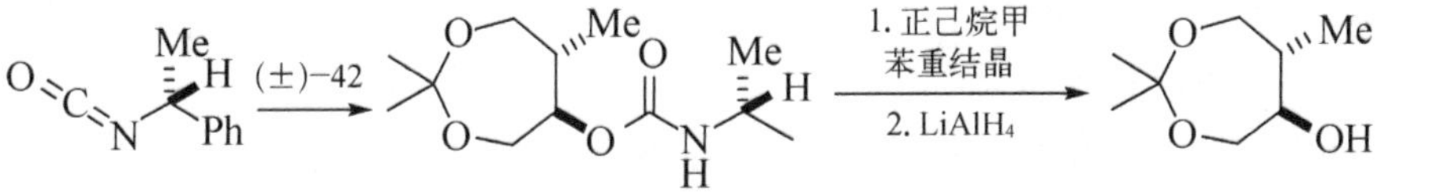

(+)-*R*-46 —(±)-42→ 47；非对映异构体混合物 —1. 正己烷甲苯重结晶 2. $LiAlH_4$→ 42

立体选择性反应：

我们用“立体选择性”来描述那些从机理上讲两种途径都有可能而从立体化学上讲则倾向于其中一种途径的反应。因为分子能够选择反应速度更快的途径（动力学控制）或生成更稳定产品的途径（热力学控制）。这些反应通常涉及那些在已有手性中心存在基础上建立一个或多个新手性中心的反应中。

酮 **48** 能够被还原成醇 **49** 或 **50**。羟基处于 e 键的醇更稳定因而平衡还原剂如 *i*-PrOH 和 $(i\text{-}PrO)_3Al$ 主要得到 **49**。[9]另一方面，从 e 键加成的反应在动力学上更容易发生。如图示处于直立键的两个氢原子阻碍了还原剂从另一个方向接近羰基。因此，位阻大的还原剂如 $LiAH(Ot\text{-}Bu)_3$ 还原主要得到羟基处于 a 键的醇 **50**。[10]

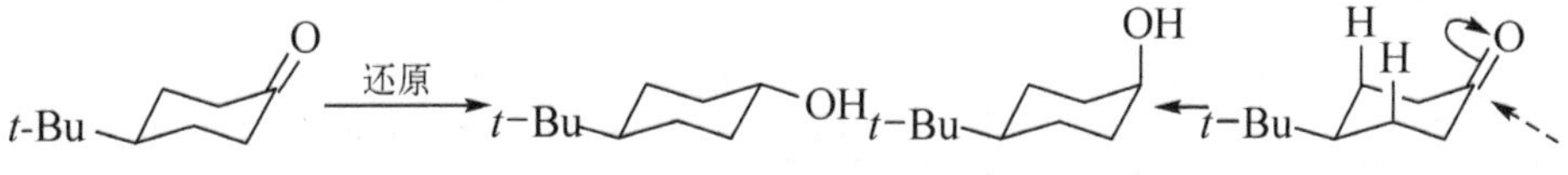

48 —还原→ 49　50 ← 51

有时我们同时需要两个非对映异构体，这时立体选择性差，同时得到两个异构体更有利于合成。如下图顺式和反式的对甲苯磺酸酯 **55** 同时需要用来研究反应的立体化学。[11]通过两步还原可将酮酯 **52**（其制备方法见第十九章和第二十一章）还原成顺式和反式二醇 **54**，二者过柱加以分离。

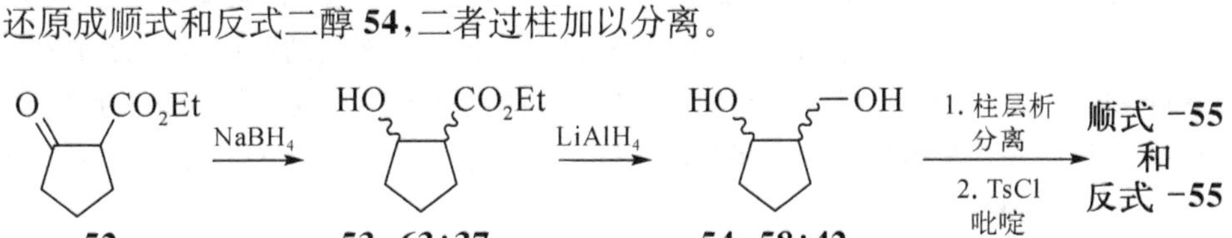

52 —$NaBH_4$→ 53；63∶37 反式∶顺式 —$LiAlH_4$→ 54；58∶42 反式∶顺式 —1. 柱层析分离 2. TsCl 吡啶→ 顺式-55 和 反式-55

两个二醇可以选择性地在伯醇处进行磺酰基化得到顺式和反式 **55** 的混合物。然后再将它们分别用碱（DMSO 的碳负离子：$MeS(O)CH_2^-$）处理，顺式对甲苯磺酸酯 **55** 可以高产率地关环生成二环醚 **56**，而反式对甲苯磺酸酯 **55** 则消除得到挥发性的烯醚 **57**。

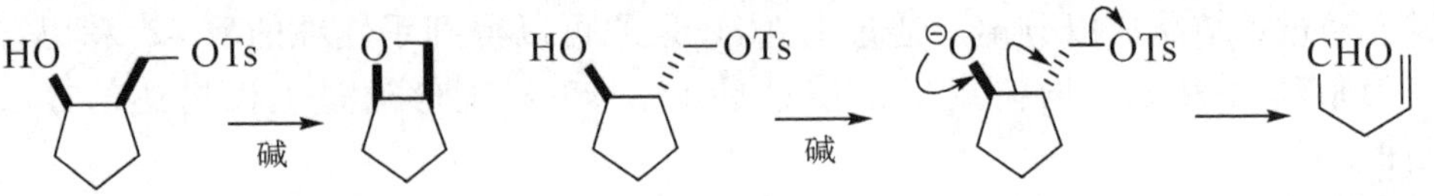

顺式−55 →(碱) 56; 85% 收率　反式−55 →(碱) → 57 烯醛

六元环上的构象控制：

如果在一个饱和六元上有一个新的手性中心形成，进行构象控制是有可能的。我们已经在酮 **48** 的还原中看到了构象效应，它也同样适用于碳亲核试剂对酮的加成反应。用来制备止痛剂 **58** 的醇 **59**，可以通过酮 **60** 来制备，而酮 **60** 可通过环已烯酮的共轭加成来制备。[12]

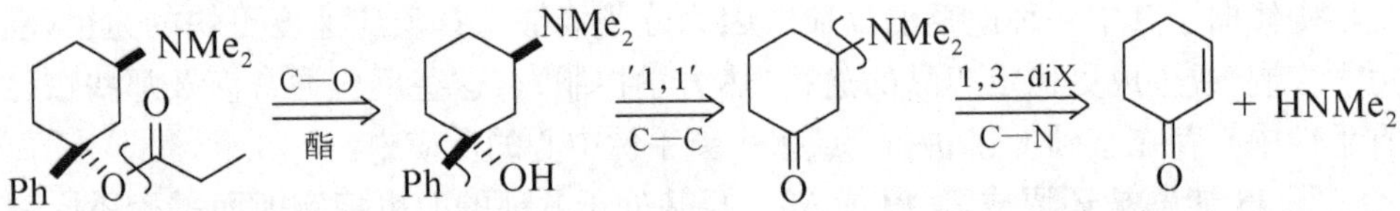

58 ⇒(C—O 酯) **59** ⇒('1,1' C—C) **60** ⇒(1,3-diX C—N) **61** + $HNMe_2$

二甲胺与环已烯酮加成之后直接与苯基锂反应可以两步 60%的产率得到 **59**。正如预期的那样大基团的亲核试剂如苯基锂倾向于从 e 键方向进攻。请注意，它加成到 **60** 上之后与二甲胺基处于同一侧而与立体位阻无关。二甲胺基仅仅固定了其构象然后苯基锂在从 e 键方向加成。**50** 与酸酐酰化之后可得到药物 **58**。

61 →(Me_2NH, Et_2O) [**60**] →(PhLi, Et_2O) **59; 60% 收率自 50 起** →($(EtCO)_2O$, 吡啶) **58; 60% 收率**

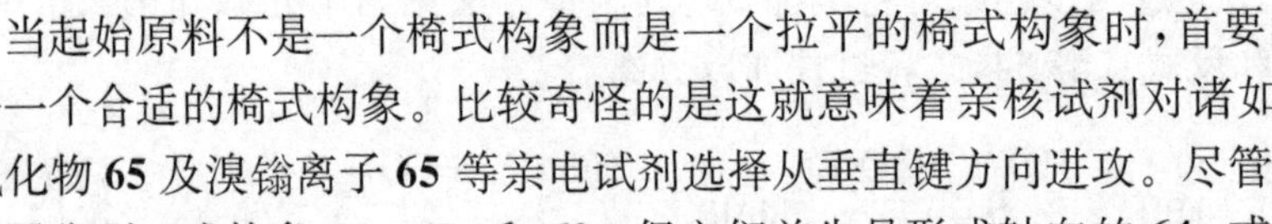

垂直键方向进攻得到椅式构象

当起始原料不是一个椅式构象而是一个拉平的椅式构象时，首要的是为产物制备一个合适的椅式构象。比较奇怪的是这就意味着亲核试剂对诸如环已酮 **62**、环氧化物 **65** 及溴鎓离子 **65** 等亲电试剂选择从垂直键方向进攻。尽管这些产物快速地平衡到 e 式构象 **64e**，**67e** 和 **69e**，但它们首先是形成轴向的 **64a** 或反式双轴向的构象 **67a** 和 **69a**。

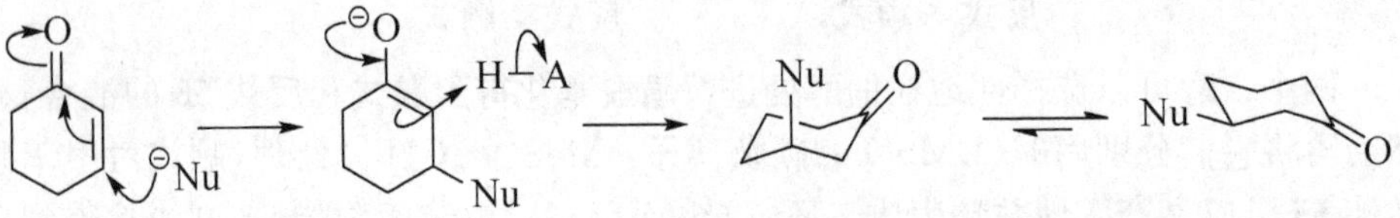

62 → **63** → **64a** ⇌ **64e**

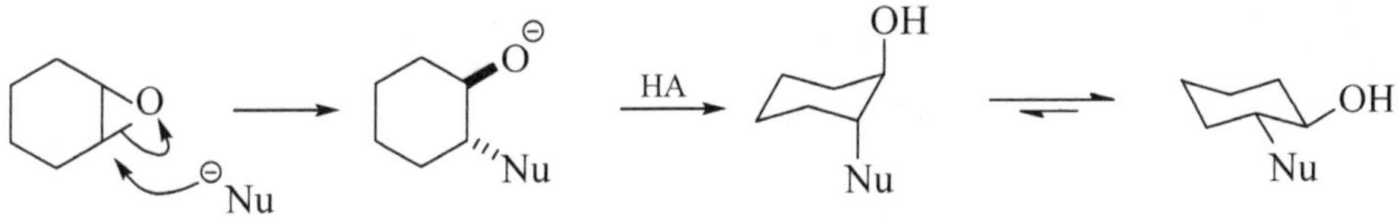

65　66　67a　67e

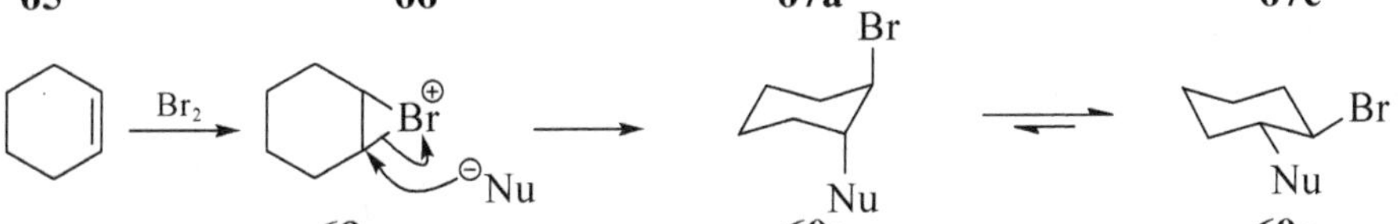

68　69a　69e

折叠式分子的立体化学控制

如果两个小环(三元环、四元环或五元环)稠合在一起(也就是同时有两个相邻的原子同属于两个环),那么它们在环连接处必然会有顺式的立体构型和一个折叠如同一本半开书籍的立体构象。我们之前看到了化合物 **70** 中两环相连处的原子处于顺式：而反式的 **55** 不能关环,而发生了开环反应。化合物 **70** 则有一个折叠的构象 **70a**。我们会在第三十八章详细讨论折叠构象。但此时我们要注意到化合物 **70a** 和 **72a** 都具有"外侧"(书皮)和"内侧"(书页内)两个方向。**71** 的环氧化是从折叠分子的外向进攻而得到 **72** 的。

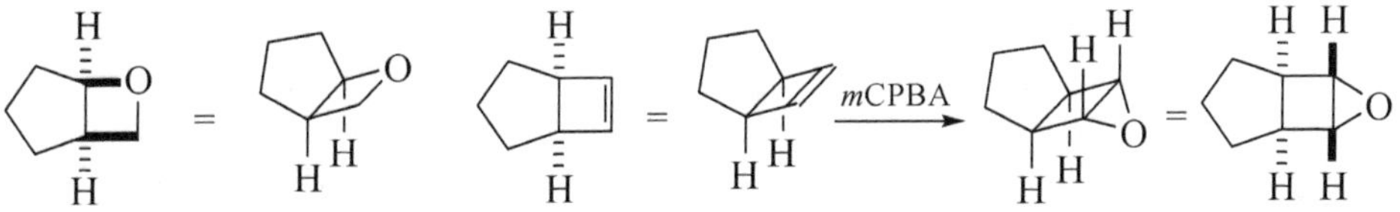

70　70a　71　71a　72a　72

而通过其他取代基对小环分子中烯烃的环氧化的控制则是易于理解的,因为这些环实际上是平的,我们不用担心位于垂直键和平伏键取代基的影响。因而,简单的(非手性)环戊烯 **73** 环上带有一个大的取代基($R=t-BuMe_2Si$),由于位阻原因而得到一个反式的环氧化物 **74**。然而,换成自由度大的羟基之后环氧化则发生在羟基的同面从而得到化合物 **76**。唯一的合理解释是羟基氢与环氧化试剂形成氢键从而导向环氧化反应发生在羟基的同侧。[13]

73　74　75　76

(张杨　译)

参考文献

1. P. Wyatt and S. Warren, *Organic Synthesis: Strategy and Control*, Wiley, Chichester, 2007.
2. Clayden *Organic Chemistry* chapters 16, 18, 32, 33 and 34.
3. D. J. Cram and F. A. A. Elhafez, *J. Am. Chem. Soc.*, 1952, **74**, 5851.
4. A. W. Ingersoll, *Org. Synth. Coll.*, 1943, **2**, 503, 506.
5. A. Ault, *J. Chem. Ed.*, 1965, **42**, 269.
6. B. T. Golding, D. R. Hall and S. Sakrikar, *J. Chem. Soc.*, *Perkin trans I*, 1973, 1214.
7. A. Campbell and J. Kenyon, *J. Chem. Soc.*, 1946, 25.
8. W. J. Elliott and J. Fried, *J. Org. Chem.* 1976, **41**, 2469, 2475.
9. E. L. Eliel and R. S, Ro, *J. Am. Chem. Soc.*, 1957, **79**, 5995.
10. J. Klein, E. Dunkelblum, E. L. Eliel and Y. *Senda*, *Tetrahedron Lett.*, 1968, 6127; see also Wyatt and Warren, *Organic Synthesis: Strategy and Control*, chapter 21.
11. G. Kinast and L.-F. Tietze, *Chem. Ber.*, 1976, **109**, 3626.
12. M. P. Mertes, P. E. Hanna and A. A. Ramsey, *J. Med. Chem.*, 1970, **13**, 125.
13. M. Asami, *Bull. Chim. Soc. Jpn.*, 1990, **63**, 1402.

第十三章　单基团 C—C 切断Ⅱ：羰基化合物

本章所需的背景知识：有机金属试剂制备 C—C 键；烯醇化合物的烷基化。

在第十章里，我们主要围绕在醇的氧化水平上对 C—C 键切断和相关双官能团的 C—X 键切断进行比较。在本章，我们将进一步来讨论羰基化合物在这两种相关切断中的应用，主要是醛或者酮类化合物。首先，我们通过羧酸衍生物如酯，比较杂原子的酰化与羰基亲核试剂的酰化（对于 **1** 的 1，1 -双官能团切断也可以被看作是单官能团的 C—X 切断），然后比较对 **3** 的 1，2 -双官能团切断和烯醇化物 **6** 的烷基化，这里有极性翻转。区域选择性在第十四章会作进一步介绍。

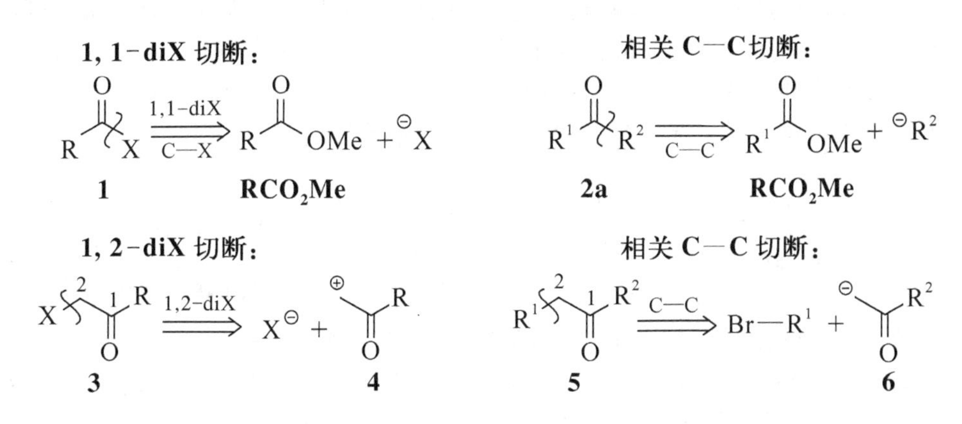

醛与酮的碳原子酰化法合成：

对于 **2a** 的切断是不可行的，因为四面体中间体 **7** 中 MeO^- 是最好的离去基团，这样就得到了酮 **2**。而酮的亲电性比酯的要强，酮 **2** 就会继续反应，从而生成叔醇 **8**。

$$R^1COOMe \xrightarrow[\text{or RLi}]{R^2MgBr} \mathbf{7} \longrightarrow \mathbf{2}\ R^1COR^2 \xrightarrow[\text{or RLi}]{R^2MgBr} \mathbf{8}\ R^1R^2_2COH$$

一个解决方案是用酰氯来作酰化试剂，因为酰氯的亲电性要比酮强。这个方案有一个问题就是需要把两种极为活泼的反应物放一起，这使得反应很难控制。利用反应活性很弱，从而使反应具有更高选择性的有机铜试剂可以成功进行酰化反应。在－78℃ 的无水四氢呋喃中，用 CuI 对有机锂试剂进行处理，可以得到双烷基化的铜锂或者铜酸盐 R_2CuLi。[1]这些试剂可以和酰氯在低温下反应得到酮。[2]

$$Cu(I)I \xrightarrow{RLi} RCu \xrightarrow{RLi} R_2CuLi \qquad \mathbf{9}\ R^1COCl \xrightarrow{R_2CuLi} \mathbf{2}\ R^1COR^2$$

一个能够体现化学选择性的例子是通过溴代酰氯 **11** 和相应的二烷基铜锂反应，来制备酮 **12**(R 为乙基或丙基)。溴代羧酸 **10** 可以买到，通过这个方法能合成一系列的溴代酮。[3]

$$\mathbf{10}\ Br(CH_2)_4COOH \qquad \mathbf{11}\ Br(CH_2)_4COCl \xrightarrow{R_2CuLi} \mathbf{12}\ Br(CH_2)_4COR$$

R=Et; 88% 收率
R=n-Pr; 90% 收率

这个反应中从 R_2CuLi 上只转移出一个烷基，为了避免浪费另一个 R 基，可以使用混合试剂。Posner 用 PhS 基来稳定带一个叔丁基的有机铜试剂 **14**，这时，叔丁基可以完全转入羧酸酰氯。[4]在用 *t*-BuCOCl 做 Friedel - Crafts 反应时 CO 非常容易离去而使这个反应难以进行，所以这个方法就会更有效。

$$PhSH \xrightarrow[\text{2. Cu(I)I, THF, 25℃}]{\text{1. BuLi}} \mathbf{13}\ PhSCu \xrightarrow[\text{THF}, -60℃]{t\text{-BuLi}} \mathbf{14}\ PhSCu(t\text{-Bu})Li \xrightarrow{PhCOCl} \mathbf{15}\ PhCO\text{-}t\text{-Bu}$$

15; 84%~87% 收率

在 Paquette 合成[4.4.4]-螺桨烷 **19** 时，他轻易地制备出了二酯 **16**，但实际上需要的却是单酯 **18**。有别于直接加入甲基锂，他首先将一个酯水解为游离酸 **17**，然后通过草酰氯制备出酰氯。最后和二甲基铜锂反应，以很好的收率获得了酮 **18**。[5]

$$\mathbf{16}\ (CH_2CO_2Me,\ CO_2Me) \xrightarrow[\text{H}_2\text{O, MeOH}]{\text{NaOH}} \mathbf{17}\ (CH_2CO_2H,\ CO_2Me) \xrightarrow[\text{2. Me}_2\text{CuLi}]{\text{1. (COCl)}_2} \mathbf{18}\ (CH_2COMe,\ CO_2Me)$$

16　**17; 88% 收率**　**18; 92% 收率**　**19** 一个 [4.4.4] 螺桨烷

用 DMF 直接将有机锂试剂醛甲基化

另一种方法是用亲电性更弱的乙酰化试剂来代替酯。这虽然看起来有些异想天开，但实际上用 DMF**20** 直接和有机锂试剂反应得到了醛，并且收率很高。因为 Me_2N^- 是一个不易离去的基团，所以四面体中间体 **21** 在反应中是稳定的。在酸的水溶液中处理 **22** 就能得到醛 **23**。

20; DMF —RLi→ **21** —$H^{\oplus}$, H_2O→ **22** → **23**

有机锂试剂可以通过锂离子取代卤原子来制备，或者是去质子化来制备。用二碘化物 **24** 进行反应时，一个碘原子可以被一当量的丁基锂取代，最后得到醛 **25**。[6]芳杂环异噻唑 **26** 在靠近硫原子的位置有一个酸性最强的质子，能够以很好的收率制得醛 **27**。[7]

24 —1. BuLi, 2. DMF→ **25; 55% 收率**　　**26** —1. BuLi, 2. DMF→ **27; 75% 收率**

制备酮时如果用腈 **28**，反应活性会更高。和格氏试剂反应得到中间体 **29** 在反应中是稳定的，与 **21** 相似，在酸性溶液中会水解释放出酮 **2**。叔酰胺是 DMF 的类似物，但因为活性很差几乎已经不用了。[8]

28 —R^2MgBr [or RLi]→ **29** —$H^{\oplus}$, H_2O→ **2**　　**酰基叔胺**

在这些反应中，格氏试剂要比有机锂试剂更好，并且，如果使用催化量的 Cu(I)，反应会更好。[9]一个经典例子是从 **30** 制备的格氏试剂与受保护的腈 **31** 反应，能够以很好的收率制得酮 **32**。并且，在后处理时保护基也脱去了。[10]

30 —1. Mg, Et_2O; 2. Me_3SiO～CN (**31**)→ **32; 90% 收率**

这些反应也可以是分子内的，生成五元或者六元环酮，例如螺环化合物 **34** 和

有位阻的环己酮 **36**(螺环化合物是指两个环共用一个原子)。[11]

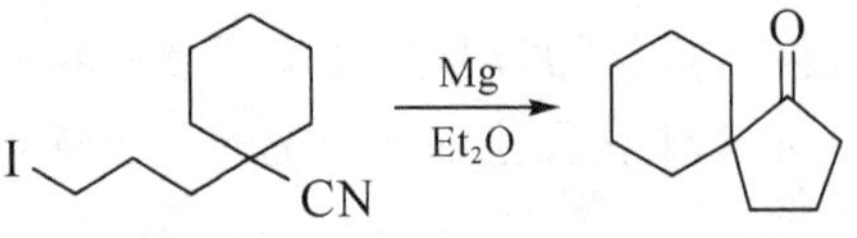

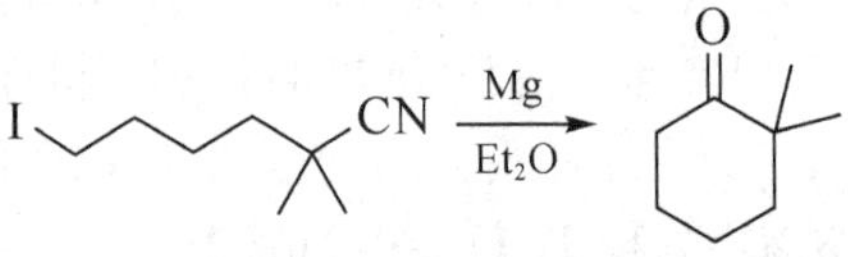

33 → (Mg, Et_2O) → **34; 65% 收率**　　**35** → (Mg, Et_2O) → **36; 71% 收率**

请留意,这一部分,实际上这一整章到目前为止,都是在讨论介于 **2** 的羰基和与它相连部分 C—C 键的切断。亲核试剂是 Li、Cu 或者 Mg 的有机金属衍生物,亲电试剂则是酰氯、叔酰胺或者是一个腈。接着我们将讨论距离羰基远一个键的 C—C 键的切断。

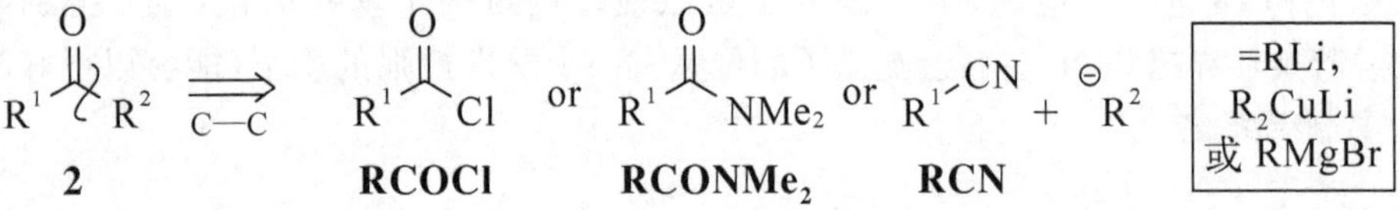

2 ⟹ (C—C) **RCOCl** or **$RCONMe_2$** or **RCN** + $^{\ominus}R^2$ (=RLi, R_2CuLi 或 RMgBr)

通过烯醇的烷化来制备羰基化合物

按照羰基化合物的原有极性再次切断 **37** 时,因为想用烯醇衍生物 **38** 来进行烷基化反应,我们选择了相邻的另一个键来切断。但有一个很大的问题,只要我们稍微思考一下就会明白,如果简单地把酮 **39**、烷基卤代烃和某个碱混合并不能生成我们需要的 **37**。因为酮本身就具有很好的亲电性,而通过 aldol 反应自身缩合要比烷基化更容易发生。

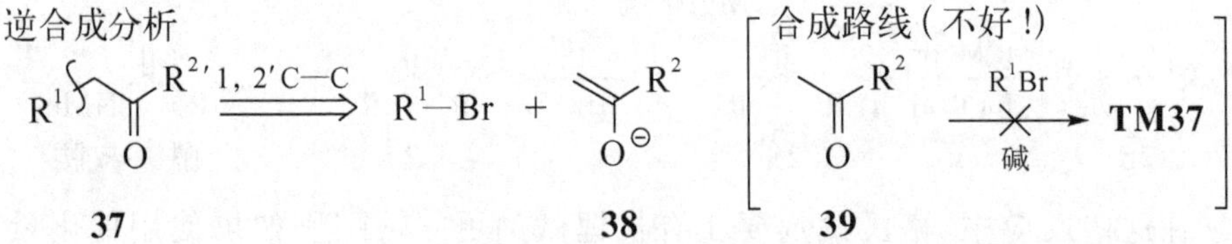

逆合成分析

37 ⟹ (1, 2′C—C) R^1—Br + **38**

合成路线(不好!)

39 —(R^1Br, 碱)✕→ **TM37**

首先我们需要把酮 **39** *全部*转化为一个烯醇的衍生物,这样就没有多余的酮可以发生自身缩合。在这一章里面,我们将只讨论烯醇化锂试剂 **40** 和 1,3-二酮化物 **41** 的阴离子结构 **42**。这些试剂都可以作为酮 **38** 的烯醇负离子(R_2=Me)。

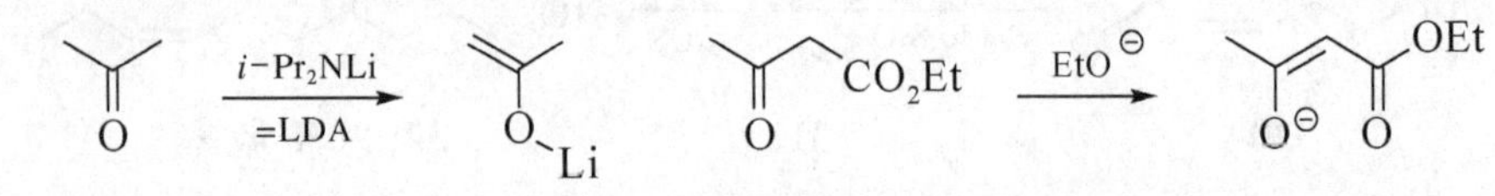

39; R^2=Me → (i-Pr_2NLi =LDA) → **40**　　**41** (CO_2Et) → ($EtO^{\ominus}$) → **42**

简单羰基化合物的烯醇化锂试剂

烯醇化锂试剂 **40** 通常是用 LDA(二异丙氨基锂)来制备的。我们需要一个碱性强到可以立即把酮转化为烯醇化锂试剂的强碱。正丁基锂碱性足够强,但它本身也可以作为亲核试剂来进攻羰基。于是我们用正丁基锂制备出 LDA——一个位阻很大的强碱,并且不容易进攻羰基。LDA 是在低温无水的 THF 中制备,酮也是低温下用注射器加入。[12]锂离子同氧原子结合在一起,同时胺也被放在一个合适的位置,可以脱去 **43** 的质子。

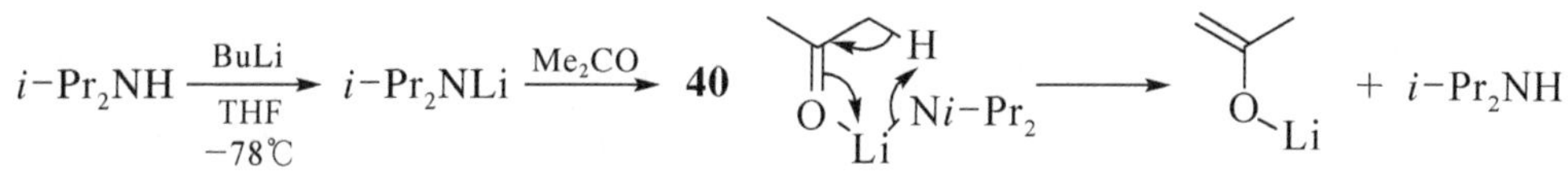

$$i\text{-}Pr_2NH \xrightarrow[\text{THF}, -78℃]{\text{BuLi}} i\text{-}Pr_2NLi\ (\textbf{LDA}) \xrightarrow{Me_2CO} \textbf{40}$$

43 ⟶ **40** + $i\text{-}Pr_2NH$

如果酮是对称的,或如下图所示只能从一侧发生烯醇化,或者用酯进行反应,烯醇化的形成和接下来的烷基化都是非常明确的。在 Corey 对咖啡醇(从咖啡豆中提取的一种消炎药)的合成中,他首先从一侧对酮 **44** 进行烷基化,然后将产物 **45** 转化为新的烷基化试剂 **46**。[13]

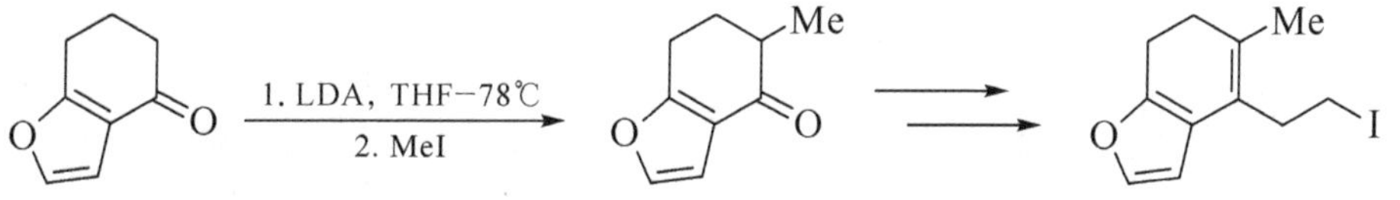

44 $\xrightarrow[\text{2. MeI}]{\text{1. LDA, THF}-78℃}$ **45** ⟶⟶ **46**

不饱和酯 **47** 只有一个标记的氢原子可以被脱去,接下来用 **47** 制备了烯醇化锂试剂 **48**,然后与 **46** 进行烷基化。在这一关键步骤里,咖啡醇的基本骨架都被建立了。

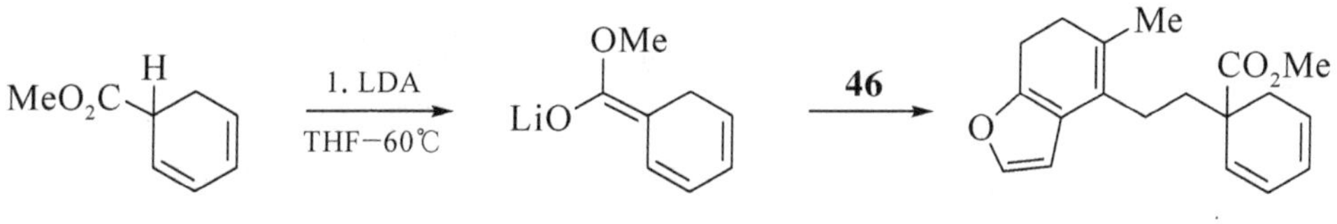

47 $\xrightarrow[\text{THF}-60℃]{\text{1. LDA}}$ **48** $\xrightarrow{\textbf{46}}$ **49**

1,3-二羰基化合物的烯醇化

我们不得不承认,要想在−78℃下向严格控制无水的溶剂和装置中注入试剂并不是一件很容易的事情。要想避免使用非常强的碱,我们可以考虑修饰酮的结构,使烯醇的形成更容易。通过引入一个酯基像 **41**,使其能与烯醇共轭,从而使负电荷能在两个氧原子上分散。仅需要一个相对较弱的碱就可以得到 **42**,通常的选择是使用与这个酯相应的醇盐来避免酯交换反应。烷基化会发生在中间的碳原子上,可以将酯 **50** 水解成酸,然后加热脱羧。

酮 $\xrightarrow{\text{FGA}}$ 41 (CO_2Et) $\xrightarrow[\text{EtOH}]{\text{EtO}^{\ominus}}$ 42 (OEt, $O^{\ominus}$) $\xrightarrow{\text{RBr}}$ 50 (R, CO_2Et) $\xrightarrow[\text{2. H}^{\oplus}]{\text{1. H}_2\text{O, NaOH}}$ 51 (R)

水解后得到负离子 **52**，质子化得到酮酸 **53**。脱羧反应经常会自发，但一般需要加热，通过一个环状机理 **54** 发生脱羧，得到烷基化的酮 **51** 的烯醇 **55**。

50 $\xrightarrow{\text{1. H}_2\text{O, NaOH}}$ 52 (R, $CO_2^{\ominus}$) $\xrightarrow{\text{2. H}^{\oplus}}$ 53 (R, CO_2H) → 54 → ($-CO_2$) 55 (R, OH) → 51

通常情况下，在切断反应时不考虑增加一个额外的酯基到酮上，但丙酮酸乙酯 **41** 和丙二酸二乙酯 **59** 都是易得的原料。如果需要制备 1,3-二羰基化合物，可以通过在第十九章和第二十章介绍的方法来制备。羧酸 **56** 可以在侧链端切断为一个卤代烃和合成子 **58**，**58** 可以为丙二酸二乙酯的阴离子或者乙酸乙酯的烯醇化锂。

56 (CO_2H) $\xrightarrow[\text{C—C}]{\text{'1, 2'}}$ 57 (Br) + 58 ($H_2C^{\ominus}$ CO_2H) ⟹ 59 (CO_2Et, CO_2Et) or 60 (OEt, OLi)

有一个报道用到了丙二酸酯的路线。[14] 醇盐作碱，这样即使它作为亲核试剂来进攻酯也不会有影响。

59 (CO_2Et, CO_2Et) $\xrightarrow[\text{2. 57}]{\text{1. NaOEt, EtOH}}$ 61 (CO_2Et, CO_2Et)；84% 收率 $\xrightarrow[\text{2. H}^{\oplus}\text{, heat}]{\text{1. KOH, H}_2\text{O}}$ 56 (CO_2H)；65% 收率

通过这个方法来制备酮有一个很好的例子是萜烯的合成。经过 1,2-C—C 键的切断，引入一个酯基到烯醇 **64** 上得到丙酮酸乙酯。

62 (O) $\xrightarrow[\text{C—C}]{\text{'1,2'}}$ 63 (Br) + 64 ($\ominus$, O) $\xrightarrow{\text{FGA}}$ 41 (EtO_2C, O)

烷基化反应很顺利，因为 **63** 是一个活性很高的烯丙基卤代烃——烯丙基溴，水解和脱羧也是常规反应。[15]

EtO_2C **41** —(1. NaOEt, EtOH; 2. 63)→ CO_2Et —(1. $HO^{\ominus}$, H_2O; 2. $H^{\oplus}$, heat)→ **TM62**

共轭加成制备羰基化合物

对 C—C 键切断后留下的形式很容易让我们想到共轭加成，并且仍然可以利用羰基固有的性质。一个杂原子对烯酮化合物 **66** 共轭加成生成具有 1,3-关联的 **65**，和羰基亲核试剂经过同样的历程反应则得到 **67**。

1, 3-diX 切断：　　　　**相关 C—C 切断：**

65 ⟹(1, 3-diX; C—X) $X^{\ominus}$ + **66**　　**67** ⟹(C—C) $R^{1\ominus}$ + **66**

我们可以用有机锂试剂或者格氏试剂来作为亲核试剂，但需要用 Cu(Ⅰ)来辅助共轭加成。如果不用 Cu(Ⅰ)，两种方法的亲核试剂都容易直接加成到羰基上。我们可以用本章用于制备酮的相同试剂来。

66 —(R^1MgBr+Cu(Ⅰ) 催化剂 or R^1Cu or R^1_2CuLi)→ **67**

Corey 在合成一种海洋源异种信息素时需要环酮 **68**。[16] Friedel-Crafts 切断给出了羧酸 **69** 的衍生物。对侧链进行切断给出不饱和酸 **70**(因为烯键最后会消失，所以究竟是 E-还是 Z-并没有影响)。

68 ⟹(C—C Friedel-Crafts) **69** ⟹(C—C '1, 3') **70** + i-PrX

70 **E or Z-烯烃**

实际操作时，他用了较容易制备的 E-不饱和酯 **71**，然后用异丙基格氏试剂加成并用 CuSPh 作催化剂(参考前面的化合物 **13**)，来避免浪费一当量的格氏试剂。产物酯 **72** 同多聚磷酸反应，不需要再单独进行酯水解就能关环得到目标产物。毫无疑问，这是一个非常出色的反应，因为它是一个生成五元环的分子内反应。

71 $\xrightarrow[\text{THF, }-15℃]{i\text{-PrMgCl, PhSCu}}$ 72 $\xrightarrow{\text{PPA}}$ 68

芳香化合物是足够好的亲核试剂，可以在 Friedel - Crafts 反应条件下发生共轭加成，这样就不需要使用有机金属试剂了。用 $AlCl_3$ 作催化剂，把苯加到苯丙烯酸 **74** 上，一步就能得到 **73**。[17]

73 $\xRightarrow{\text{C—C}}$ **74; 肉桂酸**　**74** $\xrightarrow[AlCl_3]{PhH}$ **73; 90% 收率**

在二醇 **75** 的合成中，立体构型非常关键。因为六元环上的羟基是直立键，可以选择适当的还原剂对酮酯进行立体选择性还原来制备这个二醇。[18]

75　**75 构象** $\xRightarrow[\text{还原}]{\text{FGI}}$ **76**

考虑对酮 **76** 切断时会有两个选择，分别切断乙烯基 **76a** 或者甲基 **76b**。有两个理由支持我们去选择 **a**。加成反应是更容易从分子上 CO_2Et 基的对面来进攻的，这也会形成我们所需要的乙烯基的取向。**78** 发生共轭加成时，可能加成在 β-位置，但也有同样的可能加成在非常容易进攻的 δ-位置。而起始原料 **77** 也是易得的 Hagemann 酯。

77 $\xLeftarrow[\text{a}]{\text{C—C}}$ **76** $\xRightarrow[\text{b}]{\text{C—C}}$ **78**

乙烯基格氏试剂与 Cu(Ⅰ) 催化剂一起使用，对酯和酮的还原可以用 $LiAlH_4$ 来实现。立体选择性也非常好，**75** 很容易就同微量的赤型醇分开。在下一章，我们会再次讨论到这样的反应里铜在区域选择性和立体选择性方面的应用。

EtO_2C 77 —(MgBr, Cu(I)I)→ EtO_2C, Me 76 —($LiAlH_4$)→ HO, OH, Me 75

（张涛　译）

参考文献

1. *Vogel*, page 483.
2. *Vogel*, page 616.
3. J. A. Bajgrowicz, A. El Hallaoui, R. Jacquier, C. Rigieri and P. Viallefont, *Tetrahedron*, 1985, **41**, 1833.
4. G. H. Posner and S. E. Whitten, *Org. Synth.*, 1976, **55**, 123.
5. H. Jendralla, K. Jelich, G. de Lucca and L. A. Paquette, *J. Am. Chem. Soc.*, 1986, **108**, 3731.
6. Clayden, *Lithium*, page 124.
7. M. P. L. Caton, D. Jones, R. Slack and K. R. H. Wooldridge, *J. Chem. Soc.*, 1964, 446.
8. Kharasch and Reinmuth pages 767 - 845.
9. F. J. Weiberth and S. S. Hall, *J. Org. Chem.*, 1987, **52**, 3901.
10. I. Matsuda, S. Murata and Y. Izumi, *J. Org. Chem.*, 1980, **45**, 237.
11. M. Larcheveque, A. Debal and T. Cuvigny, *J. Organomet. Chem.*, 1975, **87**, 25.
12. *Vogel*, page 603.
13. E. J. Corey, G. Wess, Y. B. Xiang and A. K. Singh, *J. Am. Chem. Soc.*, 1987, **109**, 4717.
14. E. B. Vliet, C. S. Marvel and C. M. Hsueh, *Org. Synth. Coll.*, 1943, **2**, 416.
15. J. Weichet, L. Novak, J. Stribrny and L. Blaha, *Czech Pat.*, 1964, 112, 243; *Chem. Abstr.*, 1965, **62**, 13049e.
16. E. J. Corey, and W. L. Seibel, *Tetrahedron Lett.*, 1986, **27**, 905.
17. P. Pfeiffer and H. L. de Waal, *Liebig's Ann. Chem.*, 1945, **520**, 185.
18. T. Kametani and H. Nemoto, *Tetrahedron Lett.*, 1979, 3309.

第十四章　策略Ⅵ：区域选择性

本章所需的背景知识：共轭加成；烯醇化物的烷基化。

在第五章中，我们讨论了化学选择性：怎样选择性地使一个官能团反应，而另一个不反应。现在我们必须面对一个更微妙而又亟需解决的问题：怎样使单一官能团的某一特殊部分反应，而其他部分不反应。这就是区域选择性。我们已经知道苯酚负离子 **2** 能在氧上烷基化生成醚 **3**，而烯醇负离子 **5** 在碳上烷基化形成一个新的 C—C 键 **6**。

O- 烷基化　　C- 烷基化

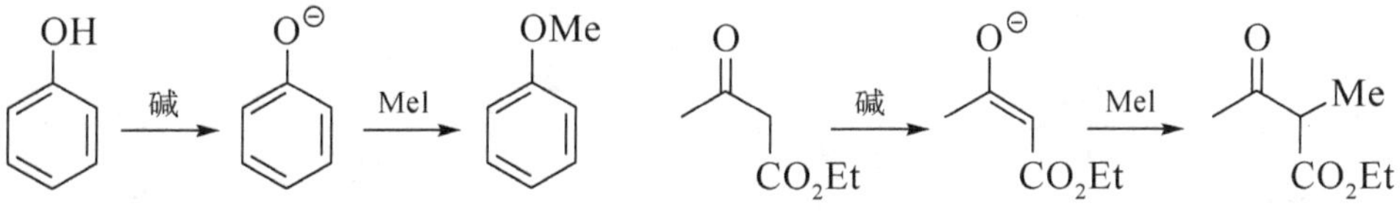

OH　碱　$O^{\ominus}$　MeI　OMe　　O　碱　$O^{\ominus}$　MeI　O　Me

CO_2Et　CO_2Et　CO_2Et

1　**2**　**3**　**4**　**5**　**6**

大体上，在这两个例子你所得到的产物就是你想要的。我们将考虑区域选择性的两个重要的方面并期望得到任一结果都行。我们希望能够在不对称酮 **8** 的一边烷基化得到 **7**，而另一边烷基化后得到 **9**。我们希望亲核试剂在烯酮 **11** 的羰基上直接加成给出 **12**，或者如上一章我们一直讨论的以共轭加成的方式得到 **10**。

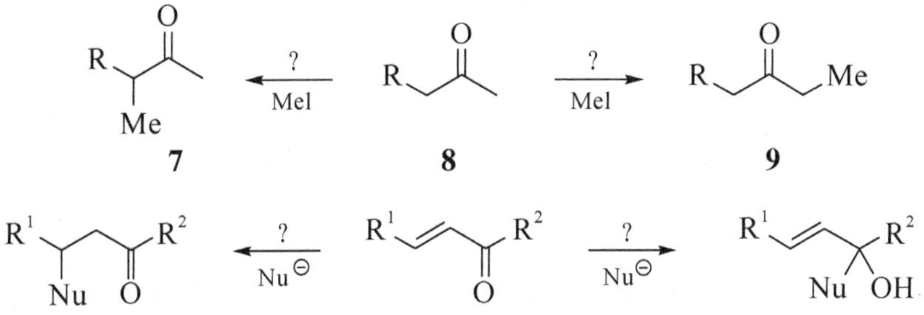

R　O　Me　?　MeI　R　O　?　MeI　R　O　Me

7　**8**　**9**

R^1　R^2　Nu　O　?　$Nu^{\ominus}$　R^1　R^2　O　?　$Nu^{\ominus}$　R^1　R^2　Nu　OH

10　**11**　**12**

酮的区域选择性烷基化

在上一章中，我们使用了两个特殊的烯醇等价物做烷基化反应：烯醇式锂盐和 1，3-二羰基化合物。他们将帮助我们解决在不对称酮烷基化中的区域选择性问题。假定我们想合成 **13**。初看之下我们必须在不对称酮中多取代的一边做烷基化，但是，如果我们去掉苄基，并且增加一个活性的 CO_2Et 官能团形成 **14**，这样就很清楚了，我们只要做一个烷基化就能够合成 **14**，活性的 CO_2Et 官能团能够促进两次烷基化。

13 ⟹(C—C) BrCH₂Ph + **14** ⟹(C—C) **4** + PrBr

苄溴的活性更大，由于季碳的形成更为困难，因此在后一步引入苄基更为合理。下面是文献报道的合成路线及反应次序。[1]

4 →(1. NaOEt; 2. PrBr) **14** →(1. NaOEt; 2. BnBr) **15** →(1. NaOH, H_2O; 2. $H^{\oplus}$, 加热) **13**

如果希望合成苄基在羰基另一边的异构体酮 **19**，我们能够利用烯醇式锂盐的特性。在 LDA 作用下，烯醇锂盐形成在小位阻烷基侧链的一边，尤其是甲基这一边。因此，我们能以丙酮 **16** 为原料，先在一边和 PrBr 进行烷基化形成 **17**，然后用 LDA 处理，现在动力学选择性给出烯醇锂盐 **18**（不用分离），苄基化后一定是形成 **19**。我们可以回顾在第十三章图 **43** 中描述的质子离去的分子内机理，就清楚解释了这里的区域选择性，碳原子上烷基的去质子化是具有立体位阻的。

16 →(1. LDA; 2. PrBr) **17** →(1. LDA) **18** →(2. BnBr) **19**

看起来非常清楚，但是对结构相近的酮 **20** 的仔细研究表明，少取代的烯醇盐 **21** 和多取代的烯醇盐 **23** 的比例是 87：13，因此产物 **22** 中不可避免地包含 **24**。[2]

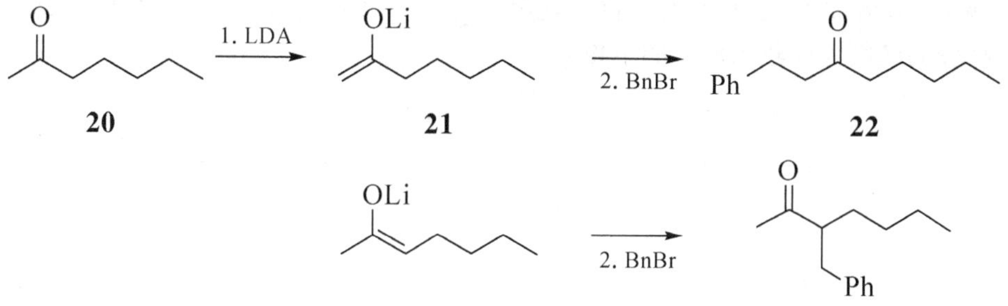

O　1. LDA　OLi　2. BnBr　Ph　O

20　**21**　**22**

OLi　2. BnBr　O　Ph

23　**24**

当在如环酮 **25** 的仲和叔碳之间竞争时，区域选择性将更好。在 DME 中，少取代的锂盐 **26** 将以绝对主要的产物(99∶1)形成。[3]

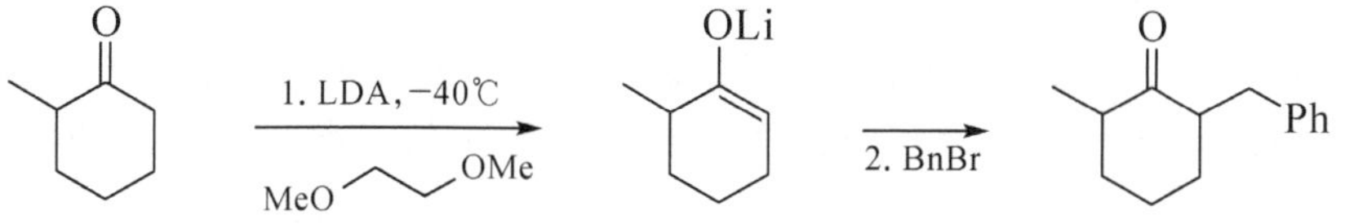

O　1. LDA, −40℃　MeO　OMe　OLi　2. BnBr　O　Ph

25　**26**　**27**

然而，以 1,3-二羰基化合物为原料也能高收率的合成这样的化合物，如 **13** 和 **19** 的另一个异构体多支链的酮 **28**。用第十三章的方法进行切断，我们可以用酸衍生物 **29** 为合成子。马来酸酯 **31** 经过两次烷基化得到 **30**，**29** 可以从 **30** 制备而来。

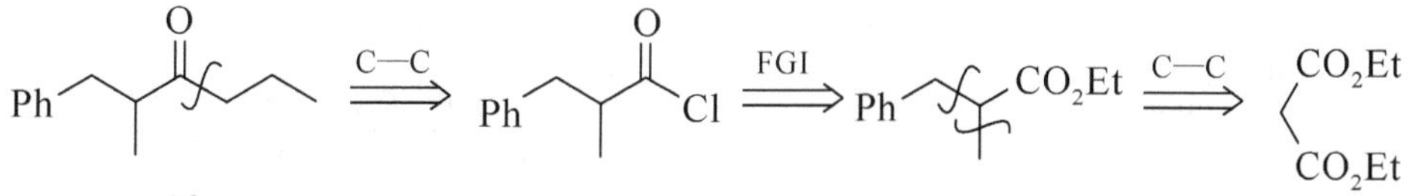

Ph　O　C—C ⟹　Ph　O　Cl　FGI ⟹　Ph　CO_2Et　C—C ⟹　CO_2Et　CO_2Et

28　**29**　**30**　**31**

文献报道的合成是使用了一个镉试剂，但是今天我们更愿意用铜试剂。马来酸酯的双烷基化，同样的在后一步引入苄基得到 **33**。接下来水解和脱羧生成游离酸 **34**，所获得的游离酸 **34** 很容易的转换为酰氯，然后与 Pr_2Cd 反应，或者更好是和 Pr_2CuLi 反应，最终合成出目标分子 **28**。

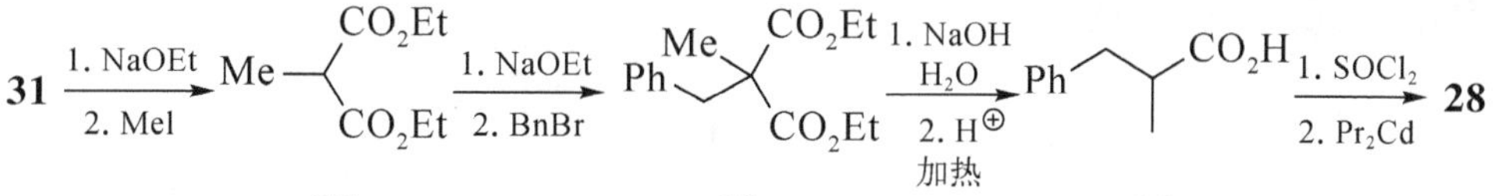

31 —1. NaOEt, 2. MeI→ Me—$CH(CO_2Et)_2$ —1. NaOEt, 2. BnBr→ Ph, Me, CO_2Et, CO_2Et —1. NaOH, H_2O; 2. $H^{\oplus}$, 加热→ Ph　CO_2H —1. $SOCl_2$, 2. Pr_2Cd→ **28**

32　**33**　**34**

烯酮亲核加成的区域选择性

在 α,β-不饱和化合物，如烯酮 **11** 上直接加成(1,2-加成)或者共轭加成(1,

4-或者 Michael 加成)的选择性问题能够通过选择反应试剂来解决，而且不需要选择特殊的试剂那样较为深奥的策略。[4]

R^1 R^2 Nu O ← 1,4-或 Michael 或共轭加成 / $Nu^{\ominus}$ — R^1 R^2 O — 1,2-或直接加成 / $Nu^{\ominus}$ → R^1 R^2 Nu OH

10　　**11**　　**12**

一般的原则是：

1. 共轭加成产物 **10** 是热力学产物。因为较弱的 C═C 键已经被破坏而强的 C═O 键则保存下来了。直接加成产物 **12** 是动力学产物。

2. 直接加成比共轭加成更容易可逆。因此亲核试剂越稳定，1,2-加成就越容易可逆，1,4-加成就更为有利。

3. C═O 是较硬的亲电部位，而共轭加成的位置是较软的。因此强碱性的亲核试剂趋向于进行 1,2-加成，而较弱碱性的亲核试剂则趋向于进行 1,4-加成。

在第六章中，我们已经知道 α,β-不饱和化合物亲电性越强，它就越可能和杂原子进行直接加成。同样的，对于碳原子的亲核试剂也是遵循同样的规律。格氏试剂和 α,β-不饱和醛，如 **35**，进行直接加成，[5] 但是和 α,β-不饱和酯，则进行共轭加成，尤其是包含有大的酯基，比如化合物 **37** 中的仲丁基。[6]

CHO —RMgBr→ OH R　　O Os-Bu —*n*-BuMgBr→ *n*-Bu O Os-Bu

35　　**36; 85%~90%收率**　　**37**　　**38; 60%收率**

在第六章中我们已经知道，亲核试剂中，较软、碱性弱的亲核试剂(例如硫)趋向于共轭加成，氢化物还原试剂和 RO^- 趋向于直接加成，而胺则介于两者之间。这就意味着 α,β-不饱和醛、酮和酯的羰基都能被还原，[7] $NaBH_4$ 还原醛、酮，$LiAlH_4$ 还原酯，例如 **40**；催化氢化不是离子型反应，它仅还原弱的键，[8] 比如 C═C 键，而不还原 C═O 键。

R OH ←$LiAlH_4$— R O OEt —H_2 / Pd/C→ R O OEt

39　　**40**　　**41**

不饱和醇 **42** 的苄醚常用在 Diels-Alder 反应中，它的制备是一个这样的例子。在 $LiAlH_4$ 作用下，二烯酯 **43** 以 85%的收率被还原成醇 **42**。起始原料 **43** 的制备将在第十五章和第十九章中讨论。[9]

42 ⇒(FGI 还原) 43 $\xrightarrow{LiAlH_4}$ TM42 85%收率

碳亲核试剂的共轭加成

强碱性的、亲核能力强的有机锂盐趋向于和所有的α,β-不饱和碳基化合物进行直接加成；而相对弱碱性的格氏试剂则两者都有可能，例如化合物**35**和**37**。在前一章中，我们已看到Cu(I)在如何诱导RLi或RMgBr进行共轭加成中起到的重要的作用。[10] 在Cu(I)的催化下，**11**将和格氏试剂反应生成**44**；而如果**11**和R_2CuLi反应，初始的产物实际上是烯醇锂盐**45**，这就有可能通过加入一个亲电试剂来合成**46**。当然，如果这个亲电试剂是质子，最后产物仍然是**44**。

44 ←(RMgBr, 催化量的CuBr) 11 $\xrightarrow{R_2CuLi}$ 45 $\xrightarrow{E^{\oplus}}$ 46

正如我们在第十三章中所见，铜锂试剂和环烯酮**47**的加成反应，紧接着加入一个亲电试剂将给出反式的**48**。

47 → (1. $[\text{allyl}]_2CuLi$; 2. RCH_2Br) 48　　49

因此，多特蒙德的化学家们在合成顺式化合物**49**时，他们选择二烷基铜锂盐和烯酮**50**反应。烯酮**50**已经有一个侧链，形成的烯醇锂盐质子化后将给出顺式的化合物**49**。[11] 其中，酸的选择是非常重要的：一般用酚，而**52**的效果最好。

50 → (1. $[\text{allyl}]_2CuLi$) 51 $\xrightarrow[52]{H^{\oplus}}$ 49　　52

当环的连接以顺式为优先时，比如**55**中平面的五元环和六元环的连接，反应是热力学控制。烯醇锂盐**54**在*exo*-面的甲基的同面进行可逆质子化(第十二章)，该分子倾向于取折叠构象。

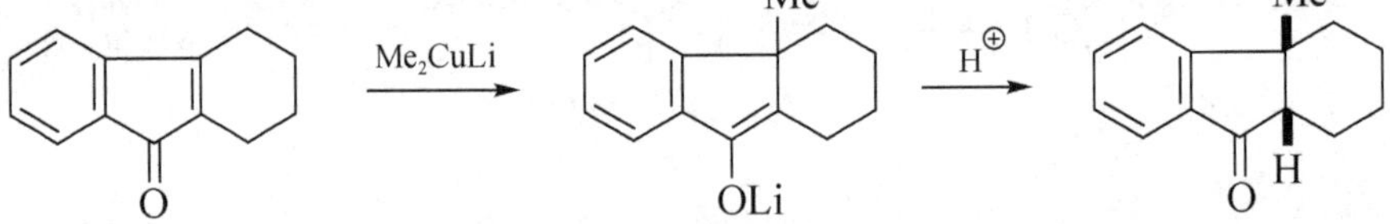

53 → (Me_2CuLi) → 54 → ($H^{\oplus}$) → 55; 100%收率

加成过程中,例如 **57** 和 **59** 的形成,也能建立立体化学。铜盐和 **56** 的加成以 98∶2 的比例生成 *anti*∶*syn* 产物 **57**。[12] PhCu 和 **58** 的加成以 96∶4 的比例生成 *anti*∶*syn* 产物 **59**。[13] 在这两个例子中,铜盐是从取代基的反面进攻,对于 **57**,可能是在直立键上进攻产生一个椅式产物;而对于 **59**,两个取代基都在平伏键。

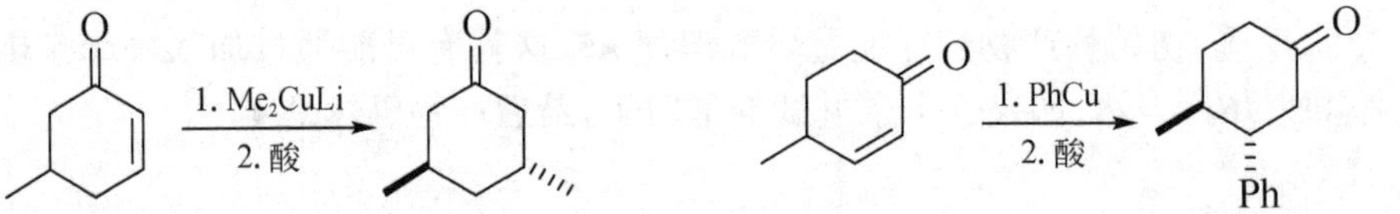

56 → (1. Me_2CuLi 2. 酸) → 57; 98%收率

58 → (1. PhCu 2. 酸) → 59; 100%收率

然而在大多数场合下我们考虑更多的是如何得到碳亲核试剂来进行 1,4-加成。不饱和酮 **62** 的合成有两点是值得注意的。当不能在烯基卤代物上进行 S_N2 反应时,需要制备有机锂铜试剂进行反应。在和环己烯酮的加成中,两个丙烯基溴形成铜盐,再进行加成反应并保持了原有的烯键。[14] 关于这些内容,我们将在下一章进一步讨论。

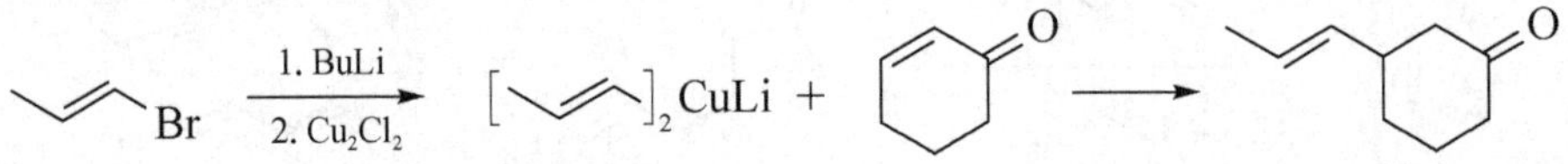

60 → (1. BuLi 2. Cu_2Cl_2) → 61 + 环己烯酮 → 62

（彭作中 译）

参考文献

1. J. Cason, *Chem. Rev.*, 1947, **40**, 15; D. A. Shirley, *Org. react.*, 1954, **8**, 28.
2. C. L. Liotta and T. C. Caruso, *Tetrahedron Lett.*, 1985, **26**, 1599.
3. H. O. House, M. Gall and H. D. Olmstead, *J. Org. Chem.*, 1971, **36**, 2361; M. Gall and H. O. House, *Org. Synth.*, 1972, **52**, 39.
4. L. Clarke, *J. Am. Chem. Soc.*, 1911, **33**, 529; W. B. Renfrew, *Ibid.*, 1944, **66**, 144; C. S. Marvel and F. D. Hager, *Org. Synth. Coll.*, 1932, **1**, 248; J. R. Johnson and F. D. Hager, *Ibid.*, 351.

5. E. Urion, *Comp. Rend.*, 1932, **194**, 2311; *Chem. Abstr.*, 1932, **26**, 5079.
6. J. Munch-Petersen, *Org. Syn. Coll.*, 1973, **5**, 762.
7. W. G. Brown, *Org. React.*, 1951, **6**, 469.
8. House pages 1 - 34.
9. J. Auerbach and S. M. Weinerb, *J. Org. Chem.*, 1975, **40**, 3311.
10. G. H. Posner, *Org. React.*, 1972, **19**, 1; 1975, **22**, 253; H. O. House, *Acc. Chem. Res.*, 1976, **9**, 59; J. F. Normant, *Synthesis*, 1972, 63.
11. N. Krause and S. Ebert, *Eur. J. Chem.*, 2001, 3837.
12. H. O. House and W. F. Fischer, *J. Org. Chem.*, 1968, **33**, 949.
13. N. T. Luong-Thi and H. Riviere, *Compt. Rend.*, 1968, **267**, 776.
14. C. P. Casey and R. A. Boggs, *Tetrahedron Lett.*, 1971, 2455.

第十五章　烯烃的合成

本章所需的背景知识：消除反应；控制烯烃的几何构型。

由消除反应合成烯烃

烯烃通常可以在酸性条件下由醇 **2** 脱水制得，而醇可以通过普通的方法得到。这条路线尤其适合于环状烯烃 **3** 和由叔醇或苄醇制得的烯烃，因为对这些底物，E1 机制能发挥良好的作用，不管哪边消除，由 **2** 可以制得同一烯烃，但是 **4** 却以 76% 的收率生成 **5** 和 **6** 的混合物(80∶20)。[1]

RLi or RMgBr　H⊕　Me　OH　R
1　**2**　**3**　**4**　**5; 80%**　**6; 20%**

对于这个反应，酸必须相当强，而且必须具有一个非亲核性的配对离子以避免取代发生。最常用的酸是 $KHSO_4$ 和 TsOH(晶体，比 H_2SO_4 和 H_3PO_4 易操作)，以及酸性较弱的 $POCl_3$ 的吡啶的溶液。虽然烯烃的位置和几何构型几乎无法控制，但对许多简单的分子来说并不重要，比如 **2**。然而值得注意的是，如果 R 是烷基，产物中即使有环外烯烃，也是非常少的。

当 Zimmermann 和 Keck 想研究一系列通式为 **7** 的烯烃的光化学时，他们原可以把 OH 基团放在双键的任意端。[2]但是他们把 OH 基团放在支化点 **8**，因为叔碳苄醇的脱水非常容易，而且不管 R 是什么，烯烃双键的位置是确定无疑的。他们用格氏方法和 $POCl_3$ 的吡啶溶液脱水。

Ph　R　Ph　FGI 脱水　OH　'1, 1' C—C　2 x PhLi or PhMgBr　+　EtO　O　R
7　**8**　**9**

烷基卤代物的消除绝大程度遵循与醇脱水相同的策略，但为了避免 S_N2 反应，必须在位阻大的碱作用下进行 E2 反应。此法对制备末端烯烃 **10** 很有效，因为伯卤代物能成功消除。醇 **12** 可以通过许多方法制备(第十章)。

R⌄⟋ (**10**) ⟹(FGI, 消除) R⌄⌃Br (**11**) ⟹(FGI) R⌇⌃OH (**12**) ⟹('1, 2' C−C) RLi or RMgBr + 环氧乙烷

一个典型的合成方法是用 PBr_3 处理醇 **12** 制备溴代物，接着用 t-BuOK 消除得到烯烃。这里烯烃的双键位置同样是确定无疑的。

R⌄⌃OH (**12**) —PBr_3→ R⌄⌃Br (**11**) —t-BuOK→ R⌄⟋ (**10**)

如果用乙烯基格氏试剂，那么二烯能以这种消除策略来制备。因为乙烯基阻止了另一方向的脱水，且成为利于 E1 反应的烯丙基型中间体。一个有趣的例子是四元环化合物 **13**，经烯丙醇 **14** 切断为环丁酮 **15**。[3]

13 ⟹(FGI, 脱水) **14** (OH) ⟹('1, 1' C—C) **15** (O) + BrMg⌄⟋

环丁酮 **15** 是易得的非常亲电的反应物，它和乙烯基格氏试剂加成，接着用相当不平常的试剂碘脱水，就得到二烯 **13**。这个二烯可用于第十七章的 Diels-Alder 反应。

Br⌄⟋ (**16**) —1. Mg, Et_2O; 2. 15→ [**14** (OH)] —I_2, 加热→ **13**; 收率72%

由 Wittig 反应合成烯烃

目前烯烃合成最重要的方法是 Wittig 反应，它可以完全控制双键的位置，部分控制烯烃的几何构型。[4]它的反应机理如下：膦，通常是三苯基磷 Ph_3P，与烷基卤化物发生 S_N2 反应生成鏻盐 **18**。用碱，通常是正丁基锂处理，得到磷叶立德 **19**。叶立德是相邻原子各带正电荷和负电荷的物质。与醛反应给出烯烃，如果 R^1 是烷基，通常是 Z-烯烃 **20** 和三苯氧磷 **21**。

$$\ce{Br-CH2-CH2R^1 + :PPh3 -> Ph3P^+CH2R^1 ->[碱] Ph3P^+-CH^- R^1 ->[R^2CHO] R^2CH=CHR^1 + Ph3P=O}$$

17　18; 鏻盐　19; 磷叶立德　20; 顺式烯烃　21; 三苯氧磷

因为对立体选择性的来源还没有一致的看法，烯烃形成的机理仍待进一步的讨论。[5]我们建议的机理是：叶立德末端碳负离子加成到醛 **22**，然后环化 **23** 得到四元环，进而断裂得到产物 **24**。毫无疑问，中间体 **24** 和它的分解一定是立体专一性的。因此，由顺式氧磷烷 **24** 得到 Z-烯烃 **20**。

22　23　24　21; 三苯氧磷　20; 顺式烯烃

由于 Wittig 反应同时形成 π 键和 σ 键，切断处正好在双键上，使得起始原料具有可选择性。因此，很难由消除方法制得的环外烯烃 **26** 也可以用甲醛或环己酮作羰基组分，然后分别和鏻盐 **25** 或 **28** 反应得到。此时，你可以根据个人的喜好选择磷叶立德或烷基卤代物。

$$\mathbf{25} + CH_2{=}O \xLeftarrow[\text{Wittig}]{C=C} \mathbf{26} \xRightarrow[\text{Wittig}]{C=C} \mathbf{27} + Ph_3\overset{\oplus}{P}\text{-Me}\ \mathbf{28}$$

Wittig 用自制的碘化物 **29** 合成了 **26**，收率较低(46%)。[6]但如今能以更高的收率常规制备 **26**，Vogel 报道以 DMSO 的钠盐做碱，由商业可得的溴代物 **30** 取得 64%的收率。[7]

$$\left[Ph_3P \xrightarrow{MeI} Ph_3\overset{\oplus}{P}\text{-Me}\ I^{\ominus}\right]\ \mathbf{29};\text{收率}99\% \qquad Ph_3\overset{\oplus}{P}\text{-Me}\ Br^{\ominus}\ \mathbf{30} \xrightarrow{BuLi} Ph_3\overset{\oplus}{P}-\overset{\ominus}{C}H_2\ \mathbf{31} \xrightarrow{\mathbf{27}} \mathbf{26}\ \text{收率}46\%$$

三取代的烯烃 **32** 的合成也没有问题，因为可以用二级卤代物 **35** 或酮来制备它。而我们选的 **33** 和 **35** 也都是可得的。

$$\mathbf{32} \xRightarrow[\text{Wittig}]{C=C} \text{CHO}\ \mathbf{33} + Ph_3\overset{\oplus}{P}\ \mathbf{34} \xRightarrow{FGI} \text{Br}\ \mathbf{35}$$

合成是简单的，但得到的是几何异构体的混合物。[8]下面是另一个脱水的例子，

32 是一个叔醇,其脱水很可能得到双键位置(和几何构型)异构的混合物。

$$\mathbf{35} \xrightarrow{PPh_3} \underset{\mathbf{34}}{Ph_3\overset{\oplus}{P}\text{-}CH(CH_3)CH_2CH_3} \xrightarrow[\text{2. 33}]{\text{1. BuLi}}$$

32; 收率68%(顺反混合物)　　OH　**36**

稳定叶立德的 Wittig 反应

叶立德不稳定的方面是碳负离子：鏻盐是稳定的化合物,因此任何能稳定碳负离子的取代基也能稳定叶立德。这将改变立体选择性而趋向于给出 E-烯烃。甚至苄基叶立德也得到 E-烯烃,就像蒽 **37** 的反应,[9] 得到较高收率的晶体 **38**,它的两个烯氢之间的耦合常数为 17 Hz。一个可能的解释就是若叶立德是稳定的,则氧膦烷的形成是可逆的,而且仅两个消除过程中的反应速率较快者起作用得到 E-烯烃。

CHO **37** $\xrightarrow[\text{50\% NaOH in } H_2O,\ CH_2Cl_2]{Ph_3\overset{\oplus}{P}CH_2Ph\ Cl^{\ominus}}$ **E-38; 收率74%**

Wittig 反应的应用

体现稳定和不稳定叶立德之间差别的极好应用就是白三烯抗体的合成。[10] 中间体 **39**(R 是 6 个、11 个或 16 个碳原子的饱和烷基)是必需的,按常规 Wittig 反应切断 Z-烯烃,去除环氧化物得到一个由醛 **43** 和稳定叶立德 **42** 制备的 E-构象的烯烃。

39 (R, O, CO_2Me) $\overset{\text{C—C}}{\underset{\text{Wittig}}{\Longrightarrow}}$ **40** (OHC, O, CO_2Me) $\overset{\text{FGI}}{\Longrightarrow}$

41 (OHC, CO_2Me) $\overset{\text{C—C}}{\underset{\text{Wittig}}{\Longrightarrow}}$ **42** (OHC $\overset{\ominus}{C}H$-$\overset{\oplus}{P}Ph_3$) + **43** (OHC, CO_2Me)

叶立德 **42** 是如此稳定以致它是商业可得的,与 **43** 反应仅得到 E-**41**。在碱性条件下的环氧化得到 *trans*-环氧化合物 **40**,一个不稳定叶立德参与的常规 Wittig 反应得到 **39**,产率依 R 而定。

$$\mathbf{43} \xrightarrow{\mathbf{42}} \text{OHC}\ldots CO_2Me \xrightarrow[\text{pH 9.5}]{H_2O_2} \text{OHC}\ldots CO_2Me \xrightarrow[\text{BuLi}]{RCH_2\overset{\oplus}{P}Ph_3} \mathbf{39}$$

41; 收率47%, 仅反式　　**40; 收率60%**

当取代基能非常好地稳定阴离子，比如 **42**，叶立德也许不能与酮反应，膦酸酯的阴离子通常更适合于 Horner-Wadsworth-Emmons（HWE）反应。[11] 三乙基膦酰乙酸酯 **46** 由亚磷酸酯$(EtO)_3P$ 而不是三氢化磷和溴乙酸乙酯制备。如 **44** 所示，溴被取代后生成 **45**，而后在溴负离子促进下脱烷基化得到 **46**。

$(EtO)_3P$: + $BrCH_2CO_2Et$ (**44**) ⟶ $Br^{\ominus}$ + $EtO–P^{\oplus}(OEt)_2CH_2CO_2Et$ (**45**) ⟶ $(EtO)_2P(=O)CH_2CO_2Et$ (**46**)

Barrett 在合成一个抗体时起初用过此反应。[12] 烯醛 **47** 发生 HWE 反应得到二烯酯 **48**，用 DIBAL 还原得到二烯醇 **49**。

Ph–CH=CH–CHO (***E*-47**) —46, NaH→ Ph–CH=CH–CH=CH–CO_2Et (***E, E*-48**) —DIBAL (i-Bu_2AlH)→ Ph–CH=CH–CH=CH–CH_2OH (***E, E*-49**)

光学增白剂 Palanil **50** 是由 Wittig 反应制备，它可以使衣服看上去"比白色更白"，使 T 恤在紫外光照射下显荧光。通过 Wittig 策略切断，得到两分子膦叶立德 **51** 和一分子二醛 **52**。在涤纶的制造中，二醛的易得性使这条路线更优于其他路线。

50 **Palanil** ⟹ (C=C, Wittig) **51** (o-NC–C_6H_4–$CH_2^{\ominus}$–$PPh_3^{\oplus}$) + **52** (OHC–C_6H_4–CHO)

氰基和苯环稳定了叶立德 **51**，因此膦酸酯 **54** 更适合用于工业化生产中，而且反应具有高度反式选择性。[13] 副产物是水溶性的二甲基磷酸酯阴离子 **55**，非常容易跟产物 **50** 分离。相反，三苯氧磷是不溶于水的，很难与烯烃分开。

53 (o-NC–C_6H_4–CH_2Cl) —$(MeO)_3P$→ **54** (o-NC–C_6H_4–CH_2–P(=O)$(OMe)_2$) —1. 碱 2. **52**→ **50** **Palanil** + $^{\ominus}$O–P(=O)$(OMe)_2$ (**55**)

许多昆虫信息素是简单烯烃的衍生物。环氧十九烷 **56** 是舞毒蛾的一种引诱剂，它是由 Z-烯烃 **57** 立体专一环氧化得到的一个环氧化合物。因为两个取代基都不是稳定负离子的取代基，故简单的 Wittig 反应就得到所需的顺式构型。

56; disparlure ⟹(1, 2-diX / 环氧化) 57; R=n-C_9H_{11} ⟹(C=C / Wittig) $Ph_3\overset{\oplus}{P}$-… 58 +$C_{10}H_{12}CHO$

此合成路线如下所示，尽管另一种可供选择的结合方式无疑也能给出较好结果。[14]合成制品对蛾的引诱作用的效果和天然信息素一样。

Br-… 59 →(Ph_3P) 58 收率86% →(1. BuLi 2. $C_{10}H_{12}CHO$) 57 收率91% →(mCPBA) 56 收率83%

由 Wittig 反应合成二烯

共轭二烯是 Diels-Alder 反应所必需的(第十七章)。Wittig 切断 **61** 显示在这里切断方式的选择更为重要。方便制备的烯醛 **62** 能与不稳定的叶立德反应，得到 Z-烯烃，但是共轭烯丙基叶立德 **60** 也许得到 E-烯烃。

60 (R^1, $\oplus PPh_3$, $\ominus$) + $OHC-R^2$ ⟸(Wittig a) 61 (R^1, R^2; a, b) ⟹(Wittig b) 62 (R^1-CHO) + 63 ($\ominus$, R^2, $\oplus PPh_3$)

单取代的丁二烯 **66** 中间的反式双键是必需的。最好的切断是 **61a**，而且烯丙基磷盐 **65** 确实给出 E-**66**，尽管收率非常低。由于有挥发性，这些小分子质量的碳氢化合物很难分离。[14]

Br-… 64 →(Ph_3P) $Ph_3\overset{\oplus}{P}$-… 65 →(1. BuLi 2. PrCHO) 反式66; 收率52%

二芳基丁二烯 **69** 能由 **61b** 方法制备，这是因为由 **68** 得到的叶立德是共轭的，将生成一个 E-烯键，而另一个 E-烯键来源于羟醛缩合制得的烯醛。[15]（第十九章）

I-Ar^2 67 →(Ph_3P) $Ph_3\overset{\oplus}{P}$-Ar^2 68 →(1. 碱 2. Ar^1-CHO) Ar^1-…-Ar^2 E,E-69

Wittig 反应非常重要，然而仍有许多其他的方法可以用来制备烯烃。在元素周期表中，有多种元素可以利用，采取同样的切断来制备烯烃。[16]

（杨建丽　译）

参考文献

1. *Vogel*, page 491.
2. H. E. Zimmermann, T. P. Gannett and G. E. Keck, *J. Org. Chem.*, 1979, **44**, 1982.
3. R. P. Thummel, *J. Am. Chem. Soc.*, 1976, **98**, 628.
4. A. Maercker, *Org. React.*, 1965, **14**, 270; B. E. Maryanoff and A. B. Reitz, *Chem. Rev.*, 1989, **89**, 863.
5. E. Vedejs, *J. Org. Chem.*, 2004, **69**, 5159; R. Robiette, J. Richardson, V. K. Aggarwal and J. N. Harvey, *J. Am. Chem. Soc.*, 2006, **128**, 2394.
6. G. Wittig and U. Schöllkopf, *Org. Synth. Coll.*, 1973, **5**, 751.
7. *Vogel*, page 498.
8. C. F. Hauser, T. W. Brooks, M. L. Miles, M. A. Raymond and G. B. Butler, *J. Org. Chem.*, 1963, **28**, 372.
9. E. F. Silversmith, *J. Chem. Ed.*, 1986, **63**, 645; *Vogel*, page 500.
10. T. W. Ku, M. E. McCarthy, B. M. Weichman and J. G. Gleason, *J. Med. Chem.*, 1985, **28**, 1847.
11. W. S. Wadsworth and W. D. Emmons, *J. Am. Chem. Soc.*, 1961, **83**, 1733; *Org. Synth. Coll.*, 1973, **5**, 547.
12. A. G. M. Barrett and G. J. Tustin, *J. Chem. Soc., Chem. Commun.*, 1995, 355.
13. H. Pommer and A. Nürrenbach, *Pure Appl. Chem.*, 1975, **43**, 527; *Angew. Chem., Int. Ed. Engl.*, 1977, **16**, 423.
14. C. A. Henrick, *Tetrahedron*, 1977, **33**, 1845; B. A. Bierl, M. Beroza and C. W. Collier, *Science*, 1970, **170**, 87.
15. R. N. McDonald and T. W. Campbell, *J. Org. Chem.*, 1959, **24**, 1969.
16. S. E. Kelly in *Comp. Org. Synth.*, volume 1, 1999, page 729.

第十六章　策略Ⅶ：乙炔(炔类)的使用

本章所需的背景知识：使用金属有机试剂构筑 C—C 键。

此章的策略与以前有很大的不同。我们将使用一类化合物——炔烃或乙炔作为起始原料，看看它们在我们的合成中起到什么样的特殊作用，特别地，我们将看到它们是怎么帮我们解决一些已经碰到的问题。乙炔 **3** 本身是非常容易获得。它的最重要的性质在于它三键上的质子比大部分 CH 键上的质子的酸性要强。乙炔能够和液氨中的钠形成真正的阴离子 **4**，和丁基锂形成锂盐 **1**，和简单的烷基格氏试剂如 EtMgX 反应生成格氏试剂 **2**。

1 H—≡—Li ←(BuLi, THF)— **3** H—≡—H —($NaNH_2$ / $NH_3(l)$)→ H—≡—⊖ $Na^{\oplus}$ **4**

2 H—≡—MgX ←(EtMgX)— **3**

这些衍生物可以和我们已经碰到的如卤代烃、醛和酮、环氧化合物等亲电试剂反应，分别得到 **5**、**6** 和 **7**。

3 —(1. BuLi; 2. RX)→ ≡—R **5**　**3** —(1. BuLi; 2. $R_2C{=}O$)→ **6**　**3** —(1. BuLi; 2. 环氧化合物 R)→ **7**

Oblivon **8** 很明显是乙炔和酮 **9** 的加成产物，它的合成很简单。这个例子及下面一个是从专利文献中得到的，因此我们只能猜测一下细节而没有产率。[1]

8 ⟹(1, 1 C—C) H—≡—H **3** + O= **9**　　**3** —(1. 碱; 2. EtCOMe)→ **8**

这些化合物在三键上仍然有一个酸性的质子，因此它们可以再和碱及亲电试剂反应。润湿剂(Surfynol)**10** 很显然就是乙炔与同一个酮 **11** 两次加成的产物。[2]

10 ⟹(1, 1 C—C) H—≡—H **3** + 2 × **11**

这一次将需要用第二个当量的碱来处理得到第二个负离子。因为 **12** 中 OH 中的质子(p*K*a～16)比炔烃质子(p*K*a～25)有更强的酸性,所以需要两当量的碱,活性更大的"阴离子"(炔烃)将优先反应。

3 —(1. 碱; 2. 11)→ **12** —(2 × BuLi)→ **13** —(11)→ **10**

炔烃还原到烯烃

这些加成产物本身并不很重要,但它们是很有价值的中间体。二取代炔烃 **15** 可以根据需要,利用不同的还原试剂还原成 *E*-或 *Z*-型的烯烃。应用 Lindlar 催化剂进行催化加氢,反应可停止继续转化为烷烃,1 mol 的氢气加成到炔烃的一边而形成顺式烯烃 ***Z*-14**。炔烃和溶剂化的电子,例如由钠金属在液氨中溶解产生的电子作用,可以产生在 sp^2 轨道上有两个负电荷的双负离子 **16**,这两个负电荷相互之间将尽可能离得远,利用弱酸如 *t*-BuOH 进行质子化之后将必定产生反式烯烃 ***E*-14.**

***Z*-14** ←(H_2, Pd, $BaSO_4$; 喹啉)— **15** —(Na, NH_3(l); *t*-BuOH)→ ***E*-14**　　**16**

我们看到在第十二章中制备化合物 **30** 时所使用的 *cis*-选择性还原:起始原料顺丁烯二醇 **18** 可以很容易通过 Reppe 工艺得到。[3]这儿有个令人着迷的故事,二战后伤心的 Reppe 并不愿把反应细节告诉盟军。[4]

H—≡—H **3** —(CH_2O; 金属催化剂)→ **17** —(H_2, Pd, $BaSO_4$; 喹啉)→ **18**

一个非对称的例子是合成 *cis*-茉莉酮所需要的丙烯基卤代物 **19**。通过切断我们很容易返回到 **21** 及三个简单的组分。

19 ⟹(FGI) **20** ⟹(FGI) **21** ⟹(C—C) **3** + CH_2O + EtI

醇 **22** 是易得的原料,加上一个乙基也是个简单的事情。当然更换一下次序也许更好。因为还原成 *cis*-烯烃可以在组成 *cis*-茉莉酮骨架之前或者之后,所以 **22**

也可以先转化为炔丙基溴 **24**。[5]

HO–CH2–C≡C–H (**22**) —1. 2 × BuLi→ [LiO–CH2–C≡C–Li] (**23**) —2. EtI→ **20** —PBr_3→ Br–CH2–C≡C–Et (**24**)

反式乙酸酯 **25** 是用来诱捕豌豆娥的信息素。[6]将 E-烯烃变化为炔烃，我们就可以在双键旁边进行切断。唯一的问题是如何从对称的二醇 **30** 制备单溴化合物。

25 =C⫽O 酯=> **26** (OH)

FGI=> ≡∮(CH2)9OH **27** =C⫽C=> ≡–H **28** + Br–$(CH_2)_9$OH **29** =FGI=> HO$(CH_2)_9$OH **30**

实验表明，将二醇 **30** 的一端进行保护，可以以很好的收率得到 THP 衍生物 **31**(第九章)，进一步反应得到的单溴化合物 **32** 就可以用来制备烷基乙炔，随后可进行甲基化反应。还原，脱保护得到 *trans*-醇 **26**，再乙酰化得到信息素 **25**。

HO$(CH_2)_9$OH **30** —DHP, $H^{\oplus}$→ HO–$(CH_2)_9$–OTHP **31** —PBr_3→ Br–$(CH_2)_9$OTHP **32**

H–C≡C–H **3** —1. BuLi; 2. **32**→ H–C≡C–$(CH_2)_{10}$OTHP **33** —1. $NaNH_2$; 2. MeI→ Me–C≡C–$(CH_2)_{10}$OTHP **34**

—Na, NH_3(l), *t*-BuOH→ CH3CH=CH–$(CH_2)_{10}$OTHP **35** —$H^{\oplus}$, H_2O→ CH3CH=CH–$(CH_2)_{10}$OH **26** —Ac_2O→ **TM25**

二烯的合成

第十五章中我们看到二烯的合成可以通过 Wittig 反应来制备，也可以通过乙烯基锂盐或格氏试剂对酮加成，再进一步脱水生成。乙炔的衍生物可以做同样的事情。第一步的切断是一样的，只是需用合成子 **40** 的试剂代替乙烯基金属衍生物。

36 =FGI=> **37** (OH) =FGI=> **38** (OH) =C—C=> **39** (O) + ⊖≡–H **40**

已经发表的化合物 **36** 的合成使用钠盐，其还原反应有着非常好的收率。只是 $KHSO_4$ 进行脱水反应时收率偏低。[7]

$$H-C\equiv C-H \xrightarrow[2.\ \mathbf{39}]{1.\ NaNH_2,\ NH_3(l)} \mathbf{38} \xrightarrow[H_2,\ Pd/BaSO_4]{Lindlar} \mathbf{37};\ 94\%收率 \xrightarrow{KHSO_4} \mathbf{36}\ 48\%收率$$

3 **38** **37; 94%收率**

炔烃水解制备酮

一个非常不同的乙炔的反应是和水的加成反应，通常用二价汞催化得到酮。末端炔烃 **41** 总是转化为甲基酮 **44**，因为形成了中间体仲位乙烯基正离子 **42**。水加到 **42** 上得到乙烯醇 **43**，脱去 $Hg(OAc)_2$ 后即变为酮 **44**。

$$R-C\equiv C-H \xrightarrow{Hg(OAc)_2} \mathbf{42} \xrightarrow{H_2O} \mathbf{43} \longrightarrow \mathbf{44}$$

41 **42** **43** **44**

对称的炔烃可以被水解为一个酮，因为两种可能性得到的产物是一样的。一个有意思的例子是，在水解二醇 **45** 时，原以为得到酮 **46**，但实际上并没有分离得到这个化合物，因为这个反应条件下，环醚 **47** 的形成很容易。[8]

$$\mathbf{45} \xrightarrow[H_2SO_4]{HgO,\ H_2O} [\mathbf{46}] \longrightarrow \mathbf{47}$$

45 **46** **47; 收率76%~82%**

非常不对称的炔烃 **48** 的一端是个酮，而另一端是个顺式烯烃，水解可以完全位置选择性地得到二酮 **49**。[9]

$$\mathbf{48} \xrightarrow[MeOH,\ H_2O]{HgSO_4,\ H_2SO_4} \mathbf{49}$$

中间体 **50** 中的酮的形成显示了为什么水加成到炔烃的一边而不是另一边。我们已经在前面已经讨论过这一类顺式双键是如何从炔烃制备而来的。所以炔烃的两个主要用途在这个合成中都可以看到。

$$\mathbf{48} \xrightarrow[MeOH,\ H_2O]{HgSO_4,\ H_2SO_4} \mathbf{50} \xrightarrow{H_2O} \mathbf{51} \longrightarrow \mathbf{49}$$

50 **51**

事实上，二酮 **49** 并没有被分离出来，而是在稀的碱水溶液中以非常好的收率关环生成顺式茉莉酮 **52**。我们将在十八至二十八章中揭示这一类反应。

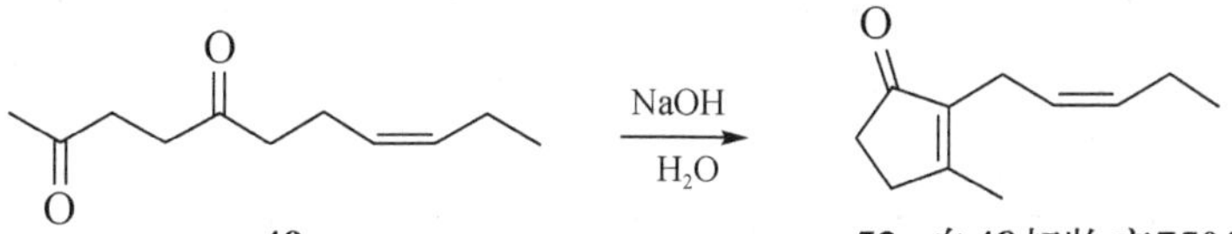

NaOH, H_2O

49　　**52; 自48起收率75%**

一个含炔烃的抗艾滋病药物

Merck 的逆转录酶抑制剂依法韦仑(efavirenz)是新一代抗艾滋病药物中的一种。[10]两个 C—O 键的切断揭示出中间体 **54**，它显然是炔烃 **56** 和酮 **55** 的加成产物。那么问题将是，如何制备 **56**？

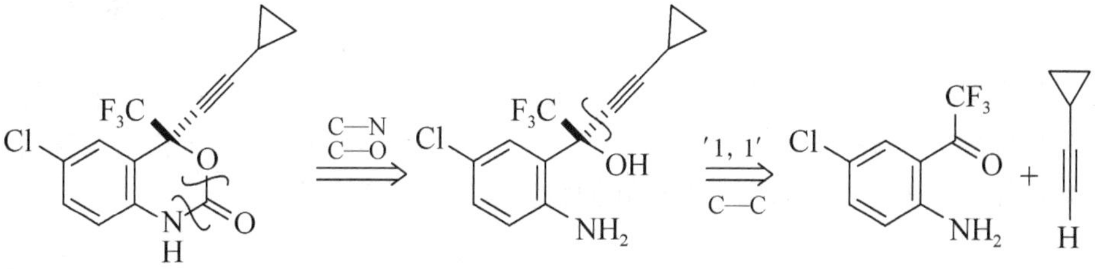

53; 依法韦仑　　C—N, C—O ⟹　　**54**　　'1, 1' C—C ⟹　　**55** + **56**

我们还没有遇到过三元环，但这个问题可以通过碳亲核试剂和带离去基团的(**57** 中的 X)CH_2 之间的关环很好地反应完成。现在的问题是：如何制备戊炔醇 **58**？

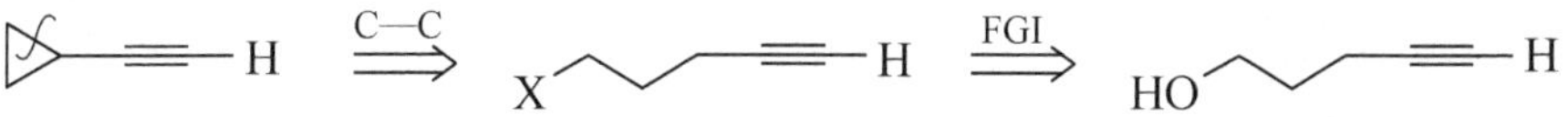

56　C—C ⟹　**57**　FGI ⟹　**58**

答案是一个很大的制备起始原料战略。我们需要一个带有氧和不饱和基团的含五个碳的化合物。这儿有一个异常便宜并且大量存在的原料——呋喃醛 **59**。在制备我们谷物类早餐时呋喃醛就是一个丰富的副产物。Quanker Qats 公司有分离它的专利。但化学家们可以用玉米芯来制备。用一个简单的工艺可以从 1.5 kg玉米芯中得到 165～200 g 呋喃醛。[11]醛用氢氧化钠水溶液发生歧化反应得到等量的酸 **60** 和醇 **61**。[12]毫无疑问用硼氢化钠来还原效果会更好。催化还原可以以 85％收率得到饱和醇 **62**。[13]

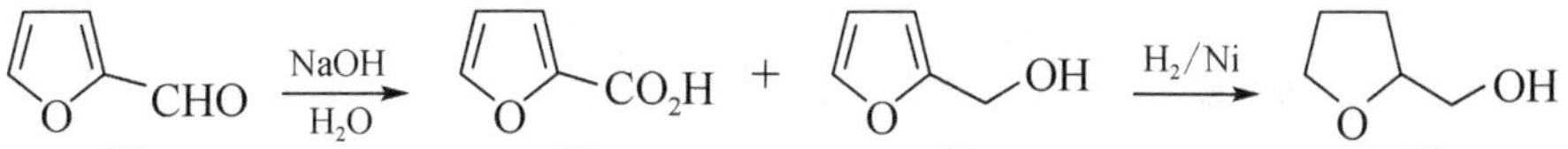

59　NaOH, H_2O →　**60** + **61**　H_2/Ni →　**62**

看起来我们尚没有接近目标化合物 **58**，但 **58** 是可以通过 **62** 脱水制得。实际操作时，将醇 **62** 转化为氯化物，在用 $NaNH_2$ 处理，进行两次消除，再酸化后可得到 **58**。[14]我们已经在十五章中看到利用消除反应制备烯烃，这里我们首次用这种方法来制备炔烃。

$SOCl_2$，吡啶；$3\times NaNH_2$，$NH_3(l)$

62 **63** **58; 75%~85%收率**

现在三元环可以形成了：氯取代羟基后，经过两当量的丁基锂处理即可得到目标产物。炔烃上去质子化是先发生的，所形成的碱性弱一些，因此关环是发生在第二次去质子化的亚甲基(**64**)上。[15]

58 $SOCl_2$，吡啶 → **57; X=Cl** $2\times BuLi$ → **64** → **56** **58%收率**

如果关环反应不经过后处理，那么得到的产物应该是炔烃锂盐，它可以和 **55** 加成得到醇 **54**。在 Merck 公司合成依法韦仑(efavirenz)的这一步被用来制备单一异构体构型的 **54**，它的化学原理我们将在*策略与控制*章节中讨论。[16]

57; X=Cl $2\times BuLi$ → **65** + **55** → **54**

炔烃给了我们制备烯烃和酮的新策略，这与在第十三章和第十五章中所讨论的切断是不一样的。

（施峰　译）

参考文献

1. G. H. Whitfield, *Brit. Pat.*, 1955, 735,188; *Chem. Abstr.*, 1956, **50**, 8721f.
2. H. Pasedach, Ger. Offen., 1972, 2,047,446; *Chem. Abstr.*, 1972, **77**, 4876.
3. A. W. Johnson, *J. Chem. Soc.*, 1946, 1014.
4. J. W. Copenhaver and M. H. Bigelow, *Acetylene and carbon Monoxide Chemistry*, reinhold, New York, 1949, pages 130-142.
5. G. Buchi and B. Egger, *J. Org. Chem.*, 1971, **36**, 2021.
6. C. A. Henrick, *Tetrahedron*, 1977, **33**, 1845; B. A. Bierl, M. Beroza and C. W. Collier,

Sceince, 1970, **170**, 87.

7. A. A. Kraevskii, I. K. Sarycheva and N. A. Preobrazhenskii, *Zh. Obsch. Khim.*, 1963, **33**, 1831; Chem. Abstr., 1964, **61**, 14518f.
8. M. S. Newman and W. R. Reichle, *Org. Synth. Coll.*, 1973, **5**, 1024.
9. G. Stork and R. Borch, *J. Am. Chem. Soc.*, 1964, **86**, 935 - 936.
10. A. Thompson, E. G. Corley, M. F. Huntington, E. J. J. Grabowski, J. F. Remenar and D. B. Collum, *J. Am. Chem. Soc.*, 1998, **120**, 2028.
11. R. Adams and A. Vorkee, *Org. Synth. Coll.*, 1941, **1**, 280.
12. W. C. Wilson, *Org. Synth. Coll.*, 1941, **1**, 276.
13. H. E. Burdick and H. Adkins, *J. Am. Chem. Soc.*, 1934, **56**, 438.
14. E. R. H. Jones, G. Eglinton and M. C. Whiting, *J. Chem. Soc.*, 1952, 2873; *Org. Synth. Coll.*, 1963, **4**, 755.
15. E. G. Corley, A. S. Thompson and M. Huntington, *Org. Synth.*, 2000, **77**, 231.
16. *Strategy and Control*, pages 515, 591.

第十七章　双基团 C—C 键切断 Ⅰ：Diels-Alder 反应

本章需要的背景知识：周环反应 Ⅰ：环加成。

Diels-Alder 反应(如 **1**+**2**)是有机合成中最重要的反应之一，这是因为该反应具有区域和立体选择性且一步形成两个 C—C 键。[1]下面由共轭二烯 **1** 和烯烃 **2** 或 **4**(亲二烯体)形成的周环反应可生成环己烯 **3** 或者 **5**，其中亲二烯体通常带有与其共轭的吸电子基团 Z。

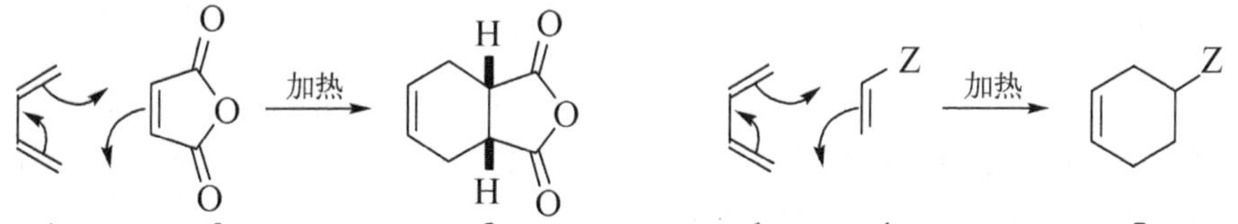

将该反应的逆反应机理画出来通常是寻找切断的最好方法。你可以顺时针或逆时针画箭头，但其中必须是从一个烯烃开始的。最先画出这种箭头是很有意义的。以 **5a** 为通例，**6** 为特例，可以把它们切断为一个二烯 **7** 和一个亲二烯体 **8**。仅仅只需将试剂 **7** 和 **8** 放在一个封管里(因为它们都是易挥发的)加热就能得到 **6**。[2]

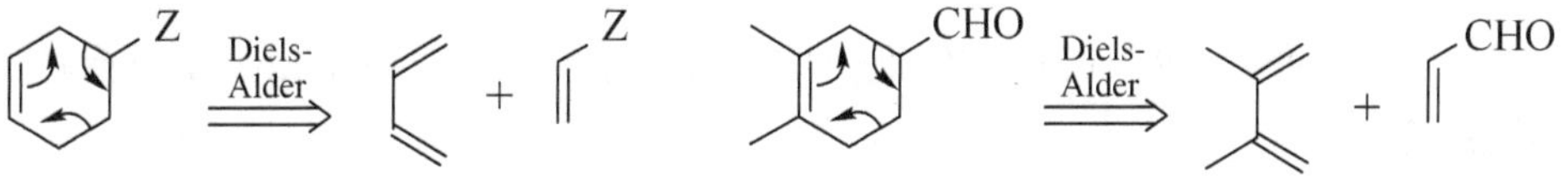

这是一个双官能团切断，因为只有当目标分子同时具有以下两个特征时，这种切断才能进行：环己烯环以及在烯键对面的环外有吸电子基团。这些特征之间的关系必须先认清楚。无论一个分子有多么复杂，只要出现那些特征，我们就应该首先尝试一下 Diels-Alder 反应。其他的特征，如化合物 **9** 中的两个四元环，都可以忽略。实际上我们在第十五章合成了二烯 **10**，而亲二烯体 **11** 的合成将在以后讨论。这两个化合物进行 Diels-Alder 反应确实能生成 **9**，而 **9** 用于合成高张力的苯

系化合物 **12**。[3]

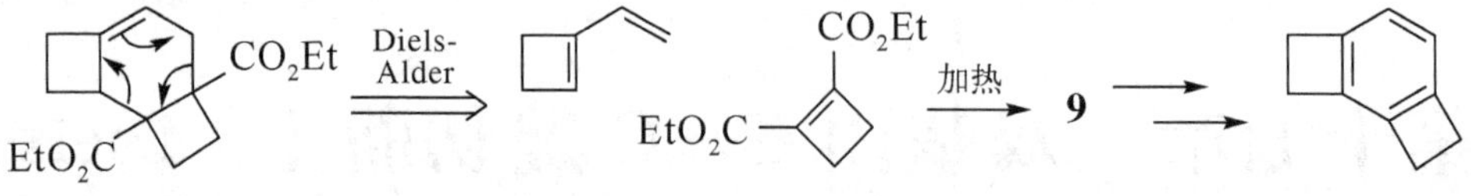

9 ⟹ (Diels-Alder) 10 + 11 —加热→ 9 → → 12

CO_2Et, EtO_2C

9 **10** **11** **12**

立体专一性

由于 Diels-Alder 反应是协同进行的，因此二烯或亲二烯体均没有机会发生旋转。这使得原料的立体化学在产物中得到保留。[4] 由于起始原料酸酐 **2** 中的两个氢是顺式的，所以产品 **3** 中两个氢也是顺式的。同样，由于二酯 **13** 中两个氢是反式的，因此产物 **14** 中两个氢也是反式的。

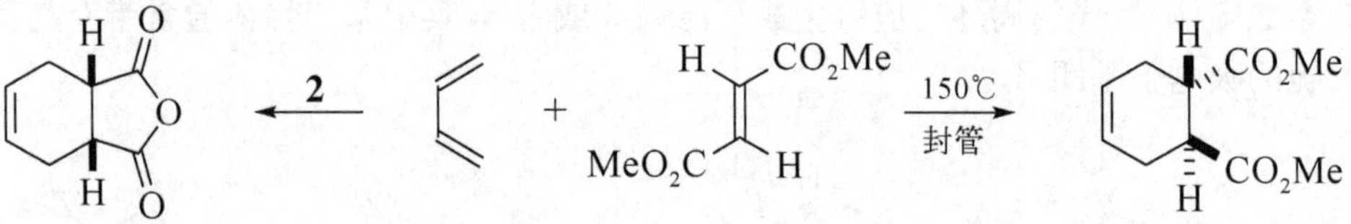

3 ←2— 1 + 13 —150℃, 封管→ 14

H, O, CO_2Me, MeO_2C

3 **1** **13** **14**

合成的地中海果蝇引诱剂 Siglure **15** 具有 Diels-Alder 加成物的所有特征，在反应中我们需使用 E-型的不饱和酯 **16**。[5]

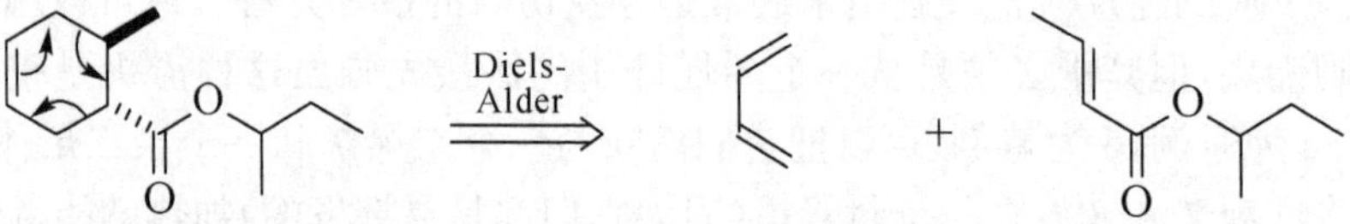

15 ⟹ (Diels-Alder) 1 + 16

15; siglure **1** **16**

在工业生产中，我们可更方便地使用廉价的甲酯，在 Diels-Alder 反应后再进行酯交换。

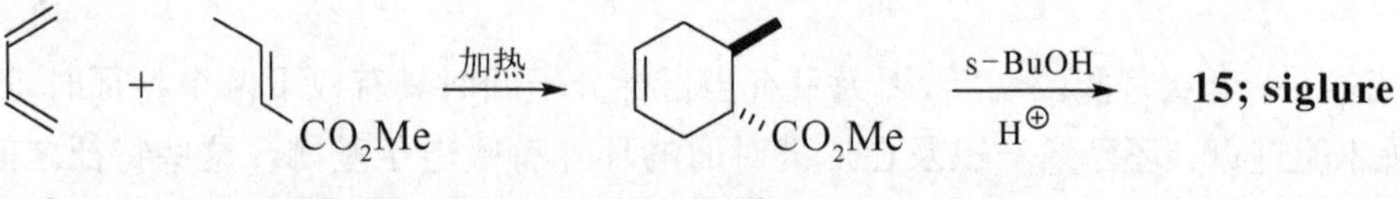

1 + 17 —加热→ 18 —s-BuOH, $H^{\oplus}$→ **15; siglure**

CO_2Me

1 **17** **18**

二烯体的立体专一性

尽管二烯体中的立体化学也同样应在产物中得以保留，但这并不容易理解。带有两个反式双键的二烯 **19** 加成到炔 **20** 上，得到一个带有两个顺式苯基的产品

21。这是因为两个试剂是以两个平行的面接近而反应的。有两种方法可以看出这种顺式关系，两者都是基于图 **23**，从平面自上往下看。你可能直接看到标注的两个氢是顺式的，因此两个苯基也肯定是顺式的。你可能更愿意看到，在 **23** 中有一个用虚线标注的对称面，因此这两个产物也是对称的，在 Ian Fleming 的书中有关于这些问题的更详尽分析讨论。[6]

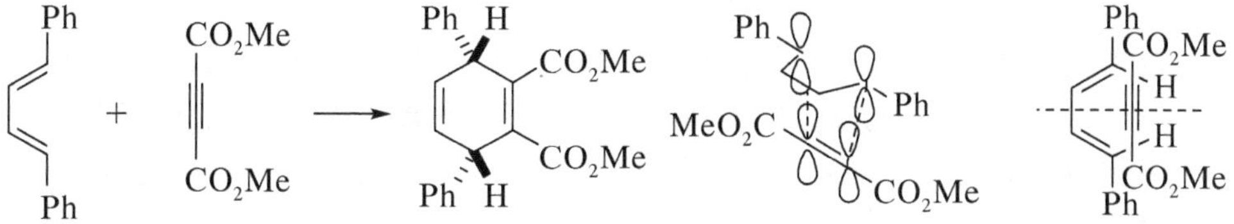

Ph Ph + CO_2Me CO_2Me → Ph H CO_2Me CO_2Me Ph H　Ph Ph MeO_2C CO_2Me　Ph CO_2Me H H CO_2Me Ph

19　**20**　**21**　**22**　**23**

Diels-Alder 反应的两个方面都是立体专一性的，因为产品的立体化学仅取决于起始原料的立体化学，而和某种对立体化学有利的反应方式无关。我们在上一个例子里有意使用炔的亲二烯体，因为它不能增加新的立体化学。但是如果二烯和亲二烯体都能够在产品中引入新的立体化学，我们就必须考虑立体专一性问题，因为两种起始原料的构型都将保持。

内式选择性

在一个典型的 Diels-Alder 反应中，环戊二烯 **24** 与马来酸酐 **2** 完全立体专一性地生成 **25** 或 **26**：因此 **2** 中的两个氢在 **25** 和 **26** 中都相互保持着顺式结构。这些产物称为 *endo*-（内式）和 *exo*-（外式）加成物。这涉及二烯上的烯烃和亲二烯体中的羰基之间的关系。在 *endo*-加成物 **25** 中它们更接近一些。当两种试剂都是环状的时候，这种反应结果很容易看到。

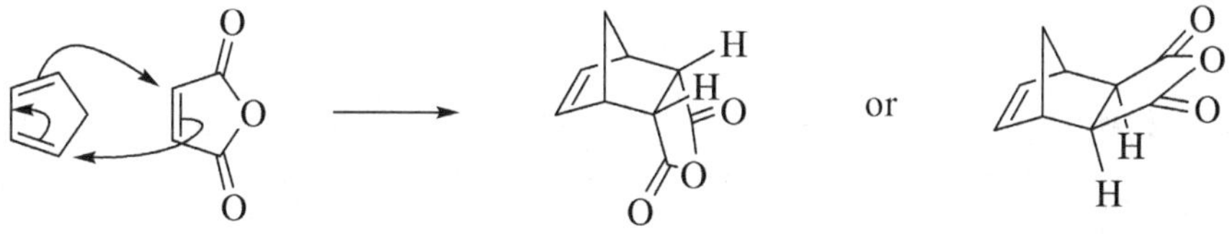

O O O → H H O O O　or　O O O H H

24　**2**　**25(*endo*-)**　**26(*exo*-)**

实验结果表明生成 *endo*-加成物 **25** 是动力学有利的，而 *exo*-加成物却更稳定。这反映出在羰基和二烯的中部有一个很有利的相互作用。实际上，亲二烯体中吸电子基团的部分作用是通过空间吸引二烯。这个作用并不能导致这些原子之间成键，它是二级轨道的相互作用。在三维图 **27** 和 **28** 或平面图 **29** 中，你能很容易发现这种作用力，在图 **27** 或 **28** 中，虚线显示二级轨道相互作用。

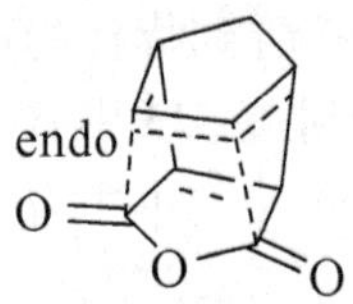

endo exo 二级轨道相互作用 化学键相互作用

27 给出 **25** 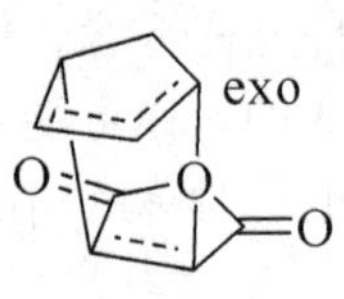 **28** 给出 **26** 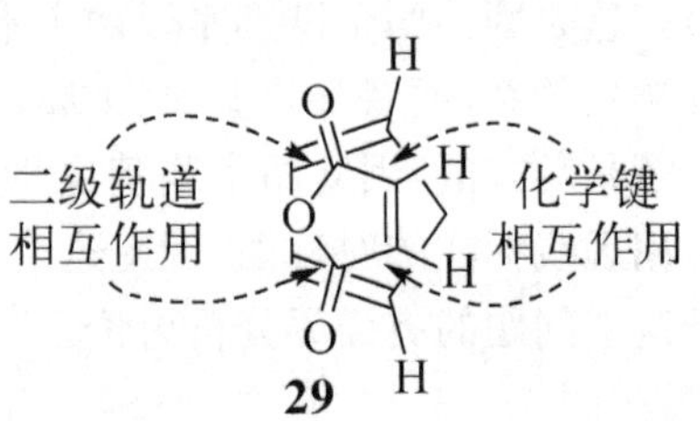 **29**

在开链的例子里，通常更容易遵循如 **23** 或 **29** 图示的，你自己可以选择其中的一个。由 **30** 和丙烯醛反应显然得到产物 **31**：**优先次序 1**——总是先画出反应机理。但是环中心的立体化学是怎样的呢？将二烯放在 **32** 的上面；**优先次序 2**——在新形成的中心画氢原子，你应该能够看到三个标注的氢原子都在同侧。这里如 **32** 所示，打开（或扁平）的环使得它在 **31a** 的最上面，因此其他的基团（两个甲基和醛基）在 **31b** 的下面。Diels-Alder 反应的另一个优点就是它通常生成稳定性差的非对映异构体。

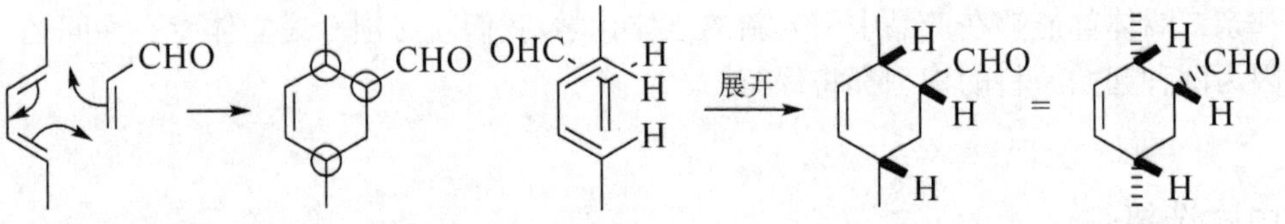

展开

30; 丙烯醛 **31**; 立体构型 **32** **31a** **31b**

对于给定的产物，要用切断来揭示所需要的二烯或亲二烯体的立体构型。Weinreb 在松胞素的合成中需要的酰亚胺 **33** 很容易切断为酰亚胺 **34** 和二烯 **35**。[7] 为了得到两个取代基同侧的产物，我们很清楚需要 E,E-或 Z,Z-二烯。但在哪一侧呢？所有的氢都在同侧，因此我们需要如图 **36** 所示的分子，这是 E,E-**35**。该二烯的合成已在第 15 章讨论过。

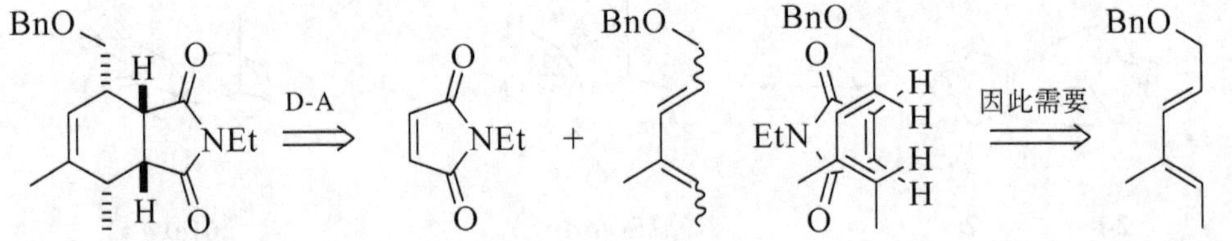

D-A 因此需要

33 **34** **35** **36** ***E, E*-35**

区域选择性

到目前为止，我们使用的原料中至少有一个是对称结构的，但当 Diels-Alder

反应中的两个原料都是非对称结构时，区域选择性就是一个问题了。完整的解释不在本书的讨论范围，可以参考 Ian Fleming 的书和 Clayden 的 *Organic Chemistry* 第二十五章。我们需要用一种快速的方式来发现给定的二烯和亲二烯体之间发生了什么。最简便的记忆方法是 Diels-Alder 反应有一个芳香过渡态（实际上是六个离域的 π 电子），并且在定位上是“邻、对位”。因此在第一个反应里，用一个 1-位取代的丁二烯 **37**，我们得到邻位产物 **39**。而在第二个反应里，用一个 2-位取代的丁二烯 **41**，我们却得到对位产物 **42**。哪一个反应都得不到间位产物 **40**。所有这些反应都是用路易斯酸四氯化锡来催化的。酮上氧原子的配位使得烯酮更易被极化，提高了它的区域选择性。

$SnCl_4$　而不是

37　**38**　**39; 邻位**　**40a; 间位**

$SnCl_4$　而不是

41　**38**　**42; 对位**　**40b; 间位**

可以用更趋合理的方式来解释相同的问题，我们的确知道哪一部分提供 HOMO 轨道（亲核试剂），哪一部分提供 LUMO 轨道（亲电试剂）。和 **43** 与 **45** 一样，烯酮 **38** 本质上是亲电的，尤其是和路易斯酸配合的时候。如果二烯 **37** 作为亲核试剂，它将提供更多的高取代烯丙基正离子 **44** 和 **46**。Diels-Alder 反应不是一个离子型反应，**44** 和 **46** 不是反应的中间体，但 HOMO 轨道和 LUMO 轨道同时决定了假设的离子反应，**43** 和 **45** 中的区域化学也决定了周环反应的区域化学。

→ **39**　→ **42**

43　**44**　**45**　**46**

在 Diels-Alder 反应中，立体专一性、立体选择性和区域选择性都能得到完全控制。你现在应该明白该反应为什么如此重要了。止痛药替利定（Tilidine）**47**，对急剧疼痛非常有效，就是一个明显的 Diels-Alder 反应产物。[8] 邻位的区域选择性和

endo-的过渡态 **51** 表明需要用反式烯胺 **49** 作为起始原料，这是我们用一般方法由烯醛 **50** 和二甲胺制备烯胺时所得到的几何构型。

Ph CO_2H NMe_2 D—A ⟹ CO_2H Ph NMe_2 C—N ⟹ 烯胺 CHO Me_2N Ph CO_2H H

47 **48** **49** **50** **51**

Diels-Alder 产物中的官能团转化

环醚 **52** 由二醇 **53** 制备而来，而二醇 **53** 可以由不同的 Diels-Alder 加成物如酸酐 **54** 还原而来。

H O H C—O ⟹ ether HO HO H H FGI ⟹ O O O H H D—A ⟹ O O O +

52 **53** **54** **2** **41**

注意不要去尝试建立在直接切断 **52a** 基础上的合成，因为不饱和醚 **55** 缺少至关重要的羰基，它不能和 **41** 进行反应。然而，马来酸酐却能反应，用四氢锂铝还原得到二醇 **53**，然后和甲苯磺酰氯和氢氧化钠处理发生环化。[9]毫无疑问，形成了单对甲苯磺酰酯并迅速发生环化。

H O H D—A ⟹ O +

52a **55** **41**

41 $\xrightarrow[\text{加热}]{\mathbf{2}}$ **54** $\xrightarrow{LiAlH_4}$ **53** $\xrightarrow[NaOH]{TsCl}$ **52** **75%~80% 收率**

分子内的 Diels-Alder 反应

通常情况下，分子内的反应要比分子间的反应容易进行，并经常不遵循通行的规则。有些亲二烯体不需要羰基，有些生成 *exo*-产物而不是 *endo*-产物。化合物 **56** 的环化得到间位产物 **58**。机理 **57** 很清楚地表明不能形成期望得到的对位产物 **42**。这是一个令人印象深刻的例子，因为产物 **58** 是一个几何学上张力很大的桥头烯烃。[10]烯烃在六元环中是顺式的，而在十元环外却是反式的。

加热

56　　**57**　　**58; 70% 收率**

水中的 Diels-Alder 反应

在理想的情况下，所有的化学反应都希望能够在水中进行。因为在所有的化学过程中，溶剂都是最主要的副产物且难以回收。对于许多反应，水作为溶剂实际上是不可能的，因为试剂和/或催化剂在水中是不互溶的或不溶的。但即使在不溶解情况下，一些 Diels-Alder 反应在水中反应更快且具有更高的立体选择性。[11] 所以环戊二烯 **24** 和丙烯酸甲酯 **59** 的反应，在环戊二烯中 *endo*-选择性很差，在乙醇中选择性有所提高，但在水中，反应却表现出非常好的选择性。[12] 其中一个解释就是相对于在其他溶剂中，反应试剂以极小的油滴形式散在水中，相互靠得更近。

CO_2Me　H　or　CO_2Me　H

24　**59**　**60(*endo*-)**　**61(*exo*-)**

endo:*exo*
在不同溶剂
中的比例
在 **24** 中：3.9:1
在乙醇中：8.5:1
在水中：21.4:1

（张治柳　译）

参考文献

1. M. C. Kloetzel, *Org. React.*, 1948, **4**, 1; H. L., Holmes, *Ibid.*, 60; L. W. Butz, Ibid., 136; J. Sauer, *Angew. Chem. Int. Ed. Engl*, 1966, **5**, 211.
2. O. Diels and K. Alder, *Liebig's Ann. Chem.*, 1929, **470**, 62.
3. R. P. Thummel, *J. Am. Chem. Soc.*, 1976, **98**, 628; J. G. Martin and R. K. Hill. *Chem, Rev.*, 1961, **61**, 537.
4. F. V. Brutcher and D. D. Rosenfeld, *J. Org. Chem.*, 1964, **29**, 3154.
5. N. Green, M. Beroza and S. A. Hall, *Adv. Pest Control Res.*, 1960, **3**, 129.
6. Ian Fleming, *Orbitals*; Ian Fleming, *Pericyclic Reactions*, Oxford University Press, 1999.
7. M. Y. Kim and S. M. Weinreb, *Tetrahedron Lett.*, 1979, 579.

8. G. Satzinger, *Liebig's Ann. Chen.*, 1969, **728**, 64.
9. N. L. Wendler and H. L., Slates, *J. Am. Chem. Soc.*, 1958, **80**, 3937.
10. K. J. Shea and P. D. Davis, *Angew. Chem. Int. Ed. Engl.*, 1983, **22**, 419.
11. H. C. Hailes, *Org. Process Res. Dev.*, 2007, **11**, 115.
12. R. Breslow, U. Maitra and D. Rideout, *Tetrahedron Lett.*, 1983, **24**, 1901.

第十八章　策略Ⅷ：羰基缩合反应导论

接下来的十章讲述的是关于含有两个官能团的碳骨架的合成。我们把所有类似 **1～3** 结构的化合物都归类为 1,3 -双官能团化合物，因为重要的并不是官能团的类型而是它们之间的位置关系。我们的逻辑是，所有的官能团都能通过醇、酮（或醛）或酸经取代反应衍生而来，而且这三个可以通过氧化或还原相互转化。

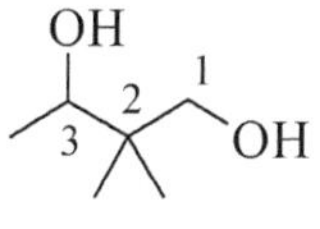

OH　1　2　3　OH　　OAc　1　2　3　NH_2　　1　2　3　O　O

1 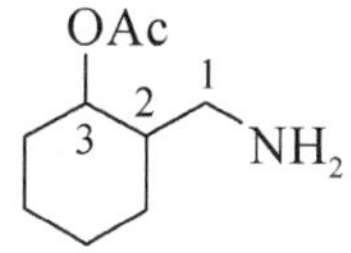　　**2** 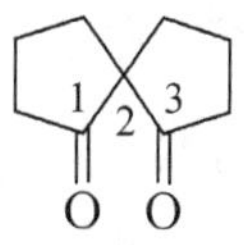　　**3**

我们的分析建立在先用官能团转化（FGI）来揭示有适当氧化状态的含氧官能团，然后以官能团之间的联系为指导进行 C—C 键的切断。因此我们应该始终应用双官能团切断，碳合成子的使用和我们用在第六章的双基团 C—X 切断一样。大多数化学围绕羰基展开，因而我们需要首先考虑的是羰基是如何影响分子行为的。

羰基是有机合成中最重要的官能团，因为羰基自然地具有亲电性或者亲核性。很显然，羰基化合物的羰基碳，**4** 或 **5**，自然地具有亲电性，所以在这个原子 **6** 上和亲核试剂反应。如果分子中存在离去基团 X，那么四面体中间体 **7** 将把 X 挤出去而生成羰基。生成的 **8** 是碳亲核试剂的酰化。

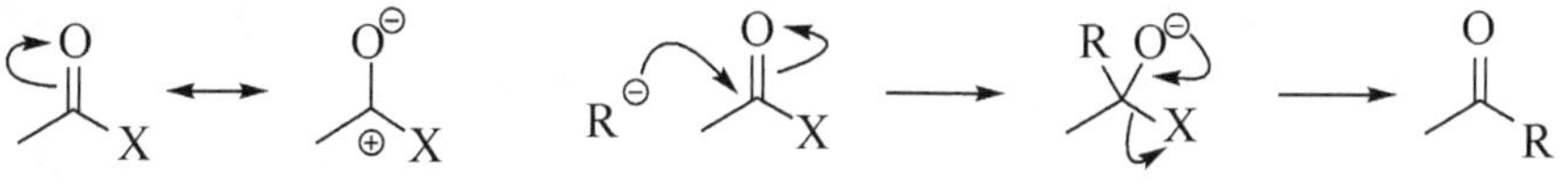

O X ⟷ $O^{\ominus}$ $\oplus$ X　　$R^{\ominus}$ O X ⟶ R $O^{\ominus}$ X ⟶ O R

4　**5**　**6**　**7**　**8**

相应的切断是新形成的 C—C 键 **8a**。合成子是酰基正离子而那个亲核的碳片段可能是一个金属衍生物 RM（第十三章），但在接下来的十章中通常涉及的是一个烯醇负离子。这就是羰基化合物亲核性的表现。

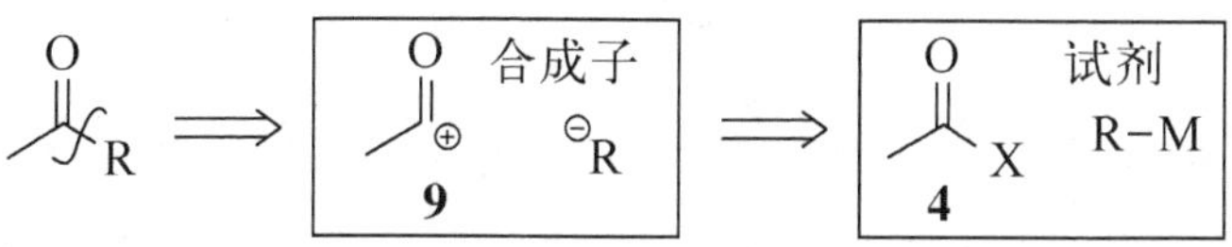

O R ⟹ [O $\oplus$　合成子　$^{\ominus}$R　**9**] ⟹ [O X　试剂　R−M　**4**]

8a

羰基化合物,比如丙酮 **10**,主要以酮式 **10** 存在,但是它和烯醇式 **11** 之间存在一个平衡。我们应该对它在碱作用下形成的烯醇负离子 **13** 更感兴趣,它在 α-碳上和碳亲电试剂反应。

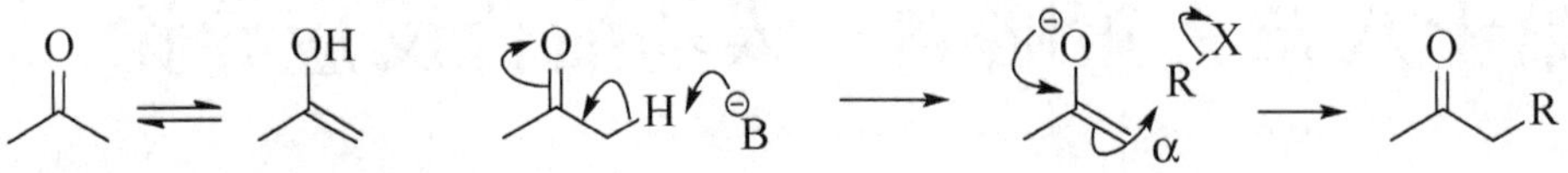

10; 酮 **11; 烯醇** **12** **13; 烯醇盐** **14**

这个切断是新形成的 C—C 键 **14a**,而且和 **8a** 不同。合成子则由烯醇负离子和一个碳亲电试剂所代表。我们曾在第十三章看到烷基卤代物扮演亲电试剂这个角色,但再接下来的十章里,我们对烯醇(盐)和羰基化合物的组合使用更感兴趣。

合成子 试剂

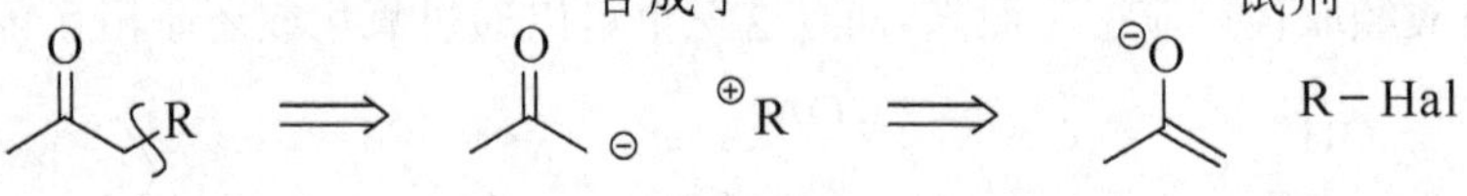

R－Hal

14a **15** **16**

亲电性的和亲核性的合成子

合成子 **9** 和 **15** 本身具有极性,在接下来的十章中如果你能认识到如 **17** 那样的合成子本身也具有极性的话,这一点将是很有帮助的。我们曾经在第六章和第十三章中讨论过 **9**、**15** 和 **17**,在那两章我们用 α,β-不饱和化合物 **18** 作为亲电试剂。你可能发现使用 Seebach 建议的标记很有帮助。[1]字母 **a** 和 **d** 分别代表受体(亲电性的)和给体(亲核性的)合成子,而上标的数字表示它指的是哪个原子。通常从羰基碳原子开始编号。因此,烯醇盐表示为一个 $\mathbf{d}^2$ 合成子,而 **9** 和 **17** 是 $\mathbf{a}^1$ 和 $\mathbf{a}^3$ 合成子。如果你不喜欢这些标记,也无所谓,它们仅仅是一种选择。

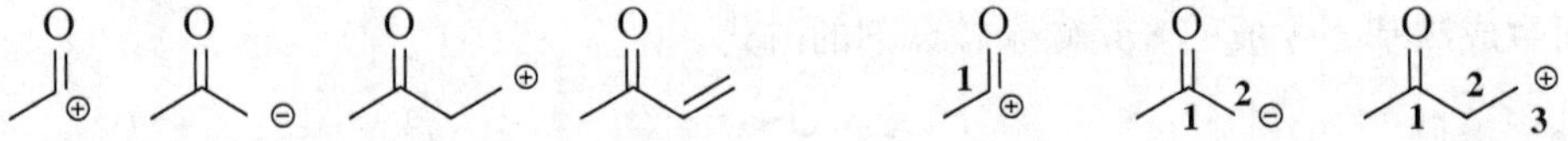

9 **15** **17** **18** 一个 $\mathbf{a}^1$ 合成子 一个 $\mathbf{d}^2$ 合成子 一个 $\mathbf{a}^3$ 合成子

因此,假如我们希望合成化合物 **19**,可以切断 C—C 键成两个合成子,**20** 是一个 $\mathbf{d}^2$ 合成子,我们可以容易地将其识别为酮 **22** 的烯醇盐,而另一个 $\mathbf{a}^1$ 合成子 **21** 可确认为醛 **23**。这样,我们倒推该反应为羟醛缩合反应。

合成子 试剂

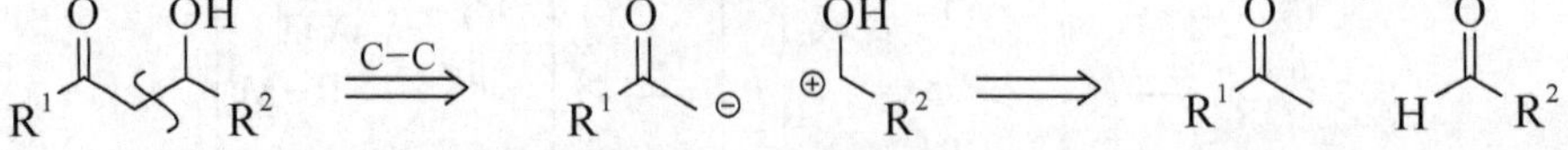

19 **20** **21** **22** **23**

假如我们希望合成二酮 **24**，同样切断得到烯醇 **20** 然后揭示出 $\mathbf{a}^3$ 合成子 **25**，而我们已经知道烯酮 **26** 是其对应的试剂。以上两个合成都应用了合成子的自身极性：化合物 **22** 的烯醇负离子和另一个简单的羰基化合物 **23** 或者共轭烯酮 **26**。

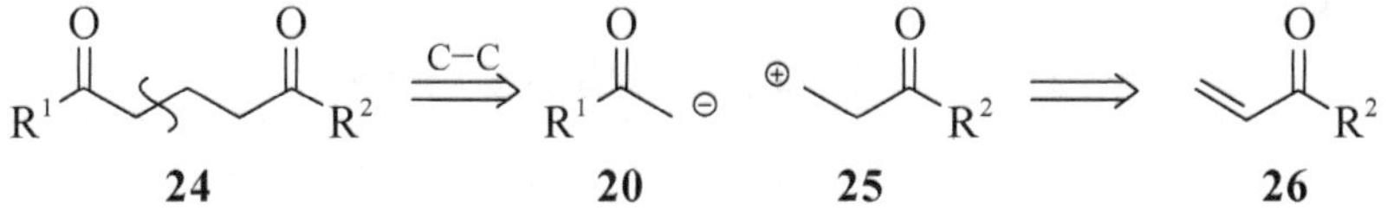

R¹ C(=O) CH₂CH₂CH₂ C(=O) R² (**24**) ⟹(C—C) R¹C(=O)CH₂⁻ (**20**) + ⁺CH₂CH₂C(=O)R² (**25**) ⟹ CH₂=CHC(=O)R² (**26**)

基于这个原因，我们将以一种稍微有点奇怪的次序来编排关于双官能团 C—C 切断的章节。首先，我们处理奇数关系：1,3-二羰基 **19a**（第十九章）和 1,5-二羰基 **24a**（第二十一章），然后我们又回到偶数关系：1,2-二羰基 **27**（第二十三章）和 1,4-二羰基 **28**（第二十五章），因为它们将用到合成子的极性翻转。最后，我们转到 1,6-二羰基关系（第二十七章）因为它将用到一个完全不同的策略。

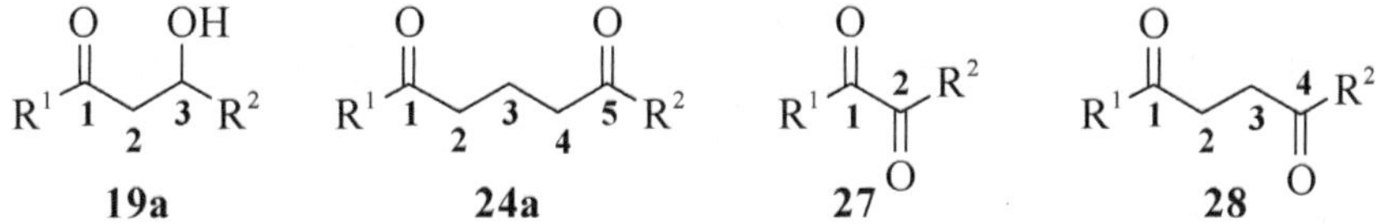

19a　**24a**　**27**　**28**

概括起来，可以有以下三点：

1. 合成奇数关系的双官能团化化合物只需要自身极性的合成子。

2. 合成偶数关系的双官能团化化合物需要一些翻转极性的合成子。

3. 所有的奇数关系的受体合成子（比如 $\mathbf{a}^1$ 和 $\mathbf{a}^3$）以及偶数关系的给体合成子（比如 $\mathbf{d}^2$ 和 $\mathbf{d}^4$）具有翻转极性。

加一个口号：在你做 C—C 键切断之前，请先计算相互关系。

你将会注意到所有这些分散在各个章节中基于羰基官能团的方法以及和这些方法相关的一些策略性章节。它们将会汇总在一个关于羰基化学的总策略章节中。

第二十章　策略Ⅸ：羰基缩合反应中控制。

第二十二章　策略Ⅹ：脂肪族硝基化合物在合成中的应用。

第二十四章　策略Ⅺ：合成中的自由基反应：官能团添加和它的翻转。

第二十四章　策略Ⅻ：重接。

第二十八章　通用策略 B：羰基切断策略。

碳氢酸和对其脱质子化的碱

在接下来的几章里，我们将用到各种各样的碱来产生烯醇负离子，同时这也将帮助你理解那些碱的强度。在这个表中，任何碱都可以对比其弱的碳氢酸脱质子化，也就是说，碱的共轭酸的 pKa 值比碳氢酸的高。大家不用记住所有的数值，但对数量级有个基本的概念将会很有帮助。作为基础，你可以参考 Clayden 所编著的 *Organic Chemistry* 中第八章部分。碳氢酸中斜体部分的质子是被碱脱去的那个。请注意，那些超出水范围的 p*K*a 值（pH 大约 0～15）都是通过间接方法测定的，不是很精确。

TABLE 18.1 碳氢酸和对其脱质子化的碱

碳 氢 酸	pK_a	碱	共轭酸的 pK_a	来 源
Alk - *H*	～42	BuLi	42	易获得
		RMgBr		RBr+Mg
Ar - *H*	～40	ArLi	～40	PhLi 易获得
$CH_2=CHCH_3$	38			
$PhCH_3$	37	NaH	～37	易获得
		i - Pr_2NLi (LDA)		i - Pr_2NH+BuLi
$MeSOCH_3$ (DMSO)	35	$MeSOCH_2^{\ominus}$ $^{\ominus}NH_2$	35	DMSO+NaHNa+NH_3(l)
Ph_3CH	30	$Ph_3C^{\ominus}$	30	
HC+CH	25			
CH_3CN	25			
CH_3CO_2Et	25			
CH_3COR	20			
CH_3COAr	19	t - BuOK	19	易获得
$Ph_3P^+ - CH_3$	18	$EtO^{\ominus}$，$MeO^{\ominus}$	18	ROH+Na
$ClCH_2COR$	17			
$PhCH_2COPh$	16	$HO^{\ominus}$	16	易获得
$MeCOCH_2CO_2Et$	11			
CH_3NO_2	10	$PhO_{\ominus}$	10	PhOH+NaOH
		Na_2CO_3		易获得
		胺：R_3N 等		
EtO_2CCH_2CN	9			
$Ph_3P^+CH_2CO_2Et$	6	$NaHCO_3$	6	易获得
		$AcO^{\ominus}$		易获得
		吡 啶		易获得

（陈华祥 译）

参考文献

1. L. D. Seebach, *Angew. Chem. Int. Ed. Engl.*, 1979, **8**, 239.

第十九章　双基团 C—C 键切断法Ⅱ：1，3-二官能团化合物

本章所需的背景知识：Aldol 缩合；碳原子的酰化。

本章主要涉及两种类型的目标分子：β-羟基酮 **1** 和 1,3-或 β-二羰基化合物 **4**。这两种分子的官能化的碳原子之间都呈 1,3-关系，都可以把两个官能团之间的一个 C—C 键切断为单羰基化合物的烯醇负离子 **2**，再和醛 **3** 或如酯一类酸的衍生物 **5** 之间进行反应。

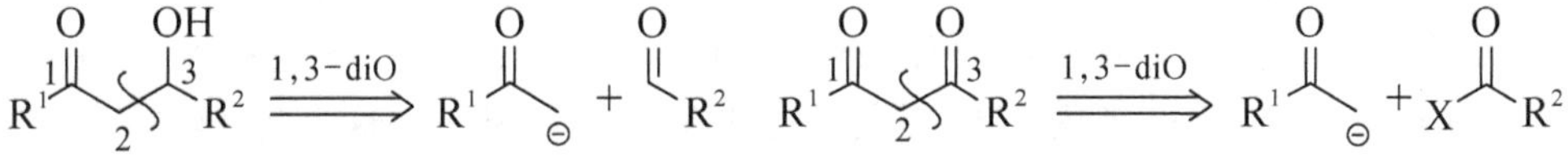

$$\mathbf{1} \xrightarrow{1,3\text{-diO}} \mathbf{2} + \mathbf{3} \qquad \mathbf{4} \xrightarrow{1,3\text{-diO}} \mathbf{2} + \mathbf{5}$$

我们应该需要理解怎样从醛、酮和酯形成烯醇（烯醇盐），现在也很有必要建立这样的概念，那就是虽然这三类化合物组成了同一等级系列的亲电试剂，而他们所形成的烯醇（烯醇盐）却极性翻转，组成了另一等级系列的亲核试剂。其中任意一类烯醇（烯醇盐）都可以和任意一类羰基化合物进行反应。

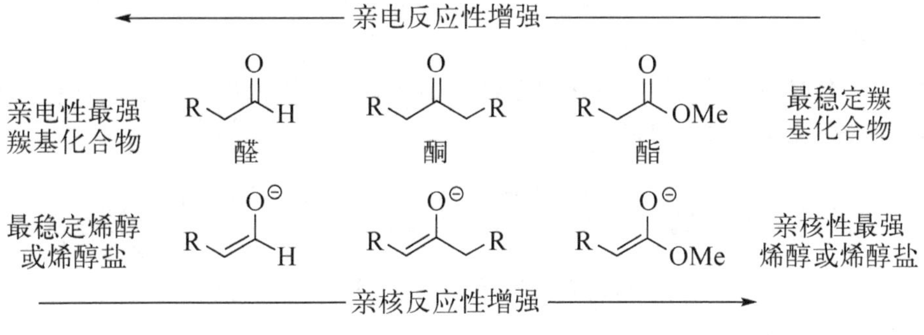

← 亲电反应性增强

亲电性最强羰基化合物	醛	酮	酯	最稳定羰基化合物
最稳定烯醇或烯醇盐				亲核性最强烯醇或烯醇盐

亲核反应性增强 →

β-羟基羰基化合物：Aldol（羟醛缩合）反应

对于 **1** 这一类化合物，两个官能团的 C—C 键中只有邻近羟基碳的那个键才

值得切断。一个简单的没有任何选择性的例子就是酮 **6**,它被切断为烯醇负离子 **7** 和酮 **8**。很容易看出,**7** 是 **8** 的烯醇式,所以这是一个"自身缩合":我们只要简单地在大量非烯醇化的酮 **8** 存在下制造出少量的烯醇负离子 **7**,反应就能发生。

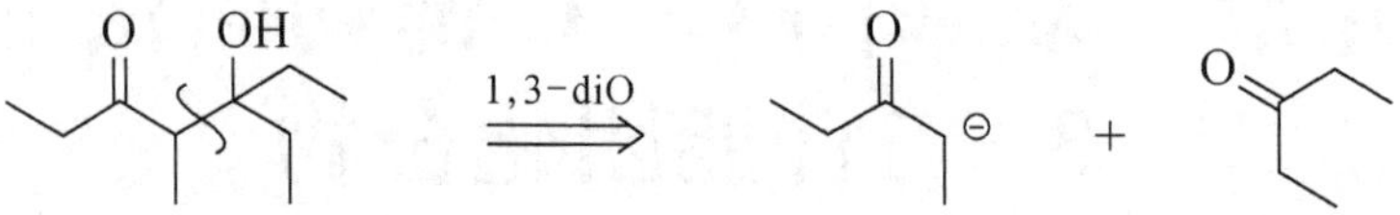

1,3-diO

6　**7**　**8**

氢氧根负离子和烷氧根负离子都是合适强度的碱,常用氢氧化钡。[1]少量的烯醇负离子 **7** 快速加入到大大过量的酮 **8** 中生成了产物的负离子 **9**,它从水或醇中夺取一个质子又产生了碱。[2]

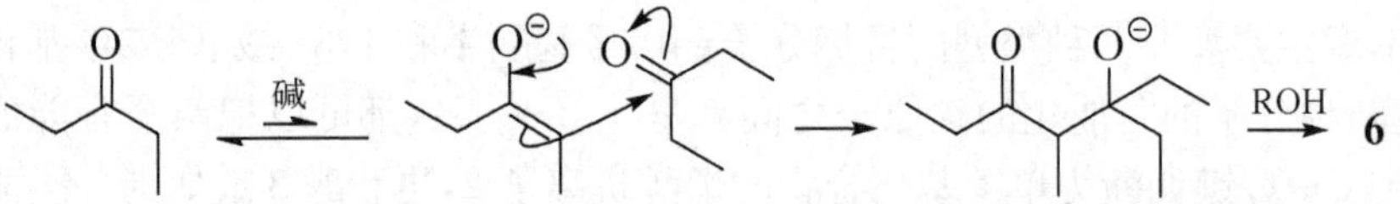

碱　ROH → **6**

8　**7**　**8**　**9**

产物如 **6** 那样的分子内同时具有 OH 和 CHO 基团,它们称作为"羟醛(aldols)化物",这类反应称作为羟醛缩合(aldol)反应。二醇 **11** 被用来合成 Meyer 杂环 **10**。[3]虽然 **11** 不是羟醛化物,但通过对仲醇(两个羟基只有这个能从酮得来)进行官能团转化,可以看出它能从酮转化而来,从而揭示了它是一个羟醛产物。事实上它是丙酮的二聚体。

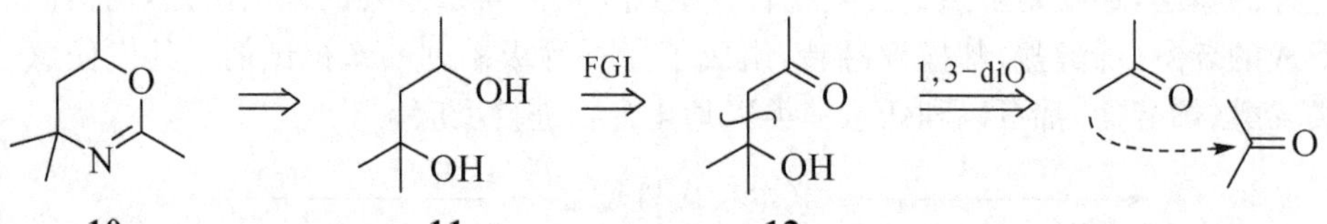

FGI　1,3-diO

10　**11**　**12**

这个羟醛缩合反应用氢氧化钡为碱,而还原反应可以使用许多还原剂来实现,其中催化氢化反应进行得很好。[4]

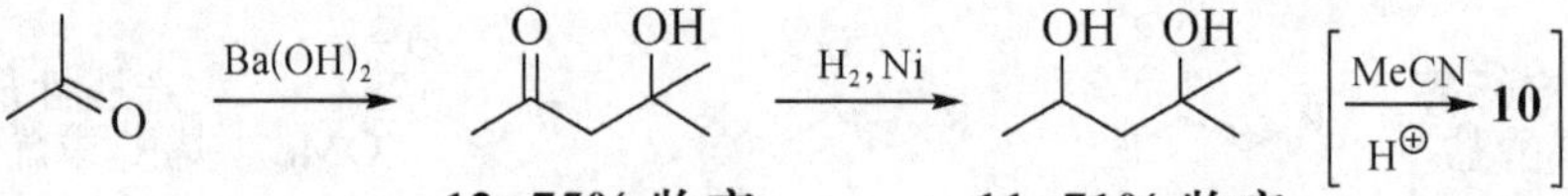

$Ba(OH)_2$　H_2, Ni　[MeCN / $H^{\oplus}$ → **10**]

12; 75% 收率　**11; 71% 收率**

化学家们选择化合物 **13** 来研究不能异构化为共轭酮的 β,γ-不饱和酮的光化学性质。[5]通过显而易见的 Wittig 切断得到了 β-酮醛 **14**。观察到碳架的对称性以及官能化碳原子的 1,3 关系,他们把酮转化为成醇,然后通过 aldol 切断为两分子的醛 **16**。

13 ⟹(C=C, Wittig) 14 ⟹(FGI) 15 ⟹(C—C, 1,3-diO) 16

少量的氢氧化钠作碱对这个羟醛缩合反应已经足够，在吡啶中用三氧化铬能化学选择性地氧化仲醇为酮。你可能认为一个稳定的叶立德和醛进行 Wittig 反应，会选择性地生成 *E*-型烯烃 **13**，而实际上却生成了一个 50∶50 的 *E*-**13** 和 *Z*-**13** 的混合物。但这并不是一个大问题，因为这两个化合物能够分离，而且化学家们对这两个化合物的光化学性质都想研究。

16 —NaOH→ **15; 85% 收率** —CrO_3, 吡啶→ **14; 85% 收率** —$Ph_3P^{\oplus}$ $^{\ominus}$ Ph→ **13**

α,β-不饱和羰基化合物的合成

化合物 **15** 和 **13** 中不可能形成共轭的烯烃，因此这里发生的醛的羟醛缩合反应成为一个例外。如果 α-碳上没有支链，羟醛缩合反应一般生成烯醛。[6]所以在使用相同的碱的情况下，化合物 **16** 的直链异构体 **17** 发生羟醛缩合反应以很高的收率生成了烯醛 **18**。[7]二聚反应的真正产物是负离子 **19**，它在与烯醇 **20** 形成平衡，**20** 发生 E1cB 消除反应，消除水而生成烯醛 **18**。

17 正丁醛 —1M NaOH, H_2O, 80℃→ **18; 85% 收率**　**19** ⇌ **20** —$-H_2O$→ **18**

任何 α,β-不饱和羰基化合物 **21** 的首次切断都是通过官能团转化对脱水反应进行逆转，而反推出两种醇：**22** 或 **25**。但是相对 **25** 中 1,2-双氧的关系我们更倾向于利用 **22** 中的 1,3-双氧关系，因为合成那些有奇数官能团关系的化合物只需要使用自身极性的合成子(第十八章)。

21 ⟹(FGI, 脱水) **22** ⟹(C—C, 1,3-diO) **23** + **24**　　**25**

这种顺序是一种经典的"缩合",即两个分子反应同时消除一个小的分子(本例中消除水)。但是现在这个术语被扩展到了大多数这一种类的羰基反应中。另一个例子就是内酯 **26**,此分子可以切断为两分子简单内酯 **28**。两分子 **28** 在甲醇中于甲醇钠存在下缩合以高于 66%的收率生成了 **26**。[8]

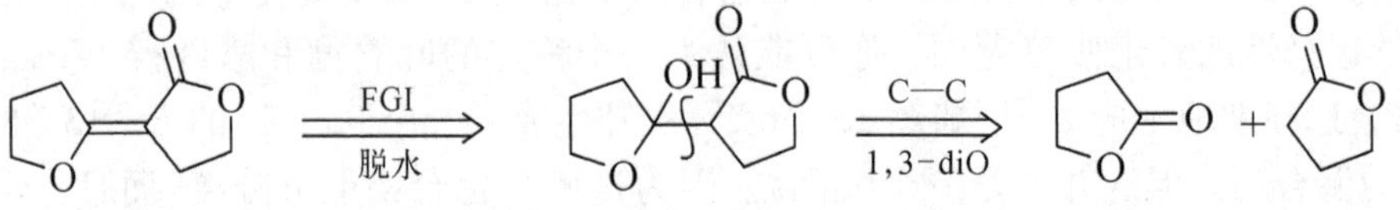

26 ⟹(FGI, 脱水) **27** ⟹(C—C, 1,3-diO) **28** + **28**

有了这种理念,你可能不想被逆向水合这一步打扰,因为从烯键的地方很容易看到隐藏的羰基,而在实际操作中,分子有羰基的那半部分必定是烯醇。大部分的人仅仅切断烯键并且同时写下了两个起始原料。所以内酯 **26** 的切断成为 **26a** 和通式 21**a**。这又是一个个人的选择。

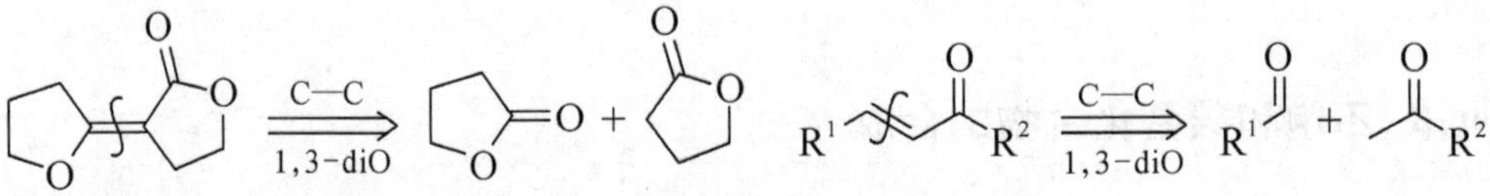

26a ⟹(C—C, 1,3-diO) **28** + **28**　　**21a** ⟹(C—C, 1,3-diO) **23** + **24**

分子内 aldol 反应

当对称的二醛或二酮分子内关环生成五元或六元环而不生成其他环时,反应结果具有非常好的选择性。链状二酮 **29** 环合生成环己烯 **30**,无论哪个羰基的 α-位置烯醇化,它都会亲核进攻另一个羰基。[9]环葵二酮 **31** 的分子内关环更令人印象深刻:分子中有四个等价的可烯醇化的羰基 α-位,但无论哪一个发生烯醇化都生成同样的产物 **32**。[10]

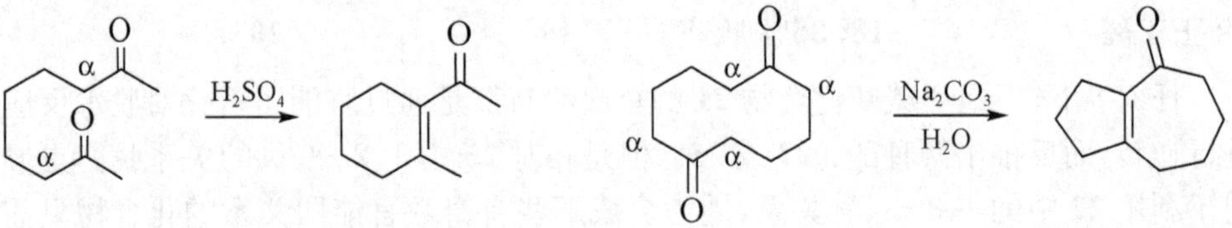

29 →(H_2SO_4) **30; 85% 收率**　　**31** →(Na_2CO_3, H_2O) **32; 96% 收率**

1,3-二羰基化合物

1,3-二羰基化合物 **4** 的切断原则也是一样的,但是现在我们有一个选择:β-

酮酯能从 **35b** 的位置切断为丙酮的烯醇负离子 **36** 和碳酸二乙酯 **37**。虽然这种合成可以进行，但是我们更倾向于从 **35a** 处切断为乙酸乙酯的烯醇负离子 **34** 和乙酸乙酯 **33** 本身，这又是一个自身缩合。

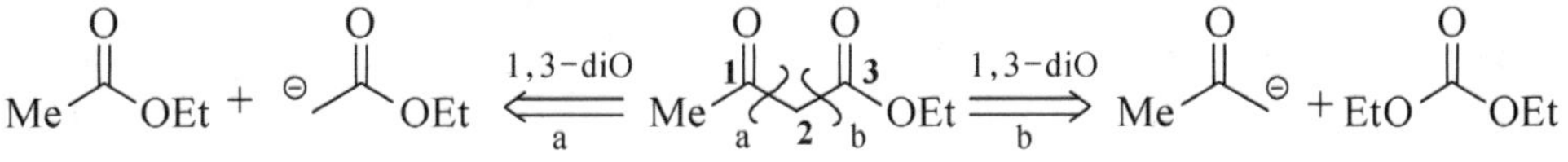

33　**34**　**35**　**36**　**37**

现在有一个选择乙氧根负离子作为独特的碱的理由，因为它能产生少量的烯醇负离子，在和没有烯醇化的酯 **40** 反应生成产物 **35** 的同时，又生成了碱乙氧根负离子。这是非常有用的。但是我们使用和酯化的醇一样的烷氧负离子（如乙酸乙酯和乙氧根负离子）作碱的真正原因是假如它作为一个亲核试剂进攻 **38** 而不是作为碱进攻 **39** 时，产物仍纯粹是再生的乙酸乙酯。在乙醇中，乙酸乙酯和乙醇钠反应以 60％的收率生成了乙酰乙酸乙酯 **32**。[11]这样，这个在很多合成中作为起始原料的 β-酮酯就能很廉价地得到（第十三章）。

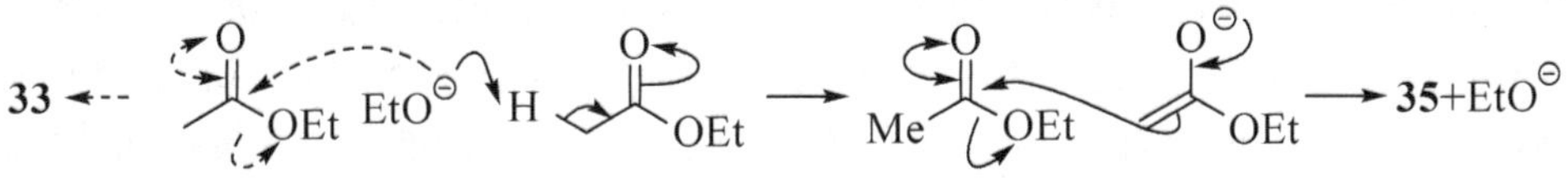

38　**39**　**40**

和其他地方一样，分子内的反应在这里也是很受欢迎的。环状酮酯 **41** 可以被切断为对称的二酯 **42**。这个环化反应进行得很好。[12]在这些反应中，生成的乙氧根负离子夺取产物（标注在 **41** 中）中两个羰基中间碳原子上的质子形成了稳定的烯醇负离子 **43**。这很容易通过在后处理中加入烷基卤代物生成产物 **44** 来得到论证。

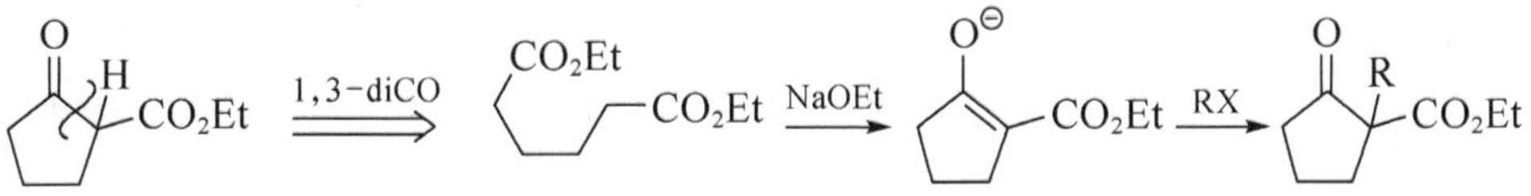

41　**42**　**43**　**44**

因为像 **41** 和 **44** 那样的 β-酮酯很容易被脱羧，在任何可能的情况下用这种高效的环化方法是很有意义的。你可能首先想到切断环酮 **46** 为 $MeNH_2$ 和二乙烯酮 **45**。但是 **45** 看起来是一个相当不稳定的化合物。假如我们在分子上加一个 CO_2Et 基团，就可以用我们的 1，3 -双羰基切断方法将之切断为对称分子 **48**，然后回复到 1，3 -双官能团切断。这样合成 **46** 的两个起始原料都是可得的。

45 ⟸(2× 1,3-diX) 46 ⟹(FGA) 47 ⟹(1,3-diO) 48 ⟹(2× 1,3-diX) 49

46 的合成正如以上所述。只不过在环化反应中使用了 NaH 为碱，酯基用 20％的盐酸一起加热水解为酸后脱羧就得到了产物。[12]

$$\text{CH}_2{=}\text{CHCO}_2\text{Et} \xrightarrow{\text{MeNH}_2} \textbf{48} \xrightarrow{\text{NaH}} \textbf{47} \xrightarrow[\text{H}_2\text{O, heat}]{20\%\ \text{HCl}} \textbf{46}$$

展望

本章中的大部分例子是那些没有选择性的分子，事实上他们都是自身缩合。我们希望这已经建立了基本的切断原则和化学方法。但现在我们必须面向那些需要有选择性的事例。因此酮 **46** 用来研究和芳香醛的羟醛缩合反应。[13]研究发现，在酸性或碱性条件下，烯酮 **52** 都是主要产物，而在盐酸乙醇溶液中收率最高，产物 **52** 以盐酸盐的形式被分离出来。在本例中，很容易看出只有酮能烯醇化，也很容易看出醛比酮亲电性更强以及 **52** 所示的 E-异构体更稳定。这些考虑将在下章中阐述。

46 ⇌(HCl) 50 + PhCHO ⟶ 51 ⟶(−H₂O) **52; 86% 收率**

（徐卫良 译）

参考文献

1. *Vogel*, page 798.
2. A. T. Nielsen and W. J. Houlihan, *Org. React.*, 1968, **16**, 1; see page 115.
3. A. I. Meyers, *Heterocycles in Organic Synthesis*, Wiley, 1974.

4. J. B. Conant and N. Tuttle, *Org. Synth. Coll.*, 1932, **1**, 199; H. Adkins and H. I. Ctamer, *J. Am. Chem. Soc.*, 1930, **52**, 4349.
5. W. G. Dauben, M. S. Kellogg, J. I. Seeman and W. A. Spitzer, *J. Am. Chem. Soc.*, 1970, **92**, 1786.
6. A. T. Nielsen and W. J. Houlihan, *Org. React.*, 1968, **16**, 1, table **II**, pages 86 - 93.
7. Vogel, page 802; Clayden, *Organic Chemistry*, chapter 19.
8. O. E. Curtis, J. M. Sandfi, R. E. Crocker and H. Hart, *Org. Synth. Coll.*, 1963, **4**, 278; H. Hart and O. E. Curtis, *J. Am. Chem. Soc.*, 1956, **78**, 112.
9. E. E. Blaise, *Bull. Chim. Soc. Fr.*, 1910, **7**, 655.
10. Ref 2, table VI, page 125.
11. J. H. Inglis and K. C. Roberts, *Org. Synth. Coll.*, 1932, **1**, 235.
12. P. S. Pinkney, *Org. Synth. Coll.*, 1943, **2**, 116; W. Dieckmann, *Ber.*, 1894, **27**, 102; J. P. Schaefer and J. J. Blomfield, *Org. React.*, 1967, **15**, 1.
13. S. M. McElvain and K. Rorig, *J. Am. Chem. Soc.*, 1948, **70**, 1820.

第二十章　策略Ⅸ：羰基缩合的控制

本章所需的背景知识：Aldol 反应；碳原子上的酰化反应。

上一章介绍了一些基于羰基化合物作为亲核和亲电试剂的优秀切断法，但回避了所有关于化学选择性和区域选择性的问题。这类反应极其重要，因此需要理解学会如何控制这两种选择性的方法。所有主要的难点出现在共轭烯酮 **1** 的合成上。

Ph　O　α,β 不饱和羰基化合物　Ph　O　+　H　O

1　　**2**　　**3**

所有这一切看来都是很有道理的，在前一章中我们看到了很多例子。酮 **2** 形成烯醇盐 **4**，联合 **4** 与醛 **3** 得到 Aldol 负离子，几乎所有 Aldol 负离子容易脱水生成目标分子 **1**。

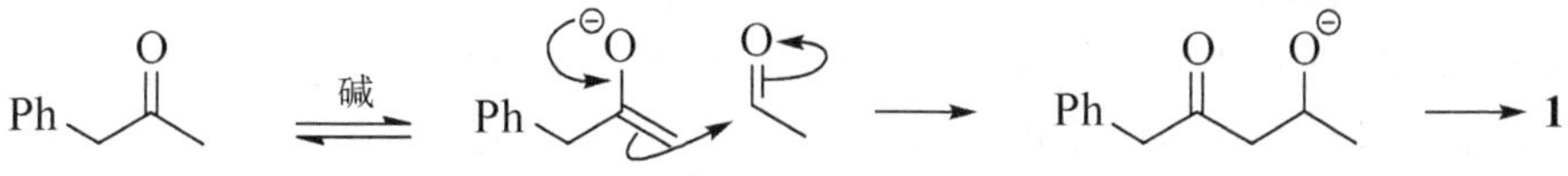

Ph　O　碱　Ph　O　O　→　Ph　O　O　→ **1**

2　　**4**　　**5**

但是所有这些都能实现的吗？我们需要酮 **2** 形成烯醇负离子，但是醛不会更容易形成烯醇负离子吗？我们想要烯醇负离子出现在酮的取代基较少的一侧，但是共轭的烯醇负离子更不稳定吗？我们想要烯醇负离子进攻醛，但是它可能反过来进攻另外一分子 **2** 从而自身缩合吗？我们需要的是在两种不同的羰基化合物之间进行的交叉缩合。为了满足我们的计划，需要回答下列三个问题。

有效的交叉缩合的三个关键问题

1. 哪一个羰基化合物形成烯醇负离子？
2. 对于不对称的酮：哪一侧形成烯醇(负离子)？
3. 哪一个羰基化合物充当亲电试剂？

幸而三个问题同样重要是很少见的。即使三个问题同样重要，现在已开发出处理绝大多数最难的事例方法。通常情况下，问题出现的原因主要是羰基化合物的相对反应活性。下列图表与前一章的图表很不同，不但因为需要加入所有羧酸衍生物而且是为了强调一些稍微不同的情况。

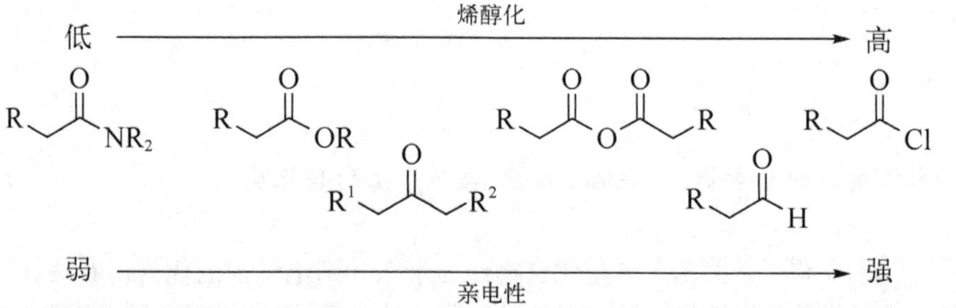

烯醇化
低 → 高
O R NR$_2$ O R OR O R O O R O R Cl
O R^1 R^2 O R H
弱 → 强
亲电性

因为最容易烯醇化和最具亲电性的是同一种羰基化合物，所以他们倾向于自身缩合而不是与其他化合物反应。因而，在 **2** 与 **3** 的反应中，在平衡条件下醛 **3** 很可能自身缩合而不是与低反应活性的酮缩合。本章着眼于寻找方法来克服这种趋势。我们在第十九章讨论了自身缩合，所以现在我们要看看其他的事例。

分子内反应

形成五或六元环是最容易控制的。如果这就是我们的目标，我们应当用目前使用的平衡法，让分子遵循自己的路径形成最稳定的产物。四个不同的烯醇负离子 **7**,**8**,**12** 和 **13** 能够从二酮 **10** 通过夺取四种不同的氢原子而获得。每个烯醇负离子都能够环合成其他羰基化合物从而形成三元环 **9** 或 **11** 或五元环 **6** 或 **14**。所有这些烷氧化物都是经过烯醇负离子和 **10** 处于平衡过程中。故不稳定的三元环中间体也会回到 **10**，那么，究竟会得到 **6** 还是 **14** 呢？

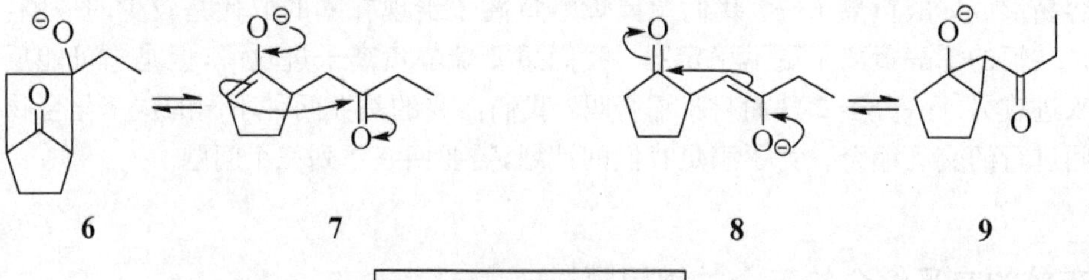

6 **7** **8** **9**

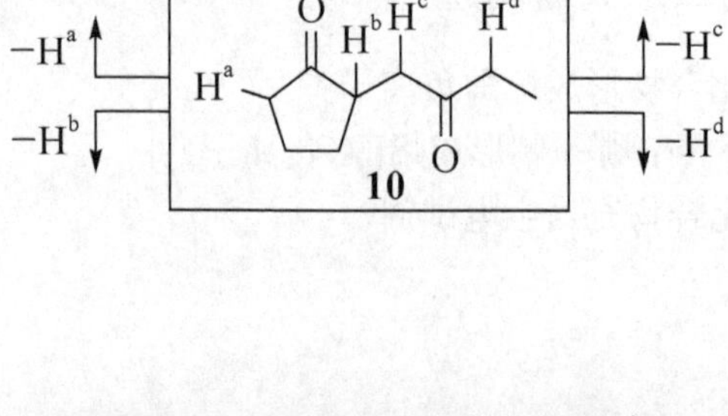

$-H^a$ $-H^b$ H^a O H^b H^c H^d O $-H^c$ $-H^d$

10

11　12　13　14

结果是只得到了来自于 **14** 的产物 **16**。[1]部分原因是 **14** 含有两个无张力的五元并环，然而 **6** 却有张力的桥环（在第十七章已经看到，这是极为重要的）；主要原因是在第十九章说明的只有 **14** 能发生 E1cB 消除反应。**6** 消除一分子水将给出不可能形成的桥环烯。我们能够画出更接近于实际的从 **13** 到 **16** 的全部反应历程。

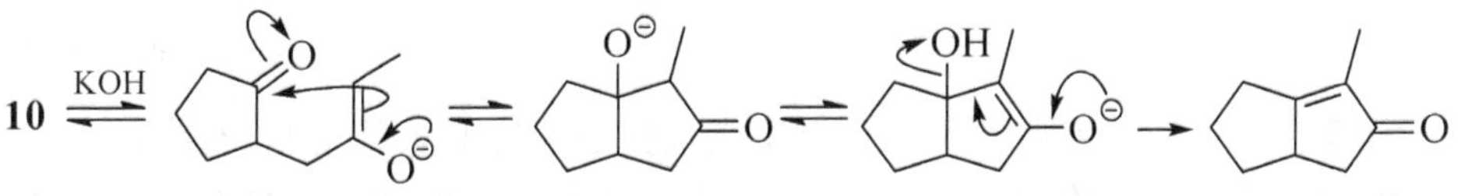

10 KOH

13a　**14**　**15**　**16; 85% 收率**

总之，环合成张力很大的三或四元环一般情况下是可逆转的。而环合成稳定的五或六环则是有利的，尤其当消除一分子水形成共轭化合物时。

交叉缩合Ⅰ：不能烯醇化的化合物

当羰基化合物 α-碳没有氢原子时，它不能形成烯醇化。从而它就仅仅成为亲电试剂参与羰基缩合反应。只有该羰基化合物是强亲电性时，这一点才非常有利（避免其他羰基化合物自身缩合，请参阅上面的第 3 点）。因此在下列化合物中主要给出的都是酰氯。

碳酸酯　氯甲酸酯　芳香醛　甲酸衍生物　叔丁基衍生物　草酸酯

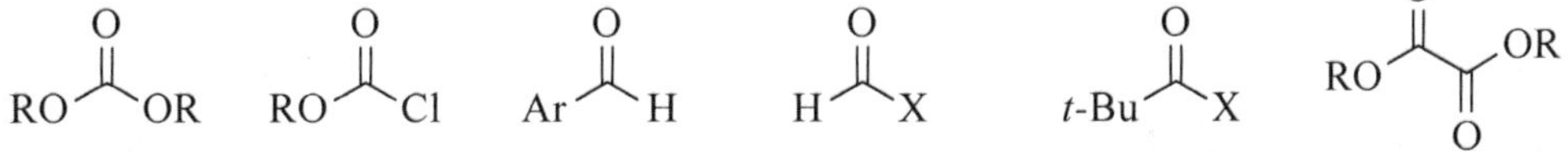

RO–CO–OR　RO–CO–Cl　Ar–CO–H　H–CO–X　*t*-Bu–CO–X　RO–CO–CO–OR

17　**18**　**19**　**20; X=OR, Cl**　**21; X=H, OR, Cl**　**22**

碳酸酯因可引入 COOEt 官能团从而形成稳定的烯醇负离子是很有用的，在第十三章曾经谈到这一点，接下来又会碰到这类型反应。例如断掉一个碳原子就显示出商品化的起始原料 **24**。仅仅酮 **24** 能形成烯醇负离子，而碳酸酯比酮具有更强的亲电性。理想的碱是乙氧基负离子以避免酯交换副反应，但是更强的其他碱如 NaH 也反应良好。[2]

23 $\xRightarrow[C—C]{1,3\text{-diCO}}$ 24 + $CO(OEt)_2$ 碳酸二乙酯；25 $\xrightarrow[CO(OEt)_2]{NaH}$ **TM23 91%~94%收率**

这方法对芳基取代丙二酸酯 **27** 相当有用。通过丙二酸酯负离子 **26** 直接芳基化合成 **27** 是不可能的，因为 S_N2 反应对没有活化的芳卤化合物是失败的。当芳基是苯基时，**28** 与 NaH 和碳酸二乙酯反应以 86%的产率得到 **27**。[3]

ArBr ⊖ **26** ⇍ Ar **27** $\xRightarrow[C—C]{1,3\text{-diCO}}$ **28** + $CO(OEt)_2$ 碳酸二乙酯

芳香醛与丙酮一类脂肪酮的缩合反应根据条件的不同形成单 **31** 或双缩合产物 **29**。[4]在丙酮过量的条件下，**31** 是主要产物。但是在乙醇溶液中两当量的苯甲醛存在下，只有二缩合产物 **29** 被得到。二亚苄基丙酮 **29** 是钯催化剂中非常重要的配体，缩写为 dba。

29; 93% 收率 $\xleftarrow[NaOH, 20\sim25℃]{2\times PhCHO,\ EtOH}$ **30** $\xrightarrow[NaOH, 25\sim30℃]{PhCHO\ in\ Me_2CO}$ **31; 77% 收率**

如果烯醇组分是来自不对称的酮，就需要进一步的选择性。加酸或加碱可以提高一些反应选择性。在酸性条件下，有利于形成取代基较多的烯醇；反之，在碱性条件下，动力学有利形成取代基较少的烯醇负离子。酸 **32** 在早期就被 Woodward 与 Eschenmmoser 应用于合成维生素 B12 合成中。[5]标准的 α,β-不饱和羰基化合物的切断显示出不对称的酮 **33** 和不能烯醇化但亲电性很强的乙醛酸。在酸性溶液中的反应确实具有很高的选择性。

32 $\xRightarrow[C—C]{烯酮}$ **33** + OHC—CO_2H **34** 乙醛酸 $\xrightarrow{H_3PO_4}$ **32; 82% 收率**

与此相反，在 Woodward 试图合成抗生素棒曲霉素（patulin）**36** 的过程中需要中间体 **37**。[6]但后来证明该抗生素的正确结构应为异构体 **35**。可以通过两种方式画出 **37** 的结构，它们都能生成 **36**。Woodward 后来也合成出了正确结构的化合物 **35**。

O O OH O O O O O $\Longrightarrow$ O MeO O CO_2Me O O OMe MeO_2C

35：棒曲霉素的正确结构　**36**：假设的棒曲霉素　**37**　**37** 重画的形式

1,3-二羰基切断 **37a** 得到不对称的酮 **38** 和不能烯醇化、有对称的二个羰基联在一起的强亲电性草酸酯 **23**。现在烯醇负离子需要发生在甲基一侧而不是多取代基一侧，用碱是有效的。

O O MeO_2C OMe $\xrightarrow[\text{C—C}]{\text{1,3-diCO}}$ CO_2Me CO_2Me + O OMe $\xrightarrow[\text{C—O}]{\text{1,3-diCO}}$ O + MeOH

37a　**23; R=Me**　**38**　**39**

这是热力学控制。最初的产物 **37** 和 **41** 在甲氧负离子处理下被转化为稳定的烯醇负离子 **40** 和 **42**。烯醇负离子 **40** 比 **42** 更稳定是因为它有更少的取代基。

$O^{\ominus}$ O OMe MeO_2C $\overset{MeO^{\ominus}}{\rightleftharpoons}$ **37** $\xleftarrow{\text{草酸二甲酯}}$ **38** $\xrightarrow{\text{草酸二甲酯}}$ O OMe O CO_2Me $\overset{MeO^{\ominus}}{\rightleftharpoons}$ O OMe $^{\ominus}O$ CO_2Me

40　**41**　**42**

甲醛：Mannich 反应

一个很有特点而且不能烯醇化的亲电试剂是甲醛 HCHO。但是很明显，甲醛的亲电性太强所以反应不能控制得很好。一个简单的事例是甲醛与乙醛在 OH^- 中的反应。第一次 Aldol 反应得到期望的化合物 **43**，但是接着发生第二次 Aldol 反应给出 **44**，还发生第三次 Aldol 反应。现在羟基加成到另外一分子甲醛从而发生 Cannizzaro 反应给出一个负氢离子给 **45** 从而得到季戊四醇 **46**（另外一个产物是甲酸负离子 HCO_2^-）。该化合物在高分子化学中是非常有用的交联剂，但是对我们没有太多用途。我们需要控制这个有用的一碳亲电试剂的反应性。

CH_3CHO / CH_2O ↓ NaOH　HO CHO $\xrightarrow{CH_2O}$ HO CHO HO $\xrightarrow{CH_2O}$ OH HO HO O H H $O^{\ominus}$ OH $\rightarrow$ OH HO OH HO

43　**44**　**45**　**46**

我们需要一个比甲醛亲电性弱的甲醛等同物从而可以控制烯醇（负离子）只加

成一次。方案就是 Mannich 反应。[7]甲醛与仲胺反应形成亚胺盐，然后加入由醛或酮在弱酸条件下形成的烯醇 **47**，从而得到氨基酮（或叫“Mannich 碱”）**48**。如果需要 Aldol 反应的产物 **50**，在 N 上烷基化将提供一个很好的离去基团从而成功进行 E1cB 消除。

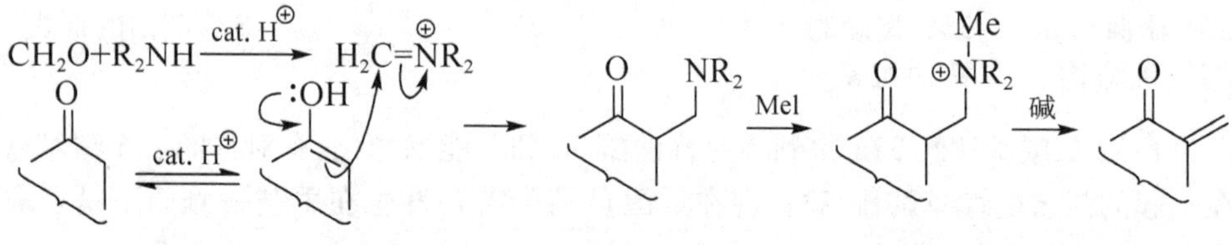

47 **48** **49** **50**

有时，Mannich 碱的盐酸盐可在加热的条件下消除得到乙烯酮 **53**。[8]

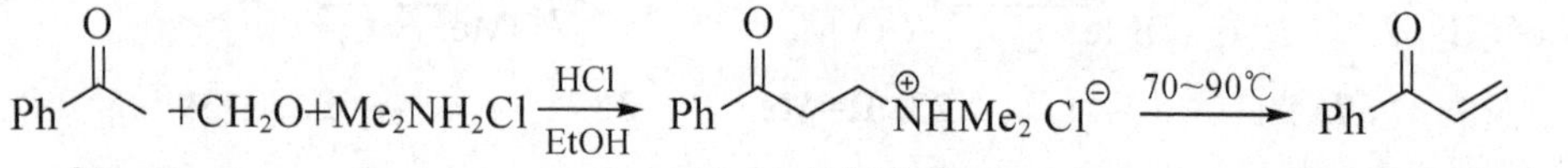

51 **52; 71% 收率** **53; 51% 收率**

如果需要碱，则如同 Whiting 在合成丙叉化合物 **54** 中那样，即使碳酸氢钠 $NaHCO_3$ 的碱性也足够了。[9]依次地 1,1-和 1,2-双官能团切断法就得到烯酮 **56** 和明显的 Mannich 产物 **57**。

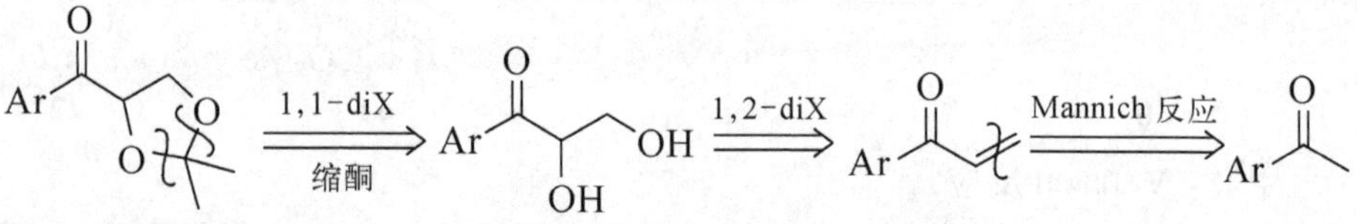

54; Ar=p-MeOC$_6$H$_4$ **55** **56** **57**

Mannich 反应得到的碱再甲基化后无需分离给出盐 **58**。使用 $NaHCO_3$ 消除得到烯酮，然后用 HO_2^- 亲核环氧化给出环氧化合物 **59**。再水解得到二醇 **55**。最后用丙酮在酸性溶液中以 72% 的收率生成缩酮 **54**。

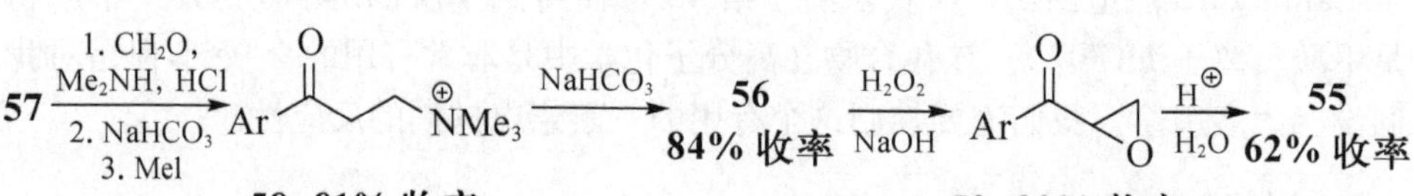

58; 81% 收率 **59; 80% 收率**

交叉缩合Ⅱ：特定的烯醇化物

需要研究两种羰基化合物都能烯醇化的情况。在研究如何控制不对称酮在哪一侧烯醇化(位置选择性)之前,需要探索哪一个特定的烯醇化物种能够控制应用(化学选择性)。在第十三章曾经提到的两种具体的烯醇等同物：β-二羰基化合物和烯醇锂盐。这两类化合物非常关键。

羰基缩合反应中β-二羰基化合物作为特定的烯醇化物

控制酯的烯醇(负离子)与脂肪醛去反应是很难的,因为脂肪醛很易自身缩合。如果用丙二酸酯替换酯,这β-二羰基化合物形成足够的烯醇(负离子),所以反应效果相当好。这种类型的Aldol反应叫做Knoevenagel反应。[10]这种反应仅仅需要羧酸和胺的缓冲混合物即可。烯醇与醛**61**在通常的条件下反应。产物**62**的烯醇化通常意味着其在反应条件下发生了脱水。

HOAc, R_2NH
60　**61**　**62**　**63**

如果**63**水解成酸后加热,发生脱羧反应生成不饱和酸,重新酯化后即得到也可以由乙酸乙酯与乙醛经缩合反应后生成的产物酯。

63 —NaOH, H_2O→ **64** —$H^{\oplus}$, 加热→ **65** → **66** ⟹ EtO_2CMe + MeCHO

如果用丙二酸**67**在更剧烈的条件下反应可以直接脱羧从而一锅法形成不饱和羧酸。这是一个合成取代的肉桂酸**68**的简单途径。[11]

$ArCHO+CH_2(CO_2H)_2$ —哌啶, DMSO→ $Ar\!-\!CH\!=\!CH\!-\!CO_2H$
67　**68**

68
Ar=2-呋喃基
91%~92% 收率

任何β-二羰基或其他吸电子基团的组合都可以发生这样的反应。化合物**69**是合成巴比妥酸(barbiturate)所需的。因为氰基有很强的负离子稳定性,切断后是酮**70**和腈**71**。第三十章已讨论过酮**70**的合成。一旦找到正确的条件,合成就非常容易。[12]

69 ⟹(C—C "aldol") **70** + **71** —NH_4OAc, HOAc, 回流分水→ **69**

74% 收率

烯醇锂盐

酯的烯醇锂盐 **72** 能够在强的位阻碱 LDA 或 LiHMDS[$(Me_3Si)_2NLi$]下直接从酯制备。它与即使是可烯醇化的醛或酮也能够很干净地反应。例如与酮 **74** 反应以高收率生成醇 **75**。[13]

LDA, THF, −78℃ 或 $(Me_3Si)_2NLi$

72 **73** **74** **75; 93% 收率**

这种方法与丙二酸酯法的一个不同之处烯醇锂盐可以直接加成到烯醛 **76** 的羰基上，然而丙二酸酯法却进行共轭加成。另外丙二酸酯的加成产物在正常反应条件下脱水，然而烯醇锂盐法正常情况下给出不脱水的 Aldol 产物 **77**。

76 **77; 94% 收率**

烯醇锂盐最重要的贡献之一是它的立体选择性。位阻很大的酯如 **78** 形成 *trans*-烯醇盐，高选择性地有利于给出 *anti*-Aldol 醇 **80**。[14]这些立体选择性的 Aldol 反应将在“策略与控制”中讨论。

LDA, THF, −78℃ RCHO

78 **79; “*trans*” 优势的** **80; 92:8 反式 : 顺式**

烯醇锂盐另外一个重要的贡献是从不对称酮制备的烯醇盐的区域选择性。第十三章已得出结论，酮，特别是甲基酮在取代基较少的一侧形成烯醇锂盐。即使与能够烯醇化的醛，这些化合物也很适合 Aldol 反应。[15] Whiting 合成生姜醇是一个具体的应用实例。[16]热力学或动力学控制都遵循这一原则。

C—C aldol

81; 生姜醇 **82** **83**

生姜醇(Gingerol－6)**81** 显然是 Aldol 反应的产物。经过断键得出不对称酮 **82** 和可以烯醇化的醛 **83**。对于本章开始时提出的三个问题不能给出任何一个有利的回答，因此需要控制。能够通过许多方法获得酮 **82**，经官能团添加操作成烯

酮 **84**,再进行第二次 Aldol 切断,从而显示出两个非常便宜的起始原料香兰素(Vanillin)85 和丙酮。

MeO, HO　**82**　FGA ⟹　MeO, HO　**84**　C—C aldol ⟹　MeO, HO, CHO　**85**　$+Me_2CO$

第一次 Aldol 反应不需要控制。因为只有丙酮能够烯醇化而且醛 **85** 是比丙酮更好的亲电试剂。Aldol 反应在平衡条件下高收率给出 **84**,双键可以催化还原。因为酮 **82** 含有一个酸性的酚羟基,所以在第二次 Aldol 反应之前必须保护。硅醚保护就是一个很好的选择。

85 —(Me_2CO / NaOH, H_2O)→ **84** **82% 收率** —(H_2 / Raney Ni)→ **82** **96% 收率** —(Me_3SiCl / $(Me_3Si)_2NH$)→ MeO, Me_3SiO **86; 84% 收率**

烯醇锂盐 **87** 几乎专一地在甲基这一侧,只检测到少于 4%的在另一侧的异构体。**87** 与醛进行 Aldol 反应后在酸性水溶液中脱硅醚保护得到生姜醇(gingerol)。

85 —(LDA / THF, −78℃)→ OLi, MeO, Me_3SiO **87** —(1. *n*-PentCHO / 2. $H^{\oplus}$, H_2O)→ **TM81** **57% 收率**

Wittig 试剂作为特定的烯醇化物

在大量的合成途径中,形成不饱和羰基化合物最简单的方法是与稳定的叶立德或磷酸酯通过 Wittig 反应而获得(第十五章)。Corey 在白三烯的合成研究中,就应用稳定的叶立德 **90** 和脱氧核糖,一个与醛 **89** 处于平衡的半缩醛 **88** 的反应。[17] 把 **90** 画成一个烯醇盐是为了表明这个反应本质上是 Aldol 反应,反应消除一分子 $Ph_3P(O)$ 而不是一分子水。不像前面的那个实例,这个反应最大的优点是叶立德非常稳定以至于三个羟基无需保护,这 Wittig 反应甚至可以在酸性溶液实施。

88 ⇌ **89** —($Ph_3\overset{\oplus}{P}$…$O^{\ominus}$ **90**)→ **91**

Wittig 试剂能够代表不对称酮的烯醇盐。Corey 在花生四烯酸代谢物的研究中出现了醛 **92** 与磷盐 **93** 的缩合。[18]这个反应给人印象深刻,因为这两个反应物 **92** 和 **93** 都含有很多官能团,即使在 NaOH 的水溶液中进行反应也保持立体构型而没有改变。

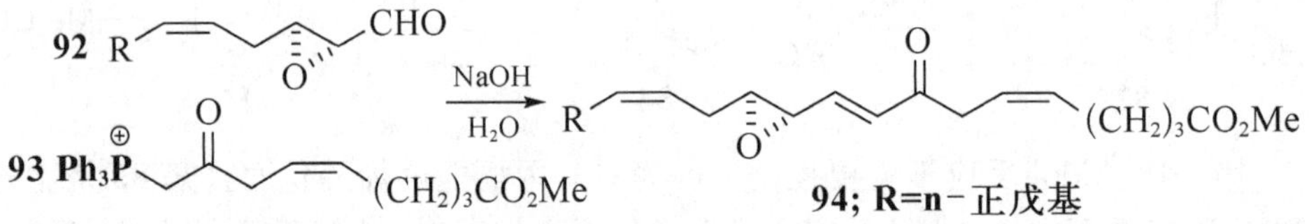

92 R CHO O
93 $Ph_3\overset{\oplus}{P}$ O $(CH_2)_3CO_2Me$
NaOH, H_2O
R O O $(CH_2)_3CO_2Me$
94; R=n-正戊基

烯胺作为特定的烯醇(负离子)

在醛所有的烯醇等同物中最好的就是烯胺。[19]它们很稳定,很容易通过醛 **95** 和仲胺反应制备并作为烯醇一样,**96** 与亲电试剂反应形成亚胺盐 **97**,进而水解得到取代的醛 **98**。

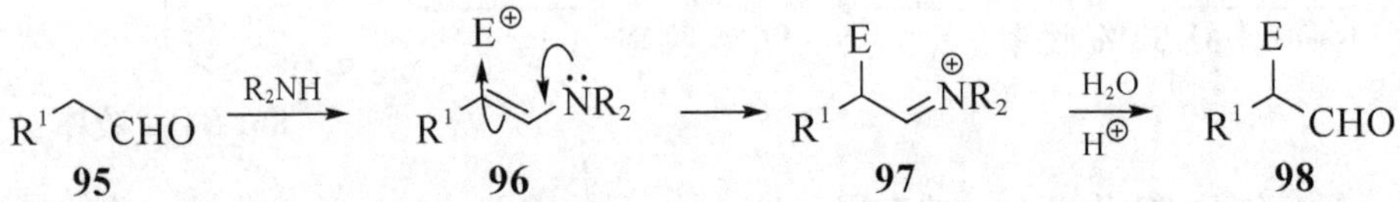

R^1 CHO (**95**) $\xrightarrow{R_2NH}$ $E^{\oplus}$, R^1 $\ddot{N}R_2$ (**96**) $\longrightarrow$ E, R^1 $\overset{\oplus}{N}R_2$ (**97**) $\xrightarrow[H^{\oplus}]{H_2O}$ E, R^1 CHO (**98**)

烯胺对酮同样很有用。切断烯酮 **99** 显示它可以由环戊酮 **74** 和烯醇化的醛 **100** 发生 Aldol 反应制备。但是需要完全控制防止醛的自身缩合。

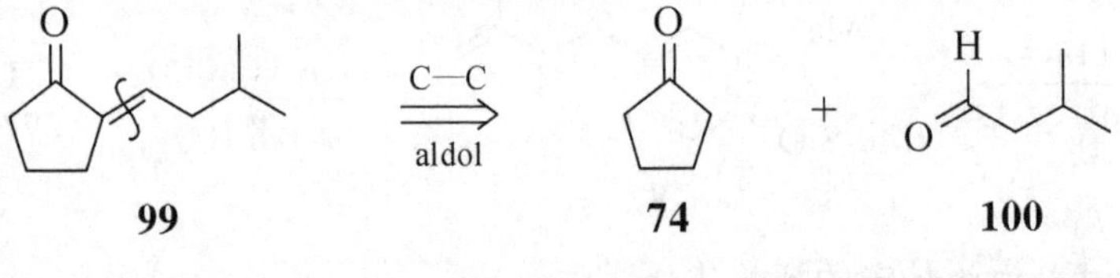

99 $\xRightarrow[\text{aldol}]{C-C}$ **74** + **100**

由环状的仲胺吗啡啉 **101** 形成的烯胺 **102** 使 Aldol 反应能非常好地得以实施。[20]直接的产物是共轭的烯胺 **103** 而不是亚胺,烯胺同样在酸性水溶液中容易水解成烯酮 **99**。

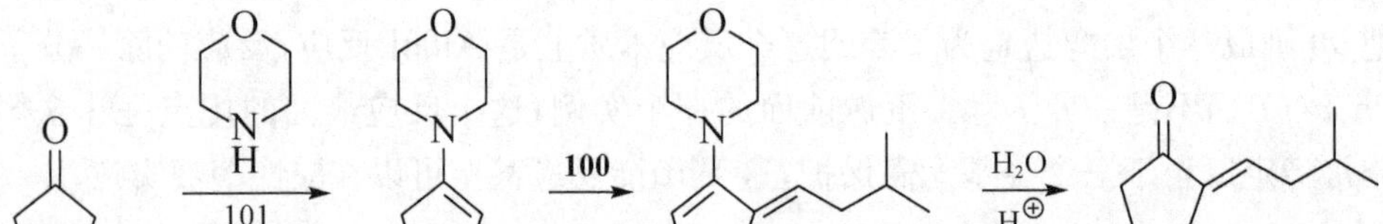

74 $\xrightarrow[\text{101, cat.}H^{\oplus}]{}$ **102** $\xrightarrow{\textbf{100}}$ **103** $\xrightarrow[H^{\oplus}]{H_2O}$ **99; 86% 收率**

酰基化是非常好的一个形成 1,3-二羰基化合物的途径。一个具体的实例是醛 **105** 的烯醇(盐)与酰基化试剂如 **106** 反应形成 **104**。

OHC Ar O → (C—C, 1,3-diCO) OHC + Cl Ar O

104　105　106

这次另外一个仲胺四氢吡咯被用于形成烯胺 **107**。尽快酰基化形成的是季胺盐，但是这反应很干净。不同 Ar 基团的收率差别较大。[21] 中间体是能够分离出的亚胺盐 **108**。早期用于合成 1,3-二羰基化合物的平衡法在此处不反应，因为产物 **104** 不能形成稳定的烯醇盐。

OHC + NH → (cat.$H^{\oplus}$) N → (1. ArCOCl; 2. $H^{\oplus}$, H_2O) OHC Ar O　$N^{\oplus}$ Ar O

105　**吡咯烷**　**107**　**104; 59%~96% 收率**　**108**

交叉缩合Ⅲ：从平衡中移去一个产物

在脱水成 **16** 或稳定烯醇盐形成 **37** 的过程中我们已经碰到这个问题了。再举两个实例来弄清楚基本的策略。不对称酮 **110** 能够在其任意一端形成烯醇盐。初看之下，需要一个特定的烯醇盐（或负离子）控制 Aldol 反应。但是一个产物 **109** 不能脱水，然而另外一个 **111** 却可以。在平衡的条件下唯一的产物是 **112**。[22]

Ph OH O ← (PhCHO, 碱) O → (PhCHO, 碱) O OH Ph → (E1cB, 碱) O Ph

109　**110**　**111**　**112**

三羰基化合物 **113** 与甲醛很干净地反应生成内酯 **115**，因为初始产物 **114** 快速地环合形成五元环。条件是用弱碱和哌啶——本章应用最广泛的三个仲胺中的最后一个。控制主要是由稳定的烯醇盐和立体影响及分子内反应综合实现的。[23]

O O CO_2Et → (CH_2O, K_2CO_3, 哌啶) O O CO_2Et $O^{\ominus}$ → O O O O　N H

113　**114**　**115**　**哌啶**

内酯 **115** 在酸性溶液中在甲基处与苯甲醛而不是稳定的烯醇区域选择性地反

应。虽然 **116** 可能是最先形成的一个中间体,但是它不能消除脱水。然而另外一个中间体 **117** 却可以,因此 **118** 就是这反应的唯一产物。棒曲霉素 **35** 的另外一种合成方式需要这个产物。

116 ⇌(PhCHO / HCl) 115 ⇌(PhCHO / HCl) 117 →(HCl) 118

现在有各种各样的方法控制羰基缩合,但是我们在此不必讨论所有的方法。控制绝大多数羰基化合物的缩合反应是可能的。本章最重要的启示是在投入任何羰基缩合反应之前需仔细地思考本章开始提出的三个问题。

(罗云富　译)

参考文献

1. H. Paul and I. Wendel, *Chem. Ber.*, 1957, **90**, 1342.
2. H. R. Snyder, L. A. Brooks and S. H. Shapiro, *Org. Synth. Coll.*, 1943, **2**, 531; A. P. Krapcho, J. Diamanti, C. Cayen and R. Bingham, *Ibid.*, 1973, **5**, 198.
3. P. A. Levene and G. M. Meyer, *Org. Synth. Coll.*, 1943, **2**, 288; G. R. Zellars and R. Levine, *J. Org. Chem.*, 1948, **13**, 160.
4. *Vogel*, page 1033.
5. A. Eschenmoser and C. E. Wintner, *Science*, 1977, **196**, 1418.
6. R. B. Woodward and G. Singh, *J. Am. Chem.* Soc., 1945, **67**, 833.
7. M. Tramontini, *Synthesis*, 1973, 303.
8. *Vogel*, page 1053.
9. A. P. Barcierta and D. A. Whiting, *J. Chem. Soc.*, *Perkin Trans.* 1, 1978, 1257.
10. G. Jones, *Org. React.*, 1967, **15**, 204.
11. C. A. Kingsbury and G. Max, J. Org. Chem., 1978, 43, 3131; S. Rajagopalan and P. V. A. Raman, *Org. Synth. Coll.*, 1955, **3**, 425; J. Koo, G. N. Walker and J. Blake, *Ibid.*, 1963, **4**, 327, D. F. DeTar, *Ibid.*, 1963, **4**, 731.
12. J. W. Opie, J. Seifter, W. F. Bruce and G. Mueller, *U. S. Pat.*, 1951, 2,538,322; *Chem. Abstr.*, 1951, **45**, 6675c.
13. Clayden, *Lithium*; M. W. Rathke, *J. Am. Chem. Soc.*, 1970, **92**, 3233.
14. C. H. Heathcock, C. T. Buse, W. A. Kleschick, M. C. Pirrung J. E. Sohn and J. Lampe, *J. Org. Chem.*, 1980, **45**, 1066.
15. G. Stork, G. A. Kraus and G. A. Garcia, *J. Org. Chem.*, 1974, **39**, 3459.

16. P. Deniff, I. Macleod and D. A. Whiting, *J. Chem. Soc.*, *Perkin Trans. 1*, 1981, 82.
17. E. J. Corey, A. Marfat, G. Goto and F. Brion, *J. Am. Chem. Soc.*, 1980, **102**, 7984; E. J. Corey, A. Marfat, J. E. Munroe, K. S. Kim, P. B. Hopkins and F. Brion, *Tetrahedron Lett.*, 1981, **22**, 1077.
18. E. J. Corey, A. Marfat and B. G. Laguzza, *Tetrahedron Lett.*, 1981, **22**, 3339, E. J. Corey and W.-G. Su, *Tetrahedron Lett.*, 1984, **25**, 5119.
19. G. Stork, A. Brizzolara, H. Landesan, J. Szmuszkovicz and R. Terrell, *J. Am. Chem. Soc.*, 1963, **85**, 207.
20. L. Birkofer, S. Kim and H. D. Engels, *Chem. Ber.*, 1962, **95**, 1495.
21. S.-R. Kuhlmey, H. Adolph, K. Rieth and G. Opitz, *Liebig's Ann. Chem.*, 1979, 617; L. Nilsson, *Acta Chem. Scand.* (*B*), 1979, **33**, 203.
22. A. T. Nielsen and W. J. Houlihan, *Org. React.*, 1968, **16**, 115, see page 211.
23. E. T. Borrows and B. A. Hems, *J. Chem. Soc.*, 1945, 577.

第二十一章　双基团 C—C 键切断法Ⅲ：1,5-二官能团化合物的共轭(Michael)加成和 Robinson 增环反应

本章所需的背景知识：烯醇化物的共轭加成。

我们还是可以利用合成子的天然极性方法去研究另一种奇数关系。1,5-二酮化合物 **1** 可以切断成一个 d^2 合成子(烯醇盐)和一个可以用试剂 **3** 为代表的 a^3 合成子（参见第六章）。共轭效应使得烯酮末端碳原子有亲电性。

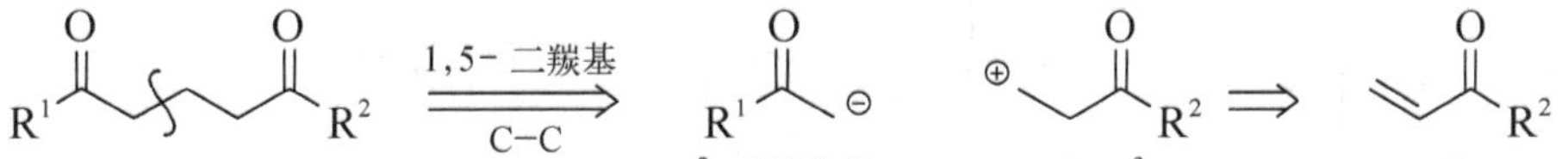

1,5- 二羰基
C−C
d^2= 烯醇盐
1　**2**; a^3　**3**

本章的新意在于组合这两个试剂。通过共轭加成一个烯醇化物到烯酮 **5** 上，得到产物烯醇盐 **6**,质子化后就可以得到 1,5-二酮。

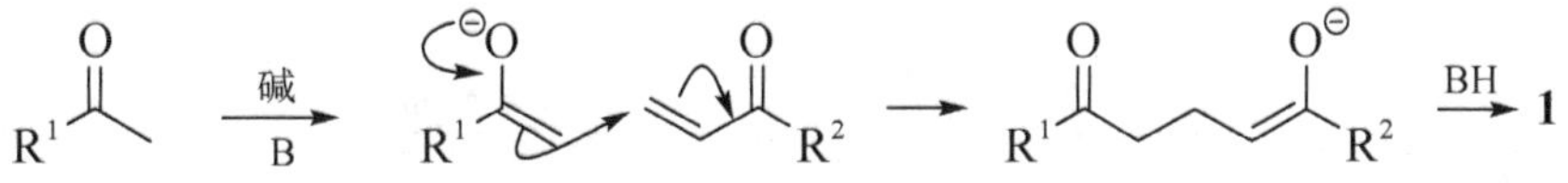

碱
B
BH → **1**
4　**5**　**6**

这样会产生一个区域选择性问题：烯醇化物的加成是以共轭(Michael)方式还是直接与羰基反应。我们需要考虑烯醇化物和烯酮(Michael 接受体)的种类以便确定反应是共轭加成还是直接与羰基加成。

第二个关键点正如我们第六章所讨论的：具有强亲电性的化合物(如酰氯和醛)易于发生直接加成,但亲电性较弱的化合物(如酯和酮)更易于发生共轭加成。这一规律用于烯醇化物依然有效：具有强亲核性的烯醇化物(如锂盐)易于发生直接加成,但亲核性弱的烯醇和烯醇化物如烯胺和 1,3-二羰基化合物更易于发生共轭加成。

特定的烯醇等同体易于发生 Michael 加成

1,3-二羰基化合物

如果我们要制备 **9**,我们会有两个选择：将一个烯醇化物等同体的醛 **7** 加成到不饱和酯 **8** 或者将一个烯醇化物等同体的酯 **11** 加成到不饱和醛 **10**。我们优选第一种方案是因为不饱和酯 **8** 更可能发生共轭加成。烯胺做为 **7** 会是好的选择。

7 (H, O, ⊖) + 8 (O, OEt) ⟸ (a; 1,5-diCO; C—C) 9 (H, O, a, b, O, OEt) ⟹ (b; 1,5-diCO; C—C) 10 (H, O) + 11 (⊖, O, OEt)

然而,如果将我们的目标分子做个小的变动成带两个甲基的 **13**,优选的切断 **13a** 方案只有在找到五价碳才有可能实现！我们将不得不使用不饱和烯醛做为 Michael 接受体。

[12 (!, O, OEt)] ⟸ (a; 1,5-diCO; C—C; 不好) 13 (H, O, a, b, O, OEt) ⟹ (b; 1,5-diCO; C—C) 14 (H, O) + 15 (⊖, O, OEt)

幸运的是,我们能通过前面章节知道怎样制备 α,β-不饱和羰基化合物。因此,对烯酮 **3** 的再切断将不会有问题。现在,两个起始原料都是酮,其中之一的 **4** 必须提供特定的烯醇化物,而另一个 **16** 通过 Mannich 反应可制得 **3**。

1 (R^1, O, O, R^2) ⟹ (1,5-diCO; C—C) 4 (R^1, O) + 3 (O, R^2) ⟹ (Mannich) 16 (O, R^2) + CH_2O 17

为了使得共轭加成发生,我们有时必须使用 β-酮酯 **18** 或烯胺作为烯醇化物。我们可能还要用到 Mannich 盐 **19**,它能在成烯醇盐的碱性条件下发生消除。产物 **20** 通过酯水解和脱羧就能制备 **1**。

4 (R^1, O) → ($(EtO)_2CO$; $EtO^{\ominus}$) 18 (R^1, O, CO_2Et) + 19 ($R_3\overset{\oplus}{N}$, O, R^2) → ($EtO^{\ominus}$) 20 (R^1, O, O, R^2, CO_2Et)

有一个例子可以很好地说明这类反应的容易程度：用丙烯醛对环戊二酮 **21** 在水中加成可以 100％产率获得产物 **23**。[1] 尽管该反应没有加任何的酸或碱，且 Michael 接受体是醛，并会产生一个新的季碳等不利因素，但由于有烯醇 **22** 的参与，该反应还是很容易进行。

H_2O ⇌ ; CHO →

21 **22** **23; 100% 收率**

酮酸 **24** 可以通过在侧链处切断，片段之一的环已烯酮 **25** 非常易得，另一片段是可以用丙二酸酯 **27** 替代的烯醇化物合成子 **26**。

1,5-diCO / C—C ⇒ + $^{\ominus}CH_2-CO_2H$ FGA ⇒ CO_2Et CO_2Et

24 **25** **26** **27**

使用醇钠做碱的反应可以避免酯交换。[2] 虽然表面上后续的水解和脱羧比较烦琐，但共轭加成反应的收率较高。

CO_2Et CO_2Et → $EtO^{\ominus}$ / EtOH → **25** → CO_2Et CO_2Et → 1. NaOH, H_2O 2. $H^{\oplus}$, 加热 → **TM24** **53% 收率**

27 **28** **29** **90% 收率**

当反应体系能形成催化循环时，这类 Michael 反应可以极好地完成。在下面的例子中，丙二酸酯负离子 **28** 加成到烯酮上产生另一个烯醇盐负离子 **30**。**30** 可以从丙二酸酯 **27** 接受一个质子同时形成另一个负离子 **28** 供下一循环使用。

EtO_2C EtO_2C → EtO_2C EtO_2C $O^{\ominus}$ **27** → EtO_2C EtO_2C O

28 **30** **31**

因此，当 Stevence 在合成由瓢虫膝部释放的防御性化合物 coccinelline **32** 时，需要合成氨基-二缩醛 **33**。[3] 他通过还原胺化的方法可将酮 **34** 转化成相应的胺。酮 **34** 里隐藏着两个 1,5-二羰基的关系。当去除缩醛后这一关系就更明显了。

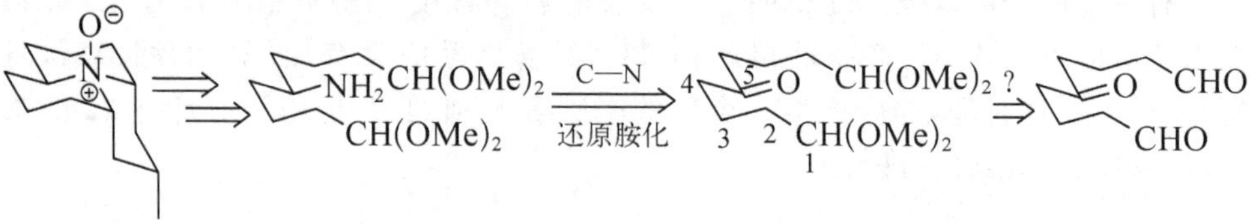

32 ⟹ 33 [NH_2, $CH(OMe)_2$, $CH(OMe)_2$] ⟹ (C—N 还原胺化) 34 [O, $CH(OMe)_2$, $CH(OMe)_2$; 1, 2, 3, 4, 5] ⟹? 35 [O, CHO, CHO]

由于 **35** 是一个对称的酮，我们可以用第十九章介绍的策略：增加一个酯基，然后将分子切断成两个完全一样的分子 **37**。由于 **37** 仍然含有 1,5-二羰基的关系，因此可以通过丙二酸酯和丙烯醛来制备。

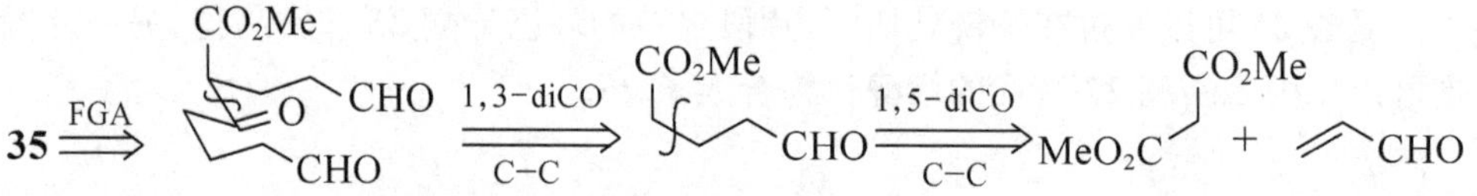

35 ⟹ (FGA) 36 [CO_2Me, O, CHO, CHO] ⟹ (1,3-diCO C−C) 37 [CO_2Me, CHO] ⟹ (1,5-diCO C−C) 38 [MeO_2C, CO_2Me] + CHO

除了有一步使用 Krapcho 方法（NaCl 在湿的 DMSO 中）来直接脱除丙二酸酯 **39** 的一个酯基而不用先水解外，整个合成路线比较简单。产物缩合之后可以获得酮 **34**，并且最后的还原胺化可以通过 NH_4OAc 和 $NaB(CN)H_3$ 来实现（如第四章讨论的内容）。

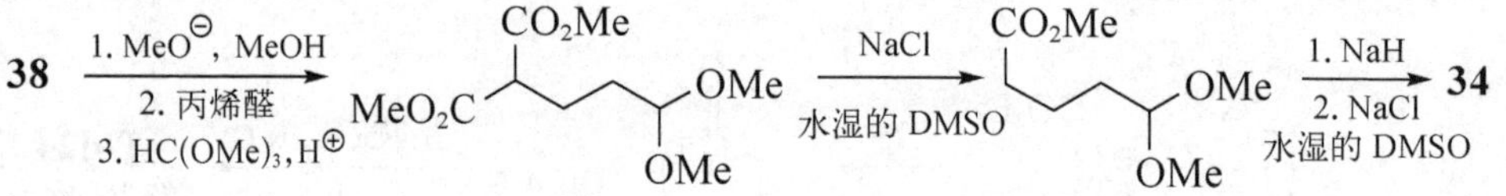

38 → (1. $MeO^{\ominus}$, MeOH; 2. 丙烯醛; 3. $HC(OMe)_3$, $H^{\oplus}$) 39 [MeO_2C, CO_2Me, OMe, OMe] → (NaCl, 水湿的 DMSO) 40 [CO_2Me, OMe, OMe] → (1. NaH; 2. NaCl, 水湿的 DMSO) 34

烯胺

我们从上一章知道烯胺是一种特殊的烯醇等价体，并且它们在共轭加成中特别好用。从环己酮 **41** 制得的吡咯烷烯胺和丙烯酸酯 **42** 共轭加成首先生成产物 **43**，通过质子交换可以获得 **44**。[4] 酸水解 **44** 通过亚胺盐 **45** 可以制备化合物 **46**。

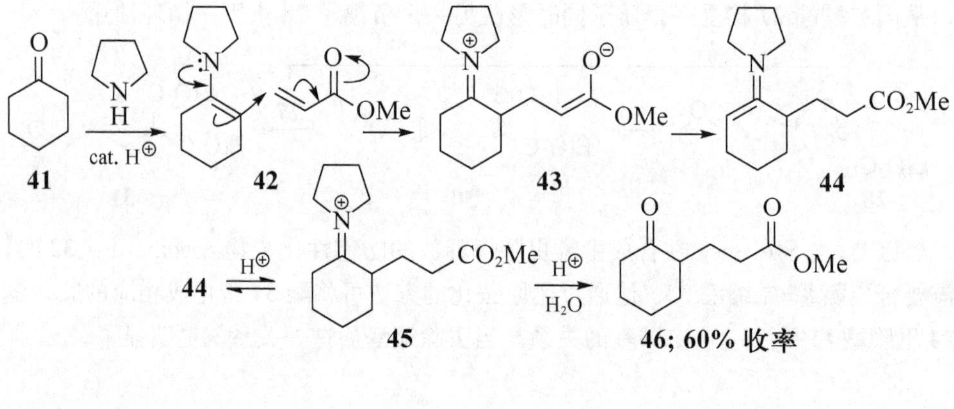

41 [O] → (N H, cat. $H^{\oplus}$) 42 [N, O, OMe] → 43 [N, $O^{\ominus}$, OMe] → 44 [N, CO_2Me]

44 ⇌ ($H^{\oplus}$) 45 [N, CO_2Me] → ($H^{\oplus}$, H_2O) 46 [O, O, OMe]

46; 60% 收率

不对称二酮**47**常用于光化学反应，较好的切断**47a**的切点位于侧链处。烯酮**49**可以通过Mannich反应(第二十章)制得。

47 $\xRightarrow[\text{C-C}]{\text{a, 1,5-diCO}}$ **48** + **49**

使用仲胺吗啡啉**51**，烯胺**52**被选做合成子**48**。[5]

50 + **51** $\xrightarrow{\text{cat. }H^{\oplus}}$ **52** $\xrightarrow[\text{2. }H_2O,\ H^{\oplus}]{\text{1. 49}}$ **47**

在最好的Michael加成烯醇等价体中，烯醇硅醚的使用本书不做详细讨论(详见《策略与控制》一书)。酯**53**的烯醇硅醚**54**在Lewis酸催化下可以加成到烯酮**55**，考虑到这是两个季碳之间的连接，反应的收率还是相当好。[6]

53 → **54** + **55** $\xrightarrow[\text{2. 5\% }K_2CO_3\text{ 水溶液后处理}]{\text{1. }TiCl_4}$ **56; 72% 收率**

共轭加成中好的Michael受体

可以阻碍直接进攻的化合物

不饱和硝基和腈基化合物通常可以不受烯醇或烯醇盐的亲核进攻，因此它们可以很好地用于共轭加成反应中。从环己酮制得的吗啡啉烯胺**57**和**58**发生加成的结果表明，硝基比酯基在促进共轭加成方面更有效。[7]

硝基烯　**腈基烯**

57 $\xrightarrow{\textbf{58}}$ **59**

弱亲电羰基化合物

我们已经知道，在共轭加成中醛和酰氯比较差但酮和酯比较好。一个极端的例子是酰胺**61**甚至可以和由环己酮制得的烯醇锂盐**60**发生共轭加成。[8]

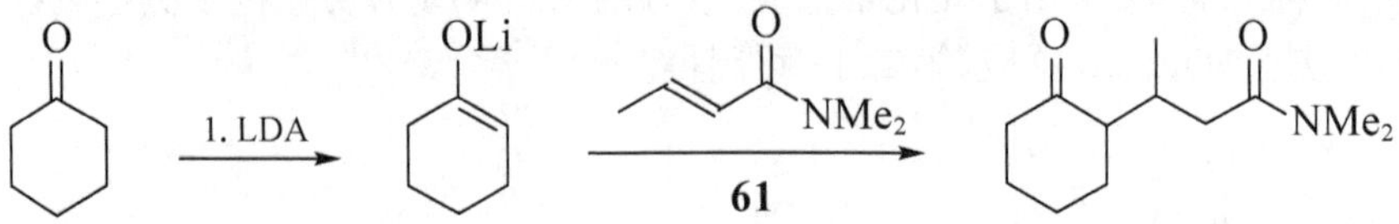

41 → 1. LDA → 60 → 61 → 62; 60% 收率

活泼的共轭加成化合物

如果烯烃的亲电末端没有被取代，它就特别容易发生共轭加成。下面的这些例子中包括 *exo*-亚甲基基内酯 **63**、酮 **64** 和烯酮 **65**。**65** 在用做 Mannich 碱时通常被 **66** 替代，因为自由的烯酮易于形成二聚体。当 **65** 的 R＝Me 时能成二聚体 **67**。

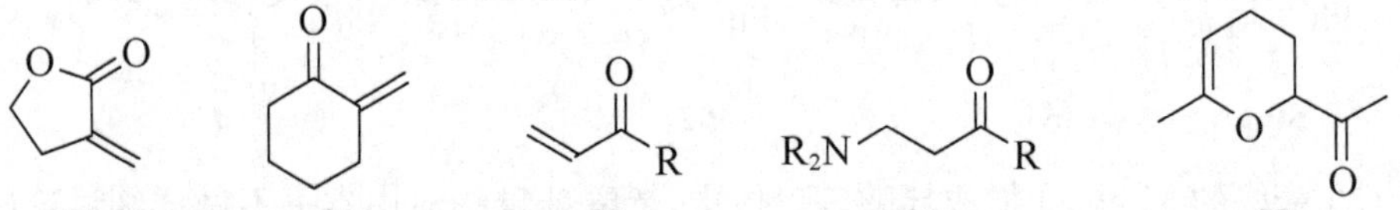

63 **64** **65** **66** **67**

化合物 α-位有可去除的激活基团

可以被加到 α-位，在新的 C—C 键形成之后又可以方便去除的吸电子的基团能促进共轭加成。它们与其说是保护基，更不如说是活化基。在下面的例子里，加入酯基的 CO_2R **68** 可以通过水解和脱羧去除；基于硫原子的基团 **69** 和 **70** 可以通过 Raney Ni 或汞齐还原；三甲基硅 **71** 用氟离子脱去；溴 **72** 可通过锌脱去。

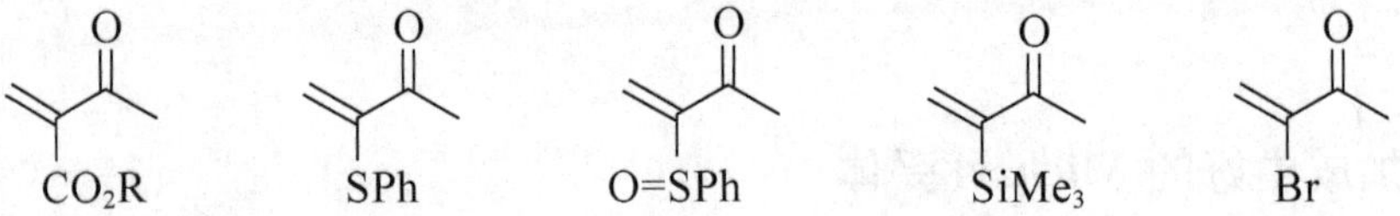

CO_2R **68** SPh **69** O=SPh **70** $SiMe_3$ **71** Br **72**

不饱和酮

令人欣慰的是，如果烯醇化物选择得当，绝大多数的 α,β-不饱和酮都可以进行共轭加成。

Robinson 增环反应

组合醇醛缩合和 Michael 加成在同一反应中将是非常强大的手段，特别是用在有环化产物生成的反应里。在甾体类化合物的合成过程中，Robinson 增环反应能给出一个新环，如 **73**。[9] 切断 **73** 的烯酮键可以发现三酮 **74** 同时具有 1,3-和 1,5-二羰基关系。1,3-切断法不会减少任何碳原子。当用到 1,5-切断法且切点位于侧链处时，可以获得一对称的 β-二酮，且它正好可以进行共轭加成。

73　aldol ⟹　**74**　1,5-diCO ⟹　**65; R=Me**　+　**75**

整个合成能在很温和的条件下进行。共轭加成可以在水中进行(如同 23)。胺催化环化的同时由酸催化脱水。[10] 当使用 KOH 和甲醇并用过量的丁烯酮 **65** (R=Me)的条件时，三酮 **74** 可以一锅法制备。吡咯烷充当环合和脱水的催化剂。[11] 另外，用 Mannich 盐[12] 和 NaOEt 作用或 Mannich 碱[13] 和吡啶- HCl 作用也可以。正如发生分子内反应时所期望的那样，中间体 **77**(通常无须分离出)具有 *cis*-双环结构。[14]

76　66; R=Me, H_2O →　**74**　R_2NH →　**77**　TsOH →　**73**

通过引入 CO_2Et 基团，Robinson 增环反应所新生成的环也可以不稠合到已有的环上。在合成环己烯酮 **78** 的例子中，你可以在第二次切断前引入 CO_2Et 基团形成 **79**。正如我们前面说的，通过第二次切断，我们可以轻易的写出合成方法。

78　aldol ⟹　**79**　1,5-diCO ⟹　**80**　+　**81; 乙酰乙酸乙酯**

查耳酮 **80** 可以用苯乙酮和苯甲醛通过醇醛缩合轻易制得，并且产物和 **81** 的烯醇盐的共轭加成也可以一锅内反应。[15] 产物 **82** 可以高收率的以非对映异构体的混合物形式获得。接下来通过水解和脱羧就可以得到 **78**。

80　+　**81; 乙酰乙酸乙酯**　NaOEt, HOEt →　**82; 96% 收率**　1. NaOH, H_2O; 2. $H^{\oplus}$, 加热 →　**78**

在制备二甲酮 **83** 的过程中使用的共轭加成和酰化同 Robinson 增环反应关系密切。任意切断 **84** 的 1,5-二羰基关系都可行，但我们更倾向使用 **84a**，因为烯酮 **85** 是相对易得的丙酮自身醇醛反应二聚物(第十九章)。

83 $\xRightarrow{\text{1,3-diCO}}$ 84 $\xRightarrow{\text{1,5-diCO}}$ 27 + 85

这一合成仅需使用丙二酸酯在乙醇/乙醇钠作用下的一步反应。接下来通过常规的水解和脱羧就可以67%～85%收率得到二甲酮**83**。[16]

85 $\xrightarrow[\text{NaOEt}]{CH_2(CO_2Et)_2}$ [86] → 87 $\xrightarrow[\text{2. } H^{\oplus}\text{, 加热}]{\text{1. NaOH, } H_2O}$ **TM83**

通过1,5-二羰基化合物制备杂环

一类具有通式**88**的钙离子通道拮抗剂广泛用于治疗高血压。通过切断分子内的C—N键可以发现具有1,5-二酮关系的对称结构**89**。因此,无论从哪边再切断都可以推导出相同的原料：一个烯酮**90**和乙酰乙酸酯**91**。该类分子中的第一个化合物是nifedipine **88** (R=Me,Ar=*o*-mitrophenyl)。[17]

88 $\xRightarrow[\text{烯胺}]{2\times\text{C—N}}$ 89 $\xRightarrow{\text{1,5-diCO}}$ 90 + 91

烯酮**90**是一个芳香醛与相同的乙酰乙酸酯**91**的醇醛反应产物,因此使得所有的反应有可能同时发生。[18]由此,我们有了新的Hantzsch吡啶合成法：三组分和氨(通常是羟胺或醋酸铵)经过一步反应即可生成**88**。[19]

91 $\xrightarrow[NH_3]{\text{ArCHO}}$ 90 + 91 $\xrightarrow{NH_3}$ 89 $\xrightarrow{NH_3}$ 88

(韦昌青　译)

参考文献

1. J.-F. Lavalee and P. Deslongchamps, *Tetrahedron Lett.*, 1988, **29**, 6033.
2. P. D. Bartlett and G. F. Woods, *J. Am. Chem. Soc.*, 1940, **62**, 2933.
3. R. V. Stevens and A. W. M. Lee, *J. Am. Chem. Soc.*, 1979, **101**, 7032.
4. G. Stork, A. Brizzolara, H. Landesman, J. Scmuszkovics and R. Terrell, *J. Am. Chem. Soc.*, 1963, **85**, 207.
5. J. P. Bays, M. V. Encinas, R. D. Small and J. C. Sciano, *J. Am. Chem. Soc.*, 1980, **102**, 727.
6. K. Saigo, M. O. saki and T. Mukaiyama, *Chem, Lett.*, 1976, 163.
7. J. W. patterson and J. McMurry, J. *Chem. Soc.*, *Chem. Commun.*, 1971, 488.
8. K. K. mahalanabis, Z. Mahadavi-Damghani and V. Snieckus, *Tetrahedron Lett.*, 1980, **21**, 4823.
9. M. E. Jung, *Tetrahedron*, 1976, **32**, 3.
10. Z. G. haijos and D. R. Parrish, *J. Org. Chem.*, 1974, **39**, 1612; 1615.
11. S. Ramachandran and M. S. Newman, *Org. Synth. Coll.*, 1973, **5**, 486.
12. P. Wieland and K. Miescher, *Helv. Chim. Acta*, 1950, **33**, 2215.
13. S. Swaminathan and M. S. Newman, *Tetrahedron*, 1958, **2**, 88.
14. T. A. Spencer, H. S. Neel, D. C. Ward and K. L. Williamson, *J. Org. Chem.*, 1966, **31**, 434; K. L. Williamson, L. R. Sloan, T. Howell and T. A. Spencer, *J. Org. Chem.*, 1966, **31**, 436.
15. R. Connor and D. B. Andrews, *J. Am. Chem. Soc.*, 1934, **56**, 2713.
16. R. L. Shriner and H. R. Todd, *Org. Synth. Coll.*, 1943, **2**, 200.
17. F. Bossert, H. Meyer and E. Wehninger, *Angew. Chem. Int. Ed.*, 1981, **20**, 762.
18. U. Eisner and J. Kuthan, *Chem. Rew.*, 1972, **72**, 1; D. M. Stout and A. I. Meyers, *Chem. Rew.*, 1982, **82**, 223.
19. A. Singer and S. M. McElvian, *Org. Synth. Coll.*, 1943, **2**, 214; B. Loev, M. M. Goodman, K. M. Snader, R. Tedeschi and E. Macko, *J. Med. Chem.*, 1974, **17**, 956.

第二十二章　策略X：脂肪族硝基化合物在合成中的应用

本章所需的背景知识：烯醇化物的烷基化。

在第二十一章我们提到硝基化合物可以促进 Michael 加成：硝基既可以极大地稳定负离子，通常又不会像普通的亲电体那样发生反应，因而目前没有发现硝基化合物的自身缩合现象。硝基对于碳负离子的稳定能力是羰基的两倍多。例如，硝基甲烷（p*K*a～10）就拥有比丙二酸酯（p*K*a～13）更小的 p*K*a。实际上硝基甲烷可以以类似“烯醇负离子”**3** 的形式溶于氢氧化钠水溶液，其形成过程与烯醇负离子的形成过程十分相似。

$$\underset{\mathbf{1}}{Me-\overset{\oplus}{N}(=O)O^{\ominus}} \qquad \underset{\mathbf{2}}{HO^{\ominus} + H-CH_2-\overset{\oplus}{N}(=O)O^{\ominus}} \xrightarrow[H_2O]{NaOH} \underset{\mathbf{3}}{H_2C=\overset{\oplus}{N}(O^{\ominus})_2} \qquad \underset{\mathbf{4}}{H_2C(CO_2R)_2}$$

因为其自身的特性，极少有脂肪硝基化合物会被作为目标化合物来合成，但是硝基在合成中却十分重要，因为它可以转化为两类极重要的化合物：经还原得到的胺 **7** 和经不同的水解过程得到的酮 **5**。

$$\underset{\mathbf{5}}{R^1R^2C=O} \xleftarrow[\text{或 } H_2O+TiCl_3 \text{；或 } H_2O+H_2SO_4]{1.\ \text{碱}，2.[O]} \underset{\mathbf{6}}{R^1R^2CH-NO_2} \xrightarrow{H_2,\ Pd/C} \underset{\mathbf{7}}{R^1R^2CH-NH_2}$$

还原的方法比较直接，N—O 键是一个弱键，催化氢化即可以还原，而“水解”过程则需要一番探讨。早期的水解方法条件剧烈，其中包括 Nef 反应——将“烯醇”形式的 **8** 直接置于强酸中水解，经可能的中间体 **10** 后释放出一氧化二氮。[1]

$$\mathbf{6} \xrightarrow[MeOH]{NaOMe} \underset{\mathbf{8}}{R^1R^2C=\overset{\oplus}{N}(O^{\ominus})_2} \xrightarrow{H^{\oplus}} \underset{\mathbf{9}}{R^1R^2C=\overset{\oplus}{N}(OH)_2} \xrightarrow[H_2O]{H^{\oplus}} \underset{\mathbf{10}}{HO-CR^1R^2-N(OH)_2} \longrightarrow \mathbf{7} + \text{'HNO'} \longrightarrow N_2O + H_2O$$

还有一些相当奇特的方法，如氧化、还原等。负离子 **8** 可以用 Ozone[2] 或高锰酸钾(高锰酸盐)[3] 氧化其中的碳氮双键。或者，通过还原其中的氮氧单键而成亚胺，然后再水解成酮。对于后者，就像 McMurry 反应一样，$TiCl_3$ 的使用可以使该反应物高收率地转化为酮。[4] 不过近些年 Ti(Ⅲ)盐的价格上涨减弱了该反应的吸引力。

硝基化合物可以被烷基化，并且易于发生 Michael 加成(见第二十一章)，反应产物也都可以用来制备相应的醛、酮和胺。辛醛的简便合成就证明了这些方法的有效性。[5] 溴庚烷对硝基甲烷的烷基化可以得到化合物 **11**。在负离子 **12** 形成后，用高锰酸钾对其进行氧化即得到醛，收率 89%。这样的合成过程给我们提供了以卤代烷和羰基负离子为合成子的切断策略。负离子 **12** 是一个“酰负离子等价体”，我们将在下一章中用到它。

CH_3-NO_2 (**1**) —1. NaH, 2. RBr→ RCH_2NO_2 (**11**) —NaH, *t*-BuOH→ $RCH=N^{\oplus}(O^{\ominus})_2$ (**12**) —$KMnO_4$, $B(OH)_3$→ R⌇CHO (**13**) ⟹(C—C) $RBr + {}^{\ominus}CHO$ (**14**)

硝基化合物的还原

通过对硝基化合物先烷基化然后还原的程序可以得到胺，这样做的优点是可以制备叔丁基的胺。食欲抑制剂 **15** 在转变为硝基化合物 **16** 后，可以在叔碳原子旁边切断，其中的 2-硝基丙烷可以购得。

15 ⟹(FGI) **16** ⟹(C—C) **17** + **18**

合成中首先用对硝基苄溴对硝基丙烷烷基化，产品中的两个硝基则可用雷尼镍作催化剂，在同一步中被催化氢化还原。[6]

18 —1. NaOEt, 2. 17→ **16; 51% 收率** —H_2, RaNi→ **15; 74% 收率**

除了硝基外，还有一些其他基团也可以在同一步被还原。如在聚胺生产中用到的二胺 **19** 就可以由不饱和硝基化合物 **20** 经 FGI(官能团转换)和还原后制得，而 **20** 则来自硝基甲烷 **1** 和醛 **21** 之间的 Aldol 反应。这是一个存在 1,5-位官能团关联的分子，同时丙烯腈 **23** 也有着很好的 Michael 加成(见二十一章)活性，所以我们可以用异丁醛 **24** 作为起始反应物。

考虑到化合物易于关环的性质，我们不希望在合成过程中得到 **21**。更何况我们在任何情况下都更倾向于将氰基、硝基和烯键通过催化氢化在同一步中加以还原。醛 **24** 的较大位阻降低了其自身的 Aldol 反应活性，从而使得 Michael 加成可以通过较为简单的过程实现。尽管其后的 Aldol 反应（也称 Henry 反应）的产品还需要经历一个单独的脱水过程，**26** 的三个基团却可以在同一步被高收率地还原。[7]

硝基的 Aldol 反应产物也可转化为酮。光学纯的醛 **27**（一种保护的甘油醛）同 **28** 的 Aldol 反应生成非对映异构的混合物 **29**。**29** 进一步在 Cu（Ⅰ）催化下用 DCC 脱水则得到 *E*/*Z* 式混合的硝基烯 **30**。在这里保护基“R”是具有大位阻的 TIPS［(i-Pr)$_3$Si］。

30 在 0℃下用温和的还原剂 Zn/HOAc 还原得到肟 **31**，产品不需分离纯化即可直接水解为酮 **32**。[8]这个酮现用于美伐他汀的制备中。[9]

硝基烷烃易于发生 Michael 加成。在用于器官移植的免疫抑制剂的合成中，要用到螺环的酰胺酮 **33**。由于它是一个不对称的酮，我们可以使用先添加酯基，再切断 1,3-二羰基化合物 **34** 成对称的二酯 **35** 的切断策略。当然你也可能会先切断酰胺键，但不管你如何切断，最终都会得到具有更高对称性的化合物 **36**。我们能够利用这一对称性吗？

33 $\xRightarrow{\text{FGA}}$ **34** $\xRightarrow{\text{1,3-diCO}}$ **35** $\xRightarrow[\text{酰胺}]{\text{C—N}}$ **36**

如果将胺 **36** 换成硝基化合物 **37**，它就可能通过硝基甲烷的三次 Michael 加成得到。要很快地完成整个的切断过程似乎不太容易，但是所有这些的切断方法对我们来说并不陌生。

36 $\xRightarrow[\text{还原}]{\text{FGI}}$ **37** $\xRightarrow[\text{Michael 加成}]{3\times\text{C—C}}$ **38**

这个化合物的合成路线并不长，[10]在催化量(5%)的 DBU 存在下，向硝基甲烷中加入三倍量的丙烯酸乙酯得到加成产物 **37**，**37** 一经还原，其中的一个酯基便可以自发地关环生成 **35**。后面的反应在此不再赘述。

$$\text{Me—NO}_2 \xrightarrow[\text{5\% DBU, MeCN}]{3\times\ \text{CH}_2\text{=CHCO}_2\text{Me}} \textbf{37} \xrightarrow[\text{MeOH}]{\text{H}_2\text{, Ra-Ni}} \textbf{35} \xrightarrow[\text{cat MeOH}]{\text{NaH}} \textbf{34}\ \text{(76\% 收率 从 MeNO}_2\text{)} \xrightarrow[\text{2. conc. HCl}]{\text{1. NaOH, H}_2\text{O}} \textbf{33}$$

Diels-Alder 反应

硝基烯类化合物(化合物 **30**)作为 Diels-Alder 反应(见第十七章)中的一类亲二烯体，能够很容易从硝基烷和醛的反应中制得，它的 Diels-Alder 反应产物通常都会被转化为胺或酮。中枢神经兴奋剂芬坎法明 **39** 可切断为 **41**——一个明显的环戊二烯 **42** 和硝基烯 **43** 的 Diels-Alder 加成产物。

39 ⟹(FGA 和 C—N 还原胺化) 40 ⟹(FGI) 41 ⟹(D—A) 42 + 43

合成按计划展开，随后对 **41** 的催化氢化使烯和硝基在同一步得到还原而生成 **44**。最后的还原氨化需要先制备亚胺，再将得到的亚胺氢化。[11]

PhCHO + $MeNO_2$ →(碱) ***E*-43** →(**42**) **41** →(H_2, Pd/C) **44** →(1. MeCHO 2. H_2, cat) **39**

那么我们该如何通过 Diels-Alder 反应制备酮 **47** 呢？直接的切断(见 **47** 上的箭头指示)会产生一个非常好的双烯体 **45**，但亲双烯体却是 **46**，这是无法接受的。因为 **46** 是一个烯酮，不能参与 Diels-Alder 反应。可以参考第三十三章看看它们能产生什么反应。但如果将酮转变为硝基化合物 **48**，这个问题便会迎刃而解。

45 + **46** ⟸(D—A) **47** ⟹(FGI) **48** ⟹(D—A) **45** + **49**

这是 McMurry 的工作，因此我们可以期待他使用他的试剂($TiCl_3/H_2O$)将硝基化合物转化为酮 **47**。在此 Diels-Alder 反应产物 **48** 的立体化学就不再重要了，因为它的两种异构体都可以生成 **47**。[2]

MeCHO + $MeNO_2$ →(碱) **49** →(**45**) **48** →($TiCl_3$, H_2O) **47; 60%收率**

硝基在合成中的应用总结

硝基有着相当广泛的用途，它可以使许多原本复杂的问题化难为易。表 22.1 试图帮助了解究竟哪些合成子可以被硝基化合物代替。尤其要注意所有被代替的合成子均拥有很大的极性，而且在氨基未经保护的情况下，Diels-Alder 反应一栏的一级烯胺是不能够制备的。

表 22.1 被硝基代替的合成子

反应	示例	被代替的合成子	
		若硝基被还原	若硝基转化为酮
烷基化	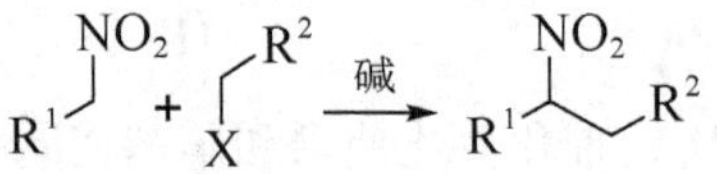	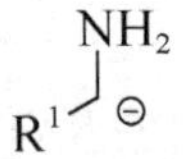	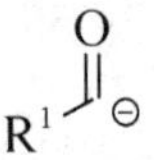
Aldol 反应	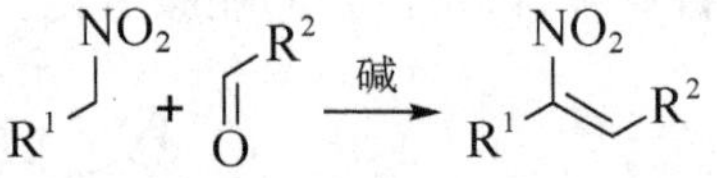	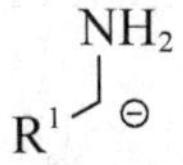	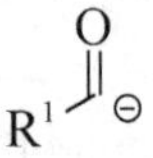
Michael 加成	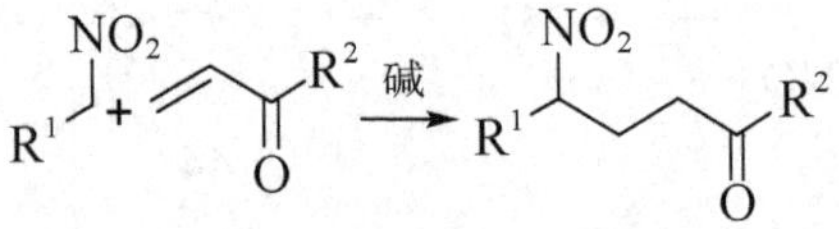	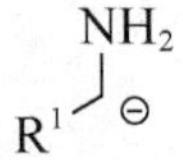	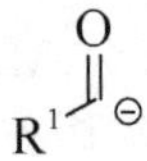
硝基烯的 Michael 加成	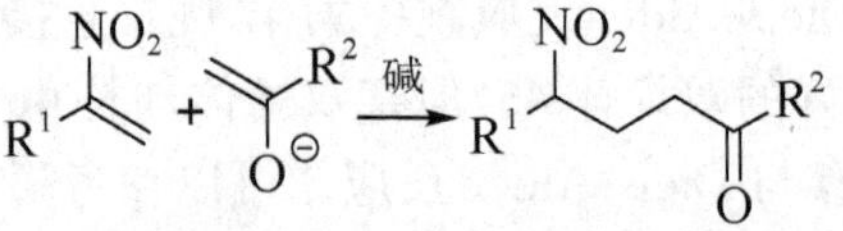	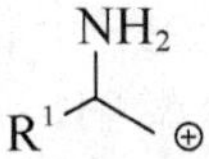	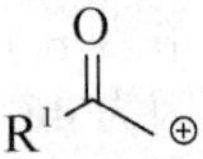
Diels-Alder 反应	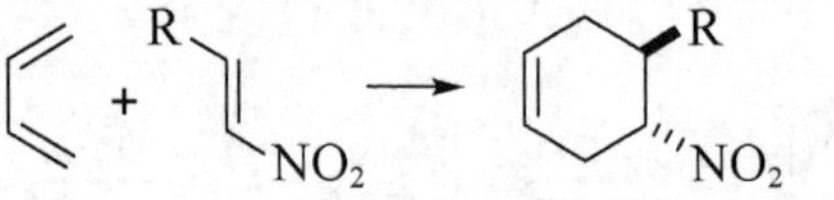	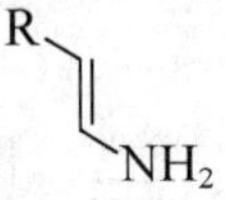	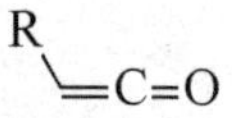

（杜晓行 译）

参考文献

1. W. E. Noland, *Chem. Rev.*, 1955, **55**, 137.
2. J. E. McMurry, J. Melton and H. Padgett, *J. Org. Chem.*, 1974, **39**, 259.
3. N. Kornblum, A. S. Erikson, W. J. Kelly and B. Henggeler, *J. Org. Chem.*, 1982, **47**, 4534.
4. J. E. McMurry, *Acc. Chem. Res.*, 1974, **7**, 281; J. E. McMurry, J. Melton *J. Org. Chem.*, 1973, **38**, 4367.
5. *Vogel*, *page* 600.
6. H. B. Hass, E. J. Berry and M. L. Bender, *J. Am. Chem. Soc.*, 1949, **71**, 2290; G. B. Bachmann, H. B. Hass and G. O. Platau, *Ibid.*, 1954, **76**, 3972.
7. G. Poidevin, P. Foy and I. Rull, *Bull. Soc. Chim. Fr.*, 1979, 11-196.
8. H. H. Baer and W. Rank, Can. *J. Chem.*, 1969, **47**, 145.
9. A. K. Ghosh and H. Lei, *J. Org. Chem.*, 2002, **67**, 8783.

10. T. Kan, T. Fujimoto, S. Leda, Y. Asoh, H. Kitaoka and I. Fukuyama, *Org. Lett.*, 2004, **6**,2729.

11. G. I. Poos, K. Kleis, R. R. Wittekind and J. D. Rosenau, *J. Org. Chem.*, 1961, **26**, 4898; J. Thesing, G. Seitz, R. Hotovy and S. Sommer, *Ger. Pat.*, **1**,110,159(1961); *Chem Abstr.*, 961, **56**,2352h.

第二十三章　双基团 C—C 键切断法Ⅳ：1,2-二官能团化合物

本章所需的背景知识：烯烃亲电加成。

在第十九章（1,3-二羰基）和第二十一章（1,5-二羰基）中，当我们对一个两个羰基中间的一个键切断的时候我们可以用烯醇作为亲核试剂。然而现在我们将此法用于偶数关系的1,2-二羰基合成是行不通的。以1,2-二酮 **1** 和 α-羟基酮 **4** 为例，官能化的碳原子之间只有一个 C—C 键，当我们用酸的衍生物 **3** 或醛 **5** 作为分子的一个合成子，我们就不得不用到一个极性不正常的合成子，即乙酰基负离子 **2** 作为另一个合成子。在这一章，我们将从寻找酰基负离子等价物替代物（d^1 试剂）开始进而找到解决此类问题的另类方法。

R^1COCOR^2 **1** $\xrightarrow{1,2\text{-diCO}}$ $R^1CO^{\ominus}$ **2** + $XCOR^2$ **3**；$R^1COCH(OH)R^2$ **4** $\xrightarrow{1,2\text{-diCO}}$ $R^1CO^{\ominus}$ **2** + $HCOR^2$ **5**

酰基负离子等价物

最简单的酰负离子是氰基负离子，它是少有的几个真正的碳负离子中的一个。氰基与醛加成后，得到的氰醇可以转化成一系列化合物 **6** 和 **8**～**10**。氰基负离子代表了下面方框中的合成子。

RCHO $\xrightarrow{NaCN,\ H_2O,\ HX}$ $NC\text{—}CH(OH)R^2$ **7**

- **7** $\xrightarrow{DIBAL}$ $OHC\text{—}CH(OH)R^2$ **6**　合成子：$^{\ominus}CHO$
- **7** $\xrightarrow[H_2O]{NaOH}$ $HO_2C\text{—}CH(OH)R^2$ **8**　合成子：$^{\ominus}CO_2H$
- **7** $\xrightarrow[催化剂]{H_2}$ $H_2N\text{—}CH_2\text{—}CH(OH)R^2$ **9**　合成子：$^{\ominus}CH_2NH_2$
- **7** $\xrightarrow[H^{\oplus}]{ROH}$ $RO_2C\text{—}CH(OH)R^2$ **10**　合成子：$^{\ominus}CO_2R$

尽管有这样的多样性，但是氰基仅能增加一个碳原子，我们需要更通用的乙酰基离子替代物。我们在第十六章已经知道乙炔如何水合成酮。**11** 是一个简单的例子，它可以由乙炔基醇 **12** 水解产生，**12** 则可以通过酮和作为乙酰基负离子等价物的乙炔负离子反应获得。

11 ⟹(FGI，水合) **12** ⟹(1,2-diCO) H—≡⊖ + 丙酮（d^1 试剂）

乙炔钠盐与丙酮加成，醇 **12** 在二价汞催化下酸性水解。[1]

H—≡—H →($NaNH_2$, $NH_3(l)$) d^1试剂（乙酰基负离子）→(丙酮) **12;88%收率** →(Hg(II), $H^{\oplus}$, H_2O) **11;88%收率**

在棉籽象鼻虫激素诱导剂的合成中需要用到环已基酮 **13**。用在第二十一章提到的 Robison 增环来切断给出了看起来相当不稳定的烯酮 **15**。毫无疑问 Mannich 法可以用于 **16**（**R=NR**$_2$）的合成。当然，X 为其他离去集团也可以。

13 ⟹(aldol) **14** ⟹(1,5-diCO) **15** + *i*-PrCHO ⟹(FGI) **16**

如果让 X=OMe，我们就会得到一个通过对称炔烃 **17** 水解生成的骨架，醚可以通过二醇 **18** 的烷基化得到。由于很容易通过乙炔和甲醛制得，二醇 **18** 在商业上是可获得的。

16;X=OMe ⟹(FGI，水位) **17** ⟹(2×C—O，醚化) **18**

通过硫酸二甲酯和碱的烷基化可以得到二醚 **17**，然后二价汞催化下的一般水解可以得到酮 **16**（X=OMe）。[2]

18 →($(MeO)_2SO_2$, NaOH) **17** →(HgO, H_2SO_4, MeOH, H_2O) **16;X=OMe**

Robison 增环反应可以用烯酮 **15** 和异丁醛的烯胺可在酸性条件下小心完成。[3] 或者更简单，用异丁醛和 **16**(X=OMe)在碱性条件下得到。[4]

i-PrCHO + 四氢吡咯 ⟶ 烯胺 —15→ **14** ←(i-PrCHO, 碱)— **16;X=OMe**

在《策略和控制》中，还讨论了其他很多酰基负离子等价物。[5] 以用于治疗轻度癫痫的非那二醇的一般性合成方法为例，1,2-二醇可以通过许多方法合成，但是两个甲基的切断揭示可采用 α-羟基酯 **20** 做为前一步原料，**20** 可以用酮 **21** 和氰基加成得到。

19 =(2×C—C, 格式试剂)⇒ **20** (CO_2R) =(1,2-diCO)⇒ **21**

酮 **21** 可以通过 Friedel-Crafts 酰基化得到，氰醇通过水解得酰胺 **23**，然后碱性水解，再酯化可得酯 **20**。**20** 与过量的甲基碘化镁生成二醇 **19**。[6]

22 —(MeCOCl, $AlCl_3$)→ **21** —(1. KCN, 2. H_2SO_4)→ **23** ($CONH_2$) —(1. NaOH, 2. ROH, $H^\oplus$)→ **20** —(MeMgI)→ **19**

其他酰基负离子等价物

含有 1 个碳的氰基和含有两个碳的乙炔的使用很有限，其他的酰基负离子等价物更加通用。二噻烷是醛的硫代缩醛，两个硫原子之间的碳原子可以用强碱，如丁基锂去质子化，进而和第二个醛反应可以得到 **27**。而 **27** 的硫代缩醛基团在二价铜或二价汞存在下酸性水解生成 α-羟基酮 **4**。作为酰基负离子的锂衍生物 **26** 与醛反应的切断在结构式 **4** 上已表示出来。不像之前的方法，R^1 不必一定是氢或甲基。

24 —(HS~~~SH, BF_3)→ **25** —(BuLi)→ **26** —(R^2CHO)→ **27** —(硫代缩酮水解)→ **4**

Knight 和 Pattenden 试图制备一组地衣中的化合物，其中含有爱斯基摩人用来毒杀狼的“吴耳酸(vulpinic acid)”。[7]他们需要酮酸 **30**。对于合成子 **29**,他们用到了氰基。但是,对于合成子 **31**,选择了二噻烷,**32** 则选择了二氧化碳。

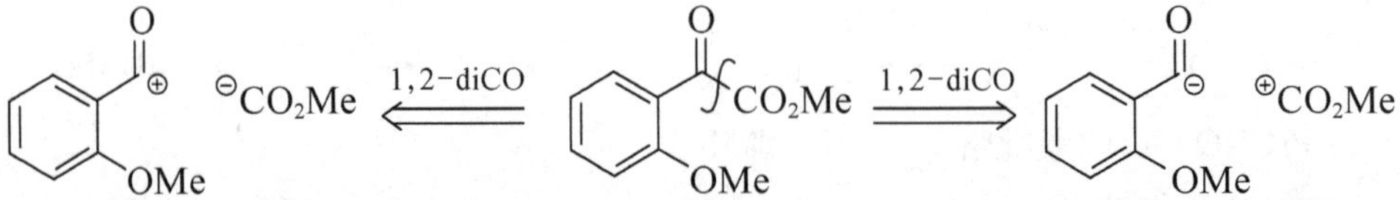

28 **29** **30** **31** **32**

二噻烷 **33** 可以通过醛来制得,然后用二氧化碳酰化得到 **34**。二噻烷 **34** 用二价铜催化水解可以以极好的收率生成 α-酮酸 **30**。二噻烷很容易合成,稳定且易于使用,但是去保护很困难。

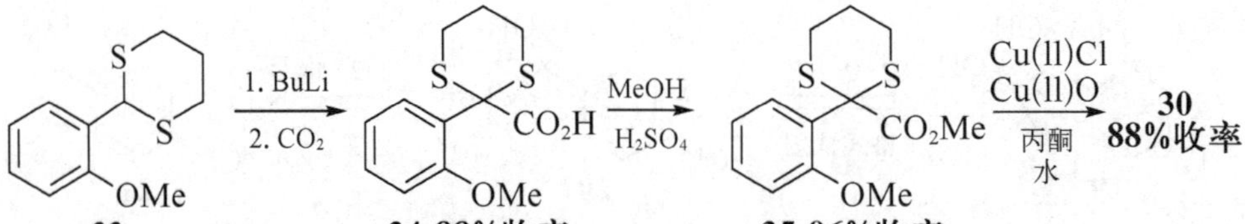

33 **34;88%收率** **35;96%收率** **30** **88%收率**

Baldwin 在让他斐名远播的环化规则的工作中采用了另一种方法。[8]他需要研究羟基烯酮 **36** 的环化和倒推出 α-羟基酮 **37** 的显而易见的羟醛缩合反应切断。相同切断要用酰基负离子等价物 **39** 与环己酮进行加成反应,Baldwin 选择了其等价物：烯醚的锂衍生物 **40**。

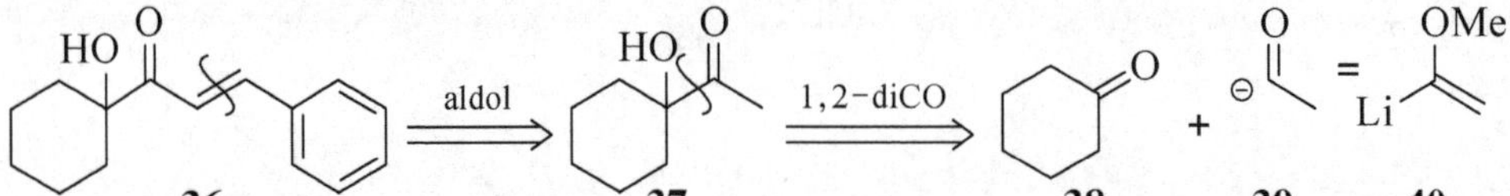

36 **37** **38** **39** **40**

这些化合物相对二噻烷更易于水解但是更难制备和使用,需要用叔丁基锂去质子。而剩下的合成是很简单的。去保护的产率很高,羟醛缩合也很明确：只有酮 **37** 可以烯醇化并且苯甲醛更亲电。

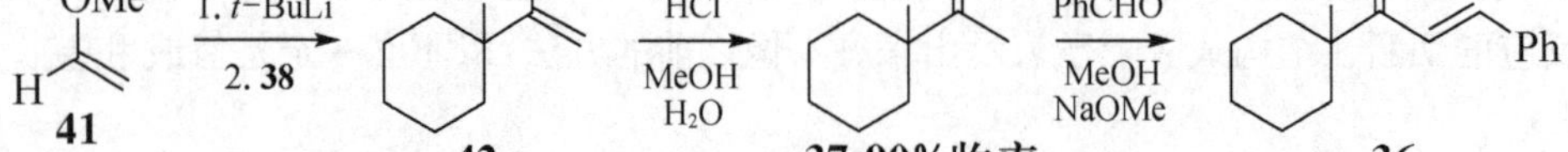

41 **42** **37;90%收率** **36**

采用烯烃的合成方法

看到二醇 **19**,你可能首先想到的是烯烃的羟化,这的确是个好主意。烯烃和很多亲电试剂反应生成 1,2-二官能化合物。所以与我们目前考虑的化合物相比，处于更低氧化态的二醇 **43** 可以很容易的用四氧化锇从烯烃 **44** 双羟化得到。目前尚未谈及切断，但是我们可能首先想到的是 Wittig 反应，然后在等价于 **43** 两个羟基中间的 C—C 键的烯键上切断。进一步的切断显示我们要把卤代烃 **47** 和醛 **45** 偶联起来。当然用不同的切断有不同的合成烯烃的方法。（参见十五章）

43 ⟹ (FGI, 亲电加成) **44** ⟹ (Wittig) R^1-CHO (**45**) + $Ph_3\overset{\oplus}{P}$—R^2 (**46**) ⟹ (FGI) Br—R^2 (**47**)

环氧化合物的反应能以立体受控的方式生成很多 1,2-二官能团化合物，以 **48** 为例，从 **44** 合成环氧化合物 **49**，反应生成立体化学反式的 **48**，不同于立体化学顺式的 **43**。从烯烃可制备的其他化合物包括 1,2-二溴化合物（烯烃与液溴），羟溴代化合物（烯烃与溴水）。

48 (NR_2) ⟹ (C—N, 1,2-diX) **49** ⟹ (FGI, 亲电加成) **44** ⟹ (etc) 许多可行的起始原料底物

Lambert 在研究 S_N2 反应中芳环和相邻吸电基的影响时，需要用到双对甲苯磺酸酯 **50**，这可以用二醇 **51** 得到。[9] 现在他有一个选择，可以做烯烃环氧化，也可以做烯烃双羟化。因为 ***Z*-52** 可以用 Wittig 反应制得，他选择了后者。

50 (Ar^1, Ar^2, OTs, OTs) ⟹ (S—O, 磺酸酯化) **51** (Ar^1, Ar^2, OH, OH) ⟹ (FGI, 亲电加成) **Z-52** (Ar^1—CH=CH—Ar^2)

从相应的芳基乙酸 **53** 和 **56**，他用还原和取代合成了两种起始原料（**55** 以膦盐的形式存在）。因为两个组分都可以做成膦盐 **55** 或醛 **54**，使得应用很灵活。他使用了不常用的红铝代替 DIBAL-H 制得醛 **54**。

Ar^1—CO_2Me (**53**) —还原→ Ar^1—CHO (**54**)　$Ph_3\overset{\oplus}{P}$—Ar^2 (**55**) ←(1. $LiAlH_4$ 2. PBr_3, 3. Ph_3P)— MeO_2C—Ar^2 (**56**)

苯基锂与 **55** 反应可以产生叶立德，而且与 **54** 的 Wittig 反应的确生成了 *Z*-**52**。如今我们会考虑用催化量的四氧化锇进行双羟化反应但当时 Lambert 是用分步反应，[条件：1) AgOAc-I_2-HAc-H_2O；2) KOH EtOH]才得到了二醇 **51**，随后与对甲苯磺酰氯反应生成双对甲苯磺酸酯 **50**。其化学解释已在教科书中阐明。

α-官能化羰基化合物

在1,2-二官能化的碳卤键切断时,我们应用在第六章讨论过常用的酮的官能化溴代。用二氧化硒氧化或亚硝化方法将羰基化合物转化为1,2-二羰基化合物的相关报道越来越多,如苯乙酮**57**用二氧化硒氧化可以得到酮醛**58**。[10]这类酮醛并不稳定,但是其结晶水合物**59**是稳定的,加热情况下又可变为**58**。由于芳酮**57**可用Friedel-Crafts反应制备,故**58a**的切断不是在两个羰基之间。

Ph(C=O)CH_3 **57** —SeO_2, 二氧六环→ Ph(C=O)CHO **58; 72% 收率** —热水重结晶→ Ph(C=O)CH(OH)OH **59** 稳定的水合物; Ph(C=O)CHO **58a**

烯醇酸性条件下亚硝化,生成亚硝基化合物**61**,互变异构后给出肟化合物**62**,再水解生成二酮**63**。

R^1(C=O)CH_2R^2 **60** —HONO [$NaNO_2$+HCl] 或 RONO→ R^1(C=O)CH(R^2)N=O **61** ⇌ R^1(C=O)C(R^2)=N-OH **62** —$H^{\oplus}$, H_2O→ R^1(C=O)(C=O)R^2 **63**

羰基化合物α-位官能化的例子

异丙喘宁**64**是一种用于支气管扩张的肾上腺素类似物。胺可以通过醛**65**的还原胺化来得到,**65**可以通过酮**66**的α-位官能化得到。[11]

HO, HO, OH, NHi-Pr **64** ⇒(C—N 还原氨化) HO, HO, OH, CHO **65** ⇒(1,2-diCO 官能化) HO, HO, O **66**

首先将酚羟基保护起来制成二甲醚化合物**67**,再用这一章前面提到的二氧化硒氧化α-位官能化可得酮醛**68**。为了得到**65**,我们不得不在酮存在下还原醛基,但是Boehringer的研究人员发现氢化还原胺化时,酮可同时被还原生成化合物**69**,然后去保护得异丙喘宁**64**。醛比酮的亲电性更强,因此醛形成亚胺被还原。

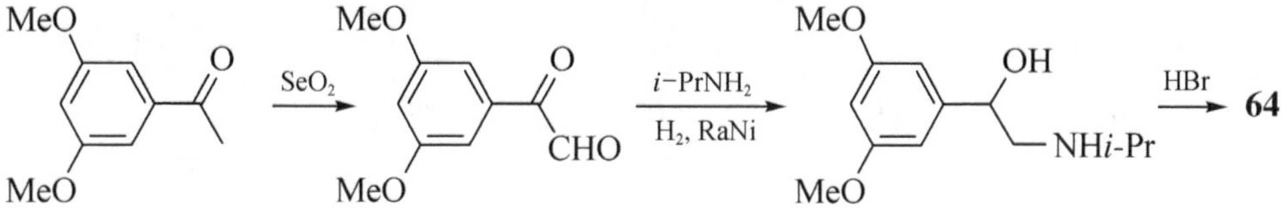

67　68　69

三酯 **70** 被用来研究含有富电子(a)和缺电子(b)烯键的周环反应。[12] α,β-不饱和羰基化合物的切断给出两个原料：烯丙基酯 **72**(X 是类似酯基的活化基团)和亲电性很强的酮酸酯 **71**。烯丙基酯 **72** 的合成没有问题，但是有 1,2-二羰基关系的三羰基化合物 **71** 的合成却是个挑战。

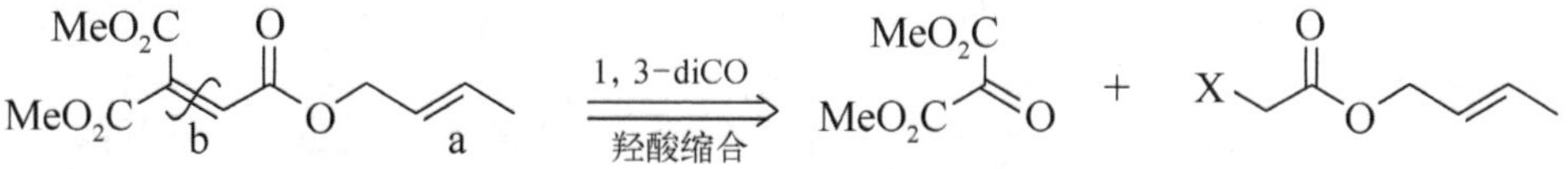

70　71　72

马来酸酯 **73** 用四氧化二氮亚硝化，所得肟水解后给出产物 **71**，然后用 Wittig 反应得到产品。

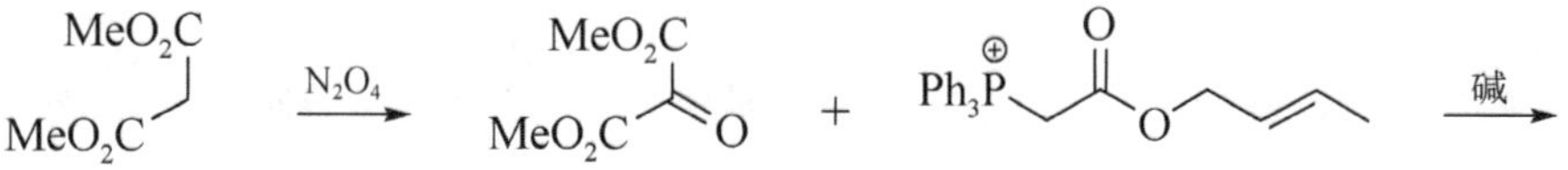

73　71　72; X=Ph$_3$P

运用可获得的起始原料的策略

因为 1,2-关系的官能化化合物难以合成，我们可以选择不做像化合物 **50** 和 **71** 那样的合成。我们可以买这种在商业上可以获得的包含这种 1,2-官能团关系的起始原料。以二醇 **74** 为例，在它的结构中，我们可以发现乳酸的骨架。因此，我们将二苯基切断，考虑用羟基被保护的乳酸酯与苯基格氏试剂或苯基锂反应得到。

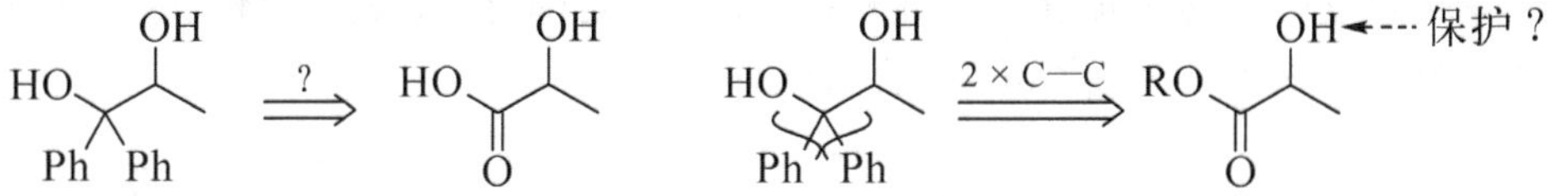

74　75; 乳酸　74a　76

事实上，乳酸加热二聚生成两个羟基都被保护的二内酯 **77**，用苯基格氏试剂处理就可得到二醇 **74**。[13]

75; 乳酸 —加热→ **77** —过量的PhMgBr→ **74**

商业上可获得的包含1,2-官能团关系的化合物中包括很多简单的分子**78**～**90**,你可以通过它们的俗称在供应商的目录里找到它们。氨基酸**83**是蛋白质的组成部分,其中R可以是烷基、芳基以及其他各种官能团。[14]

78; 草酸　**79**; 丙二醛(水汽液)　**80**; 乙醛酸(水合物)　**81**; 羟基乙酸　**82**; 丙酮酸　**75**; 乳酸　**83**; 氨基酸

84; 丁二酮　**85**; 氯乙酰氯　**86**; 苯偶姻　**87**; 苯偶酰　**88**; 乙二醇　**89**; 乙醇胺　**90**; 乙二胺

在这一章,我们也已经制得一些有用的起始原料,像**11**和**50**。当Bullatenone **91**的确切结构被测定时,其合成需要烯酮**92**。这个烯醇醚化合物可以通过醛**93**合成,**93**可以通过我们在这一章前面合成的**11**制得。

91 ⇒ **92** ⇒(C—O 烯醚化) **93** ⇒(1, 3-diCO) HCO_2Et + **11**

第一步反应中只有酮**11**可以烯醇化并且甲酸乙酯有很强的亲电性,因此反应无需控制。[15]分离产物为半缩醛**94**,脱水蒸馏得**92**。

11 —NaH, HCO_2Et→ [**93**] → **94** —蒸馏→ **92**; 50% 收率

安息香缩合

如果 α-羟基酮是对称的，我们开始对 **4** 的切断就会显示一种有趣的可能性：酰基负离子 **96** 可以由醛制得吗？假设 R 没有可以烯醇化的氢，答案是肯定的，特别是对于芳醛化合物。苯甲醛用催化量的氰离子处理就可以一锅法制得 **98**。[16]

1, 2-diCO　cat.NaCN　EtOH

95　**96**　**97**　**97; R=Ph**　**98; 90% 收率**

氰基负离子与醛 **99** 加成生成 **100**，**100** 通过交换质子生成稳定的负离子 **101**，负离子 **101** 与另一分子苯甲醛加成，然后交换质子得 **102**，再消除氰离子循环使用。

±H⊕　→ **98**

99　**100**　**101**　**102**

安息香缩合反应是我们最近认识到的酰基负离子和亲核性的羰基一步反应最简单的策略。[17]在下一章我们会提到合成 1,2-二官能团化合物的另一类重要的反应——自由基反应。在第三十九章中这类反应将会以一种更现代的方式进行——无氰基催化反应。

（赵夕龙　译）

参考文献

1. M. A. Anell, W. J. Hickinbotton and A. A. Hyatt, *J. Chem. Soc.*, 1955, 1592.
2. G. F. Hennion and F. P. Kupiecki, *J. Org. Chem.*, 1953, **18**, 1601.
3. G. L. Lange, D. J. Wallance and S. So, *J. Org. Chem.*, 1979, **44**, 3066.
4. E. Wenkert, N. F. Golob, and R. A. J. Smith, *J. Org. Chem.*, 1973, **38**, 4068; E. Wenkert, D. A. Berges, and N. F. Golob, *J. Am. Chem. Soc.*, 1978, **100**, 1263.
5. *Strategy and control*, chapter 14.
6. *Drug Synthesis* page 219-220; C. H. Boehringer Sohn, *Belg*, *Pat* 1961, 611, 502; *Chem. Abstr.*, 1962, **57**, 13678i.
7. D. W. Knight and G. Parttern, *J. Chem. Soc.*, Perkin Trans 1970, 84.

8. J. E Baldwin, J. Cutting, W. Dupot, L. Kruse, L. Silberman and R. C. Thomas *J. Chem. Soc.*, *Chem. Commun* 1976, 736; G. A. Hofle and O. W. Lever, *J. Am. Chem. Soc.*, 1974, **96**, 7126.
9. J. B. Lambert, H. W. Mark and E. S. Magyar, *J. Am. Chem. Soc.*, 1977, **99**, 3059; J. B. Lambert, H. W. Mark, A. G. Holcombe and E. S. Magyar, *Acc. Chem. Res.*, 1979, **12**, 321.
10. *Vogel*, page 627.
11. *Drug Synthesis* page 64 - 65; C. H. Boehringer Sohn, *Belg, Pat* 1961, 611, 502; *Chem. Abstr.*, 1962,**57**,13678i.
12. B. B. Snider, D. M. Roush and T. A. Killinger, *J. Am. Chem. Soc.*, 1979,**101**,6023.
13. M. S. Kharasch and O. Reinmuth, *Grignard Reactions of non Metallic Substance*, Prentrice-Hall, NewYofk 1954, page 688.
14. Clayden, *Organic Chemistry*, Chapter 49.
15. P. Margareth, *Tetrahedron Lett.* 1971, 4891; A. B. Simth and P. J. jerris, *Synth. Commun.*, 1978, **8**, 421; S. W. Baldwin and M. T. Ceimmins, *Tetrahedron Lett.*, 1978, 4197; *J. Am. Chem. Soc.*, 1980, **102**, 1198.
16. *Vogel*, page 1044.
17. W. S. Ide and J. S. Buck, *Org. React.*, 1948, **4**, 269; A. Hassner and K. M. L. Rai, Comp. *Org. Synth.*, **1**,542.

第二十四章　策略Ⅺ：合成中的自由基反应

本章所需的背景知识：自由基反应。

我们在前些章已经讨论了离子型的反应和电环化反应，这两个类型的反应比我们要讨论的第三类型，即自由基反应，都更重要。[1]但是，有些自由基反应在有机合成中是很有用的，特别是一些自由基反应能得到1，2-双官能团化合物。因此放在本章里来讨论。

烯丙基和苄基碳的官能团化[2]

能给出烯丙基醇**4**和苄基醇**6**的离子型反应，包括了还原酮**3**和**5**。这些酮都很容易通过羟醛缩合反应和Friedel-Crafts酰基化得到。这些醇，能够很容易转化成溴代物，或磺酸酯而成为好的亲电试剂。

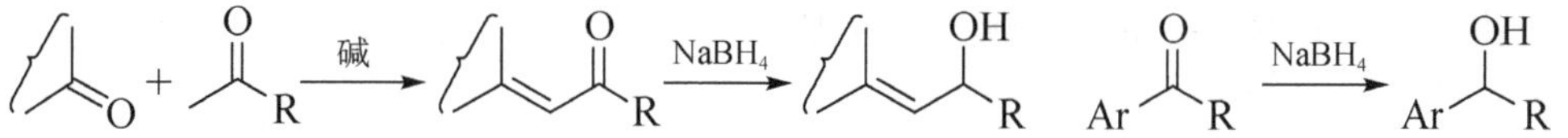

碱　$NaBH_4$　$NaBH_4$

1　**2**　**3**　**4**　**5**　**6**

碳氢化合物通过自由基反应，就能直接得到烯丙基卤代物和苄卤，从而在无官能团的碳原子上实现官能团化。卤化试剂，如溴自由基，即溴原子，同时有一个未成对电子，能够通过分解溴分子得到。Br—Br(**7**)键较弱，能够通过光照裂解给出溴自由基，溴自由基再夺取烯丙位或苄位**8**上的活化氢，生成一个碳自由基**9**，这个碳自由基因邻位上的共轭体系而稳定。碳自由基能够从分子溴夺取一个溴原子，同时释放一个溴自由基，使自由基反应能够继续下去。这是一个自由基链反应的过程。

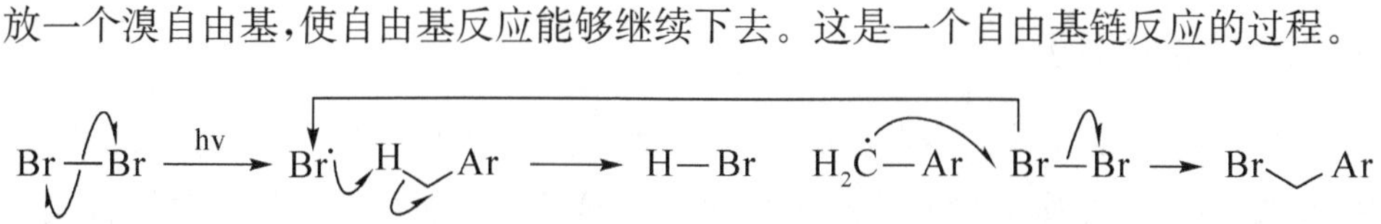

Br—Br $\xrightarrow{hv}$ Br· H—CH₂Ar ⟶ H—Br　$H_2\dot{C}$—Ar　Br—Br ⟶ Br⌒Ar

7　**8**　**9**　**10**

溴分子不需要通过光，也能够分解成两个溴自由基。将对硝基甲苯 **11** 和溴分子在石油醚中回流，也会生成适量的溴代物 **12**。苄氯 **14** 也可以通过甲苯 **13** 和氯化亚砜在自由基引发剂苯甲酰过氧化物作用下反应制得。[3]

Br_2，石油醚，加热；SO_2Cl_2，cat. $(PhCO_2)_2$

11　**12; 57% 收率**　**13**　**14; 50% 收率**

单质溴分子也常用 NBS(**15**)替代来做溴化反应，如化合物 **16** 的双溴代反应。[4]因为 NBS 能在体系中通过热分解很弱的 N—B 键提供低浓度的溴自由基来引发反应。

NBS　**15**　**16**　**17**

烯丙位的溴代反应也常用 NBS 来实现，溴单质则容易和双键发生加成反应。因此，环己烯 **19** 和溴单质反应生成双溴化合物 **18**，用 NBS 则生成烯丙溴 **20**。溴自由基从 **19** 夺取氢(已特意标出)，生成共轭的烯丙自由基 **21** 和 **21a**，共轭的丙烯自由基共振的两个自由基，都有可以生成丙烯溴。[5]

Br_2；NBS, CCl_4，cat.$(PhCO_2)_2$

18　**19**　**20**　**21**　**21a**

生物素的合成例子

生物素 **22** 是一种在体内运输 CO_2 的辅酶。Confalone 在设计合成方法时注意到生物素有一连续 9 个碳相连的链，他设想这长链是否可以从一环庚烯合成而来。[6]注意，分开的两个环上 C(8)和 N 相连，C(9)和 S 相连。

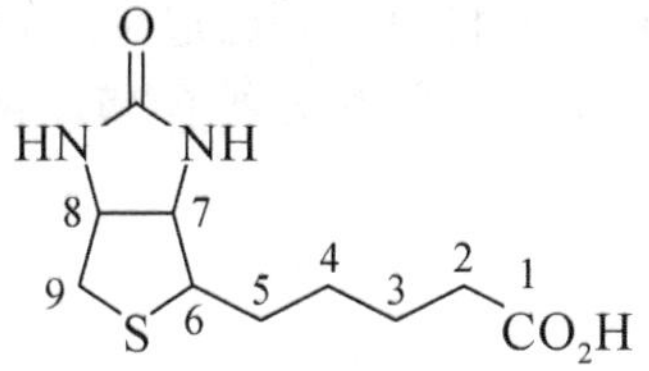

22;

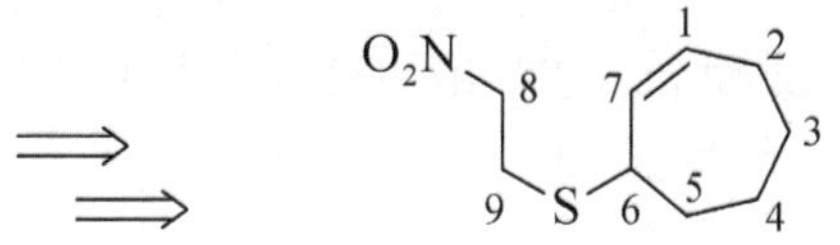

23; Confalone
合成生成素所用到
的关键中间体

设计中有一个硝基，是因为可以用于硫醇**25**和硝基乙烯**24**来做共轭加成。现在我们知道，**27**中烯丙位的官能团化，是所有反应的第一步。在反向分析中，我们称它是官能团转换(**FGI**)，因为没有一个烯丙位或苄位的取代基团，反应无法进行。

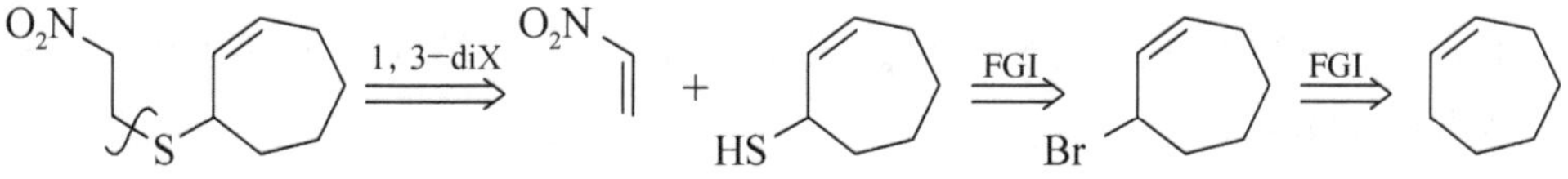

23a　1, 3-diX　24　+　25　FGI　26　FGI　27

NBS被选用为**27**的溴化试剂。同时，为了避免过度反应(见第五章)，还需要保护硫基。硝基乙烯**24**可以从乙酰硝基乙醇消除得到。

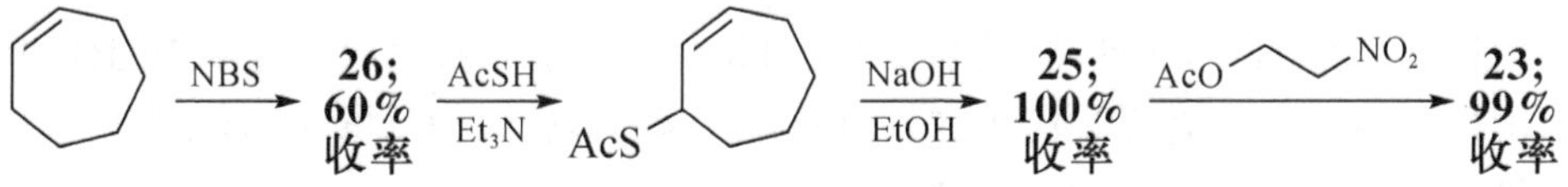

27　NBS　26; 60% 收率　AcSH Et_3N　28; 71% 收率　NaOH EtOH　25; 100% 收率　$AcO\text{–}CH_2CH_2\text{–}NO_2$　23; 99% 收率

生成C—C单键的反应

一些自由基的反应被用于工业上大规模的生产中，如自由基引发的聚合反应。但这类反应在本书中不做探讨。一些简单的分子，也可以通过这方法得到，如被用于生产杀虫剂pyrothroid双烯**29**。由于该分子是对称的，因此从中间切断，我们就得到两个自由基。实际上**29**，就是通过丁烯**31**和2-甲基-3-氯丙烯**32**在高温下反应制得的。[7]

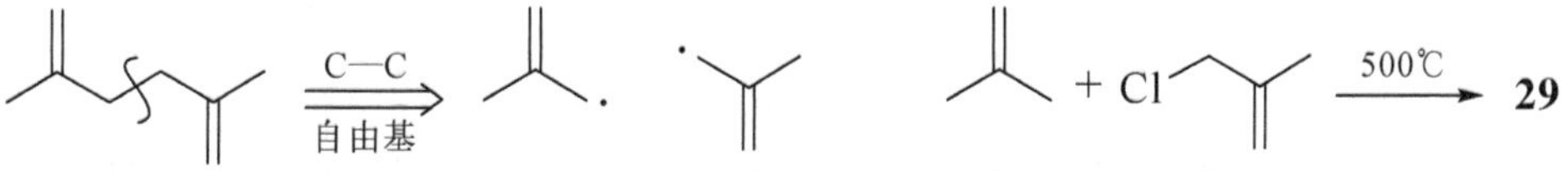

29　C—C 自由基　30　30　31　+ Cl 32　500℃　29

嚬呐醇反应

用同样的方法也可以由嚬呐醇反应得到对称的1,2-二醇**33**。避免碳正和碳负切断法,对称切断就得到两个自由基。这个类型的自由基是通过金属转移一个电子到醛或酮上。如从钠转移一个电子到酮上,就得到自由基离子 **35**,两个 **35** 自由基偶合,就得到 **33**。

C—C 自由基 **33** **34** 丙酮 Na **35** $Na^{\oplus}$ 2×? **33**

一个常规做这类反应的方法就是用镁合金,这样,就能避免生成碳负离子。实际上,镁在反应过程中,能螯合两个自由基,这样双聚体 **36** 就通过分子内反应生成 **37**。加水水解就生成了稳定的六水合二醇 **38**。如有必要,脱去水合分子,也就得到 1,2-二醇 **33**。嗍呐醇这个名字过去就特指 1,2-二醇 **33**,现在更多地用这个名字来代表这类反应。

Mg/Hg 苯 **36** **37** H_2O $Mg(OH)_2$ + $.6H_2O$ $-H_2O$ 加热 **33** **38;48% 收率**

其他能够提供电子的体系包括锌粉/TMSCl,这个体系生成了硅醚中间体,比如化合物 **40**。[8] SmI_2 体系也能生成相似的高产率的芳香醛的双聚体,而且这些反应一般都生成 *anti*-异构体 **40** 和 **42**。[9]

Zn 粉 Me_3SiCl 二氧六环 **39** **40; 76% 收率** **41** 1. SmI_2, THF 2. HCl, H_2O **42; 95% 收率**

例子:Dienoestrol

Oestrogen dienoestrol **43** 可以通过脱水反应,从对称的二醇 **44** 来制得,就是通过酮 **45** 的嗍呐醇反应。[10] **45** 和镁成功地合成出二醇 **44**,然后用 AcCl-Ac_2O 脱水得二烯 **43**。

FGI 脱水 C—C 嗍呐醇 **43** **44** **45**

偶姻反应

偶姻反应是类似的自由基二聚反应，但它是在酯的氧化态下。[11]第一眼看，它也像嚬呐醇反应一样：两个电子加到酯的羰基上，形成两个自由基 **47**，然后两个自由基偶合成一个 C—C 单键，从 **48** 脱去两个乙氧基，生成 1，2-二酮 **49**。

CO_2Et CO_2Et —Na→ $O^{\ominus}$ OEt OEt $O^{\ominus}$ → $O^{\ominus}$ OEt OEt $O^{\ominus}$ → O O $+ 2EtO^{\ominus}$

46　**47**　**48**　**49**

这只是刚开始，二酯 **46** 能够接受电子，生成的 1，2-二酮 **49** 就更容易接受电子，生成新的双自由基 **50**，然后形成 **51** 中一个 C—C π 键，后经后处理，生成烯二醇 **52**，异构成更稳定的 α-羟基酮 **53**。**53** 又称为偶姻，也就是这反应名字的由来。

O O —Na→ $O^{\ominus}$ $O^{\ominus}$ → $O^{\ominus}$ $O^{\ominus}$ —$H^{\oplus}$ / H_2O→ OH OH ⇌ O OH

49　**50**　**51**　**52**　**53; acyloin**

但是，这也不是反应的终结。如果反应按上述过程进行，从 **48** 释放出的两个乙氧基，能够催化 **54** 分子内 Claisen 缩合反应，生成主要的产物是酮基酯 **55**。

EtO_2C EtO_2C —$EtO^{\ominus}$→ EtO EtO O $^{\ominus}O$ → EtO_2C O

46　**54**　**55**

解决这个问题的办法，就是在 TMSiCl 存在下进行反应。[12]这样做，有两个好处：一个明显的好处是生成的烯二醇能够被捕获，生成一个有用的中间体，硅醚 **56**，另一个更重要的是，使释放的乙氧基以中性的 $EtOSiMe_3$ 存在。

46 —Na / Me_3SiCl→ O O $+ 2EtO^{\ominus}$ —Me_3SiCl→ $EtOSiMe_3$　**51** —Me_3SiCl→ $OSiMe_3$ $OSiMe_3$

49　**56**

所以，如果一个酯可以烯醇化，就用 TMSiCl 的方法；如果不可以，也不必用它。邻二酮 **57** 是合成特窗酸（tetronic acids）的中间体。改变其中一个酮的氧化态，就是对称的偶姻 **58**，它可以从酯 **59** 衍生得到。

57 $\xRightarrow[\text{氧化}]{FGI}$ 58 $\xRightarrow{acyloin}$ 59

酯 **59** 是很容易烯醇化的，因此就必须用到 TMSiCl 的方法。[13]

59 $\xrightarrow[Me_3SiCl]{Na}$ 60 $\xrightarrow[H_2O]{H^{\oplus}}$ **58** $\xrightarrow[Jones]{CrO_3}$ 57

相反，α-羟基酮 **61** 是从没有 α-H 的二酯 **62** 衍生来，**62** 是不能被烯醇化的，因此这里 TMSiCl 就不必用到。切断 C—S 键就可以看出，它可以从氯代戊酯 **63** 得来。

61 $\xRightarrow[acyloin]{1,2\text{-}diCO}$ 62 $\xRightarrow[2 \times C-S]{\text{对称}}$ Na_2S + 63

你可能会感到吃惊，氯代戊酸 **65** 是从容易得到的特戊酸经过光照氯代反应生成的。这个过程也是自由基反应，氯自由基从叔丁基上的 9 个氢中夺取一个氢。虽然 **65** 中的氯反应活性很低，但和硫负离子能发生很好的取代反应，随后发生不需要硅试剂参与的偶姻反应。[14]

64 $\xrightarrow[hv]{Cl_2}$ 65 $\xrightarrow[2.\ Na_2S]{1.\ Na_2CO_3}$ 66 $\xrightarrow[H^{\oplus}]{EtOH}$ **62** $\xrightarrow[\text{偶姻}]{Na}$ **61**

合成 1,2-双官能团化合物

我们通过回顾一些合成如 **16** 那样的双芳基二酮的方法来结束本章。羟基酮 **67** 或邻二醇 **68** 能够通过氧化反应生成邻二酮 **16**。[15]

16　　67　　68

实际上，文章的作者[4]就是用苯偶姻缩合的方法，得到 **67**，[16]然后再氧化得到二酮 **16** 的。[17]

Me O H —NaCN / EtOH→ Me O OH Me —氧化→ Me O O Me

69　　**67; 79% 收率**　　**16**

还有什么其他方法来合成 **16** 呢？其实同样明显的办法就是用偶姻反应来合成邻二醇 **68**，然后两个羟基都被氧化。我们现在将用 Ar 代表取代芳香基来继续讨论，其实很多带邻甲基取代的芳香基的偶姻反应还没有用过。两个最好的反应体系就是 Mg/TMSiCl 体系[18]和 SmI_2 体系。在 SmI_2 的条件下，从颜色来判断反应是很有特征的，就是从蓝色的 Sm(Ⅲ) 变成黄色的 Sm(Ⅱ)溶液。[19]

ArCHO —Me_3SiCl / Mg→ Ar, OH, OH, Ar

70; >90% 收率

ArCHO —1. SmI_2; 2. $H^{\oplus}$, H_2O→ Ar, OH, OH, Ar —氧化→ Ar, O, O, Ar

70; >90% 收率　　**71**

邻二醇 **70** 也很容易从烯 **73** 的双羟基化反应而来，而 **73** 可以从 **72** 的 Wittig 反应而得到。烯 **73** 和邻二醇 **70** 的立体化学对合成邻二酮没有影响，所以我们对此不做讨论。

Ar $\overset{\oplus}{P}Ph_3$ —1. 碱; 2. ArCHO→ Ar Ar —OsO_4 / NMO→ Ar, OH, OH, Ar —[O]→ Ar, O, O, Ar

72　　**73**　　**70**　　**71**

你也可以考虑将一个酰基负离子的等同体，如二噻烷的锂盐 **74**，进攻芳香醛（第二十三章）来合成 **75**。当然还有很多其他的办法来合成，但这些是一些最明显最可能的合成途径了。

ArCHO —HS SH / BF_3→ S S Ar H —1. BuLi; 2. ArCHO→ S S Ar Ar OH —水解→ **67** —[O]→ **71**

74　　**75**

（徐木生　译）

参考文献

1. Clayden, *Organic Chemistry*, Chapter 39.
2. House, pages 478 - 498.
3. Vogel, pages 864.
4. M. Verhage, D. A. Hoogwater, J. Reedijk and H. van Bekkum, *Tetrahedron Lett.* 1979, 1267.
5. Vogel, pages 578.
6. P. N. Confalone, E. D. Lollar, D. Pizzolato and M. R. uskokovic, *J. Am. Chem. Soc.*, 1978, **100**, 629; P. N. Confalone, E. D. Lollar, D. Pizzolato and M. R. Uskokovic, *ibid*, 1980, **102**, 1954.
7. D. Holland and D. J. Milner, *Chem. Ind.* (*London*), 1979,707.
8. J.-H. So, M.-K. Park, and P. Boudjouk, *J. Org. Chem.*, 1988, **24**,765.
9. J. I. Namy, J. Souppe and H. B. Kagan, *Tetrahedron Lett.*, 1983, **24**,765.
10. E. C. Dodds and R. Ronbinson, *Proc. Roy. Soc. Ser. B.* 1939, **127**, 148.
11. J. J. Bloomfield, D. C. Owsley and J. M. Nelkey, *Org. React.*, 1976, **23**, 259.
12. K. Ruhlmann, Synthesis, 1971, 236; J. J. Bloomfield, D. C. Owsley, C. Ainsworth and R. E. Ronboson, *J. Org. Chem.*, 1975, **40**, 353.
13. P. J. Jerris, P. M. Wovklulich and A. B. Smith, *Tetrohedron Lett.*, 1979, 4517; P. Ruggli and P. Zeller, Helv. Chim. Acta, 1045, 28, 741; I. Hagedorn, U. Eholzer and A. Lutttringhaus, *Chem. Ber.*, 1960, **93**, 1584.
14. N. Feeder, M. J. Ginelly, R. V. H. Jones, S. O'Sullivan and S. Warren, *Tetrahedron Lett.*, 1994, **35**, 1584.
15. Vogel, page 1045.
16. W. S. Ide and J. S. Buck, *Orgo React.*, 1948, **4**, 269; see tables.
17. H. Moureu, P. Chovin and R. Sabourin, *Bull. Soc. Chim*, *Fr.*, 1955, **22**, 1155.
18. T. -H. Chan and E. Vinokur, *Tetrahedron Lett.*, 1972, 75.
19. J. L. Namy, J. Souppe and H. B. Kagan, *Tetrahdron Lett.*, 1983, **24**, 765.

第二十五章　双基团的 C—C 键切断法Ⅴ：1,4 -二官能团化合物

本章所需的背景知识：烯醇的烷基化。

在切断 C—C 键用于合成 1,4 -二官能基化合物时经常会遇到反常的极性问题。如果我们从 1,4 -二酮分子 **1** 的中间切断就会给出一个正常极性的合成子 **2**，在日常工作中有代表性的试剂是烯醇 **4**；同时会给出另一个反常极性的 a^2 合成子 **3**，其中有代表性的试剂是我们在第六章中遇到的 α -卤代酮 **5**。

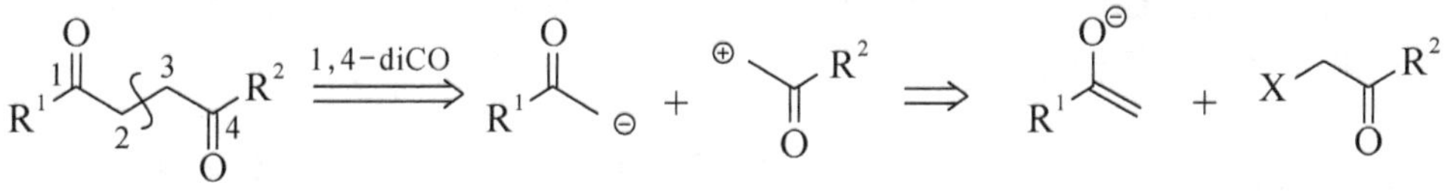

1,4-diCO

1　**2**　**3**　**4; 烯醇**　**5**

你可能会想你能通过选择另一种切断 **8** 来避开这样的问题，然而事实并非如此。在此我们有更多的选择，我们可以用工作中常见的有正常极性的烯酮 **7** 作为 a^3 合成子，但是这时我们不得不采用在在第二十三章中遇到的乙酰基负离子等价物 **6** 作为合成子。将极性反转一下我们可以得到正常极化的以酰化试剂为代表的 a^1 亲电性合成子 **9** 和非正常极性的以高烯醇化合物为代表的 d^3 合成子 **10**。

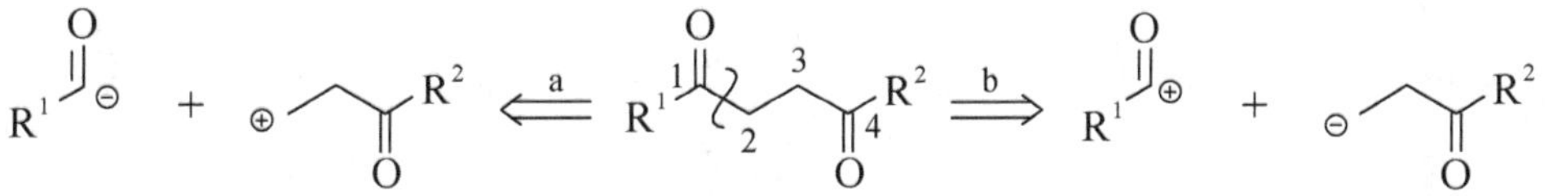

a　b

6　**7**　**8**　**9**　**10**

烯醇化物作为 a^2 合成子的反应

一个简单的例子是酮酯 **11** 的切断。我们应该倾向于切断枝点处的键，得到合

成子 **12** 和 **13**，这是常规的切断法，合成子 **13** 的等价物是溴乙酸乙酯 **15**，但是我们应该小心选择烯醇合成子 **12** 的等价物。它的碱性不能太强，因为 **15** 中位于溴和乙酸乙酯中间那个标记氢的酸性是足够强的。

CO_2Et 1,4-diCO ⟹ $H_2C^{\oplus}$ CO_2Et ⟹ Br H H CO_2Et

11 **12** **13** **14** **15**

烯醇锂盐并不是一个好的选择，而烯胺却可以给出理想的效果。例如：吗啡啉的烯胺 **18** 与溴乙酸乙酯 **15** 烷基化然后水解得到酮酯 **11**。[1]

$H^{\oplus}$ 1. Br CO_2Et 2. $H^{\oplus}$, H_2O CO_2Et

16 **17; 吗啡啉** **18; 亚胺** **11**

使用易制得的酮酸酯 **19** 是另一个好的选择（第十九章中的化合物 **41**），[2] 因为这种烯醇化的负离子碱性并不强。

CO_2Et 1. NaOEt 2. Br CO_2Et CO_2Et CO_2Et HCl 加热 CO_2Et

19 **20** **11**

甲基霉素的合成

抗生素甲基霉素(methylenomycin)是通过关键中间体 **22** 合成的。Aldol 缩合的切断给出了 1,4-关系的二酮-酯，下一步明显的切断是在 **23** 的支点处。起始原料 **24** 和 **25** 都是商业上可获得的。

CO_2H CO_2Et Aldol 缩合 CO_2Et 1,4-diCO CO_2Et Br

21 **22** **23** **24** **25**

当然你可能对化合物 **23** 的环合方向问题有疑问，但是在热力些控制下，环化更易形成取代基多的烯烃。反应过程中未曾发现该 **26** 生成，只有化合物 **22**。[2]

24 → (1. NaH 2. **25**) → 23 → (NaOEt, EtOH) → 22　　26

4-羟基酮衍生物

如果我们在氧化态为醇的 **27** 上使用相同的切断，那么 a^2 合成子的对应试剂应该是环氧化合物 **29**。这时，具有更高活性的烯醇试剂如烯醇锂盐是蛮不错的。

27 ⇒ (1, 4-diCO) **2** + **28** ⇒ **4; 烯醇** + **29; 环氧化合物**

合成甲基环丙基酮的很有用的中间体 **30** 源自化合物 **31**。其切断可以给出烯醇化的丙酮 **32** 和乙烯环氧化合物。

30 ⇒ (FGI) **31** ⇒ (1, 4-二羰基) **32** + **33**

尽管我们可以用丙酮烯醇化的锂盐作起始原料，但是用乙酰乙酸乙酯 **24** 作为起始原料效果更好。在反应过程中，中间体 **34** 将会环化并可分离出稳定的内酯 **35**。经酸处理后内酯开环脱羧生成 **30**。[4]两步反应都只要求温和的反应条件。

24 → (1. NaOEt 2. **33**) [**34**] → **35** → (HBr) **30**

酰基负离子的等同体的共轭加成

在二十三章中我们已遇到酰基负离子或 d^1 合成子。但是，对于1,4-二酮化合物 **8** 的切断我们还需要一种可以用来对如 **36** 一类的烯酮进行共轭加成的 d^1 试剂。不幸的是，二噻烷是不能用的，因为反应过程中它们的碱性（硬度）太强，缩合时倾向于直接加成到羰基上。

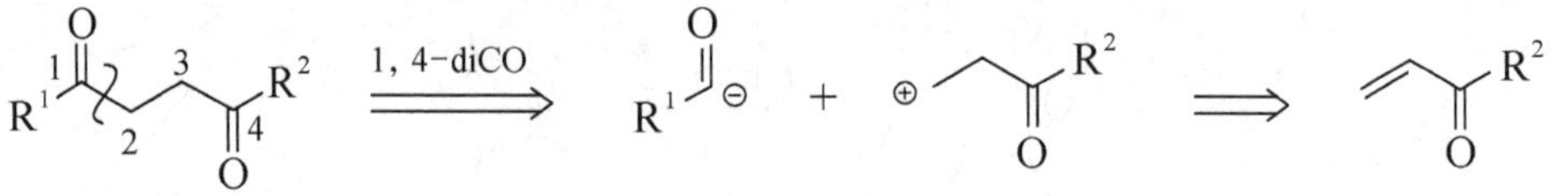

8 ⟹(1, 4-diCO) 6 + 7 ⟹ 36

然而，作为最简单的一碳 d^1 试剂，氰基负离子，的确可以很好地进行共轭加成。所以如果 **1** 中的 R^1 是 OH 或者 OR 这一切断将是成功的。

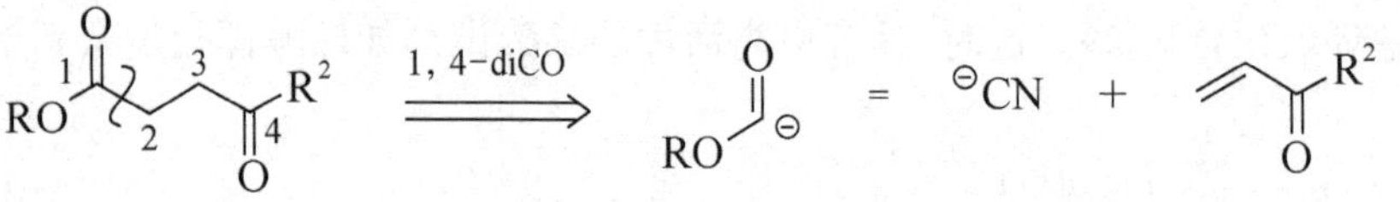

1; R^1=OR ⟹(1, 4-diCO) 6 = $^{\ominus}CN$ + 36

抗惊厥药芬苏美(phesuximide)**37** 是一种酰亚胺，它源自 1,4-二羰基化合物的二酸 **38**。将其中一个羧基转化为氰基，我们可以回到其商业化的起始原料肉桂酸 **40**。

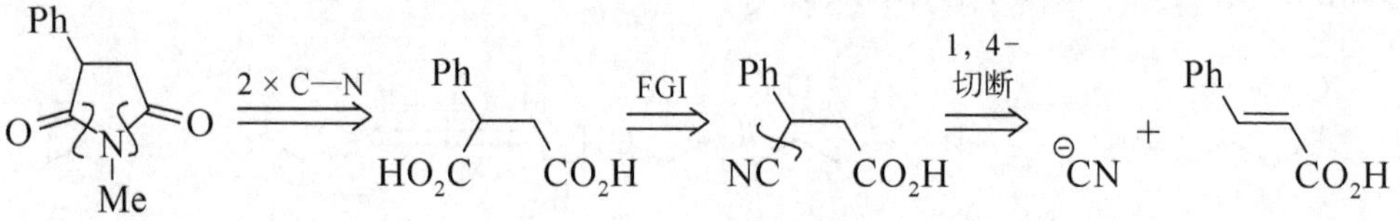

37 ⟹(2 × C—N) 38 ⟹(FGI) 39 ⟹(1, 4-切断) $^{\ominus}CN$ + 40

实际操作中，氰基与肉桂酸的共轭加成很慢，所以有必要引入第二个吸电基(氰基)，氰基化合物 **42** 被成功地用于下一步反应。[5]

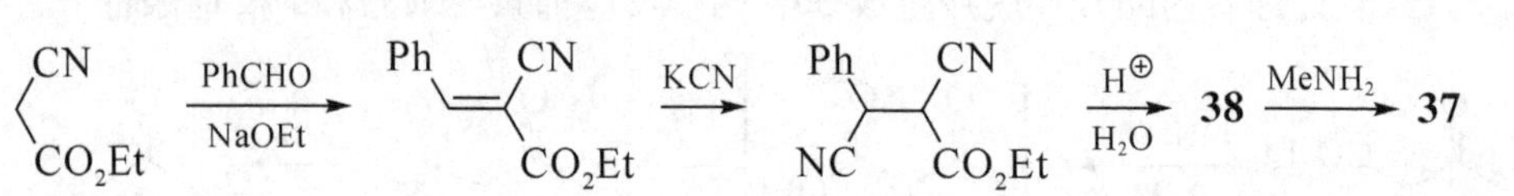

41 →(PhCHO, NaOEt) 42 →(KCN) 43 →($H^{\oplus}$, H_2O) 38 →($MeNH_2$) 37

硝基烷基作为 d^1 试剂

硝基烷基负离子非常稳定而且也可以很好地用于共轭加成(见二十二章)，即使非常弱的碱，如胺，就可以使其生成负离子 **44** 并随之反应生成硝基酮 **45**，经还原可得氨基酮 **46**、然后环化得到亚胺还原生成四氢吡咯 **47**。

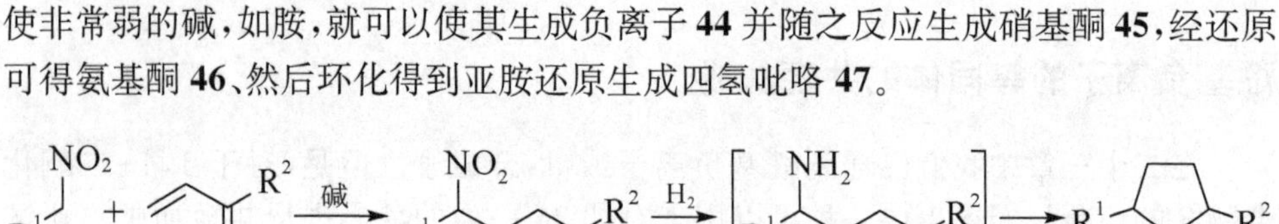

44 + 36 →(碱) 45 →(H_2, cat) [46] → 47

在第八章中讨论过的蚂蚁性激素(monomorine)**48** 的合成是一个戏剧性的例子,C—N 键的切断给出酮胺 **49**,后面的 1,4-切断,氨基逆推到硝基,我们已经讲述过了。

H　N　Bu　2 × C—N　还原胺化　O　O　H_2N　Bu　FGI　O　O　O_2N　Bu　O　O　O_2N　Bu

48　**49**　**50**　**51**

1-硝基戊烷在碱四甲基胍的催化下同保护的烯酮 **52** 反应后再经催化氢化得到还原胺化产物 **54**。加成在亚胺上的氢原子与原来的氢原子在同一侧。[6]

O　O　O　Me_2N　NH　Me_2N　O_2N　Bu　O　O　O　O_2N　H_2　Pd/C　Na_2SO_4　H　O　O　HN　Bu

52　**53**　**54**

现在可将缩酮水解为游离的胺酮中间体,然后将环合生成的亚胺 **55** 用氰基硼氢化钠立体选择性地还原(见第四章),生成的化合物 **48** 中的三个氢在两个环的同面。

54　$H^{\oplus}$　H_2O　H　O　HN　Bu　H　N　Bu　$NaB(CN)H_3$　pH3.8~5.4　H　N　H　H　Bu

游离的胺酮　**55**　**48**

另一种转化是采用第二十二章中提到的将硝基化合物转变为酮的合成。这是一种一锅法,首先在三氧化铝催化下进行共轭加成,然后双氧水氧化将硝基变成酮。[7]这一方法总收率很好,例如:R^1=Bu,R^2=Et,收率 90%。

NO_2　R^1　+　R^2　O　Al_2O_3, 8h　室温　NO_2　R^1　R^2　O　30% H_2O_2　K_2CO_3, MeOH　0℃, 过夜　O　R^1　R^2　O

44　**36**　**45**　**1**

高烯醇化合物的直接加成

采用相同的切断但给出极性相反的合成子时会用到一些乙酰化试剂 **9**。由于我们有各种各样的酸的衍生物，所以这一点没有问题。但是，亲核的合成子 **10**，一个 d^3 合成子或高烯醇化合物就是另一回事了。图中所示的这种负离子缺乏稳定作用，但它若环化可给出很稳定的氧负离子 **56**。用硅试剂捕获能生成 **57** 的实例证明该环化反应是存在的。

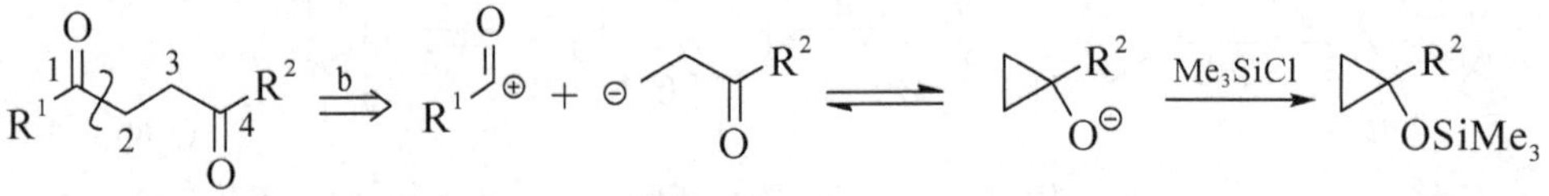

8 **9** **10** **56** **57**

合成这类衍生物最简单的方法是用由 HX 和烯酮 **58** 加成得到的 β-卤代羰基物 **59** 与锌的反应，它们可能以 **60**、**61** 或 **62** 的形式存在。不管哪一个是正确的，它的 β-碳原子是亲核的，从这一点来讲，已经改变了烯酮 **58** 的极性。

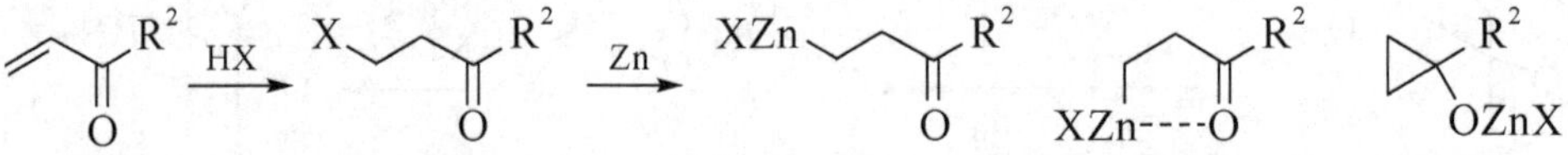

58 **59** **60** **61** **62**

这一系列所提及的化合物[8]之一是由用氯代丙酸酯 **63** 和钠在 Me_3SiCl 存在下反应得到的环丙化合物 **64**。[9] **64** 经 $ZnCl_2$ 处理开环可形成分子内配位，在 Pd(0)催化下用酰化试剂处理 **65** 得到 1,4-二羰基化合物 **66**。[10]

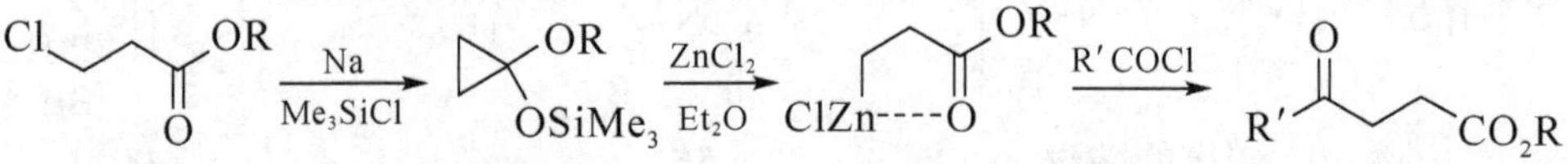

63 **64** **65** **66**

如果醛用来作为亲电试剂，在 Me_3SiCl 存在下将会发生高醇醛缩合反应，高收率地生成 γ-羟基保护的酯 **67**。在制备 **65** 时，锌盐（如 $ZnCl_2$ 或 ZnI_2）作为 Lewis 酸催化该反应。

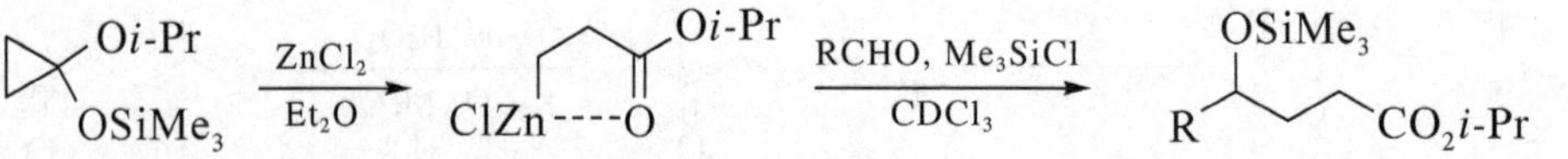

64; R=*i*-Pr **65; R=*i*-Pr** **67**

用$(i\text{-PrO})_3TiCl$ 作催化剂可以优化该反应，在这种条件下有取代的高烯醇 **69** 和苯甲醛反应可以以很好的立体选择性优势生成 *syn*-内酯 **70**。区域选择性显示并没有环丙烷中间体存在。[11] 更多的高烯醇化合物反应请见 *Strategy and Control*。[12]

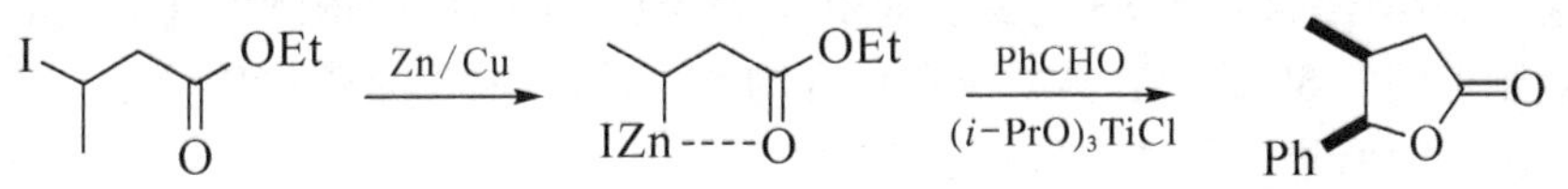

68 → (Zn/Cu) → 69 → (PhCHO, $(i\text{-PrO})_3TiCl$) → 70; 94% 收率

1,4-二羰基类商业化化合物为原料的策略

就像1,2-二羰基化合物一样，我们更倾向于从市场上购买1,4-二官能团的化合物而非自己制备。任意供应商的目录都大量列有这类化合物。我们应提及特别其中一部分简单的二取代丁烷，如二醇**71**、二胺**72**、二卤代物**73**、二羧酸**74**。

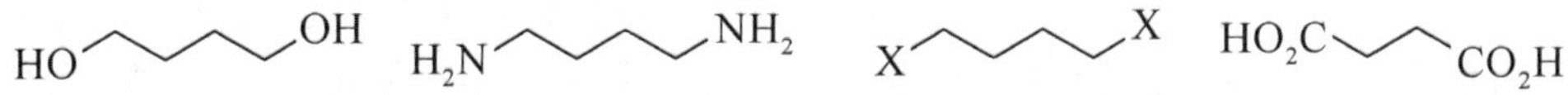

71　**72**　**73; X=Br, Cl**　**74**

有一些非常重要的环状化合物如内酯**75**、琥珀酸酐**76**、呋喃**77**，特别是呋喃甲醛**78**，谷类早餐生产的副产物，其还原产物为**79**。马来酸酐**80**也是非常重要的环状化合物。

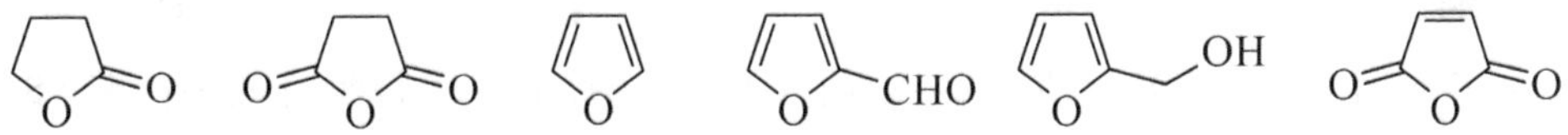

75　**76**　**77**　**78**　**79**　**80**

最后，还有一些不饱和化合物，如：*cis*-丁烯二醇**81**、丁烯二炔**82**、富马酸**83**和乙酰丙酸**84**，以及其他化合物。

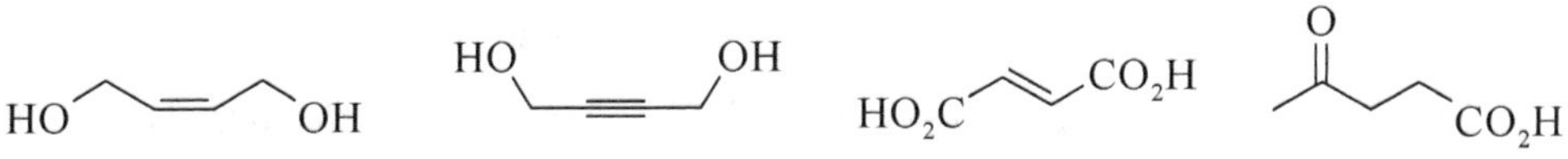

81　**82**　**83**　**84**

采用商业上可获得的化合物为原料的一个简单但让人惊讶的例子是1,7-二官能化-4-庚酮类化合物**86**和**88**的合成。[13]这两个化合物每个都有两个1,4-二杂原子关系。在第十九章中提到，二氯酮**86**是由丁内酯**75**的醇醛缩合的二聚物**85**制得，在那一章中化合物**85**是化合物**26**。化合物**86**中的两个1,4-二杂原子关系可以看作是中间体**85**失去一分子CO_2得到的。

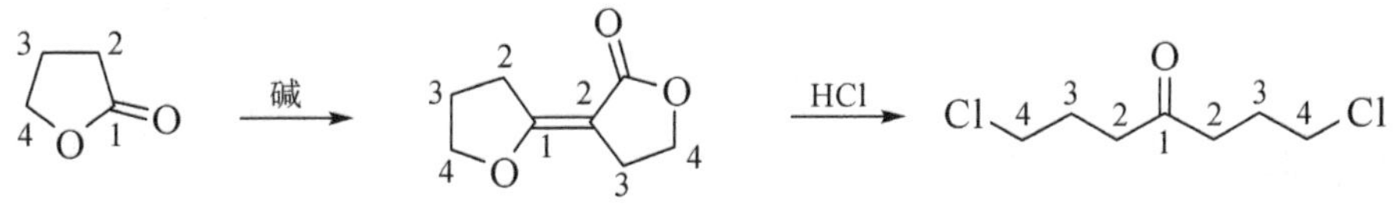

75 → (碱) → **85** → (HCl) → **86**

酮-二羧酸酯化合物 **88** 是由呋喃甲醛 **78** 经 Wittig 反应得到的化合物在甲醇中酸解制得的。[14] **88** 的中心碳原子在化合物 **87** 中可以看作是烯醚碳原子。你可以试着画出下面所描述的这一特别反应的机理。

3 2 4 O 1 CHO $\xrightarrow{Ph_3\overset{\oplus}{P}\overset{\ominus}{\frown}CO_2Me}$ 3 2 4 O 1 2 3 4 CO_2Me $\xrightarrow[H_2SO_4]{MeOH}$ MeO_2C 4 3 2 1 (O) 2 3 4 CO_2Me

78 **87** **88**

添加官能团的战略

丁炔二醇 91 是这样一个例子。它是由乙炔和羰基亲电试剂反应制得的(见十六章),若依次和不同的醛反应,然后还原三键,可以得到不对称的 1,4-二醇 **92**。

H—≡—H $\xrightarrow[2.\ R^1CHO]{1.\ BuLi}$ HO, R^1 —≡—H $\xrightarrow[2.\ R^2CHO]{1.\ BuLi}$ HO, R^1 —≡— OH, R^2 $\xrightarrow[Pd/C]{H_2}$ R^1 OH, OH R^2

89 **90** **91** **92**

乙炔的一端和醛基反应,另一端插入 CO_2,还原后可以得到五元环内酯 **95**。氢化时同时进行环化反应。[15]

H—≡—H $\xrightarrow[2.\ RCHO]{1.\ NaNH_2}$ R, HO —≡—H $\xrightarrow[2.\ CO_2]{1.\ BuLi}$ R, HO —≡—CO_2H $\xrightarrow[Pd/C]{H_2}$ R O O

89 **93** **94** **95**

分析上面两个反应的最终产品后,我们可以看出,乙炔作为乙烷 **96** 的 1,2-二负离子等价体是非常有用的。将此作为添加官能团的战略的例子是个不错的想法。

R^1 O ⊖ ⊖ R^2 O $\xLeftarrow{2\times C—C}$ R^1 OH OH R^2 $\xLeftarrow{FGA}$ HO R^1 ≡ OH R^2 ⟹ **89**

96 **92a** **91a**

(马建义　译)

参考文献

1. H. Fritz and E. Stock, *Tetrahedron*, 1970, **26**, 5821.

2. R. P. Linstead and E. M. Meade, *J. Chem. Soc.*, 1934, 935.
3. J. Jernow, W. Tautz, P. Rosen and J. F. Blount, *J. Org. Chem.*, 1979, **44**, 4210.
4. T. E. Bellas, R. G. Brownlea and R. M. Silverstein, *Tetrahedron*, 1969, **25**, 5149; G. W. Cannon, R. C. Ellis and J. R. Leal, *Org. Synth. Coll.*, 1963, **4**, 597.
5. C. A. Miller and L. M. Long, *J. Am. Chem. Soc.*, 1951, **73**, 4895.
6. R. V. Stevens and A. W. M. Lee, *J. Chem. Soc.*, *Chem. Commun.*, 1982, 102.
7. R. Ballini, M. Petrini, E. Marcantoni and G. Rosini, *Synthesis*, 1988, 231.
8. E. Nakamura and I. Shimida, *J. Am. Chem. Soc.*, 1977, **99**, 7360.
9. K. Ruhlmann, *Synthesis*, 1971, 236.
10. E. Nakamura, S. Aoki, K. Sekiya, H. Oshino and I. Kuwajima, *J. Am. Chem. Soc.*, 1987, **109**, 8056.
11. H. Ochiai, T. Nishihara, Y. Tamaru and Z. Yoshida, *J. Org. Chem.*, 1988, **53**, 1343.
12. *Strategy and Control*, chapter 13.
13. O. E. Curtis, J. M. Sandri, R. E. Crocker and H. Hart, *Org. Synth. Coll.*, 1963, **4**, 278.
14. R. M. Lukes, G. I. Poos and L. H. Sarett, *J. Am. Chem. Soc.*, 1952, **74**, 1401.
15. J. P. Vigneron and V. Bloy, *Tetrahedron Lett.*, 1980, **21**, 1735; J. P. Vigneron and J. M. Blanchard, *Ibid.*, 1739; J. P. Vigneron, R. Meric and M. Dhaenens, *Ibid.*, 2057.

第二十六章 策略Ⅻ：重接

借助C=C双键氧化断裂以合成1,2和1,4-二羰基化合物

在第二十五章里，当我们想要将溴代丙酮**4**加到烯醇负离子**3**上制备1,4-二羰基化合物**5**时，我们都应非常小心。我们不能使用烯醇锂盐，因为它的碱性太强。但像烯醇负离子**3**与烯丙卤**2**的反应就不存在这样的困难。当没有酸性氢时，任何烯醇负离子或其等价体都能发生这样的反应。烯丙卤在S_N2反应中是一个很好的亲电试剂。

1 ← **2** — **3** → **4** — **5**

但这样做得不到**5**，而是多一个碳原子的**1**。我们所要做的就是通过氧化的方法，断裂烯烃，将**1**转化成**5**。有许多方法可以做。最显而易见的就是臭氧氧化。[1]氧化二取代的烯烃**6**，随后用还原得到醛或酸性氧化处理的方法得到酸。

$$R^1CO_2H + R^2CO_2H \xleftarrow[2.\ H_2O_2]{1.\ O_3,\ CH_2Cl_2} R^1\text{CH=CH}R^2\ (\mathbf{6}) \xrightarrow[2.\ Me_2S]{1.\ O_3,\ CH_2Cl_2} R^1CHO + R^2CHO$$

双羟基化是用烯烃与催化量的四氧化锇和化学计量的氧化剂，如：*N*-甲基吗啡啉-N-氧化物作用给出二醇，随后二醇被高碘酸钠或四醋酸铅断裂为醛。也可用高锰酸钾或催化量的四氧化锇和过量的高碘酸钠经一锅法将烯烃断裂为醛。

$$R^1\text{CH=CH}R^2\ (\mathbf{6}) \xrightarrow[NMO]{cat.OsO_4} R^1\text{CH(OH)CH(OH)}R^2\ (\mathbf{7}) \xrightarrow[或\ Pb(OAc)_4]{NaIO_4} R^1CHO + R^2CHO$$

这样，像第二十五章的方法那样切断**11**给出了从酯**8**可以得到的烯醇负离子

和一个最好能避免使用的溴代乙醛 **12**。但是假如我们把 **11** 中醛的氧原子用碳原子代替，即 **10**，然后 **10** 就被切断为 **8** 和烯丙溴 **9**。**9** 在很多方法中都是一个很好的亲电试剂。大家可以称这个方法为官能团转化，但这时我们暂不讨论它，先往下看……

Br C−C CHO 1,4-diCO Br CHO
CO_2Et CO_2Et CO_2Et CO_2Et
8 **9** **10** **11** **8** **12**

丙二酸酯经常用于合成，[2]在第二步再引入更活泼的烷基，如此处的烯丙基是很有意义的。然后双键用臭氧氧化断裂为醛 **11**。

CO_2Et CO_2Et 1. NaOEt 2. EtBr CO_2Et CO_2Et 1. NaOEt 2. **9** CO_2Et CO_2Et 1. NaOH, H_2O 2. $H^{\oplus}$, 加热 3. $H^{\oplus}$, EtOH **10** 1. O_3, MeOH 2. Me_2S **11**
13 **14**

这些方法对很多官能团都适用，除了有特别性状的试剂。在合成 brevianamide B 时，Williams 使用臭氧化法氧化杂环 **15** 上的烯丙基，以非常好的收率得到醛 **16**。[3]烯丙基作为一个亲电试剂被加成到烯醇负离子上。

O N N O OMe 1. O_3, MeOH 2. Me_2S OHC O N N O OMe
15 **16; 99% 收率**

在合成多醚类抗生素 X-506 时，Evans 需要二个羟基被保护的三醇 **20**。[4]他将烯丙基作为亲电试剂从位阻小的那面加到环氧化物 **17** 上，开环得到 **18**，然后将 **18** 保护成缩酮。随后用臭氧氧化和还原的方法断裂烯烃引入第三个羟基。这两个例子强调了烯丙基的灵活多变性。

OH O MgBr HO OH OMe OMe $H^{\oplus}$ O O 1. O_3 EtOH −78℃ 2. Me_2S O O HO
17; 77% 收率 **18; 98% 收率** **19; 100% 收率** **20; 87% 收率**

但是我们将 **11** 到 **10** 的逆转换称作什么呢？它不是切断法而是加了一个多余的碳原子，因此我们称之为重接，即：将目标分子返回联系到某个称为前体的化合物上。考虑一下顺式烯酮 **21** 的制备，**21** 的结构被发现存在于昆虫信息素、香水、香料中。Wittig 反应将 **21** 切断为磷叶立德 **22** 和醛酮 **23**，**23** 需被保护为缩酮 **24**。

Wittig　FGI　$Ph_3P^{\oplus}$　R　OHC　**21**　**22**　**23**　**24**

问题是如何能保护酮而醛基不受影响，答案就是像 **20** 那样，保护酮的时候醛不存在。重接为烯烃 **25** 就解决了这个问题。而 **26** 可由烯醇负离子 **27** 和烯丙溴 **9** 来合成。

24　重接　FGI　C—C　Br　**25**　**26**　**9**　**27**

按这种方法即可合成 **21**。[5]将 **25** 臭氧化，然后二甲硫醚还原处理，使醛不被进一步氧化。Wittig 反应给出了 **30**，**30** 脱保护就得到了 **21**。

CO_2Et　1. NaOEt　2. **9**　CO_2Et　1. NaOH, H_2O　2. $H^{\oplus}$，加热　3. 乙二醇，$H^{\oplus}$　**25**　1. O_3　2. Me_2S　**24**　**22**　碱　R　$H^{\oplus}$　H_2O　**21**

28　**29**　**30**

到现在为止我们仅使用了简单的烯丙基来讲重接，而烯烃的另一部分在氧化断裂时损失了，它是什么并不重要。对于 α，β-不饱和羰基化合物 **31** 和 **34**，能给出 1，2-二羰基化合物 **32**、**33** 或 **35**，使用羟醛缩合反应可很方便制备烯烃，苯甲醛比甲醛更好使用。

R^1　R^2　O_3　R^1　CHO　or　R^1　CO_2H　R^1　R^3　R^2　O_3　R^1　R^2

31　**32**　**33**　**34**　**35**

特别的多环四酮 staurone **36** 可以由 **37** 来制备，[6]对重接模式来说，在 **37** 中的 1，2-二酮是个理想的候选对象。

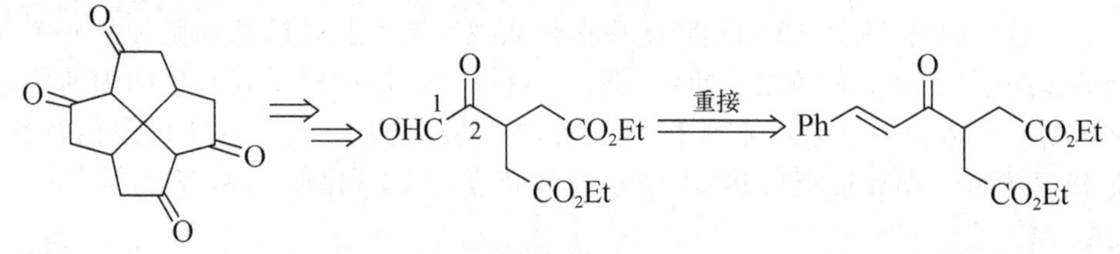

36 ⟹ 37 (OHC 1 2 CO_2Et CO_2Et) ==重接==> 38 (Ph, O, CO_2Et, CO_2Et)

羟醛切断 **38** 给出带有 1,4-二羰基的甲基酮,此化合物可由丙酮的烯醇负离子 **27** 和溴代乙酸乙酯 **40** 的双烷基化来制备。

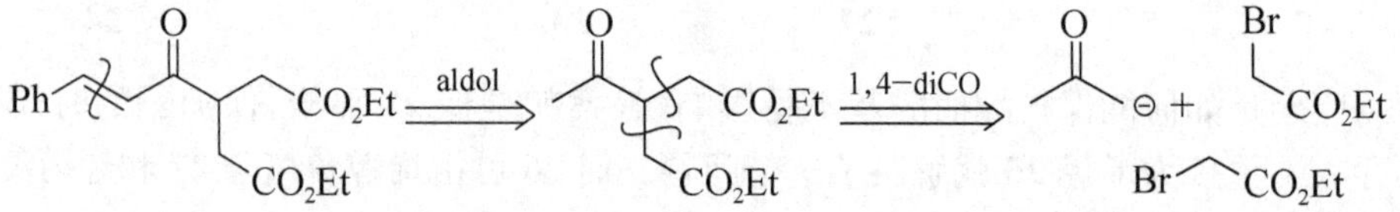

38a (Ph, O, CO_2Et, CO_2Et) ==aldol==> 39 (O, CO_2Et, CO_2Et) ==1,4-diCO==> 27 (O, ⊖) + 2×40 (Br, CO_2Et; Br, CO_2Et)

合成上常使用乙酰乙酸苄酯 **41** 来双烷基化,这样苄酯 **42** 可以通过氢解的方法断裂为 **39**,然后与不可烯醇化的苯甲醛缩合后。得到唯一的产物 **38**(见第二十章),臭氧化后得到 **37**。

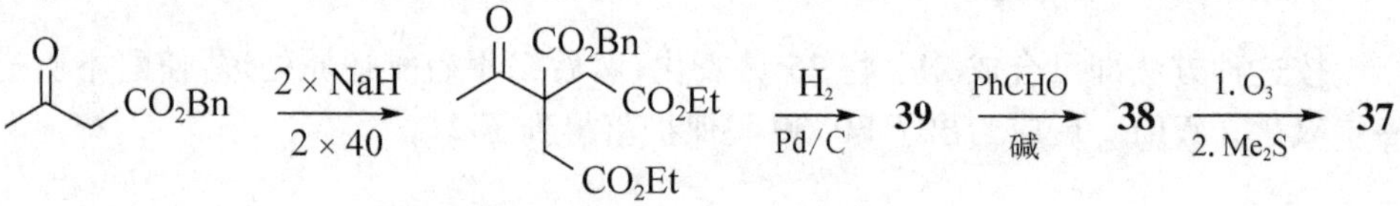

41 (O, CO_2Bn) —(2 × NaH, 2 × 40)→ 42 (O, CO_2Bn, CO_2Et, CO_2Et) —(H_2, Pd/C)→ 39 —(PhCHO, 碱)→ 38 —(1. O_3, 2. Me_2S)→ 37

一个官能团转化的特例

饱和碳氢化合物 **43** 是来自蚂蚁的信息素。在设计合成这个化合物时存在一个很明显的问题,即没有任何种类的官能团,另一不明显的问题是如何得到 11,17-相关的两个立体化学中心。

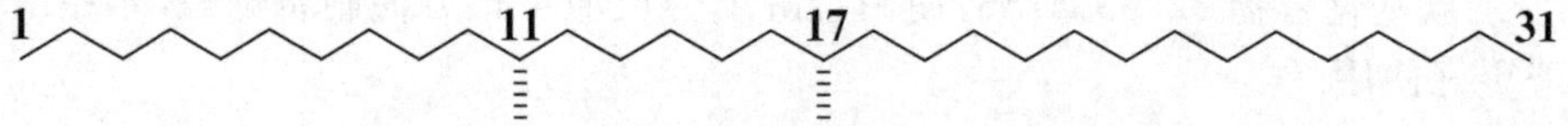

1 11 17 31

43;(11*R*,17*S*)-11.17-二甲基三十一烷

对于第二个问题,起始物可从天然的具有光学纯化合物开始。在两个手性中心中间先加一个双键成烯烃 **44**,这样烯烃就可经由 Wittig 反应,从 **45** 和 **46** 来制备。

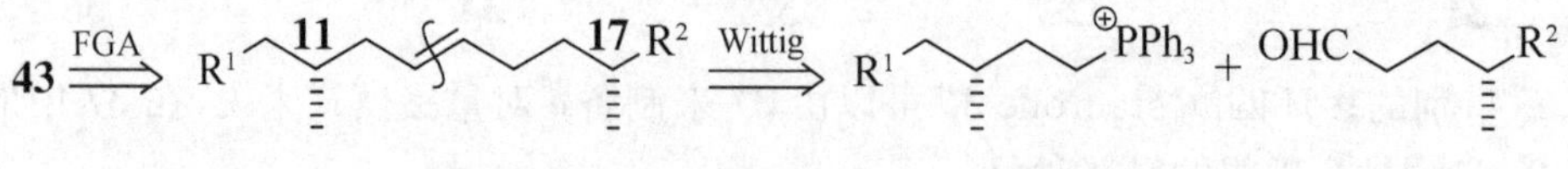

43 ==FGA==> 44 (R^1 11 17 R^2) ==Wittig==> 45 (R^1, $^{\oplus}PPh_3$) + 46 (OHC, R^2)

选择哪种路线去做，Wittig 反应看起来是任意的，但事实并非如此。Pempo 和他的小组选择了香茅醛 **47** 和香茅醇 **48**，两个来自香茅油的天然萜烯作为原料，它们在一个手性中心已具有所需构型。[7]假如你设想磷盐 **49** 和一些合适的醛之间进行 Wittig 反应，你就可明白分子的中间部分被正确构筑起来了。

CHO　OH　$\overset{\oplus}{P}Ph_3$

47;(*R*)-香茅醛　**48;(*R*)-香茅醇**　**49**

然而，醛不能是香茅醛，因为立体化学是错误的。另外，两个末端烯烃都要通过氧化断裂掉，以便剩余的部分可以进行连接。于是他们设计从香茅醇 **48** 得到分子的左边部分，**48** 氧化断裂得到醛 **50**，剩下的 7 个碳原子通过 Wittig 反应加上去。产品主要是 *Z* - **51**，烯烃无关紧要，会通过氢化消失的。膦盐可以与右半部分偶联。

48 $\xrightarrow[2.\ Me_2S]{1.\ O_3,\ -78℃}$ OHC…OH $\xrightarrow[碱]{C_6H_{13}CH_2\overset{\oplus}{P}Ph_3}$ C_6H_{13}…11…OH

50;98%收率　**51;75%收率**

51 $\xrightarrow[Ph_3P]{CBr_3}$ C_6H_{13}…Br $\xrightarrow[MeCN,\ 70℃]{Ph_3P}$ C_6H_{13}…PPh_3

52;98%收率　**53;75%收率**

香茅醛 **47** 与直链的格氏试剂反应，给出 1∶1 的立体异构体的混和物，不必分离，羟基做成对甲苯磺酸酯制造位阻然后臭氧化断裂烯烃。生成的醛 **56** 与分子的左半部分的磷盐 **53** 进行 Wittig 反应给出 *Z* -烯烃 **57**。新的烯烃是顺式的(在 **44** 中是反式的)，但是没关系。对甲苯磺酸酯通过四氢铝锂或钠氢还原去掉，烯键氢化就给出了我们想要的信息素 **43**，收率 78%。收率低的一步只有 Wittig 反应，但是它将分子的两部分连接在一起，我们可以接受。

47 $\xrightarrow[=RMgBr]{C_{11}H_{23}MgBr}$ R, OH $\xrightarrow[吡啶]{TsCl}$ R, OTs $\xrightarrow[2.\ Me_2S]{1.\ O_3,\ -78℃}$

54;97%收率　**55;97%收率**

OHC…R, OTs $\xrightarrow[碱]{53}$ C_6H_{13}…OTs, R

56;98%收率　**57;30%收率**

这个合成的要点就是研究人员认识到香茅醛和香茅醇的氧化断裂能给出两部分,这两部分能被用于合成具有所需立体化学的信息素的核心。在下一章我们将会看到重接这一策略对合成 1,6 -二羰基这类重要的化合物也是极具活力的。

（孟卫华　译）

参考文献

1. D. G. Lee and T. *Chem. Comp. Org. Synth.* 1991, **8**, 541.
2. M. T. Edgar. G. R. Pettit and T. H. Smith. *J. Org. Chem.* 1978, **43**, 4115.
3. R. M. Williams. T. Glibka and E. Kwast. *J. Am. Chem. Soc.*, 1988, **110**, 5972.
4. D. A. Evans; S. L. Bender and J. Morris., *J. Am. Chem. Soc.*, 1988, **110**, 2506.
5. W. G. Taylor., *J. Org. Chem.*, 1979, **44**, 1020.
6. R. Mitschka and J. M. Cook., *J. Am. Chem. Soc.*, 1978, **100**, 3973.
7. D. Pempo., J. Viala, J. -L. Parrain and M. Santelli. *Tetrahedron: Asymmetry*, 1996, **7**, 1951.

第二十七章　双基团的 C—C 键切断法Ⅵ：1,6 -二羰基化合物

本章所需的背景知识：重排（Baeyer-Villiger 重排）。

我们之所以把本章放于二官能团 C—C 键切断的最后一部分来讲是有原因的。如果还像其他章节那样开始本章的话，从 1,6 -二羰基化合物 **1** 的中间切断得到一个 a^3 合成子 **2** 和一个 d^3 合成子 **3**。尽管 a^3 合成子 **2** 在现实中以烯酮形式存在，但是 d^3 合成子 **3** 因其非正常的极性会给我们带来麻烦，这种情况在第二十五章中出现过，我们需要找到一个合成子 **3** 的等价试剂，以实现加成。尽管有一些方法可以做到，但都不常用。对于合成子来说，在任何地方切断都会面临一个现实的困难：这两个羰基官能团离得太远。

1,6−diCO?

1　　**2**　　**3**

对于 1,6 -二羰基化合物来说，第二十六章所提到的重接的策略更为适用。不过与前面所提到的有很大不同，我们不是修剪将要切断的链烯端位的原子，而是把分子内标记 C(1)和 C(6)的原子连接起来形成六元环 **4**。有趣的是，这两个相连原子之间的化学键要比分子内的其他键弱。双键化合物 **5** 恰好可以满足这个要求。

重连接　　弱键？

1　　**4**　　**5**

尼龙合成工业中便宜的环己烯 **6** 在制备环己酸 **7** 的反应中没有原子损失。任何氧化切断方法在本章都可以用到：Vogel 用浓硝酸和环己醇 **8** 反应，[1]可能经过脱水反应生成烯烃 **6**，然后被氧化生成己二酸，或许还有其他一些方法能用于工业生产。

6 —O_3 etc→ 7 (CO_2H, CO_2H)　8 (OH) —HNO_3→ [6] —HNO_3→ 7;55%收率

1,6-酮酸很容易从环己酮 **9** 制得,**9** 与有机锂或格氏试剂反应生成叔醇 **10**,脱水生成环己烯 **11**,再氧化得到 **12**。

9 —RLi或RMgBr→ 10 (OH, R) —$H^{\oplus}$→ 11 (R) —[O]→ 12 (HO_2C, 1, 2, 3, 4, 5, 6, R, O)

双环酮 **13** 可以从简单的烯酮 **14** 制得,而羟醛(α,β-不饱和羰基化合物始终是第一选择)切断得到酮醛 **15**。

13 (O, t-Bu) ⟹ 14 (O, t-Bu) =aldol⟹ 15 (O, t-Bu, CHO)

这个 1,6-二羰基化合物需要重接形成环己烯 **16**。在目标化合物 **15** 上标记数字 1～6 以保证各取代基在正确的位置上,然后经过官能团转化,切断甲基得到一个简单的起始原料环己酮 **18**。

15 (O, t-Bu, CHO, 1, 2, 3, 4, 5, 6) =1,6-diCO 重连接⟹ 16 (t-Bu, 1, 2, 3, 4, 5, 6) =FGI⟹ 17 (OH, Me, t-Bu) =C—C⟹ 18 (O, t-Bu)

化合物 **18** 的合成将在下一章中讲到。**14** 的合成是一个经典反应:醇 **17** 无需分离,直接脱水后得到环己烯 **16**,用臭氧氧化切断得到 **15**,**15** 在 KOH/MeOH 条件下缩合得到 **14**。分子内无疑肯定会发生羟醛缩合反应,不过也有可能生成七元环。[2]

18 (O, t-Bu) —1. MeLi 2. $H^{\oplus}$→ 16 (t-Bu) —1. O_3 2. Me_2S→ 15 (O, t-Bu, CHO) —KOH MeOH→ 14

Diels-Alder 反应合成 1,6-二羰基化合物

前面的实例清楚地表明我们必须合成出用于氧化切断的环己烯，合成这种化合物的最好方法是 Diels-Alder 反应(参见第十七章)。一个普遍的例子是用臭氧裂解丁二烯和烯酮 **20** 的加成产物 **21**。产物 **22** 的两个羰基有 1,6-二羰基相关性。因为 Diels-Alder 加成产物在环外有一个羰基(**21** 环外的酮)，所以裂解产物 **22** 也就有 1,5-和 1,4-二羰基相关性。这时需要依据个人选择的合成策略来判断哪种切断更合适。

O R + O R → 1. O_3 2. H_2O_2 → HO_2C HO_2C O R

19　**20**　**21**　**22**

Heathcock 需要二酯 **23** 用来合成抗生素-戊丙酯菌素。[3] 重接二酯 **23** 得到环己烯 **24**，把两个醚转换为羰基，显然可以通过丁二烯和马来酸酐 **26** 的 Diels-Alder 加成得到产物 **25**。

MeO_2C MeO_2C H H OMe OMe ⟹ 重连接 1,6-diCO ⟹ H H OMe OMe ⟹ FGI ⟹ H H O O O ⟹ D—A 切断 ⟹ + O O O

23　**24**　**25**　**19**　**26**

合成路线是 **25** 还原得到醚 **24**，氧化切断后再与重氮甲烷反应得到酯 **23**。

H H O O O → 1. $LiAlH_4$ 收率 89% 2. NaH, MeI 收率 84% → H H OMe OMe → 1. O_3, MeOH 2. H_2O_2 3. CH_2N_2 → MeO_2C MeO_2C H H OMe OMe

25　**24**　**23;收率 91%**

Eschenmoser 用二环双内酯 **27** 作为维他命 B12 合成中所有四元杂环的前体。切断二个内酯得到酮 **29**。[4]

CO_2H O O O O ⟹ 2XC—O 酯 ⟹ HO_2C CO_2H CO_2H HO OH ⟹ 1,1-diX ⟹ HO_2C CO_2H CO_2H O

27　**28**　**29**

实际上酮 **29** 有 1,4 -,1,5 -和 1,6 -相关性,如果我们在 **29a** 上做好标记,显然会发现它有 1,6 -相关性和恰当的立体构型。我们可以把它重新连接为环己烯 **30**,通过 Diels-Alder 切断,得到具有反应活性的亲二烯体 **31**。因为在化合物 **30** 中的甲基和羰基是顺式,所以 **31** 中的两个对应官能团也应该是顺式。

29 ⟹(重新标记) **29a** ⟹(重连接 1,6-diCO) **30** ⟹(Diels-Alder) **19** + **31**

在亲二烯体 **31** 的两个端位各有一个羰基,所以它有两种切断方式。其中 **31a** 的两个合成子都可以烯醇化,它的切断是不可控制的。但是切断 **31b** 肯定是可行的,不过需要考虑酮烯醇化的区域选择性。

32 + **33** ⟸(aldol b) **31** ⟹(aldol a) **34** + 乙酸的烯醇阴离子

在酸性条件下羟醛缩合反应生成取代基最多的烯醇化合物。Diels-Alder 反应得到游离酸 **30**,它可用于手性胺来拆分,各个对映异构体被用于合成 B12 的不同片断。用不太常用的 Cr(Ⅵ)断裂烯,然后在酸性条件下很自然的生成乙缩醛二醇酯。

丁酮 + **33** →(H_3PO_4, 80℃) **31**;产率:82% →(**19**, $SnCl_4$) **30**;产率:73% →(CrO_3, $H^{\oplus}$) **27**;产率:75%

环己烯的其他来源

通过断裂环烯制备 1,6 -二羰基化合物的优点在于立体构型在环上可保持不变,而在开链化合物中不能保持。自然存在的萜烯(+)- 2 -蒈烯 **35** 不可能有其他排列方式,只可能是一个 *cis* -稠合的三元环。用臭氧断裂烯烃得到立体化学不变的酮醛 **36**。这恰好与 McMurry 希望制备的一系列化合物(比如 **37**)有相同的立体构型。[5]

1. O_3 2. Me_2S

O CHO OHC O

35;(+)-2-蒈烯　**36;产率:99%**　**37**

环己烯断裂后得到的二羰基化合物进行羟醛缩合可以得到环戊烯。这种方法在 Iwata 制备柳珊瑚酸 **41** 的时候发挥了独特的作用。[6] **41** 有三个五元环围绕着一个季碳，以至于此处的结构式非常拥挤，难以表达得非常清楚。臭氧裂解环己烯 **38** 得到一个不稳定的二醛 **39**，通过羟醛缩合得到 **40**，然后氧化得到 **41**。

1. O_3, CH_2Cl_2 2. Zn, HOAc　$R_2NH_2^{\oplus}$ $AcO^{\ominus}$　$NaClO_2$, NaH_2PO_4, t-BuOH, H_2O

CHO CHO O H CO₂H

38　**39;产率:68%**　**40;产率:77%**　**41;产率:98%**

用 Baeyer-Villiger 反应氧化断裂

环己酮被过氧酸氧化裂解得到七元环内酯，这就是 Baeyer-Villiger 重排反应。从碳到氧的迁移，最终结果是一个氧原子插入环内。[7] 内酯已经有 1,6-二氧关系，转化为羟基酸 **44** 后这一关系将更为明显。这类反应广泛用于工业生产。[8]

RCO_3H　NaOH, H_2O

O ÖH O O R CO_2H OH

9　**42**　**43**　**44**

在这一切断中挤出氧原子是有一定问题的。内酯 **45** 和 **47** 都可以切断得到 **46**，有可能两个都不正确。迁移时有更多取代基的更倾向于迁移，如 **48** 所示，它可以更多地稳定分子左侧的极性正电荷。

Baeyer-Villiger 重连接　Baeyer-Villiger 重连接

O O R　R O　ÖH O O R^1 R

45　**46**　**47**　**48**

当羟酮 **49** 用于信息素的合成时，它可以通过内酯 **50** 与有机锂化合物亲核取代制备得到，这种类型的内酯(参考化合物 **45**)恰好可以从环己酮通过 Baeyer-Villiger 重排制备，而 **51** 可通过苯酚 **52** 的彻底还原得到(参见第三十六章)。

C—C 加热　　Baeyer-Villiger 重连接　　FGI

49; $R=n\text{-}C_8H_{17}$　　**50**　　**51**　　**52**

苯酚催化还原得到非对映异构体的混合物 **53**，氧化后可得到纯的 **51**。Baeyer-Villiger 反应和正辛基锂开环的反应收率令人满意。[9]

52 $\xrightarrow[\text{cat.}]{H_2}$ **53** $\xrightarrow{CrO_3}$ **51** $\xrightarrow{m\text{CPBA}}$ **50** $\xrightarrow{n\text{-}C_8H_{17}}$ **49**

其他方法

假如你想使用重接以外的其他合成策略，你最好先尝试切断策略。切断具有 1,3-二羰基关系的螺环二酮 **54** 得到一个 1,6-二羰基化合物 **55**，这无疑要从 **58** 的氧化裂解制得，但很多化学家宁愿忽略 1,6-二羰基关系，把 **55** 简单的切断为一个烯醇化合物 **56** 和一个溴代烷基酯 **57**。[10]

1,3-diCO　　C−C

54　　**55**　　**56** + **57**　　**58**

我们在第二十五章讨论过从内酯 **59** 制备 **57**，在第十九章和第二十五章中用过酮酯 **60**。**60** 烷基化得到 **61**，用浓 HCl 水解相应地得到酸 **55**，用 PPA 催化成环可以得到 **54**。

59 $\xrightarrow[\text{EtOH}]{\text{HBr}}$ **57**　　**60** $\xrightarrow[\text{2. 57}]{\text{1. NaOEt}}$ **61** $\xrightarrow[\text{2. PPA}]{\text{1. 浓盐酸}}$ **54**

(刘海涛　译)

参考文献

1. *Vogel*, page 668.
2. H. O. House, C. C. Yao and D. Vanderveer, *J. Org. Chem.*, 1979, **44**, 3031; H. O. House and M. J. Umen, *J. Org. Chem.*, 1973, **38**, 1000.
3. F. Plavac and C. H. Heathcock, *Tetrahedron Lett.*, 1979, 2115.
4. A. Eschenmoser and C. E. Winter, *Science*, 1977, **196**, 1410.
5. J. E. McMurry, *J. Org. Chem.*, 1987, **52**, 4885.
6. C. Iwata, Y. Takemoto, M. Doi and T. Imanishi, *J. Org. Chem.*, 1988, **53**, 1623.
7. C. H. Hassall, Org. React., 1953, 9, 73; G. R. Crow, *Org. React.*, 1993, **43**, 251.
8. G. J. ten Brink, I. W. C. E. Arends and R. A. Sheldon, *Chem. Rev.*, 2004, **104**, 4150.
9. G. Magnusson, *Tetrahedron*, 1978, **34**, 1385.
10. W. E. Bachmann and W. S. Struve, *J. Am. Chem. Soc.*, 1941, **63**, 2590; W. Carruthers and A. Orridge, *J. Chem. Soc.*, *Perkin Trans. 1*, 1977, 2411; H. Gerlach and W. Müller, *Helv. Chim. Acta*, 1972, **55**, 2277.

第二十八章　通用策略 B：羰基切断的策略

本章将最近十章中介绍的羰基切断方法与在第十一章中确立的通用原则联系起来。我们应该能够在本章发现一些新的原则，但是本章的主旨是探究在合成一个特定分子的时候为什么某些切断方法会比另一些更有效。

我们可以审视每一种可能的羰基 C—C 键切断方法并选出我们最中意的那种。但是对于任何即使只有中等复杂程度的分子来说，这样做也会是一个令人精疲力竭的过程，因此我们只举一个例子来展现这一分析过程。此后我们会在逆推的过程中就确定切断方式并且只有在我们选择的策略证明不可行的情况下才重新回到目标分子。Pratt 和 Raphael 需要酮二酯 **1** 去合成抗肿瘤化合物斑鸠菊苦素(vernolepin)。[1]我们的初步切断尝试容易做出，因为 α，β-不饱和羰基单元预示着经典的由 **1a** 切断到 **2** 的羟醛缩合反应。

EtO_2C CO_2Et **1**　　EtO_2C CO_2Et **1a**　⟹（α，β-不饱和羰基化合物 / 分子内羰醛缩合）　EtO_2C CO_2Et **2**

化合物 **2** 具有 1,3-、1,4-、1,5-和 1,6-二羰基的关系。切断 1,3-二碳氧键有 **2a** 和 **2b** 两种方式，得到一个或两个碳的片段和难以控制的烯醇盐 **3** 和 **4**，但是这两种切断方式涉及的反应很难控制。考虑到这些方法没有什么简化的可能，我们不会采用这一策略。

EtO_2C $+CO(OEt)_2$ **3**　⟸（1,3-diCO）　EtO_2C CO_2Et **2a,b**　⟹（1,3-diCO）　$+MeCO_2Et$ EtO_2C CO_2Et **4**

1,4-二羰基切断 **2c** 看来是有希望的，因为所需要的烯醇盐 **6** 是一个稳定的 1,3-二羰基化合物并且亲电试剂是易得的溴乙酸乙酯 **5**。此切断方法的成败在很大程度上取决于中间体 **6** 的合成的难易。

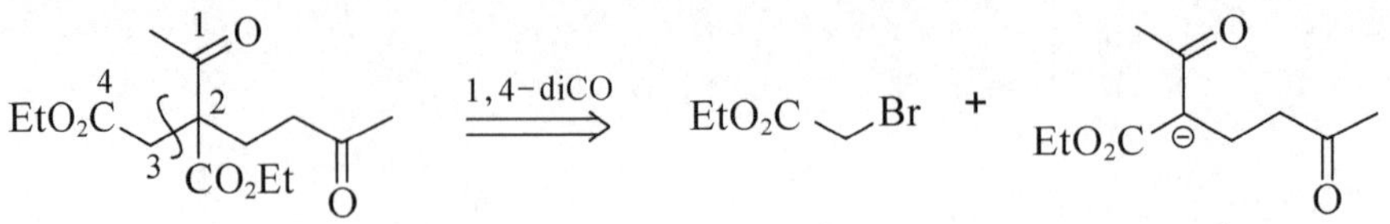

2c **5** **6**

1,5-二碳氧键切断 **2d** 看上去也是有希望的，因为所需要的烯醇盐 **7** 也是是稳定的并且亲电试剂是易得的烯酮 **8**。此时选择 **2c** 还是 **2d** 的切断方法不再重要，合成 **6** 和 **7** 的难易成为决定因素。

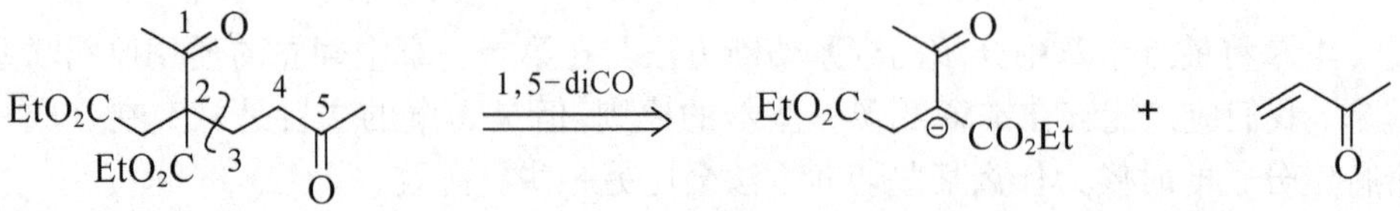

2d **7** **8**

最后我们可以考察一下 **2d** 的1,6-二羰基切断方法。**2d** 通过重新连接可以构建一个环己烯 **9**，而 **9** 看上去注定要由异戊烯 **11** 和烯酮 **10** 通过Diels-Alder 反应制备，而 **10** 也许可以由乙酰乙酸乙酯通过 Mannich 反应制得。

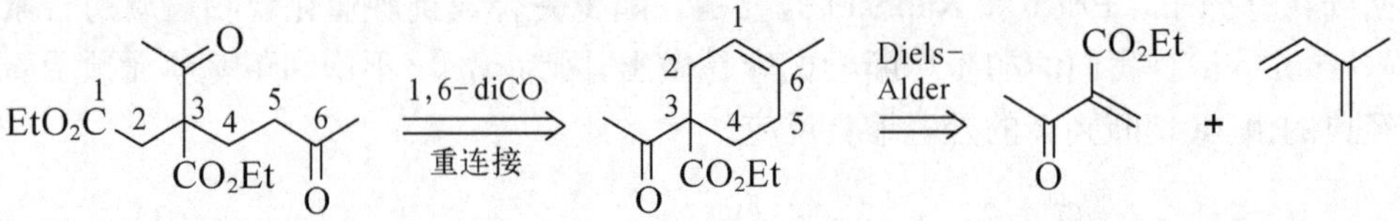

2d **9** **10** **11**

因此我们就有了三种有希望的方法，然而前两种方法是一样的，只是合成的顺序恰好相反。因此明智的做法是选择其中一种去尝试。如果需要再用同样的起始原料去尝试另一条路线。Pratt 和 Raphael 发现经由烯醇盐 **7** 的 1,5-二碳氧键切断策略是可行的。其他方法也许也能成功。需要指出的是中间体 **2** 的环合只需要弱酸和弱碱的条件下即可实现。

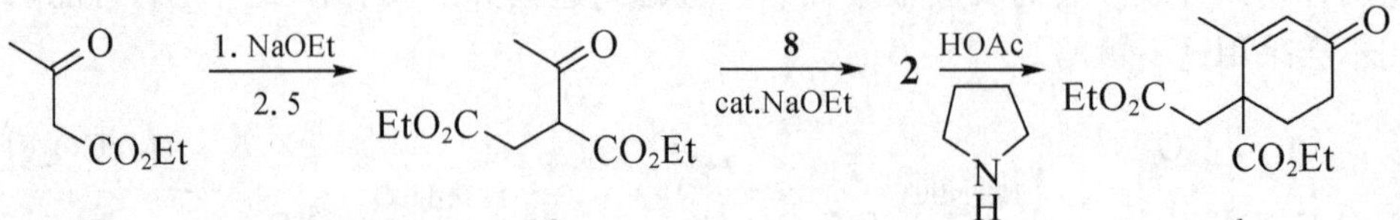

12 **13** **1**

合成一个内酯的示例

当目标分子中存在 C—X 键的时候，首先将其切断是明智的，因为由此我们可以看清楚展开后的碳骼并计算出官能团之间的位置关系。按照上述规则，内酯 **14**

展开后得到 **15**，而 **15** 具有 1,3-和 1,4-二羰基的关系。

MeO　O　O　CO_2Me　MeO　
$\xrightarrow{C—O}$ 酯（内酯）
MeO　OH　CO_2H　CO_2Me　MeO
MeO　OH　4 CO_2H　1　2　3　2　CO_2Me　3　MeO

14　**15**　**15a**

我们可以通过切断枝化点的方法继续对上述两种关系进行分析，每一种切断策略都需要用到简单的芳基酮 **16** 和 **18**，但是 **15b** 需要用一个高烯醇盐试剂去合成 d^3 合成子 **19**，这是我们需要竭力避免的；然而 **15c** 只需要一个简单的烯醇盐 **17**，因此我们更倾向于采用后者。

O　CO_2H　Ar　+　⊖　CO_2Me
c　1,3-diCO ⟸
OH　4 CO_2H　Ar　1　b　2　3　c　2　CO_2Me　3
b　1,4-diCO ⟹
Ar　O　CO_2Me　+　⊖　CO_2H　**19**　**d**^{3} 合成子　高烯醇化合物

16　**17**　**15b,c**　**18**

酮酸 **16** 可以用 Friedel-Crafts 反应来制备，最合适的试剂是琥珀酸酐 **22**，因为就像已经在第二十五章中介绍过的那样，此种化学键的切断可以在 1,4-二羰基之外实现。起始试剂 **21** 可以用硫酸二甲酯对 **20** 进行甲基化得到，最后一步的烯醇盐可以由溴乙酸甲酯的有机锌衍生物(Reformatsky 试剂)来制备。在 **23** 中作为保护基的甲基酯在环化成内酯的过程中消失了。[2]

OH　OH　$\xrightarrow[\text{形式}]{(MeO)_2SO_2}$　MeO　MeO　+　O　O　O　$\xrightarrow{AlCl_3}$ **16** $\xrightarrow[H^{\oplus}]{MeOH}$　O　CO_2Me　Ar　**23**
Br　CO_2Me　$\xrightarrow[3.\ H^{\oplus}, H_2O]{1.\ Zn, 2.\ 23}$　**15**　**80%收率**

20　**21**　**22**

合成一个对称的环状缩酮示例

酮缩酮 **24** 在前列腺素的合成中会用到。[3]切断缩酮 **24a** 得到了对称的碳骨架 **25**，此结构具有 1,4-和 1,5-二羰基的关系。此外在两个醇羟基之间存在 1,4-二羰基的关系。

H O O H O H O O H O 1,1-diCO 缩醛 2 H 4 1 3 4 OH OH O H 5

24 **24a** **25**

这些关系看上去都不是很可行，部分原因是任何 C—C 键切断都会破坏分子的对称性。我们可以使用第十九章中讲述过的一个小策略去绕过这个问题。添加一个额外的官能团(甲氧羰基)从而在分子中产生一个 1,3 -二羰基的关系。由此切断 **26** 将不会破坏分子的对称性。

H OH O OH H 添加 CO_2Et 活化基团 MeO_2C H OH O OH H 1,3-diCO H MeO_2C OH MeO_2C OH H

25 **26** **27**

这个新的中间体 **27** 除了具有 **25** 的 1,4 -和 1,5 -二羰基的关系外，还有一个 1,6 -二羰基的关系 **27a**。连接 **27a** 可以得到 **28**，并且仍然不会破坏分子的对称性。进一步的官能团调整得到 **29**，它明显是由丁二烯和马来酸酐 **30** 经由 Diels - Alder 反应得到的。

1 2 H MeO_2C 3 OH MeO_2C 4 OH 6 5 H 1,6-diCO 重连接 H OH OH H FGI H O O O H Diels-Alder + O O O

27a **28** **29** **30**

既然马来酸酐 **30** 中的两个氢原子是顺式的，那么它们在加成产物 **29** 中也必然是顺式的。此产物在氧化切断之前需要先进行还原和保护，只有这样才能将分子左右两边的差异保留下来。最后将 **33** 水解脱羧得到 **24**。

29 1. $LiAlH_4$ 2. TsOH $(MeO)_2CMe_2$ H O O H 1. $KMnO_4$ 2. CH_2N_2 H MeO_2C O MeO_2C O H NaH MeO_2C H O O O H

31 **32** **33**

合成一个螺环烯酮的示例

Corey 在合成赤霉酸的时候需要用到螺环-烯酮 **34**。[4] 显然烯酮切断将得到一个具有 1,4 -二羰基关系的酮醛中间体 **35**，而此中间体在枝化点切断得到醛 **36** 的一些烯醇(盐)的等价物和溴代酮 **37**。

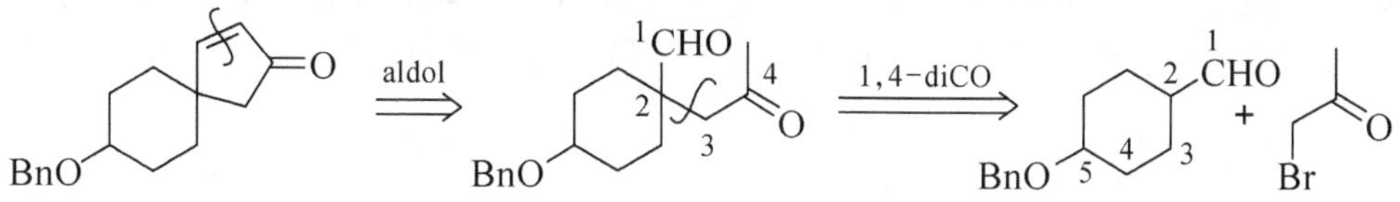

aldol ⟹ 1,4-diCO ⟹

34　**35**　**36**　**37**

此化合物在计划合成的过程中遭遇了一次次的失望，因为很多看起来很可行的方案最终不得不放弃。例如，醛 **36** 包含一个 1,5-二羰基的关系，却不能简单地由共轭加成来制得，因为这样会需要一个酰基负离子等价物的共轭加成。另一种可供选择的方法是使用烯丙基溴 **39**(重新连接策略-第二十六章)和乙酰乙酸乙酯的烯醇盐 **40**。

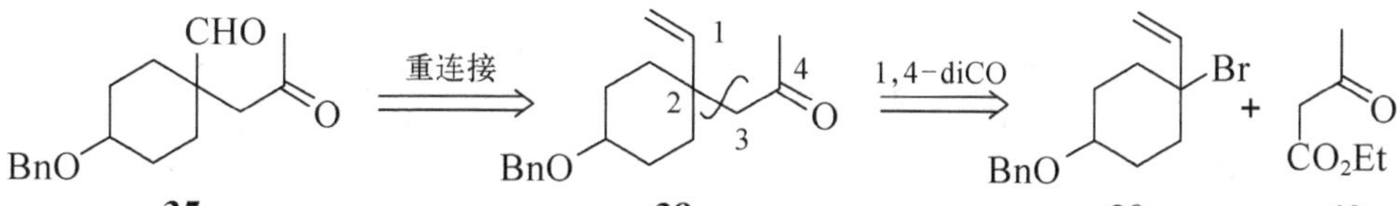

重连接 ⟹ 1,4-diCO ⟹

35　**38**　**39**　**40**

但是这一策略仍然是前景黯淡，因为烯丙基溴总是用烯基位阻小的一端参与反应。然而，我们可以选择另一种枝化点切断方式 **38a** 并且考虑用烯基金属(铜?)衍生物对烯酮 **41** 进行加成，而此烯酮 **41** 可以由酮 **42** 和丙酮 **43** 的烯醇(盐)通过某些羟醛缩合过程来制备。

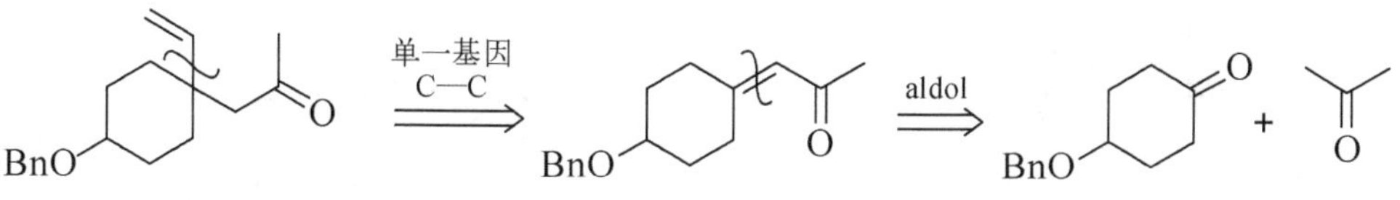

单一基因 C—C ⟹ aldol ⟹

38a　**41**　**42**　**43**

醚 **42** 显然可以由羟基酮 **44** 来制备，而制备 1,4-二官能团化的环己烷的一种有效方法是还原廉价的芳香化合物如对二苯酚 **45**，这种优异的方法也将会在第三十六章中看到。

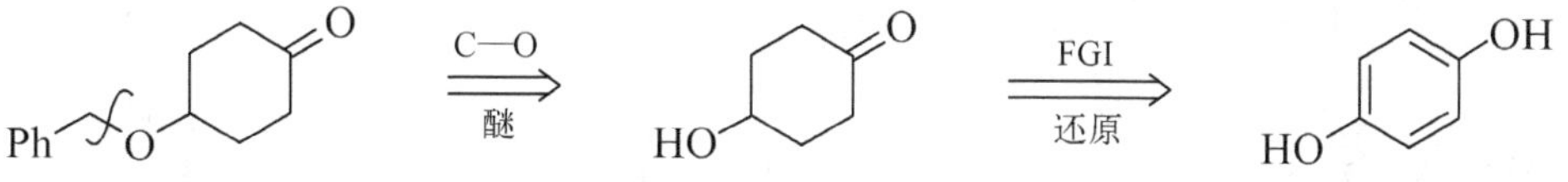

C—O 醚 ⟹ FGI 还原 ⟹

42a　**44**　**45**;对苯二酚

这种方法需要一个基本的化学选择性(第五章)去区分 **45** 中的两个酚羟基官能团，进而可以将一个羟基烷基化，另一个羟基氧化。反复试验找到的最好的方法是首先将 **45** 完全还原然后苄基化得到一个二醇混合物 **46**、单醚 **48** 和二醚 **47** 的混合物。这是一个统计学上的制备方法(第五章)，预计会生成约 50%的 **48** 和各

25%的 **46** 和 **47**。幸运的是这一混合物容易分离，加之 **46** 和脱苄后的 **47** 可以重新利用而使这一反应具有好的转化率。最后氧化 **48** 得到 **42**。无论如何，苄基化出现在合成的初始步骤中从而可以使用廉价的原料进行大量的制备。[5]

45;对苯二酚 $\xrightarrow[\text{Ni}]{H_2}$ **46** $\xrightarrow[\text{PhCH}_2\text{Br}]{\text{Na}}$ **47** + **48** $\xrightarrow{CrO_3}$ **42**

Corey 选择 Wittig-类型(HWE)的反应去控制形式上的羟醛缩合过程并且选用铜催化的烯基格氏试剂对共轭体系进行加成。用高碘酸钠和催化量的四氧化锇氧化 **38** 得到 **35**，而后者可以在平衡条件下顺利地进行关环。

49 $\xrightarrow[\text{NaOH}]{\textbf{42}}$ **41** $\xrightarrow[\text{cat.}Cu_2I_2]{\text{CH}_2=\text{CHMgBr}}$ **38** $\xrightarrow[\text{cat.}OsO_4]{NaIO_4}$ **35** $\xrightarrow{\text{NaOH}}$ **34**

合成匹喹酮的示例

我们最后一个例子是杂环二酮 **50**，一个罗氏公司用来合成抗精神失常药物匹喹酮 **51** 的中间体。[6]

50 ⟶ **51**;匹喹酮

我们可能首先想到的是剔除结构中的杂原子——环内氮原子。带着使用还原胺化的想法，我们可能考虑去由 **52** 制备亚胺或由 **53** 制备酰胺。但是这些化合物有 4 个不同的羰基，显然在选择性上会出问题。

50a $\xRightarrow[\text{还原胺化}]{2\times \text{C—N}}$ **52** **53**

或许直接进行羰基切断会更有效。最明显的关系是 **50b**、**50c** 所示的 1,3-二羰基的关系，切断以后可以得到两个起始原料酮酯 **54** 和 **55**。

Me　N　H　CO_2R　O　H　⟸ 1,3-diCO (b)　Me　N　H　O　1　b　2　c　3　O　H　⟹ 1,3-diCO (c)　Me　N　H　O　CO_2R　H

54　50b,c　55

这两个中间体 **54** 和 **55** 都存在一个 1,5-二羰基的关系，并且都可以通过两种方式切断。**54b** 和 **55b** 都是切断一个环内键，呈现给我们的是两个并没有得到简化的起始原料 **56** 和 **59**。但是另外两种切断方式 **54a** 和 **55a** 使起始原料得到了简化，只需要简单的环状烯酮 **57** 和 **60** 和丙酮 **58** 或乙酸酯 **61** 的烯醇(盐)。显然后面的两种切断方法更有希望，因此我们应该对它们进行更深入的分析。

Me　N　CO_2R　O　⟸ 1,5-diCO (b)　Me　N　1　CO_2R　2　b　3　a　5　4　O　⟹ 1,5-diCO (a)　Me　N　CO_2R　⊖　O

56　54a,b　57　58

Me　N　O　CO_2R　⟸ 1,5-diCO (b)　Me　N　O　1　2　b　3　a　5　CO_2R　4　⟹ 1,5-diCO (a)　Me　N　O　⊖　CO_2R

59　55a,b　60　61

此外，目标分子 **50** 中还有一个 1,5-二羰基的关系。如 **50d**、**50e** 所有的途径将分子切断会得到一个最没有希望的十元环 **62** 或一个更有希望的二酮 **63**。对 **63** 的进一步分析将会引导我们回到 **57** 和 **60**。

Me　N　O　O　⟸ 1,5-diCO (d)　Me　N　O　1　d　e　5　O　⟹ 1,5-diCO (e)　Me　N　O　O

62　50d,e　63

让我们重新回到 **57** 和 **60**，这两个 α,β-不饱和羰基化合物可以通过羟醛缩合的切断方法得到 **64** 和 **65**。到如今，你或许想起了我们在第十九章中提到的某些内容：像 **64** 和 **65** 这样在氮原子和羰基之间存在 1,3-双官能团关系的化合物。之前的两个羰基官能团都是酯羰基，而现在必须一个是醛基，另一个或者是酯基，或者是酮。

57 $\overset{aldol}{\Longrightarrow}$ 64　　60 $\overset{aldol}{\Longrightarrow}$ 65

我们可以推测一下由**67**(第十九章的**44**)通过还原和消除可以制备**57**。那就是说加入乙酰乙酸酯负离子应该可以生成**63**。

MeNH$_2$ + CO_2R → 66 $\xrightarrow{RO^{\ominus}}$ 67 $\xrightarrow[2.\ 酸或碱]{1.\ NaBH_4}$ 57

实际上,没有必要去合成**57**,因为当R为甲基的时候,它是天然产物槟榔碱。然而,当合成进行到用乙酰乙酸甲酯的烯醇盐对**57**进行共轭加成的时候,只有很少的产物生成(12%~18%)。问题出在**57**在碱催化下会重排生成芳香吡啶酮**71**。

57 (R=Me) $\overset{t\text{-BuOK}}{\rightleftharpoons}$ 68 ⇌ 69 → 70 ⇌ 71

通过使用**60**和丙二酸酯解决了这一问题。中间体**72**和二酮**50**可以被分离出来并进行鉴定,但是在工业生产中,更好的选择是在同一生产过程中继续反应从而得到药物**51**。这种药物具有高效、高选择性的多巴胺拮抗活性。

60 $\xrightarrow[NaOEt,\ EtOH]{CH_2(CO_2Et)_2}$ 72 $\xrightarrow{H_3O^{\oplus}}$ 50

剩下的就是合成中间体**60**。这有一个古老的合成方法实际上在合成**65**的时候已经提到过。[7]用氯缩醛**74**对甲胺进行烷基化,得到的**75**对丁烯酮**76**进行共轭加成并在酸性溶液中进行关环。这一合成路径产率非常低。一个原因是甲胺的烷基化反应产率非常低。另一个原因可能是缩醛**77**水解生成醛**65**之后的环化反应很难得到控制。

73 $\xrightarrow[\text{EtOH}]{\text{HCl}}$ 74 $\xrightarrow{\text{MeNH}_2}$ 75 $\xrightarrow{76}$ 77 $\xrightarrow{\text{HCl}}$ 60

受到易得的吡啶 **78** 和 **60** 具有相同骨架的启示，罗氏公司的工作者选择了一个完全不同的策略去合成 **60**。保护并甲基化 **78** 可以高产率地得到吡啶盐 **80**，进而将其还原水解得到 **60**。这篇记述了如何探索一条有效合成药物 **51** 的文章值得我们进一步研读。[6]

78 $\xrightarrow[\text{TsOH}]{\text{HO}\diagdown\!\diagup\text{OH}}$ **79;96.4%收率** $\xrightarrow[\text{PhMe}]{\text{MeI}}$ **80;99.3%收率** $\xrightarrow[\text{2. HCl, H}_2\text{O}]{\text{1. NaBH}_4\text{, EtOH}}$ **60 88%收率**

关于合成设计的通用策略的总结

1. 通过官能团转化或 C—X 键切断将所有官能团转换为以氧为基础的官能团(羟基、羰基等等)，这样可以使碳骼呈现出来。

2. 确定官能团之间的关系，这意味着要计算出它们之间的距离。

3. 调整化合物的氧化级别(如果需要)，并利用第十八章～第二十八章中的反应进行切断。

4. 坚持考察所有可能的官能团之间的关系(例如，从两种不同的方向计算环状化合物上官能团之间的关系)直到找到一个好的合成方法。

5. 如果需要，添加额外的官能团或活化基团以使反应变得可行。

6. 如果合成中某个不合意的反应无法绕过，尽可能将它设计成初始步骤。

(董长青　译)

参考文献

1. R. A. Pratt and R. A. Unpublished Observations.
2. A. S. Dreiding and A. J. Tomasewski, *J. Am. Chem. Soc.*, 1954, **76**, 540.
3. H. Naki, Y. Arai, N. Hamanaka and M. Hayashi, *Tetrahedron Lett.*, 1979, 805.
4. E. J. Corey and J. G. Smith, *J. Am. Chem. Soc.*, 1979, **101**, 1038.

5. D. A. Prins, *Helv. Chim. Acta*, 1957, **40**, 1621.
6. D. L. Coffen, U. Hengartner, D. A. Katonak, M. E. Mulligan, D. C. Brukick, G. L. Olsen and L. J. Todaro, *J. Org. Chem.*, 1984, **49**, 5109.
7. A. Wohl and A. Prill, *Liebig's Ann. Chem.*, 1924, **440**, 139.

第二十九章　策略XIII：环的合成
介绍：饱和杂环

本章所需的背景知识：饱和杂环化合物和立体电子学。

环化反应

本章的主要内容是如何利用分子内环化反应合成杂环化合物。在上一章的结尾，提到了由伯卤代物 **74** 与甲胺反应合成化合物 **76**，但产率较低(具体数值参见第二十八章)。这是因为产物 **75** 也是一个亲核试剂，它和化合物 **74** 反应的速率与甲胺相同，从而给出副产物 **1**。这是一个双分子参与的分子间反应。

Cl(CH$_2$)$_2$CH(OEt)$_2$ (**74**) $\xrightarrow{MeNH_2}$ MeNH(CH$_2$)$_2$CH(OEt)$_2$ (**75**) $\xrightarrow{74}$ EtO(EtO)CH(CH$_2$)$_2$N(Me)(CH$_2$)$_2$CH(OEt)$_2$ (**1**)

希望你不会惊奇，以化合物 **2** 为原料所发生的类似反应，却只生成吡咯烷 **3**。相对双分子过程而言，化合物 **4** 更易发生的是分子内反应，事实上，是单分子关环反应。实际上，我们很难制得以游离胺形式存在的化合物 **2**。它的盐，比如盐酸盐，是稳定的，用碱中和之后给出 2 并立即关环得到 **3**。

Cl(CH$_2$)$_4$NHMe (**2**) ⟶ N-甲基吡咯烷 (**3**)　　**4** ⟶ **5** $\xrightarrow{碱}$ **3**

本章会介绍分子内环化反应相对于分子间反应的优势和一些简单的杂环合成反应。从一些例子可知，并不是所有的环化反应都是可行的。关环速度和环的大小有关，[1] 从下面氮杂环的例子中我们可以得知：生成五元环的关环速度最快，六元环和三元环次之，七元环非常慢，四元环最慢。

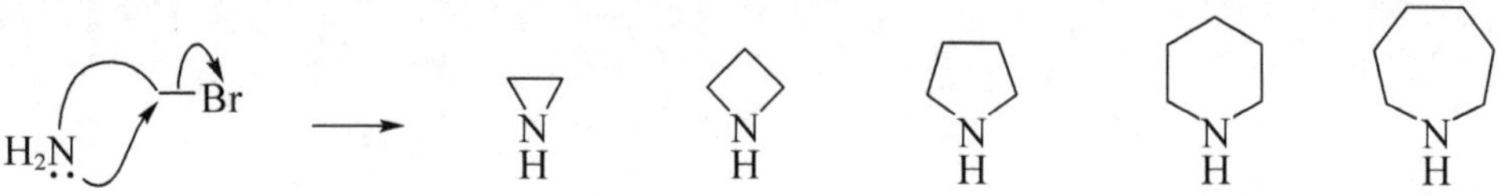

$k_{rel}(H_2O)$ 70 1 6×10^4 1×10^3 17

关环速度取决于关环机理中的难易和环的稳定性。三元环和四元环由于张力太大而不稳定，它们的键角明显低于四面体的角度(109 度)。五元、六元和七元环是无张力的，因此是稳定的。六元环能以稳定的椅式构象存在，所以，它是最稳定的。化合物 **6** 的亲核原子 **N** 和亲电原子 **C** 距离较近，并且优势构象正有利于成环，故易于形成三元环。环合成四元环是不利的，因为处于优势构象的化合物 **9** 是不能成环的，能成环的化合物 **10** 的构象则有重叠键存在。无论是产物还是过渡态都有张力，故难以环合。

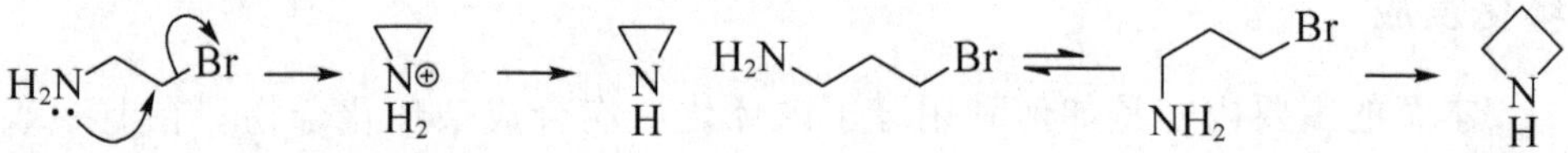

形成五元环所需 **4** 的构象是合理的，过渡态和产物的张力也不大，故五元环容易形成。如果搭建一个长链分子模型，当你折叠它的时候，能够接近的原子具有 1,5 -相关性。单纯折叠链状化合物 **12**，会使亲核原子和亲电原子错开(**12a**)。因此，只有形成类椅式构象 **13** 时，才能关环得到 **14**。

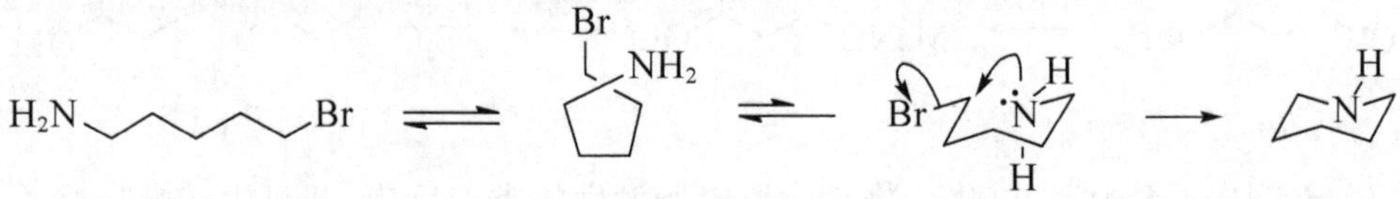

总结：动力学和热力学因素对关环反应的影响，不同程度地与环的大小以及反应难易有关。详见表 29.1：

表 29.1 环化反应的动力学和热力学影响因素

环 大 小	动力学因素	热力学因素
3	很大优势	无优势(张力)
4	无优势	无优势(张力)
5	有优势	有优势
6	中等优势	很大优势
7	中等优势	中等优势

热力学控制包括焓和熵两个因素。从羟基酸 **15** 和 **17** 分别合成内酯 **16** 和 **18**，可以看出，形成五元环和六元环的焓变和熵变值不同。由于形成六元环的焓变小，所以过渡态稳定，使得环化反应容易进行；形成五元环则在熵变上是有利的，能以合适的构象进行环合。

HO–CH₂CH₂CH₂–C(=O)OH **15** —$H^{\oplus}$→ **16**　　HO–CH₂CH₂CH₂CH₂–C(=O)OH **17** —$H^{\oplus}$→ **18**

$\Delta H^{\ddagger}$ 80 kJ·mol^{-1}　$\Delta S^{\ddagger}$ −48 J·deg^{-1}·mol^{-1}　$\Delta H^{\ddagger}$ 58 kJ·mol^{-1}　$\Delta S^{\ddagger}$ 108 J·deg^{-1}·mol^{-1}

从卤代醇合成三元环和五元环（环氧和四氢呋喃）所用的不同的碱，可以看出动力学控制对环化反应的影响因素。由化合物 **19** 合成环氧 **20**，需要用很强的碱夺取羟基上的质子完全生成氧负离子才行。相反，由 4-氯丁醇合成四氢呋喃时，碱夺取羟基的质子和关环反应可以同时进行，故用弱碱即可。[1, 2]

HO–CH₂CH₂–Cl **19** ⇌(碱) $^{\ominus}$O–CH₂CH₂–Cl **20** → **21**　　B: H–O–(CH₂)₄–Cl **22** → **23**

这一切都说明，三元环容易形成，但在相同的条件下也容易开环。四元环很难形成，五元环和六元环容易形成，七元环也是可以形成的。

三元环

大家对环氧化物 **26** 的合成已经很熟悉了，它可以由过氧酸，比如 *m*-CPBA，与烯烃 **27** 反应得到。同样，也可以由 α-氯代醇 **25**，在碱的作用下进行环化反应生成。而 α-氯代醇 **25** 是用 α-氯代酮与格氏试剂，经过 Cornforth 加成反应制备的。[3]

24 (Br) —1. Mg, Et_2O; 2. ClCH₂COCH₃→ **25** (OH, Cl) —NaOH→ **26** (O) ←*m*CPBA— **27**

含氮杂环氮丙啶，可由醇经过活化后，再用胺进行取代得到。化合物 **30** 具有抗肿瘤和抑制增殖的作用，它的作用基团就是氮丙啶。在它的合成过程中，J. P. Micheal 和他的研究小组用叠氮负离子进攻环亚硫酸酯 **28**，使其开环。这个反应发生在烯丙位，并使构型翻转。将醇制成磺酸酯 **29**，使其活化；还原叠氮得到胺，在碱的催化作用下，发生构型翻转的环化反应。[4]

28 → (1. NaN_3, DMF; 2. MsCl, Et_3N, CH_2Cl_2) → **29;90%收率** → (1. $P(OMe)_3$; 2. NaH) → **30;60%收率**

四元环

尽管合成四元环是最不利的环化反应，但是它却是可行的，并且通常发生在分子间无法形成其他环的场合下。Upjohn 公司生产的，具有止痛和抗抑郁作用的药物分子 **31** 中就包含一个四元含氮杂环。很显然，对 C—N 键进行切断，可以给出化合物 **32**(X 为离去基团)和烯酮 **33**。它是由环己酮 **34** 作为起始原料与苯甲醛反应得到的。

31 ⟹(C—N) **32** ⟹(C—N，还原胺化) **33** ⟹(aldol) **34** +PhCHO

令人惊奇的是这条路线能够行得通。[5] 比较好的方法是用二酮 **36**(而不是 **33**)来制备这个药物。它是由烯胺 **35** 酰基化得到的。二酮化合物与 3-氨基丙醇进行还原胺化反应，生成化合物 **37**，再在酸性条件下脱水得到胺 **38**。然后，在 $Ph_3P\cdot Br_2$ 的作用下进行 Mitsunobu 类反应，将羟基转化成溴化物后进行环化反应。

吗啉 →(**34**) **35** →(PhCOCl) **36** →(H_2NCH₂CH₂CH₂OH, H_2, Pd) **37** →(HCl) **38** →($Ph_3P\cdot Br_2$) **31**

他们又提供了一个更加出奇制胜的备用路线。利用苄胺与二酮进行还原胺化，然后氢化脱苄，脱水得到胺 **40**，再与 1,3-二溴丙烷反应生成化合物 **31**。当然，也有可能先生成化合物 **32**(X = Br)后再关环。

1. $PhCH_2NH_2$　2. H_2, Pd　HCl　Br～～Br → **31**

36　**39**　**40**

当四元杂环与另外一个环呈 *cis*-并环状态时，例如，在第十二章里提到的 *syn*-**44**，可以由 *syn*-单对甲苯磺酸酯 **42** 在碱性条件下进行环合。**10** 虽然不是优势构象但却又是唯一可行的，化合物 **43** 同时具有亲电和亲核基团，这样它就很容易发生环化反应得到目标产物 **44**。这个研究结果发挥了很重要的作用，尤其是当抗癌药物 taxol 被发现时，因为这个药物分子也包含一个 *cis*-稠合的氧杂环丁烷。[6]

TsCl 吡啶　碱

顺式-41　**顺式-42**　**顺式-43**　**44;85%收率**

五元环

五元环是最易于形成的，如羟基酸 **15** 之类的先导化合物，即使它们的羧酸盐是稳定的，但也很难被分离出来。因此，最重要的是得到具有正确氧化态的前体化合物。以氮杂环化合物为例：饱和环状化合物 **45** 可以由化合物 **46** 通过烷基化获得（X 为离去基团）；亚胺或烯胺可以由醛或酮 **48** 得到。

C—N　C—N 亚胺　C—N 烯胺

45　**46**　**47**　**48**　**49**

内酰胺 **50** 可由羧酸衍生物 **51** 获得。氨基酸酯类化合物 **53** 作为游离胺是不稳定的，它们经常以盐的形式存在（如化合物 **52** 为盐酸盐）。化合物 **52** 遇碱中和得到游离胺 **53** 后，很容易关环生成内酰胺 **50**。

C—N 酰胺　碱　→ **50**

50　**51**　**52**　**53**

以硫杂环为例，不饱和环 **54** 有一个不与杂原子相邻的双键，它是一个烯丙型硫化合物，而不是乙烯型的。因此，切断两个 C—S 键就可以得到双取代的烯丙型

起始原料 **55**。如第十六章所述，我们先制得二醇 **56**，再把羟基转化为离去基团，最后用硫化钠进行环化，就得到最终产物。[7]

54 $\overset{2\times C—S}{\Longrightarrow}$ X—CH₂CH=CHCH₂—X **55**　HO—CH₂CH=CHCH₂—OH **56** $\xrightarrow{PCl_3}$ **55** **X=Cl** **>90%收率** $\xrightarrow{Na_2S}$ **54;38%**

当 Metzner 合成 C_2 对称硫醚 **57** 时，他首先想到的就是单一对映体 **58**，它可以通过不对称还原的方法得到。[8]将化合物 **58** 转化为二甲磺酸酯 **59**（不分离），然后，用 Na_2S 进行双取代关环，得到硫醚 **57**。由于生成五元环的分子内取代反应比分子间取代优先，因此分子间的双取代副产物很少。在这个反应中，分子内的双取代反应具有很高的反式立体专一性并伴随构型的翻转。

57 $\overset{2\times C—S}{\Longrightarrow}$ **58** (OH, OH) $\xrightarrow[CH_2Cl_2, 20℃]{1. MsCl, Et_3N}$ [**59** (OMs, OMs)] $\xrightarrow[EtOH]{2. Na_2S\cdot 9H_2O}$ **57** **95%收率**

将 C—C 键和 C—X 键的切断法结合起来可以简化合成路线。Woodward 需要硫醚 **60** 作为中间体来合成维生素 H。[9]直接切断 C—S 键得到一个难以获得且很活泼的中间体 **61**。如果首先对化合物 **60a** 进行 1,3-二羰基切断，然后切断C—S 键，可得到简单的起始物。

60 $\overset{1,3\text{-diX};\ 1,2\text{-diX}}{\Longrightarrow}$ **61**　　**60a** $\overset{1,3\text{-diCO}}{\Longrightarrow}$ **62**

Woodward 就是选择第二种切断方法，因为硫醇乙酸甲酯 **63** 是很容易得到的，二酯 **62** 在平衡条件下环化得到 **60**。

63 + **64** $\xrightarrow{吡啶}$ **62** $\xrightarrow[MeOH]{NaOMe}$ **60**

合成蚂蚁警戒信息素马尼康(mannicone) **65** 时，需要含有两个杂原子的环状化合物 **66**。化合物 **66** 具有另外两个氧化态。将两个 C—N 键切断，注意酸氧化态 C(1)和与酮氧化态相当的烯胺 C(3)，从而得到酮酯 **67** 和肼 **68**。当一个环中有两个杂原子时，最好不要切断杂原子之间的键，而是要寻找一个包括两者的起始物。

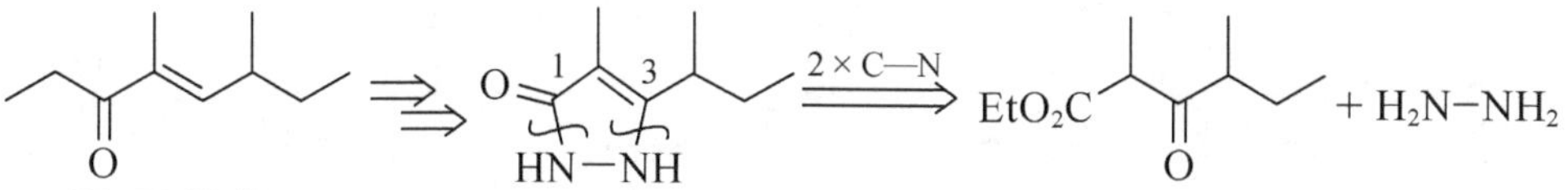

65; 马尼康　66　67　68 肼

1,3-二羰基化合物有两种切断方式。一种是 **67b**,它需要两个酯之间的缩合反应,但这种反应很难控制;另外一种是 **67a**,它是有区域选择性的(我们在第二十章介绍了原因)。

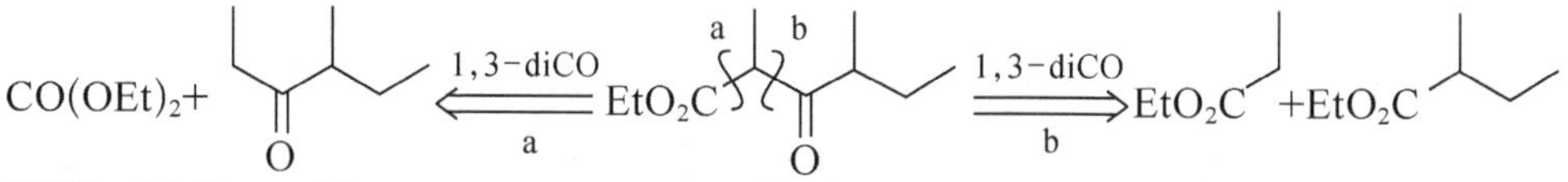

碳酸二乙酯　69　67a, b　70　71

合成工作很简单,[10]虽然肼无论先和哪个羰基反应,都能得到最终产物,但实际上,缩合反应是有区域选择性的。首先生成烯胺,然后再与剩下的羰基反应。

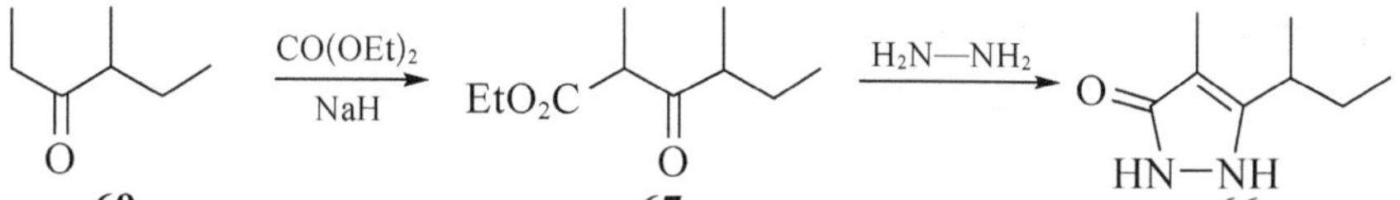

69　67　66

六元环

相同的方法也可以用于六元环的反合成分析,下面将举几个例子加以说明。四甲基哌啶酮 **72** 的合成能很好说明分子内反应的优势。通过氨对二烯酮 **73** 的共轭加成反应,可以切断氮原子。然后,通过两个 aldol 缩合反应,可以反推出三分子的丙酮。

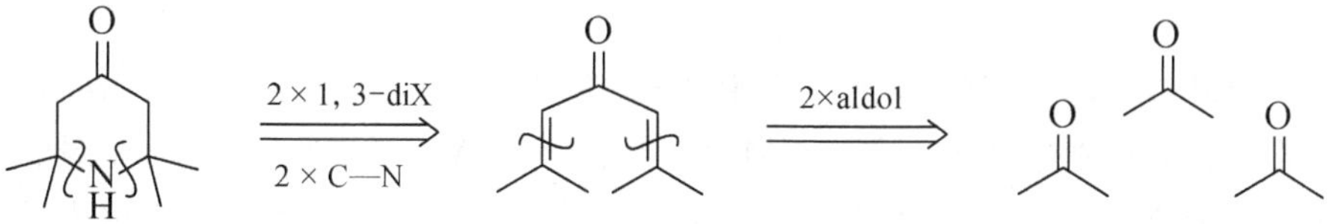

72　73　3× 丙酮

室温下,丙酮和氨在温和的脱水剂氯化钙作用下,可以一步得到哌啶酮 **72**。[11]丙酮可能会发生二聚和三聚,但是聚合反应在刚开始就会被阻止,因为氨会与这些二聚和三聚体反应,形成唯一稳定的六元杂环 **72**。48%的产率似乎有些低,但是过量的丙酮可以回收利用,如果回收的丙酮也计算在内的话,产率是 70%。不管怎样,从 1 kg 丙酮可以合成出 430 g 化合物 **72** 是一个很便宜且极富价值的工艺。

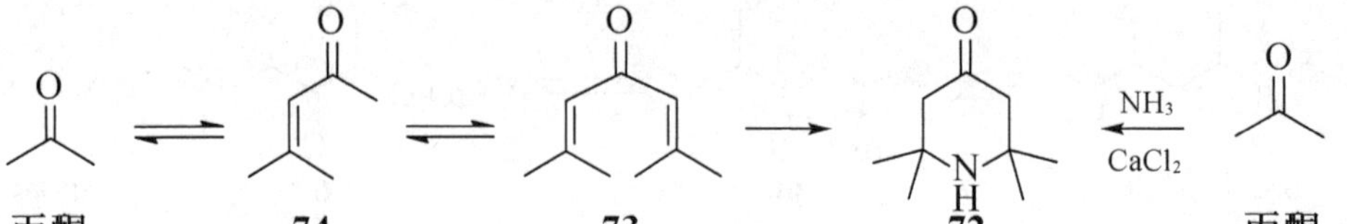

丙酮 74 73 72 丙酮

NH_3 $CaCl_2$

吗啡啉衍生物 **75** 通过一个很明显的酰胺键切断，可以得到化合物 **76**。这里有一个不太明显的 1,2-切断，可以给出化合物 **77**。很显然，**77** 可以通过环氧化物 **78** 与氨加成得到。

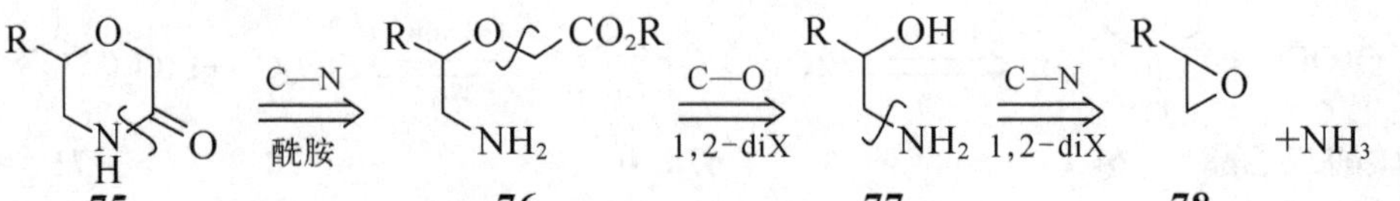

C—N 酰胺 C—O 1,2-diX C—N 1,2-diX $+NH_3$

75 **76** **77** **78**

但是，设想的方法实现起来却并不是这么简单。化合物 **79** 在另一个碳上有取代基，并且是单一对映体，虽然可以同样开始操作，但此时我们不能再用一个环氧化合物来合成 **81**。

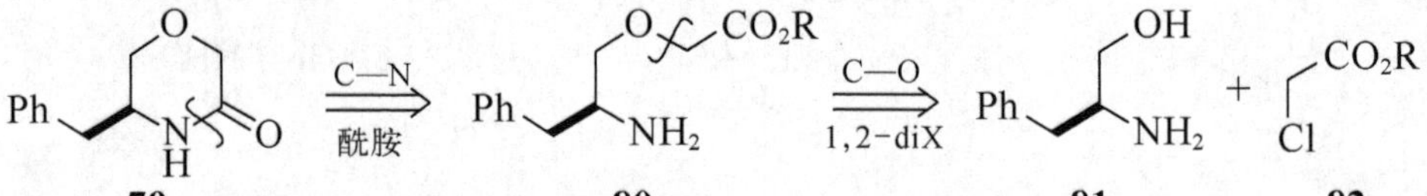

C—N 酰胺 C—O 1,2-diX

79 **80** **81** **82**

幸运的是，**81** 是苯丙氨醇，它可以从苯基丙氨酸得到。研究者们决定首先对氮进行酰基化。因此，用氯乙酰基氯化物合成化合物 **83**，再用碱处理关环得到 **79**。

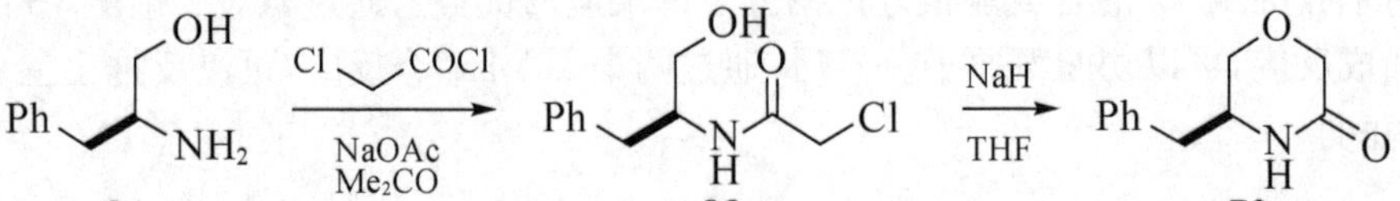

Cl COCl NaOAc Me_2CO NaH THF

81 **83** **79**

化合物 **79** 是用来制备辅酶类似物 **86** 的原料。利用 Meerwein 试剂在氧上烷基化得到活化的亚胺醚 **84**，它与苯肼反应得到脒盐 **85**，再用原甲酸三甲酯插入一个碳原子得到三唑盐 **86**。值得一提的是，此例中的两个氮原子是一次引入的，在环化时插入一个碳原子的反应收率也很高。[12]

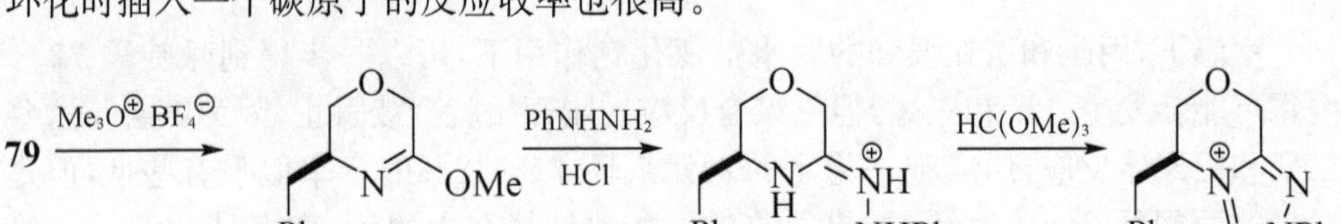

79 $Me_3O^{\oplus}BF_4^{\ominus}$ → **84**; 77% 收率 $PhNHNH_2$ HCl → **85**; 85% 收率 $HC(OMe)_3$ → **86**; 100% 收率

对于含有两个杂原子的六元环，找到一个对应的含有两个杂原子的原料是很有用的。核酸基脲嘧啶 **87** 的结构中含有一分子的脲 **88**，将其切断后，剩下一个难以处理的合成子 **89**。问题是，我们怎样才能对此烯酮加成的同时，又能使双键得以保留？解决的方法是使用炔基酸 **90**。将 **90** 和 **88** 在酸中一起加热可以得到脲嘧啶，收率 65%。[13]

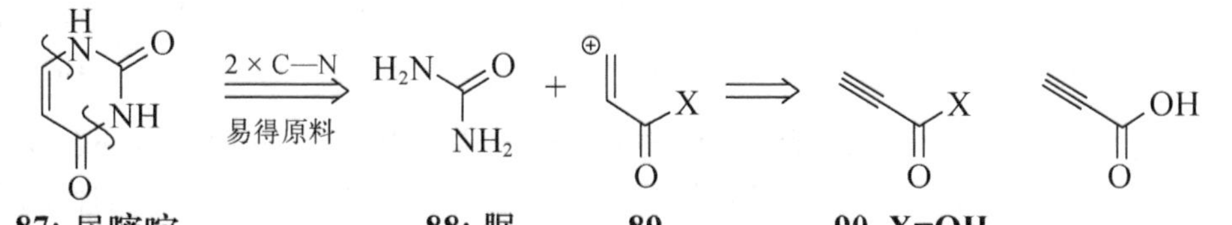

2 × C—N 易得原料

87; 尿嘧啶　**88; 脲**　**89**　**90, X=OH**

七元环

七元氮杂环，特别是含有苯并环状结构的化合物，在药物合成中具有重要作用。人们熟知的镇静剂利眠宁® **91** 和安定®，就是以这种带有两个 N 原子的环状结构为母核的。在这类化合物的研究中，罗氏（Hoffmann－La Roche）公司的研究人员以化合物 **92** 的类似物为研究对象。[14]将环上两个 C—N 键进行切断，可以得到芳香酮肟 **93** 和氯乙酰氯 **94**。

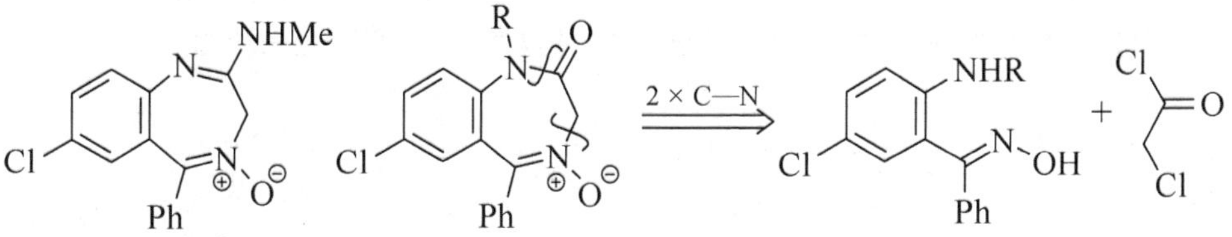

2 × C—N

91; 利眠宁　**92**　**93**　**94**

实际上，由氨基酮 **95** 制备的肟 **96** 可以用于合成环状中间体 **97**，然后，对其进行各种不同类型的烷基化反应，得到 **92**。通过亲核性更强的氨进行酰化反应后再与成亲核性较弱的肟氮原子关环而得到 **97**。

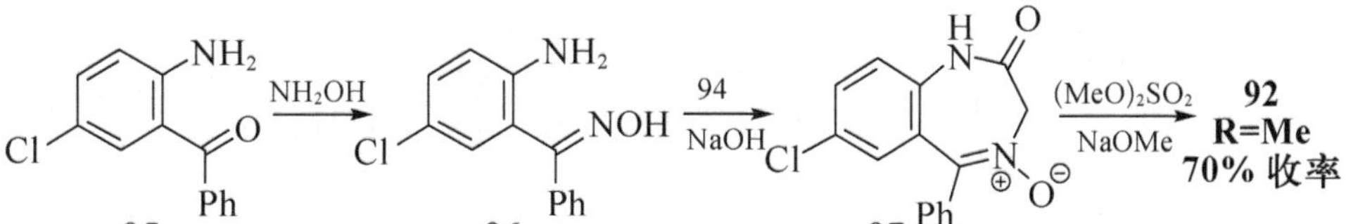

NH_2OH　94, NaOH　$(MeO)_2SO_2$, NaOMe

95　**96**　**97**　**92 R=Me 70% 收率**

诸如化合物 **98** 这样环上只有一个氮原子的化合物的合成越来越引起人们的兴趣，并广泛用于抗 HIV 药物。[14]首先，将碳碳双键切断，然后，就是 C—N 键的切断。这个方法是可行的，因为含有邻对位吸电子基的芳基氟化物（例如化合物 **100** 上的醛基），是很好的芳香族亲核取代反应（S_NAr）的底物。[15]

Pr　aldol　S_NAr　PrNH　F　+　Cl　CO_2Me　CHO　**98**　**99**　**100**　**101**

我们已经解释了诸如化合物 **101** 这样的分子是不稳定的，它会快速环合成内酰胺。所以 Takeda 的研究者们用内酰胺 **102** 作为起始原料。在 NaOH 的作用下开环，得到化合物 **101** 的阴离子 **103**，它可以和化合物 **100** 加成得到化合物 **99**。最后，在碱性条件下得到羟醛缩合产物 **98**。七元环的关环反应要优于分子间的反应。

1. NaOH, **100**　2. conc. HCl　3. MeI, K_2CO_3　**99**　MeONa, $(MeO)_2CO$　**98** 60% 收率 从 **102**

102　**103**

相应的苯并氮杂卓酮 **105**，则能够通过两种不同的 C—N 键形成方法制得。[16] 从化合物 **104** 合成酰胺的方法很常见。但是，由 **106** 的酰胺氮原子与醛基进行还原胺化反应能得到内酰胺有力证明了环合反应的高效性，即使产物是一个七元环。

NH_2　CO_2H　a C—N 酰胺　b C—N 还原胺化　CHO　$CONH_2$　**104**　**105**　**106**

葛兰素史克公司的研究者们想把化合物 **107** 作为治疗骨质疏松症药物的中间体，他们选择了在 **107** 上进行双切断，因为他们已经掌握了一种得到二酸 **108** 单一对映体的方法。

HO　CF_3　CO_2H　2 × C—N 还原胺化和酰胺　CHO　CO_2H　H　+　H_2N　CF_3　**107**　**108**　**109**

由双酯 **110** 和胺 **109**，在 Lewis 酸催化下得到亚胺 **111**，再以醋酸硼氢化钠作还原剂，通过还原胺化反应生成游离胺，最后在甲苯中回流给出最终产物。尽管这种环合反应需要比较剧烈的条件，但它仍然说明了七元环的关环反应较分子间反应或者同样条件下八元环的合成更具优越性。

110　1. H_2N CF_3, $ZnCl_2$, MeCN → 111　2. $NaBH(OAc)_3$ 3. PhMe 回流 → 107 72% 收率

（李享　译）

参考文献

1. A. J. Kirby, *Adv. Phys. Org. Chem.*, 1980, **17**, 183.
2. B. Capon, *Quart Rev.*, 1964, **18**, 64.
3. R. A. Barnes and W. M. Budde, *J. Am. Chem. Soc.*, 1946, **68**, 2339.
4. J. P. Michael, C. B. de Koning, R. L. Petersen and T. V. Stanbury, *Tetrahedron Lett.*, 2001, **42**, 7513.
5. J. Smuszkovicz, *Eur. Pat.*, 85, 811; *Chem. Abstr.*, 1984, **100**, 6311.
6. G. Kinast and L.-F. Tietze, *Chem. Ber.*, 1976, **109**, 3626.
7. R. H. Everhardus, R. Grafing and L. Brandsma, *Recl. Trav. Chim. Pays-Bas*, 1976, **95**, 153; B. A. Trofimov, S. V. Amosova, G. K. Musorin and M. G. Voronkov, *Zh. Org. Khim.*, 1978, **14**, 667; *Chem. Abstr.*, 1978, **88**, 190507.
8. K. Julienne, P. Metzner, V. Henryon and A. Greiner, *J. Org. Chem.*, 1998, **63**, 4532.
9. R. B. Woodward and R. H. Eastman, *J. Am. Chem. Soc.*, 1946, **68**, 2229.
10. L. H. Sternbach and E. Reeder, *J. Org. Chem.*, 1961, **26**, 4936.
11. G. Sosnovsky and M. Konieczny, *Synthesis*, 1976, 735.
12. R. L. Knight and F. J. Leeper, *J. Chem. Soc., Perkin Trans. 1*, 1998, 1891.
13. R. J. DePasquale, *J. Org. Chem.*, 1977, **42**, 2185.
14. T. Ikemoto, T. Ito, A. Nishiguchi, S. Miura and K. Tomimatsu, *Org. Process Res. Dev.*, 2005, **9**, 168.
15. Clayden, *Organic Chemistry*, chapter 23.
16. M. D. Wallace, M. A. McGuire, M. S. Yu, L. Goldfinger, L. Liu, W. Dai and S. Shilcrat, *Org. Process Res. Dev.*, 2004, **8**, 738.

第三十章　三元环

本章所需的背景知识：卡宾的合成及其反应。

第三十章到第三十七章是关于碳环的合成，以碳碳键的切断为主，较少需要碳卤键的切断。从本章开始讲解三元环的合成，陆续讲解到四、五直到六元环的合成。但是化学合成原理特别是环化反应，和第二十九章是基本一致的。

通过烯醇烷基化合成环丙烷

三元环在动力学上是有利的，但不是热力学稳定体系，因此，通常成环的条件也可以将环打开。因为大部分羰基缩合反应是可逆的，所以一般不适合三元环的合成。但是烯醇烷基化反应通常是不可逆的，它是合成三元环的良好方法。

环丙烷酮 **1** 可以由 γ-羟基酮衍生物 **2** 环化得到。值得注意的是，本例中是由常见的三元杂环合成三元碳环。

1 ⇒(C—C 烷基化) HO⌒⌒C(O)R **2** ⇒(C—C 1,4-diCO) **3** + ⊖C(O)R **4**

在第二十五章中，由 β-酮酯合成了化合物 **2**，这里我们仍然采用同样的策略。环氧乙烷 **3** 与 β-酮酯 **5** 的烯醇加成直接得到内酯 **6**，接着用溴化氢处理一锅法脱羧、溴化得到化合物 **7**。[1] Vogel 用氯代羰基化合物来合成 **1**；当 R=H 时，用氢氧化钠作碱可以以 82%的产率生成化合物 **1**。[2]

EtO_2C–CH₂–C(O)R **5** →(1. NaOEt; 2. 环氧乙烷) **6** →(HBr) Br⌒⌒C(O)R **7** →(碱) **1**

一个富有戏剧性的例子是关于顺式菊酸 **11**（多数现代杀虫剂的结构骨架）的合成。以地麦冬 **8**（第二十一章中介绍过其合成方法）为起始原料，双甲基化得到化合物

9。9 用溴和碱处理很容易得到顺式并环化合物 10,再经过三步转化得到菊酸 11。[3]

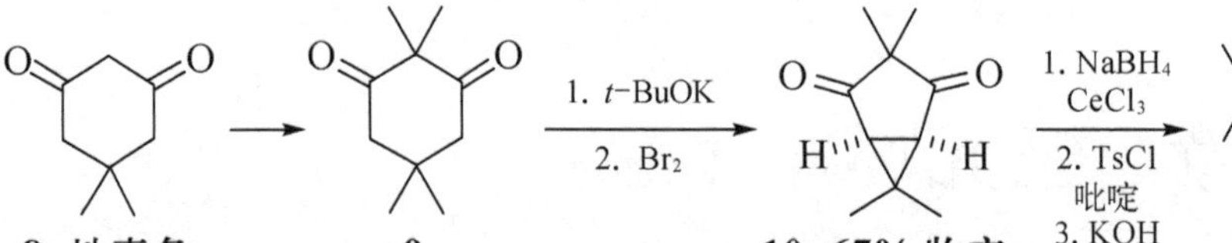

1. t-BuOK
2. Br_2

1. $NaBH_4$, $CeCl_3$
2. TsCl, 吡啶
3. KOH

8; 地麦冬 9 10; 67% 收率 11

对以上反应解释如下：9 用溴和碱处理后得到烯醇式的溴代羰基化合物 12，12 发生分子内环化生成三元环，进一步还原生成外式醇 13，[4] 它的对甲苯磺酸盐在碱性条件下裂解经过中间体 14 得到 11。

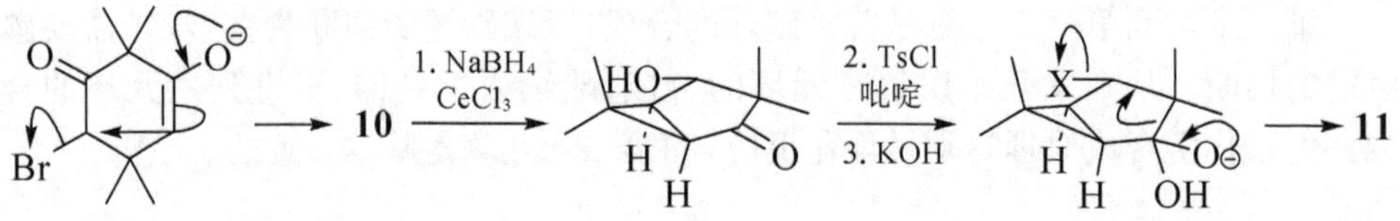

12 → 10 (1. $NaBH_4$, $CeCl_3$) → 13 (2. TsCl, 吡啶; 3. KOH) → 14 → 11

一个不被看好的关环反应可以合成仿生杀虫剂苄氯菊酯 17。[5] 原料 15 在碱性条件下通过取代叔碳上的氯而进行分子内环化反应，这个环化更有利于三元环的生成。

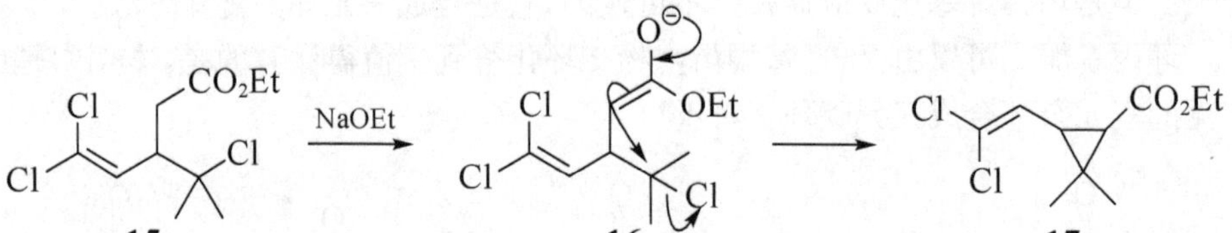

15 (NaOEt) → 16 → 17

简单的并二环胺 18 是 Merck 公司用来治疗疼痛的候选药物。[6] 18 中的 C—N 切断得到氨基醇 19。如下图所示，其中的三元环经过连续两次烷基化得到，如果反应次序正常的话，应该得到具有所需立体化学的化合物。

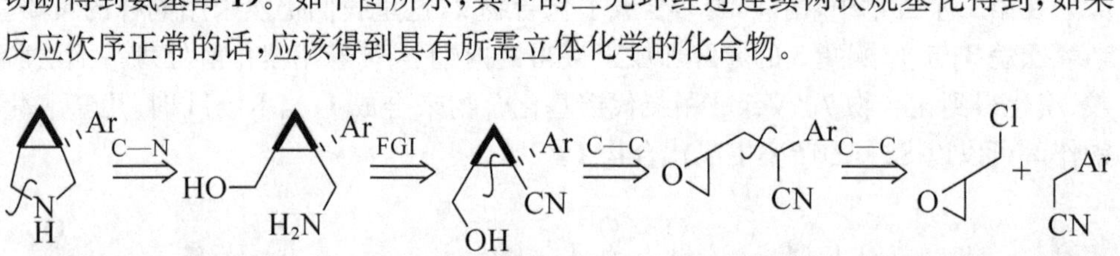

18 ⟹(C—N) 19 ⟹(FGI) 20 ⟹(C—C) 21 ⟹(C—C) 22 + 23

Merck 公司的化学家能够一锅法得到目标化合物。在碱性条件下 23 的负离子进攻 22 的环氧末端碳生成负离子化合物 24。由于芳环和氰基的对碳负离子的稳定化作用，24 和其环氧结构处于平衡状态，其环氧结构进一步发生分子内烷基化反应得到两个非对映异构体 **25** 和 **20**(85 : 15)。硼烷还原得到氨基醇 **19** 的混合物，转化为氯化物的盐酸盐 **26** 的混合物。将 pH 调到 8.5 以上得到足够的游离胺 **26**，再环化为 **18**。通过这种多步转化，以可接受的总收率分别得到两个药物 bicifadine (Ar 为 *p*－tolyl) 和 DOV21947。很明显，反式异构体不能够环化，可以通过结晶除去。

22 + **23** —$(Me_3Si)_2NNa$→ [**24**] → **25** + **20** (15 : 85)

—$Me_2S\cdot BH_3$→ **19**; 77%~82% 收率 —$SOCl_2$, *i*-PrOAc→ **26** —pH>8.5→ **18**

Ar=*p*-Tol 65% 收率 从 22+23

Ar=3, 4-$Cl_2C_6H_3$ 57% 收率 从 22+23

卡宾插入烯烃

到目前为止我们讨论的环化方法是将 **27a** 简单地切断成像分子 **28** 那样：羰基和烷基化试剂在同一分子中。但是，相同类型的分子 **27** 也可以通过另外一种完全不同的方法得到，那就是同时切断 **27b** 中的两个 C—C 键为烯烃 **29** 和卡宾 **30**。

27a =C—C 烷基化⇒ **28**　　**27b** =2×C—C 卡宾插入⇒ **29** + **30** 卡宾

卡宾有一个带有一对孤对电子的二价碳原子，因而这个碳原子的最外电子层只有六个电子。它们通常都是亲电性的，能够和 π－体系一次形成两根化学键。[7]形成卡宾的一种方法是通过失去重氮化合物中的氮原子，例如重氮酮 **33**。加热或光照导致非常稳定的氮气的生成，同时形成非常不稳定的卡宾 **30**。重氮酮很容易通过酰氯 **31** 和重氮甲烷酰化得到。从重氮盐 **32** 失去一个酸性质子得到 **33**。通常情况下，将重氮酮和烯烃混合在一起，通过加热或光照处理。[8]

31 + $CH_2=N^+=N^-$ → **32** → **33** —加热或光照→ **30** 卡宾

显然，如果两个反应中心在同一个分子中，这种反应会更容易。所以，三环酮 **34** 可以切断为重氮酮 **35**，**35** 能从酸 **36** 制得。这种支点的断裂需要一个 d^4 试剂。

2 × C—C 卡宾插入

$COCHN_2$ CO_2H HO CO_2H ?

34 **35** **36** **37**

这种策略并不受 Ruppert 和 White 所青睐，他们更喜欢通过链增长的路线制备 **36**。[9] Reformatsky 反应得到 **39**，脱水，再与丙二酸酯烷基化得到 **36**。用草酰氯处理，接下来与重氮甲烷反应得到 **35**，在铜的催化下环化为 **34**。

O CO_2Et ZnBr HO CO_2Et $SOCl_2$ 吡啶 CO_2Et 1. Na, EtOH 2. PBr_3 Br 1. NaOEt $CH_2(CO_2Et)_2$ 2. KOH, H_2O 3. $H^{\oplus}$，加热 **36**

38 **39** **40** **41**

通过 α-消除得到卡宾

我们知道，β-消除得到烯烃（第十五章），但是 α-消除却得到卡宾。最简单的例子是用碱处理氯仿 **42** 得到二氯卡宾 **44**。通过失去一个氯负离子，碳负离子 **43** 分解成中性且不稳定的卡宾 **44**，卡宾 **44** 在烯烃存在时会被释放出来。用 NaOH 作碱，季铵盐作相转移催化剂，环己烯 **45** 生成二氯环丙烷 **46**。[10]

H—C(Cl)(Cl)Cl 碱 ⊖C(Cl)(Cl)Cl → C(Cl)Cl $CHCl_3$, NaOH $PhCH_2NEt_3^{\oplus}\ Cl^{\ominus}$ Cl Cl

42 **43** **44** **45** **46; 62% 收率**

一个更有趣的例子是芳基环丙烷 **47**。卡宾切断，可以倒推到 α-消除氯化氢之前的苄氯 **48**。一个非常好的例子是，苄氯 **49** 以良好的收率和高的内式非对映选择性（10∶1）生成稠环化合物 **47**。在这里使用了大位阻的强碱 **50**。[11]

Ar H 2 × C—C **45** + H Ar Cl H MeO Cl + N Li **45** Ar H H H

47 **48** **49** **50** **47; 82% 收率**

卡宾的金属络合物

有些金属能形成稳定的卡宾络合物，例如金属铑。用催化量的醋酸铑处理重氮化合物经过卡宾络合物 **53** 得到环丙烷 **52**。值得注意的是，卡宾仅插入二烯当中位阻较小的那个双键。[12]这种类型的化学在 *Strategy and Control* 一书中有详细讨论。

N_2 O N H **51** cat$[Rh(OAc)_2]_2$ O N H **52; 71% 收率** RhL_n O N H **53**

金属类碳宾

与金属络合物相关的是金属类碳宾，如金属锌与二碘甲烷反应就能形成。在早期的例子中，如环己酮 **54** 的高效的环丙烷化，是用铜活化金属锌。[13]真正的参与反应是锌的 σ-络合物 **56**。有人会猜想 **57** 可能发生 α-消除而生成卡宾，但是很明显地不是这样。锌的 σ-络合物 **56**，类似卡宾但不是卡宾，而是被称为类碳宾。

O **54** CH_2I_2 Zn/Cu O **55; 90% 收率** I I Zn I ZnI **56** I ZnI **57** $CH_2 + ZnI_2$

一个更好的类碳宾例子是二乙基锌作为金属源，简单的烯烃 **58** 能被转化为环丙烷。[14]真正参与反应的可能是 **60**。

58 CH_2I_2 Et_2Zn **59; 86% 收率** I I Et_2Zn I ZnEt **60**

但是，当这种方法用在烯丙醇 **61** 上时，它就真正切题了，这就是 Simmons-Smith 反应。[15]如果醇 **63** 上有立体化学，环丙烷是在羟基的同一侧，这表明醇引导着金属锌类碳宾插入烯烃。

R OH **61** CH_2I_2 Zn/Cu R OH **62** OH **63** CH_2I_2 Zn/Cu OH **64**

在合成抗白血病化合物 steganone 的过程中，Magnus、Schltz 和 Gallagher

用烯丙醇 **65** 制备环丙烷 **66**，后来引入的碳原子被并入 steganone 的八元环之中。[16]

$$\xrightarrow[\text{Zn/Cu}]{CH_2I_2}$$

65 **66; 74% 收率**

Takemoto 合成的 halicholactone 就是一个带立体化学的例子。[17]二烯 **67**(R 基团代表各种保护基)仅仅生成一个环丙烷：只有烯丙醇参加反应。环丙烷和烯丙位羟基位于烯烃的同一面。

$$\xrightarrow[Et_2Zn]{CH_2I_2}$$

67 **68; 69% 收率**

所有涉及卡宾、卡宾金属络合物和类碳宾的合成方法都是立体专一性的，即烯烃的构型在所形成的环丙烷的立体化学中能如实地得以复制。因此，*trans*－**67** 专一性地生成了 *trans*－**68**。同时这些反应也具有立体专一性，特别是对于烯丙醇的 Simmons－Smith 反应：**68** 中的环丙烷与 **67** 中的羟基位于烯烃的同侧。接下来我们讨论一类广泛使用的方法，其在烯烃上没有立体专一性。

硫叶立德化学

最简单的硫叶立德是从锍盐 **69** 经碱脱质子化而得到。这些叶立德与羰基化合物反应生成环氧化合物。[18]亲核进攻 **70**，然后 **71** 消去二甲硫醚 **72** 生成环氧化合物 **73**。在这里可以把结构 **71** 和第十五章中的结构 **23** 做一个对比。在 Wittig 反应中膦叶立德反应后形成 P—O 键和烯烃。而硫叶立德形成 C—O 键 **71**，这是因为 S—O 键比 P—O 键弱得多。锍盐 **69** 通过 **72** 与碘甲烷反应可重新生成。

$$\xrightarrow{\text{碱}}$$

69 **70** **71** **72** **73**

因此怎样才能得到环丙烷化合物？如果硫叶立德与烯酮反应，环氧化合物 **74**

和环丙烷化合物 **76** 都有可能生成。[19] 一般来说，从 **69** 衍生而来的锍叶立德生成环氧化合物而亚砜叶立德生成环丙烷化物 **76**。

74　←($Me_3S^{\oplus}$，碱)—　**75**　—($Me_3S^{\oplus}$=O，碱)→　**76**

亚砜叶立德 **78** 更稳定，因此更倾向于共轭加成而不是直接加成(第二十一章)。加成产生的中间体 **79** 消去二甲亚砜生成环丙烷 **76**。中间体能稳定存在，烯烃的单键能自由旋转导致了烯烃双键的构型不能保留。本例中我们预测反式的环丙烷更稳定，所以能选择性地形成。

$Me_3S^{\oplus}$=O **77** —碱→ **78** + **75** → **79** → **76**

这些反应可能具有很好的选择性。Corey 和 Chaykovsky 给出了萜类化合物香芹酮 **80** 反应的例子。[19] 用钠氢作碱制备的叶立德 **78** 仅仅与烯酮反应而没有与非共轭的双键反应。产物 **81** 是单一非对映异构体：叶立德加成到环上取代基的反位。这正保持了烯烃的顺式的立体化学，三/六员稠环也必定是顺式。

$Me_3S^{\oplus}$=O **77** —NaH→ **78** + **80; 香芹酮** → **81; 81% 收率**

一个更复杂的例子是 Wills 报道的 halicholactone 的合成。[20] 这里又一次用到二烯 **82**，同样仅仅共轭的烯烃参加反应生成了环丙烷 **83**。该反应立体选择性地生成了 **83** 和环在碳链下面的反式环丙烷(比例 5：2)。值得注意的是，这里没有 Simmons - Smith 反应中类似的导向作用，是因为烯丙位羟基被阻塞了。烯烃的构型在反应后是保持的。产物环化后生成九元环的内酯 **84**，这里 R 代表含三元环的侧链。

82; R=*p*-$MeOC_6H_4CH_2$ —(**77**, NaH, DMSO)→ **83; 74% 收率** → **84**

对于所有这些与卡宾有关的合成方法来说，切断方法是相像的(如 **34** 和 **47**)：只是在于选择切断三元环的哪两个键，或者是切断为哪个烯烃。如果可能的话，大多数时候我们更倾向于切断为一个 CH_2 基团，因为得到 CH_2I_2 或试剂 **78** 要容易得多。但是，重氮盐 **34** 和简单的卡宾 **47** 的例子表明这也未必是一条准则。

(高文忠　译)

参考文献

1. J. M. Conia, *Angew. Chem. Int. Ed.*, 1968, **7**, 570.
2. *Vogel*, page, 1090.
3. A. Krief, D. Surleraux and H. Frauenrath, *Tetraedron Lett.*, 1988, 29, 6157; A. Krief, G. Lorvelec and S. Jeanmart, *Tetrahedron Lett.*, 2000, **41**, 3871.
4. Clayden, *Organic Chemistry*, chapter 33.
5. M. Elliott, A. W. Farnham, N. F. Janes, P. H. Needham, D. A. Pulman and J. H. Stevenson, Nature (London), 1973, 246, 169; P. D. Klemmensen, H. Kolind-Andersen, H. B. Madsen and A. Svendsen, *J. Org. Chem.*, 1979, **44**, 416.
6. F. Xu, J. A. Murry, B. Simmons, E. Corley, K. Finch, S. Karady and D. Tschaen, *Org. Lett.*, 2006, **8**, 3885.
7. Clayden, *Organic Chemistry*, chapter 40.
8. S. D. Burke and P. A. Grieco, *Org. React.*, 1979, **26**, 261.
9. J. F. Ruppert and J. D. White, J. Chen. Soc., *Chem. Commun*, 1976, 976.
10. *Vogel*, page 1110.
11. R. A. Olofson and C. H. Dougherty, *J. Am. Chem. Soc.*, 1973, **95**, 581.
12. C. Meyers and E. M. Carreira, *Angew. Chem. Int. Ed.*, 2003, **42**, 694.
13. J.-C. Limasset, P. Amice and J. M. Conia, *Bull. Soc. Chim. Fr.*, 1969, 3961.
14. K.-J. Stahl, W. Hertzsch and H. Musso, *Liebig's Ann. Chen.*, 1985, 1474.
15. H. E. Simmons, T. L. Cairns, S. A. Vladuchick and C. M. Hoiness, *Org. React.*, 1973, **20**, 1; A. B. Charette and A. Beauchemin, *Org. React.*, 2001, **58**, 1.
16. P. Magnus, J. Schultz and T. Gallagher, *J. Am. Chem. Soc.*, 1985, **107**, 4984.
17. Y. Takemoto, Y. Baba, G. Saha, S. Nakao, C. Iwata, T. Tanaka and T. Ibuka, *Tetrahedron Lett.*, 2000, **41**, 3653.
18. P. Helquist in *Comprehensive Organic Chemistry*, **4**, 951.
19. E. J. Corey and M. Chaykovsky, *J. Am. Chem. Soc.*, 1965, **87**, 1353.
20. D. J. Criteher, S. Connolly, M. F. Mahon and M. Wills, J. Chem. Soc., *Chem. Commun.*, 1995, 139.

第三十一章　策略XⅣ：合成中的重排反应

本章所需的背景知识：重排反应。

如果目标分子的碳骨架难以构建的时候，一个策略是：先用常规反应构建一个稍微不同的骨架，再通过重排反应得到我们所需要的骨架。涉及重排反应的合成方法，可以应用于简单的碳链延伸以至结构难以分析的复杂的碳骨架重排。

重氮烷

在上一章中我们用重氮烷作为卡宾的来源来合成三元环。在经过卡宾或者是碳正离子进行的重排反应中，这些重氮烷同样是非常有用的试剂。

利用重氮烷进行碳链的增长：Arndt - Eistert 法

通过酰氯与重氮甲烷制得的重氮烷 **2**，在没有卡宾受体存在的情况下通过加热、光照或者是金属催化下能够得到卡宾 **3**，然后通过支链 R 的迁移，**3** 重排成为一个亲电性较强的烯酮 **4**，**4** 在亲核溶剂的作用下就可以得到相应的羧酸衍生物，例如甲酯 **5**。最终结构使得原来的碳链的长度成功地增加了一个亚甲基。有关烯酮的反应将在第三十三章作更全面的讨论。

RCOCl **1** —(CH_2N_2)→ $RCOCH=N^{+}=N^{-}$ **2** —(加热，金属或光照)→ RCOCH: **3** → R–CH=C=O **4; 烯酮** —(MeOH)→ RCH_2CO_2Me **5**

这种碳链的增长方法也被称作 Arndt - Eistert 法，[1] 当一个官能团在合成目标分子没有直接帮助但是能够在缩短碳链后有所帮助时，这种方法比较有用。另外，氰基取代也是使碳链长度增加一个碳原子的一种合成方法以及在上一章中提到过增加两个碳原子的链增长。这些切断有些独特：因为 R 基团和羰基之间的两根碳碳键都在反应中形成，所以我们必须像 **5a** 所示一样把两个键同时切断。你可以把这个看作是一个重接策略（第二十六章）或者是一个亚甲基的缩短法。

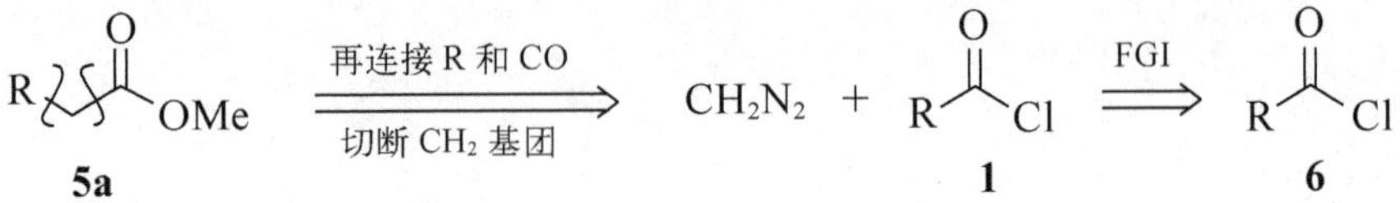

5a 再连接 R 和 CO / 切断 CH_2 基团 ⟹ CH_2N_2 + 1 FGI ⟹ 6

在第二十七章分析 Eschenmoser 合成维生素 B_{12} 的时候提到过双环内酯 **7** 的合成。[2]在他的合成路线中，接下来的一步就是通过 Arndt - Eistert 法来增长碳链合成酯 **9**。

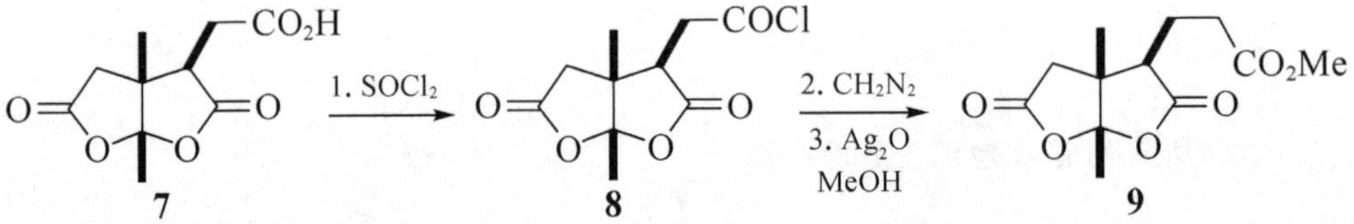

7 —1. $SOCl_2$→ 8 —2. CH_2N_2 3. Ag_2O MeOH→ 9

不饱和酯 **10** 可以从叔醇 **11** 脱水而来。但如果我们直接通过 1,4 -双官能团相关切断的话，将使用到高烯醇化物 **13**，而一般合成中都尽可能避免使用该化合物。

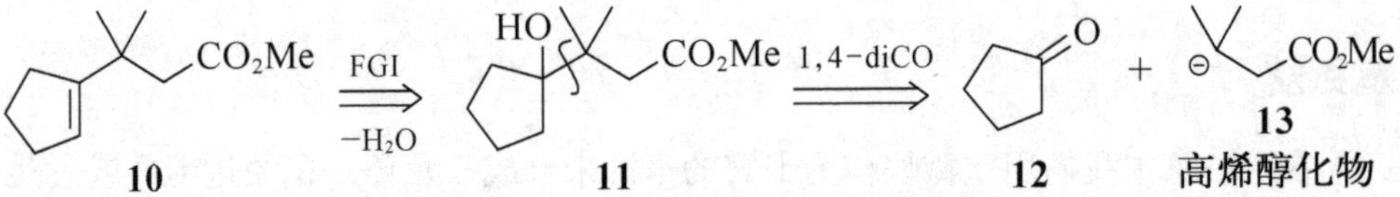

10 ⟹ (FGI, $-H_2O$) 11 ⟹ (1,4-diCO) 12 + 13 高烯醇化物

通过 **11a** 的链增长就可以解决这个问题。高烯醇化物 **13** 变成比较可行的烯醇化物 **15**。

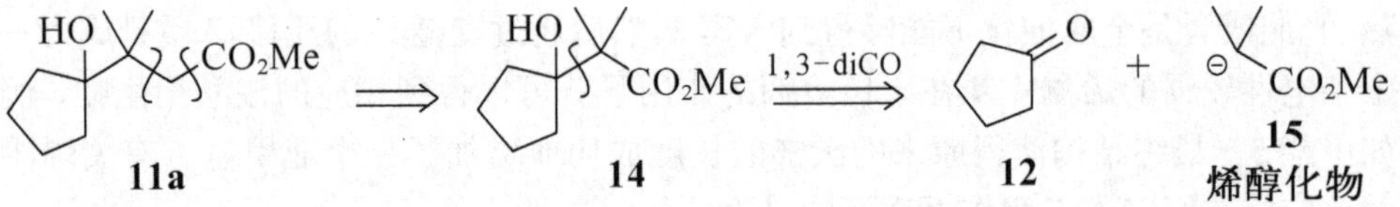

11a ⟹ 14 ⟹ (1,3-diCO) 12 + 15 烯醇化物

Smith 用 Reformatsky 试剂作为烯醇化物的等价物，所有的一切都和预料的一样，特别是链增长的产率很高。[3]

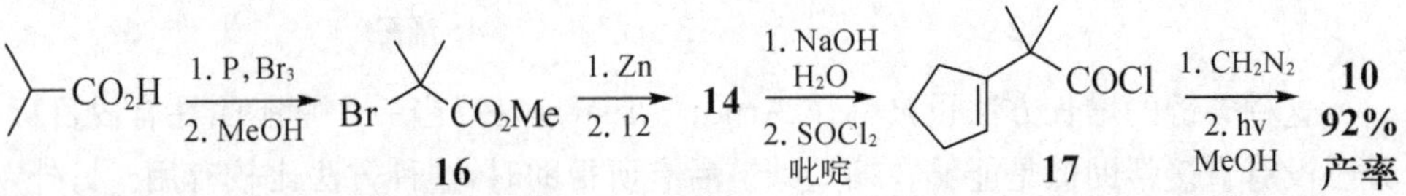

CO_2H —1. P, Br_3 2. MeOH→ 16 —1. Zn 2. 12→ **14** —1. NaOH H_2O 2. $SOCl_2$ 吡啶→ 17 —1. CH_2N_2 2. hv MeOH→ **10** 92% 产率

利用重氮烷进行扩环和缩环

和单纯的链增长相关的是，环状化合物的扩环和缩环是相当有用的，因为有些

环是容易得到的而有些大小的环却不容易得到。例如环己酮就能够通过扩环生成具有烯醇反应活性位点的七元环酮酸酯 **20**。原料重氮乙酸乙酯能够很方便地从甘氨酸乙酯来制备。当环己酮与重氮乙酸乙酯 **18** 反应的时候，通过加成生成含有一个氧负离子和一个重氮离去基团的中间态 **19**，然后分子内转移得到 **20**。[4] 这个切断同样是缩短了一个碳原子。

H_2N CO_2Et —HONO→ **18** → **19** → **20**

甘氨酸乙酯　**18**　**19**　**20**

通过切断法，很明显双环酮 **21** 可以从 **22** 来合成。而化合物 **22** 中的两个羰基存在 1,6 相关，可以用到重接策略(第二十七章)。但是在这里却并不可行，主要是桥头烯烃 **23** 的张力太大而几乎不可能存在。这种情况下如果我们能够从七元环 **22a** 的酮和分叉点切除一个碳原子的话，可以得到一个新的 1,5-酮酸酯 **24**，它能够很方便地通过 1,4-共轭加成来合成(第二十一章)。

21 ⇒ (1,3-diCO) **22** ⇒ (1,6-diCO，再连接) **23: 不可能**

22a ⇒ (切断 CH_2) **24** ⇒ (1,5-diCO) **25** + **26**

利用烯胺是一种较为理想的共轭加成方法。我们可以用重氮甲烷进行扩环，但通过重氮烷 **28**(由羧酸 **27** 和重氮甲烷反应得到的)分子内重排是一种更好的方法。此重排在 Meerwein 盐中进行，且只有取代较多的碳原子迁移。[4]

25 —1. R_2NH; 2. **26**; 3. NaOH, H_2O→ **27** —1. Et_3N, $ClCH_2CO_2Et$; 2. CH_2N_2→ **28** —$Et_3O\cdot BF_4$→ **21**

对于缩环，重氮基必须在环酮上，反应类似于本章开始时烯酮的生成。天然化合物 junionone **29** 中四元环很难合成，但是 Wittig 切断揭示从结构简单的醛 **30** 开始。如果我们知道醛 **30** 能够从重氮烷 **31** 合成的话，就可以从结构简单的环戊酮 **32** 开始合成。

O
Wittig
CHO
插入碳
O
N_2
FGA
O

29; junionone **30** **31** **32**

重氮化合物 **31** 是通过对甲苯磺酰叠氮和活性更高的(含有醛基活化基团)化合物 **33** 制备而来的。在光照下重排得到烯酮后，用甲醇处理得到酯 **34**，接下去的反应就比较简单。[5]从五元环缩成四元环是不太常见的，因为环上张力增加了。但是这里可以从形成分子氮气的推动力得到补偿。

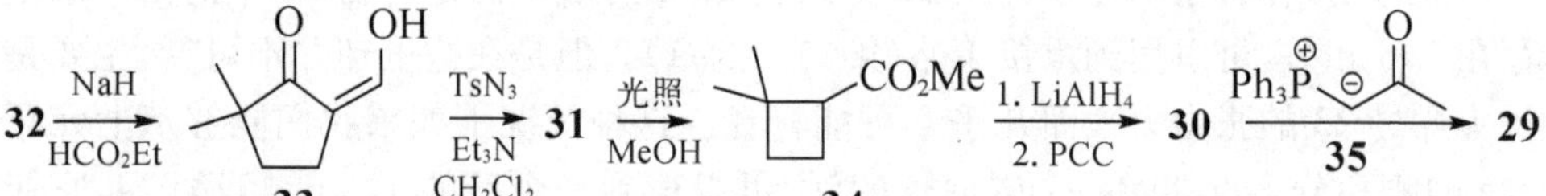
32
NaH
HCO_2Et
O
OH
TsN_3
Et_3N
CH_2Cl_2
31
光照
MeOH
CO_2Me
1. $LiAlH_4$
2. PCC
30
Ph_3P
O
29

33 **34** **35**

频呐醇的重排

在第二十四章我们讨论过羰基化合物可以通过自由基反应发生二聚，电子由金属转移到羰基化合物。典型的频呐醇 **37**(由丙酮 **36** 制备而来)非常重要，因为它可以在酸性条件下重排成叔烷基酮 **38**(称作频呐酮)。[6]这个重排反应的关键步骤就是 **39** 中羟基离去后甲基的迁移。

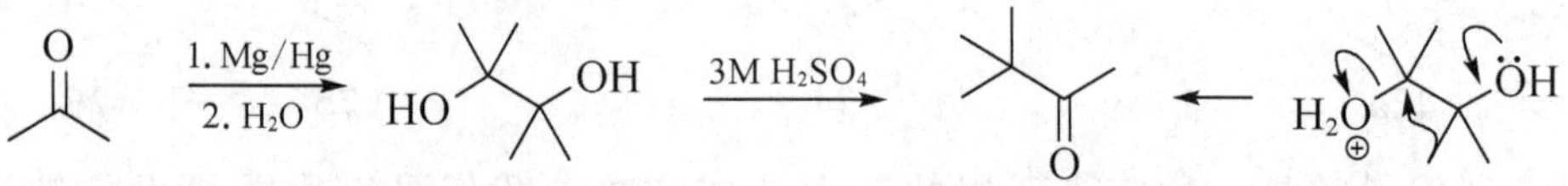
O
1. Mg/Hg
2. H_2O
HO
OH
3M H_2SO_4
O
H_2O
ÖH

36 **37; 48% 产率** **38; 70% 产率** **39**

尽管受到对称性要求的限制，这仍然是一种很有用的制备叔烷基酮的方法，因为一般叔烷基酮是比较难以制备的。[7]烯烃 **40** 可以通过叔醇 **41** 脱水得到，而叔醇 **41** 是由酮 **42** 与 RLi 或 RMgX 反应得到的。作为叔烷基酮，**42** 可以通过频呐醇重排方法得到。

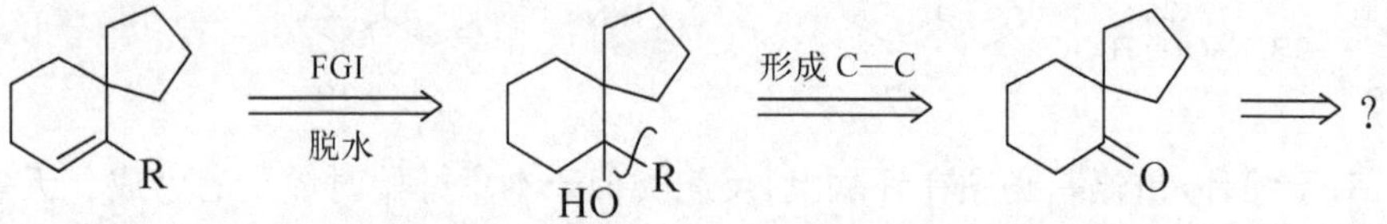
R
FGI
脱水
HO
R
形成 C—C
O
?

40 **41** **42**

最简单的切断方法就是用嚬呐醇重排，有两种途径：**42a** 和 **42b**。二醇 **44** 是由环戊酮 **43** 二聚制备，而二醇 **45** 则是烯烃 **46** 双羟基化产物。

2 × **43** ⟸ **44** ⟸(嚬呐醇重排 a) **42a, b** ⟹(嚬呐醇重排 b) **45** ⟹(FGI) **46**

事实上，Corey 选择的策略是用二聚合成二醇 **44**，然后嚬呐醇重排得到螺环酮 **42**。[8]

43 —(Mg/Hg, THF)→ **44** 65% 收率 —($H^{\oplus}$)→ **42** —(BuLi)→ **41; 95% 产率** —($SOCl_2$, 吡啶)→ **40; 86% 产率**

化合物 **40** 被用于合成美洲蛙毒李 perhydro-histrionicotoxin **49**。这条合成路线中还用到了肟 **47** 的 Beckmann 重排，在这个反应中只有处在 N—O 键反式的基团迁移，从而构型能够得以保留。你可以发现，在这个合成过程中每一个环都扩张了。

40 → → **47** —(TsCl, 苯)→ **48** → → **49; 50% 产率，从 48**

环氧化合物的重排

嚬呐醇重排受到对称性要求的限制，而这一节和接下去的一些方法都将避免这一个问题。不对称的环氧化物可以很容易地由烯烃制备，然后用 Lewis 酸催化开环会得到两种可能的多取代基的碳正离子。[9] 即使是像 LiBr 这样的弱 Lewis 酸也可以使环氧化物 **51** 开环得到叔碳正离子 **52**，重排后缩环得到醛 **53**。作者认为在这个过程中可能形成溴代物中间体 **54**。[10]

50 —(*m*CPBA)→ **51** —(LiBr)→ **52** → **53; 95% 产率** ← **54**

更加令人惊喜的例子是，由天然化合物 α-蒎烯 **55** 生成的环氧化合物 **56** 可以通过重排以高产率得到不饱和醛 **57**。[11] 环氧开环得到取代基较多的碳正离子 **59**，然后进行一个重排反应得到 **58**，再经过裂解而得到化合物 **57**。需要注意的是，张力较大的四元环的扩环比其他选择更容易发生。

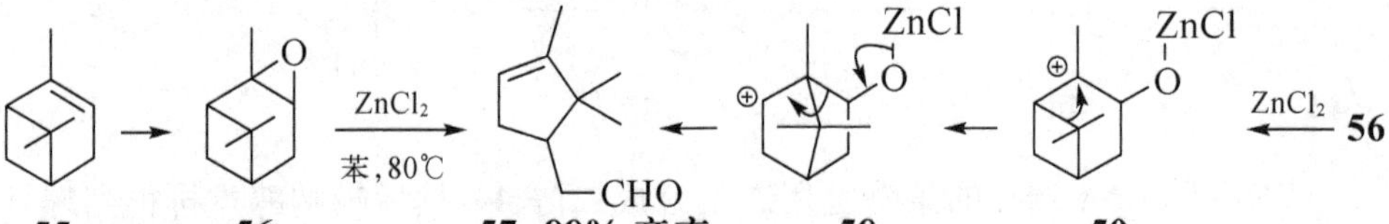

$ZnCl_2$，苯，80℃

55 **56** **57; 88% 产率** **58** **59**

半嚬呐醇的重排

对于嚬呐醇和不对称的 1，2-二醇化合物的重排仍然存在一个限制：只有取代基多的碳正离子能够生成。我们可以选择性地在取代基较少的醇上安装一个磺酸酯类离去基团来避免这个问题。二醇 **61** 的嚬呐醇重排可以由质子或甲基的迁移形成叔碳中心。但是如果二级醇被选择性地甲磺酸酯化得到甲磺酸酯 **62** 后，通过像 **64** 那样的 R 基团迁移，重排后可以得到酮 **63**。如果原料是天然产物乳酸，这个过程可以给出单一立体异构体。[12] 和嚬呐醇重排一样，环氧化物重排和半嚬呐醇重排切断只能通过这些重排的逆反应。但是，想发现这些方案并不是那么直截了当的。

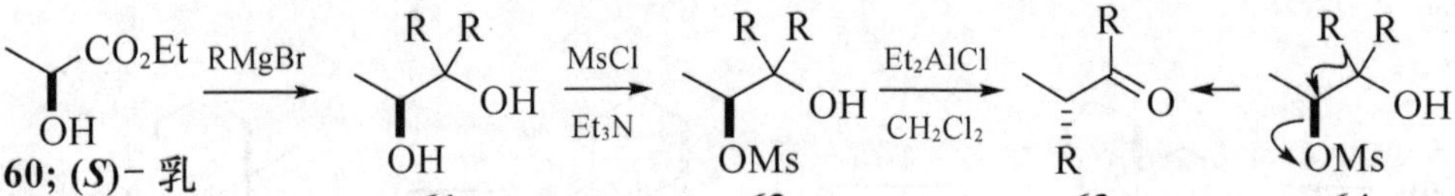

RMgBr；MsCl，Et_3N；Et_2AlCl，CH_2Cl_2

60; (*S*)-乳酸乙酯 **61** **62** **63** **64**

Favorskii 重排

我们前面所提到的重排从本质上讲都是正离子重排，但非正离子中间体也可能参与其中。而 Favorskii 重排是负离子重排，几乎每一个中间体都是负离子。环己酮通过卤代可以得到 α-氯代酮 **66**，然后用亲核试剂醇盐处理得到环缩小的酯 **67**。烯醇化物 **66** 像 **69** 那样环化可以得到不稳定的环丙酮 **68**，然后在醇盐的作用下能够马上打开三元环中较弱的一根 C—C 键而得到目标分子。

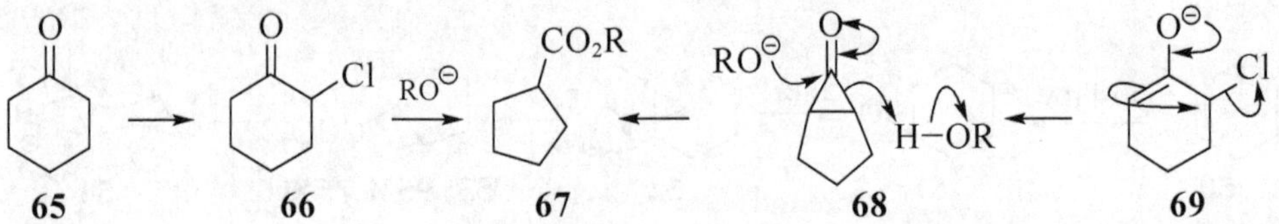

$RO^{\ominus}$

65 **66** **67** **68** **69**

天然产物(+)-胡薄荷酮 **70** 经过中间体 **72**，通过将三元环开环消去可以合成反式羧酸 **74**。[13] (+)-胡薄荷酮 **70** 经过溴代得到不稳定的二溴化合物 **71**，用醇盐处理后立刻发生 Favorskii 重排，得到的产物 **73** 是由顺式和反式组成的混合物。但在剧烈条件下(醇的水溶液中回流)水解，差向异构化将得到专一的反式羧酸 **74**。

Br_2　NaOEt / EtOH　$^{\ominus}$OEt　CO_2Et　KOH / EtOH　CO_2H

70 (+)-胡薄荷酮　**71**　**72**　**73**; 64% 产率 顺式：反式：74∶26　**74** 只有反式

再一次说明，唯一合理“切断”上述酯的方法就是在你的头脑里有这个逆重排，把卤代物加在合理的位置。因此，化合物 **67** 可以由逆 Favorskii 重排经过中间态 **75** 制备得到。当你看到这么简单的起始原料 **66** 的时候你将会感觉到这是个好的策略。另外一个分析方法就是从需要制备的化合物 **67** 画出带有环丙酮结构的化合物 **76**。但在逆合成分析中重排反应并不是显而易见的。

CO_2R　OEt　$^{\ominus}$Cl　逆重排　Cl

67　**75**　**66**　**76**

(李金鹏　译)

参考文献

1. W. E. Bachman and W. S. Struve, *Org. React.*, 1942, **1**, 38.
2. A. Eschenmoser and C. E. Winter, *Science*, 1977, **196**, 1410.
3. A. B. Smith, *J. Chem. Soc.*, *Chem. Commun.*, 1974, 695.
4. W. L. Mock and M. E. Hartman, *J. Am. Chem. Soc.*, 1970, **92**, 5767.
5. A. Ghosh, U. K. Bannerjee and R. V. Venkateswaran, *Tetrahedron*, 1990, **46**, 3077.
6. *Vogel* pages 527 and 623.
7. A. P. Krapcho, *Synthesis*, 1976, 425; B. Rickborn, *Comp. Org. Synth.*, **3**, 721.
8. E. J. Corey, J. F. Arnett and G. N. Widiger, *J. Am. Chem. Soc.*, 1975, **97**, 430.
9. B. Rickborn, *Comp. Org. Synth.*, **3**, 733.
10. B. Rickborn and R. M. Gerkin, *J. Am. Chem. Soc.*, 1971, **93**, 1693.

11. J. B. Lewis and G. W. Hendrick, *J. Org. Chem.*, 1965, **30**, 4271.
12. K. Suzuki, E. Katayama and G. Tsuchihashi, *Tetrahedron Lett.*, 1983, **24**, 4997; G. Tsuchihashi, K. Tomooka and K. Suzuki, *Tetrahedron Lett.*, 1984, **25**, 4253.
13. *Vogel* page 1113.

第三十二章　四元环：合成中的光化学

本章所需的背景知识：周环反应Ⅰ：环加成。

在第二十九章我们曾下过这样的结论：四元环特别难于合成。它们有约 90°的键角环张力，起始原料最有利的构象不能成环。四元环有时通过普通的关环方法得到。用1,3-二溴丙烷对丙二酸二乙酯 **1** 进行双烷基化得到环丁烷 **2**。但 Perkin 在他前期有关碳环制备的工作中发现，对乙酰乙酸乙酯 **3** 进行双烷基化可以成功地制备出 3 元环到 7 元环，但 4 元环例外。[1]不是得到环丁烷而是得到烯醇醚 **4**。很容易理解烯醇中间体 **5** 如何组合为化合物 **4** 而不是生成环丁烷。

CO_2Et　CO_2Et　1. NaOEt　2. $Br(CH_2)_3Br$　CO_2Et　CO_2Et　CO_2Et　1. NaOEt　2. $Br(CH_2)_3Br$　CO_2Et　CO_2Et　Br

1　**2**　**3**　**4**　**5**

光化学环加成

在制备环丁烷中，常常用到一些特殊的化学反应。在下一章节中我们将会看到烯烃与烯酮通过热环加成制备四元环，但最常用的方法是光化学环加成。你已经认识到 Diels - Alder 反应（第十七章）非常容易进行，当双烯体 **6** 与亲烯体 **7** 一起加热时能形成六元环化合物。那么你是否曾想知道，为什么四元环 **9** 不能生成呢？这是因为轨道对称要求环加成需有六个 π 电子参与，而不是四个 π 电子参与。[2]

CO_2Et　4+2 环加成　CO_2Et　CO_2Et　2+2 环加成　CO_2Et

6　**7**　**8**　**6**　**7**　**9**

2+2 环加成要求在激发态下发生，而这就是光化学反应。[3]如果一种组分（通常是烯酮）吸收了光能形成了激发态，而另外一种组分（通常是烯烃）处于基态，那么它们之间的光化学反应是最匹配的。即便是乙烯，可以与共轭烯酮例如 **10** 在光辐射下进行反应以合理的收率生成环丁烷 **11**。[4] 在稠环连接处 H 和 Me 的立体构型由以下两点决定：一是它们在起始原料 **10a** 上已是顺式；二是在四/六稠环体系上很难生成反式。[5]

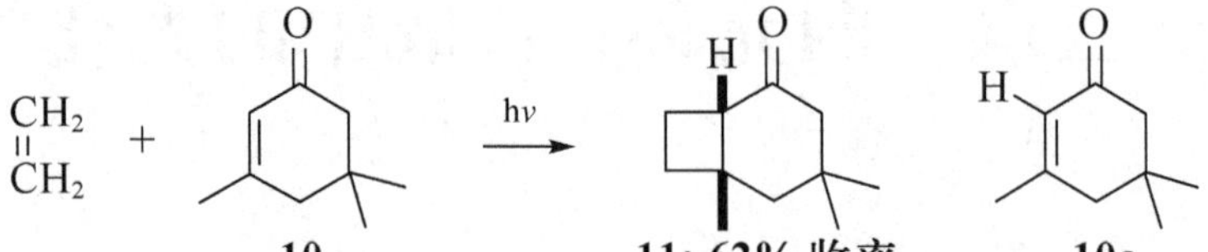

10 **11; 62% 收率** **10a**

两个组分都可以是官能团化的，这使得切断化合物 **12** 的中间环后大大简化，仅需要两个简单的起始原料 **13** 和 **14**。对混合物进行光辐射能得到化合物 **12**，且收率很好(70%)。[6] B/C 二环稠合处的立体化学一定是顺式 **12a**，因为两个四元环一定是顺式稠合，但 A/B 二环稠合处的立体化学遵循环丁烷 **11** 的形成规则。两个顺式连接处如环 A 和环 C 的相对立体化学，是以最小位阻而决定的，不需遵守"内式"规则。由于两个原料都是烯烃与羰基共轭，所以有少量 **14** 的二聚体生成。

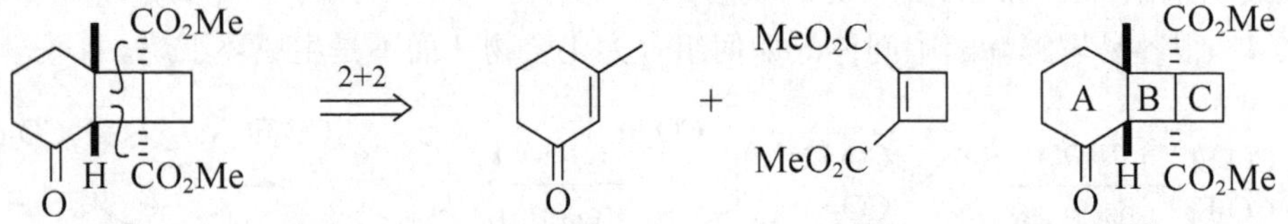

12 **13** **14** **12a**

大多数环丁烷化合物能提供两种 2+2 切断可供选择，至于选用何种方法则往往视起始原料的易得性而定。从化合物 **11** 可知，此类化合物能够通过光照射乙烯和烯酮(如 **15**，路线 a)而得到。因此，我们可以关注另一条路线 b。其分子内光环加成的起始原料应该是烯酮 **17**。由于醇 **18** 易于获得，烯酮 **17** 可由醇 **18** 氧化而得到。[7]

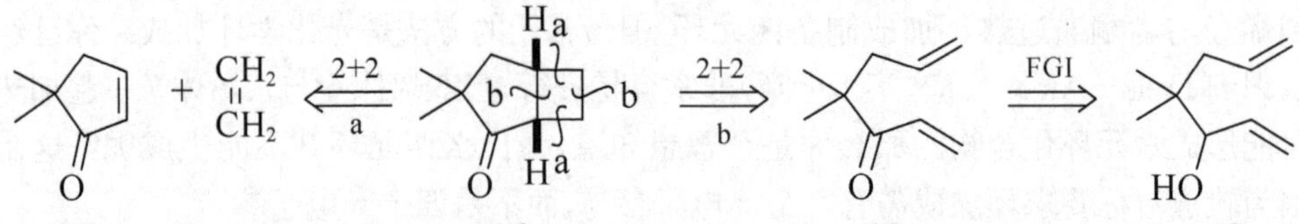

15 **16** **17** **18**

醇 **18** 可以通过乙烯格氏试剂 **19** 与醛 **20** 加成而得到，而醛 **20** 则是通过异丁醛 **21** 烯丙基化制备的。醇羟基氧化成酮可以在环加成之前或之后进行。

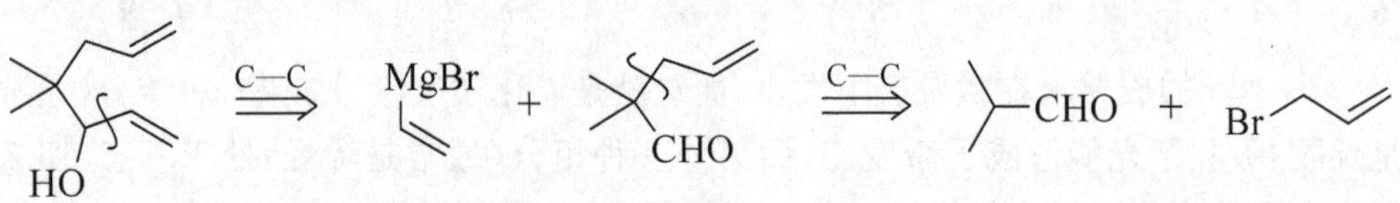

18 **19** **20** **21** **22**

实际上，烯丙基化是通过 Claisen 重排（第三十五章）进行的，在 Cu(Ⅰ)的催化下，醇 **18** 经过分子内环加成得到关环产物。环化产物是化合物 **23**（主要异构体）与部分 *exo* -醇（羟基朝上）的混合物。这不是问题，因为所有构型的醇都将氧化为酮 **16**。环稠合处立体化学只能为顺式。

21 CHO → (HO烯丙醇, TsOH) → 20 CHO 77%~78% 收率 → (19) → 18 82%~83% 收率 → (hν, CuOTf) → 23;88%~92% 收率 → (Cr(VI)) → 16 83%~93% 收率

区域选择性

18 在关环时只有一种区域选择性是可能的，但对于分子间的反应我们需要考虑该反应是通过何种方式进行。因此，不对称的烯烃 **24** 与不对称的烯酮 **25** 反应可能生成化合物 **26** 或化合物 **27**。实际上，该反应只生成 **27**，**26** 一点也没生成。[8]

24 + 25 → (hν) → 26　　24 + 25 → (hν) → 27

一些位阻效应或者电子效应在此明显发生了作用。虽然烯烃 **24** 一端存在位阻，而烯酮显然不存在位阻，因此在这里是电子效应占主导。由于其固有的极性，烯烃 **24a** 末端 CH_2 具有亲核性，在热反应（不会发生）时，烯烃末端进攻烯酮 **25a** 的亲电端。预测光化学 2+2 环加成产物时可以假设烯酮的激发态使得其固有的极性翻转：从 **25b** 转化为 **25c**，然后新的亲电端与 **24** 结合。由于烯烃没有被激发，它仍按正常途径 **24a** 进行反应。当然，这只是简化但实用的反应机制。[9]

24a + 25a ---→ 24 (+)(−) 25b → (hν) → (−)(+) 25c → (24) → 27

如果分子内反应可以进行的话，它们将遵循同样的机理。但从 **29** 制备桥环环丁烷 **28** 时扭曲太大，造成分子更倾向于以“错误”的方式靠近，生成稠环 **30**。[10]

28 ←X— (hν) 29 (−)(+)　　29a (−)(+) → (hν) → 30

而奇怪的扭曲是可能的。联二烯烃 **31** 中一个双键与共轭烯烃进行加成反应，生成张力较大的环丁烷 **32**，图例 **31a** 能更好地解释怎样通过扭曲得到 **32**。该产物 **32** 被 Hiemstra 完美地运用到皂甙 Solanoeclepin A **33** 的合成中。**33** 是一种独特的化合物，它由生长中的马铃薯分泌而来，可以引起线虫在马铃薯包囊中产卵。[11]

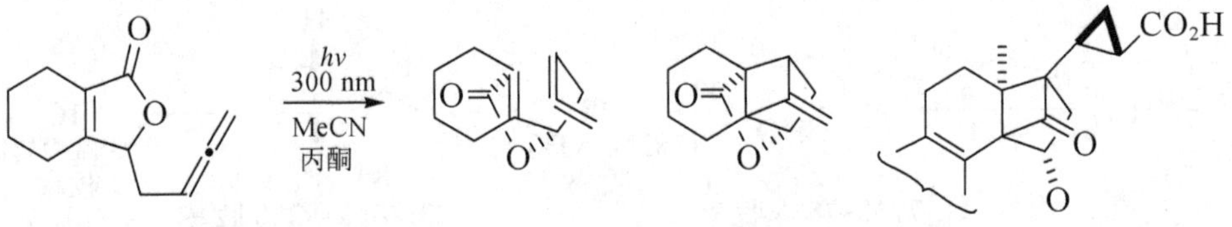
hν
300 nm
MeCN
丙酮
CO2H

31 **31a** **32; 70% 收率** **33; 皂甙 A**

离子型反应合成四元环

在前几页一个环加成反应中提到的环丁烯 **14**，实际上是从脂肪酸 **34** 借助于离子反应制备的。先经过酰氯的双溴代，再用甲醇淬灭得到 **35**，**35** 用 NaH 关环得到 **14**。[12] 估计是第一个烯醇化物与另一端的溴代物发生烷基化反应，接着第二个烯醇化物 **36** 发生消除，得到 **14**。

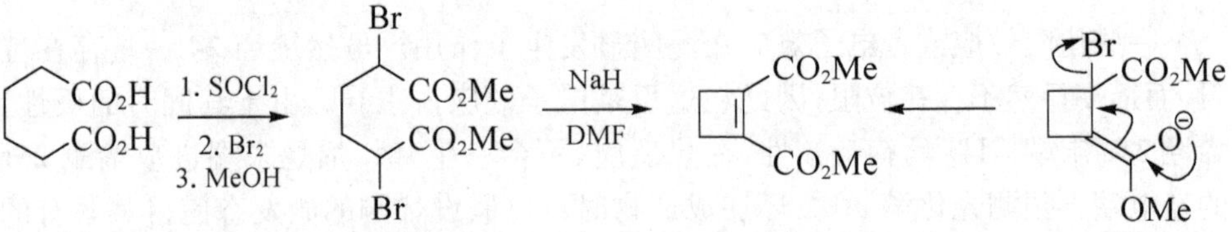
CO2H
CO2H
1. SOCl2
2. Br2
3. MeOH
Br
CO2Me
CO2Me
Br
NaH
DMF
CO2Me
CO2Me
Br
CO2Me
O
OMe

34 **35** **14** **36**

值得注意的是，Takasu 和 Ihara 报道多稠环体系如 **38** 的合成。[13] 它是由简单化合物 **37** 用碱处理而得到的。我们不妨比较一下 **30** 和 **38** 的骨架结构。

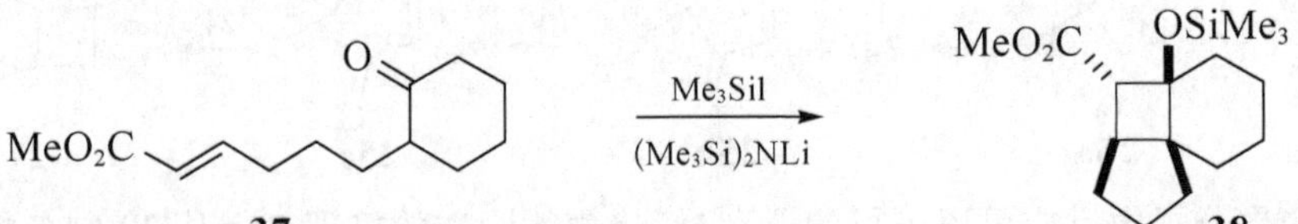
O
MeO2C
Me3SiI
(Me3Si)2NLi
MeO2C
OSiMe3

37 **38**

假设 **37** 生成的烯醇硅谜以共轭加成的形式进攻不饱和的酯 **39**，中间体烯醇式经 **40** 正离子关环得到 **38**。这种关环反应要求 **40** 的立体化学和 **38** 的立体化学确保一致，而且四/五稠环和四/六稠环都是顺式，这就暗示了第一步是可逆的。在这里环丁烷的形成要求酮和不饱和的酯之间有特殊的关联，因而这种反应并没有光环化反应通用。这种反应的不对称模式也有报道。[14] 最通用的制备环丁烷的热反应可能是用烯酮来实现的，这将在下一章讲解。

39; R=$SiMe_3$　**40; R=$SiMe_3$**　**38**

（李尚丰　译）

参考文献

1. W. H. Perkin, *J. Chem. Soc.*, 1985, 801; 1886, 806; 1887, 1; E. Haworth and W. H. Perkin, *J. Chem. Soc.*, 1894, 591; *House*, pages 541 - 544.
2. Fleming, *Orbitals*, pages 86 and 208.
3. M. T. Crimmins, *Comp. Org. Synth.*, **5**, 123.
4. P. G. Bauslaugh, *Synthesis*, 1970, 287; M. T. Crimmins and T. L. Reinhold, *Org. React.*, 1993, **44**, 297.
5. D. C. Owsley and J. J. Bloomfield, *J. Chem. Soc.* (*C*), 1971, 3445.
6. G. L. Lange, M. - A. Huggins and E. Neiderdt, *Tetrahedron Lett.*, 1976, 4409.
7. R. G. Salomon and S. Ghosh, *Org. Synth.*, 1984, **62**, 125.
8. S. W. Baldwin and J. M. Wilkinson, *Tetrahedron Lett.*, 1979, 2657.
9. Fleming, *Orbitals*, page 219.
10. M. Fétizon, S. Lazare, C. Pascard and T. Prange, *J. Chem. Soc.*, *Perkin Trans. 1*, 1979, 1407.
11. B. T. B. Hue, J. Dijkink, S. Kuiper, K. K. Larson, F. S. Guziec, K. Goubitz, J. Fraanje, H. Schenk, J. H. Van Maarseveen and H. Hiemstra, *Org. Biomol. Chem.*, 2003, **1**, 4364.
12. R. N. MacDonald and R. R. Reitz, *J. Org. Chem.*, 1972, **37**, 2418.
13. K. Takasu, M. Ueno and M. Ihara, *J. Org. Chem.*, 2001, **61**, 4667.
14. K. Takasu, K. Misawa and M. Ihara, *Tetrahedron Lett.*, 2001, **42**, 8489.

第三十三章　策略XV：烯酮在合成中的应用

在第三十一章我们遇到过烯酮作为 Arndt - Eistert 链延伸法的中间体。接下来我们将从更多的方面来考察它们在合成中的价值。烯酮 **1** 独特的 sp 杂化碳原子(在 **1** 中标记为 *)具有较强的亲电性,它能够如 **2** 所示与亲核试剂结合生成烯醇,进一步质子化后生成酰化产物 **4**。

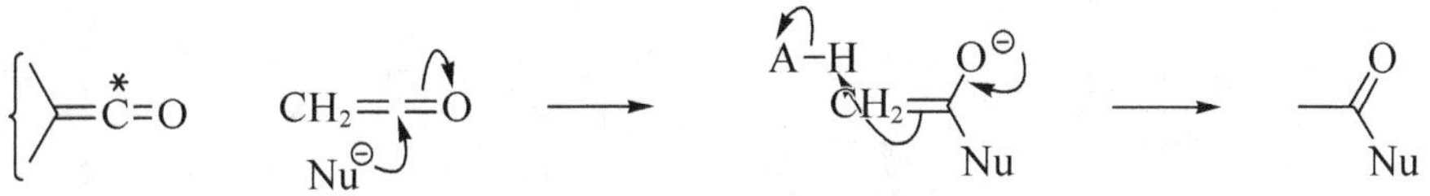

由于易于二聚,烯酮很少被分离出来。乙烯酮 **2** 自身二聚生成内酯 **5**,但二甲基乙烯酮 **6** 二聚生成二酮 **7**。其他的烯酮可能生成这两种类型的任意一种二聚体。仅仅很少的烯酮,如二苯基乙烯酮,能正常地被分离出来。

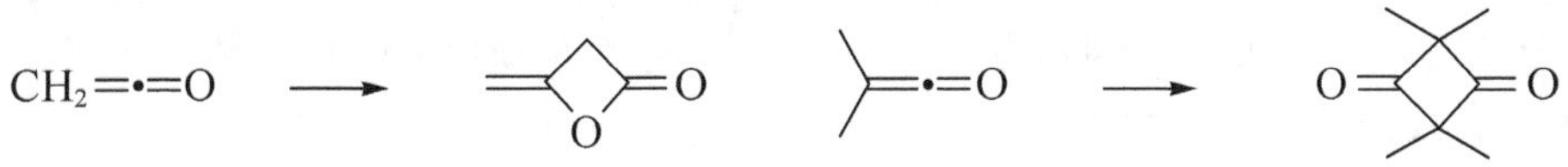

烯酮是通过从酰氯 **9** 在碱催化条件下消除氯化氢或者从氯代烷基酰氯在锌粉(通常在超声波辅助下)条件下消除一分子氯气而得到的。与亲核试剂反应时,在烯酮 **6** 生成前即可将亲核试剂加入到反应体系中。

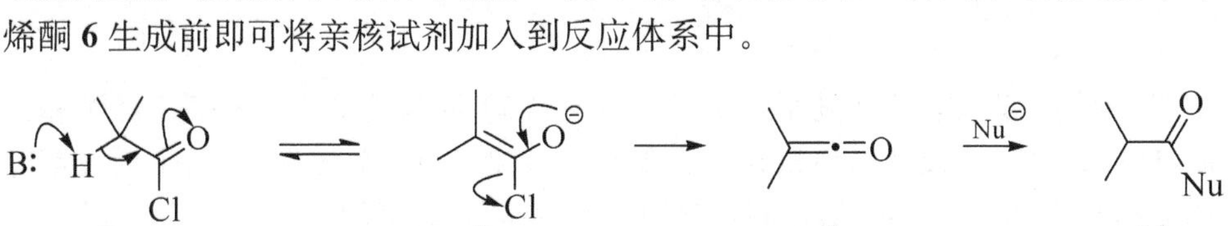

[2+2]烯酮的热环加成反应

烯酮不同于普通烯烃的是,可以与自身或者其他烯烃发生 2+2 环加成,与自身反应即上面所描述的二聚。[1]二氯烯酮与环戊二烯 **11** 反应生成二氯酮 **12**。这个反应表明它们相对于 4+2 环加成来讲更倾向于发生 2+2 环加成。这个环化反应同样得到我们期望的区域选择性：即 sp 杂化碳原子与大多数的亲核端的烯烃反应。[2]机理图 **13** 揭示两个试剂相互靠近时主要轨道的相互作用，这是一个协同的环加成反应。

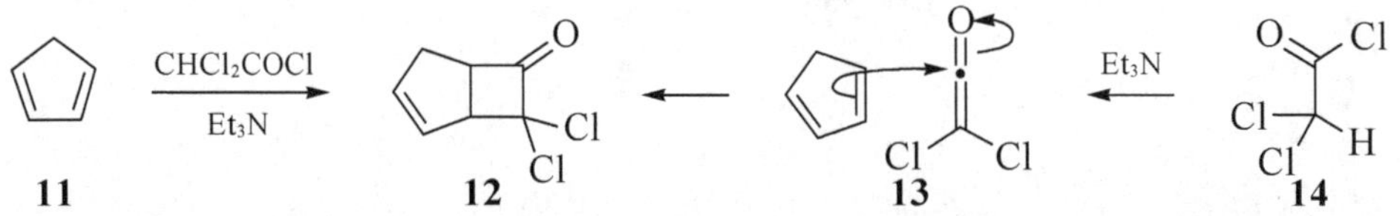

$CHCl_2COCl$, Et_3N; Et_3N

11 **12** **13** **14**

二氯乙烯酮与顺式或反式的环辛烯反应表明这是一个协同反应。每个底物都专一性地生成一个不同的立体异构加成物：顺式 **15** 得到顺式 **16**，而反式 **17** 得到反式 **18**。图中的氢原子可以清楚地阐明这一点。非常活泼的反式环辛烯 **17** 以100%转化率生成 **18**，没有任何 **16** 生成。[3]

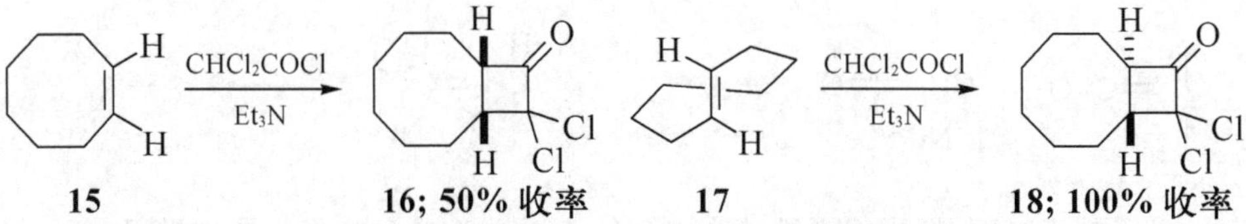

$CHCl_2COCl$, Et_3N

15 **16; 50% 收率** **17** **18; 100% 收率**

对化合物 **12** 的切断当然应该是环丁酮中两组相对的 C—C 键中的任意一组。每一种切断都将产生烯酮和烯烃，由此产生了一个选择性切断问题。对于加成物 **12** 来讲这里的选择很容易：**12a** 方式切断产生两个简单的原料，而 **12b** 切断是通过分子内环化，需要比较难的起始原料。比如，这个反应中间烯烃必须是顺式的构型，环化反应才有可能发生。

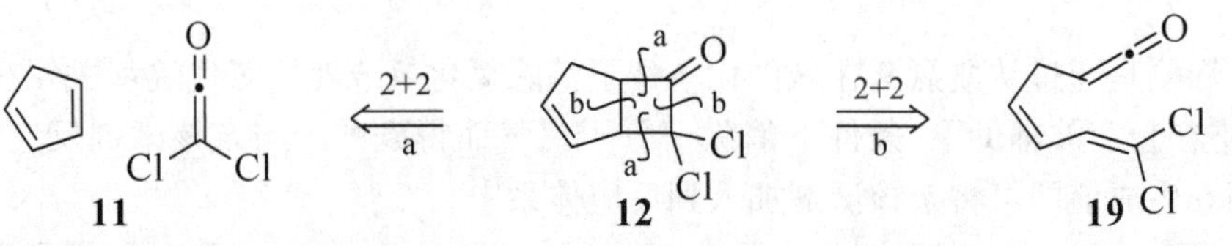

11 ⟸ 2+2 (a) **12** ⟹ 2+2 (b) **19**

其他例子就没有这样显而易见了。环丁酮 **22** 可能是来自二苯基乙烯酮和二烯 **21**(**22a** 切断法)或者乙烯酮和二烯 **23**(**22b** 切断法)。毫无疑问，两个烯烃都能被制备，但是两个环加成的区域选择性看上去都存在着疑问。

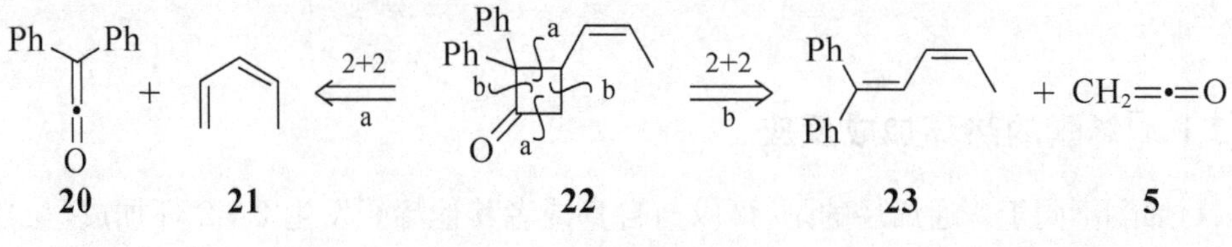

20 + **21** ⟸ 2+2 (a) **22** ⟹ 2+2 (b) **23** + $CH_2=\!\bullet\!=O$ **5**

二烯 **23** 可能反应发生在位阻较小的烯烃端，或者在被二苯基取代基活化的烯烃上但是在区域选择性错误的一端。但是对二烯 **21** 来讲，反应选择在右侧双键上的机会大得多：右侧双键不但更亲核，而且位阻较小，区域选择性看起来也符合要求。实际上二苯基乙烯酮 **20** 加成到顺式二烯 **21** 以 99%的产率得到 **22**。[4]

烯酮 2+2 环加成产物的重排反应

环加成形成的环丁酮经常用于 Baeyer－Villiger 和 Beckmann 重排反应。用锌脱除加成物 **12** 的氯原子后在过氧酸存在下重排生成的内酯 **25** 被广泛用于前列腺素的合成中。[5]注意是多取代的碳发生迁移，并且构型保持。

$CHCl_2COCl$ / Et_3N；Zn / ROH；RCO_3H

11　**12**　**24**　**25**

接下来的例子是环丁酮 **27**，两步反应都是区域选择性的。[6]二氯乙烯酮（一般由 Zn 脱卤制备而得）加入到环己烯 **26**，反应仅仅得到单一异构体 **27**。产物 **27** 再用锌脱氯后氧化重排得到内酯 **29**。这里依然是多取代的碳发生迁移且构型保持。

Cl_3CCOBr / Zn；Zn / AcOH；H_2O_2 / $(CF_3CO)_2O$

26　**27; 89% 收率**　**28**　**29; 93% 收率**

Beckmann 重排同样可以以相似的方式来制备内酰胺 **32**，它是合成 swainsonine **33** 的一个中间体。二氯乙烯酮与烯醇醚 **30** 立体选择性环加成生成环丁酮 **31** 的一个异构体（～95∶5）。从前体 **30** 出发，经由磺酰羟胺 Beckmann 重排和脱氯以五步 34%总收率得到内酰胺 **32**。[7]需要指出的是从顺式烯烃 **30** 选择性地得到反式环丁酮。

$Cl_2C{=}C{=}O$；$ArSO_2ONH_2$ / Zn/Cu, $H^{\oplus}$

30　**31**　**32**　**33**

甚至重氮甲烷也可以很好地应用在环丁酮的扩环上（第三十一章），四元环似乎特别易于摆脱张力而扩环。这个不太常见的反应可以用来合成环戊烯酮 **38**，**38** 可用作各种不同类型的共轭加成反应。[8]推测是 CHMe 优先于 CCl_2 迁移而生成产物 **36**，用锌处理仅脱除一个氯原子。LiBr/DMF 的处理一定是经过 **37** 的烯醇化物，发生消除而生成更多取代的烯烃 **38**。[9]

34 → (Cl_3CCOCl, Zn/Cu) → 35; 87% 收率 → (CH_2N_2) → 36 → (Zn, HOAc) → 37 → (LiBr, DMF) → 38; 79% 收率

烯酮二聚体作为酰化试剂

在本章的开始我们曾提到烯酮二聚体 **6**：它是一个环状的烯醇醚和好的酰化试剂。亲核进攻 **39** 的羰基得到乙酰乙酰基衍生物 **41** 的烯醇化物 **40**。如 **41** 所示的切断，乙烯酮二聚体等同于合成子 **42**。

6 **39** → **40** → **41** **42**

杂环 **43** 是合成 cytochalasan 的中间体。[10]在 1,3-二羰基的关联处切断可得到酰胺 **44**，而它正是苯基丙氨酸乙酯 **45** 的乙酰乙酰基衍生物。

43 ⟹ (1,3-diCO) **44** ⟹ (C—N 酰胺) **45; 苯丙氨酸乙酯** +**6**

43 的合成非常简单：酯 **45** 在碱催化下与烯酮二聚体 **6** 反应（碱不能过量）。再使用过量的碱环化得到五元环酰胺 **43**，而它实际是以烯醇式 **43a** 形式存在。

46: 苯丙氨酸 → (EtOH, $H^{\oplus}$) **45** → (**6**, NaOEt, EtOH) **44** → (NaOMe, MeOH) **43a**

（陈琦辉 译）

参考文献

1. Fleming, *Orbitals*, page 143; Clayden, *Organic Chemistry*, chapter 35.
2. R.W. Holder, *J. Chem. Ed.*, 1976, **53**, 81.
3. R. Montaigne and L. Ghosez, *Angew. Chem. Int. Ed.*, 1968, **7**, 221.
4. R. Huisgen and P. Otto, *Tetrahedron Lett.*, 1968, 4491.

5. E. J. Coery, Z. Arnold and J. Hutton, *Tetrahedron Lett.*, 1970, 307; M. J. Dimsdale, R. F. Newton, D. K. Rainey, C. F. Webb, T. V. Lee and S. M. Roberts, *J. Chem. Soc., Chem. Commun.*, 1977, 716.
6. P. W. Jeffs, G. Molina, M. W. Cass and N. A. Cortese, *J. Org. Chem.*, 1982, **47**, 3871.
7. J. Ceccon, A. E. Greene and J.-F. Poisson, *Org. Lett.*, 2006, **8**, 4379.
8. A. E. Greene and J.-P. Lansard, J.-L. Luche and C. Petrier, *J. Org. Chem.*, 1984, **49**, 931.
9. A. E. Green and J. P. Deprés, *J. Am. Chem. Soc.*, 1979, **101**, 4003; *J. Org. Chem.*, 1980, **45**, 2036.
10. T. Schmidlin and C. Tamm, *Helv. Chim. Acta*, 1980, **63**, 121.

第三十四章　五元环

与三元环、四元环或者六元环的合成方法不同,五元环通常可以由羰基化合物合成。由于五元环在动力学和热力学方面相对开链化合物都有优势,五元环可以很容易地通过羰基缩合得到(第二十九章)。本章中主要讲解通过羰基缩合的方法合成五元环,后面的章节将介绍一些其他比较特殊的方法。

从 1,4-二羰基化合物合成五元环

环戊烯酮 **1** 可以切断成 1,4-二羰基化合物 **2**。在第二十五章中介绍的方法都可以用来合成五元环,但要特别注意成环时的区域选择性问题。例如,化合物 **3**(R=甲基)通过 aldol 反应只能得到产物 **1**;但当 R = 乙基时如化合物 **4**,可以环化生成化合物 **5** 和化合物 **6**,取决于哪一个羰基形成烯醇式异构体。化合物 **6** 具有更多取代的烯烃,热力学稳定性上更有优势一些,但是优势并不是很大。

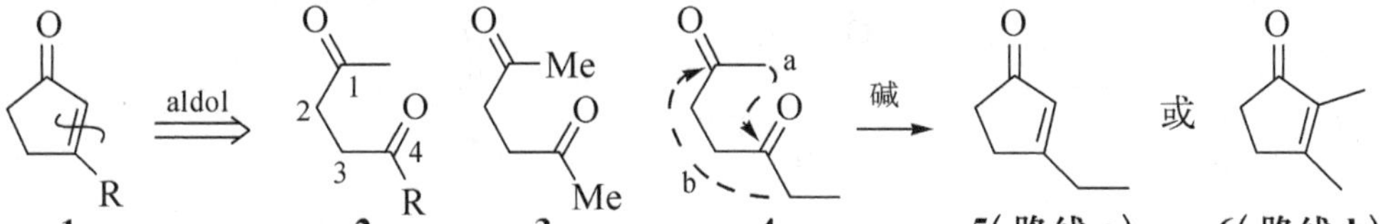

aldol ⟹　碱 →　或

1　**2**　**3**　**4**　**5(路线 a)**　**6(路线 b)**

一个简单的例子是环戊烯酮 **7**。酮醛化合物 **8** 的醛基部位不能形成烯醇式,因此只有一种成环形式。对化合物 **8** 进行 1,4-羰基切断,最好的选择是将其分割为异丁醛烯醇化物等同体 **10** 和合成子 **9**,而溴代丙酮 **11** 可以被视为合成子 **9**。

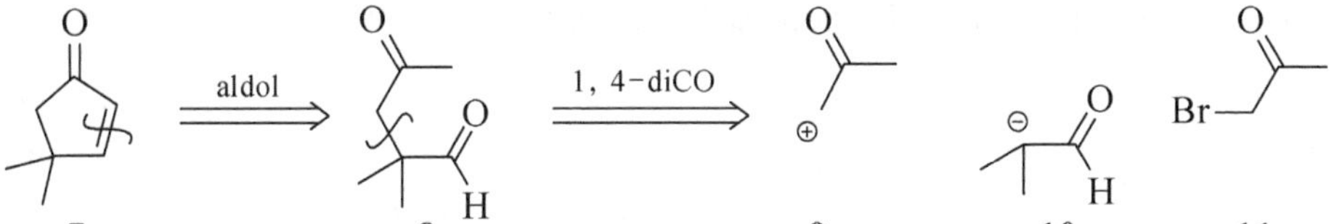

aldol ⟹　1, 4-diCO ⟹

7　**8**　**9**　**10**　**11**

在第三十二章中曾需要化合物 **7** 用作与烯烃的光化学加成反应,实际上在那

里 7 是通过醛 12 的烯胺 13 与炔丙基溴 14 反应制备的。[1] 汞盐催化得到化合物 8 接着在碱性条件下关环生成化合物 7。

12 —(R_2NH, $H^{\oplus}$)→ 13 + Br(14) → 15 —(1. Hg(Ⅱ),H_2O; 2. NaOH)→ 7

有些分子在理论上有一定的研究价值,如环戊二烯酮 16。事实证明化合物 16 会很快通过 Diels - Alder 反应形成二聚体,因此很难作为单体研究。能够合成的最简单环戊二烯酮是四苯基取代化合物 17。化合物 17 可以 Aldol 切断成化合物 18,18 可以再一次采用 Aldol 切断得到对称的原料 19 和 20。

16 17 ⇒(aldol) 18 ⇒(aldol) 19, 20 benzil

在第二十三章中介绍过,二苯乙二酮 20 可从二苯乙醇酮 21 氧化而来,[2] 接着在碱性条件与 19 作用一步合成环戊二烯酮四苯基取代化合物 17,不需要分离出中间体 18。[3] 此类化合物的问题是:16 只有四个离域 π 电子,属于非芳香体系。显然四个苯基取代基有利于其稳定性,但是 17 以深紫色晶体形式稳定存在,这表明 17 的已占轨道和非占轨道间存在不寻常的小能量差。

21 —(conc.HNO_3 或 $Cu(OAc)_2$)→ 20 + 19 —(NaOH, EtOH)→ 17 91%收率

从 1,6-二羰基化合物合成环戊酮

在第十九章中介绍了环戊酮 24 的合成:以己二酸酯 22 为起始原料在碱性条件下得到 β-酮酯 23,进而脱羧得到 24。同样,不饱和酮 25 可以 Aldol 切断成 1,6-diCO 化合物 26。26 在成环时可能存在区域选择性问题。

22 —(NaOEt)→ 23 —(1. NaOH; 2. $H^{\oplus}$,加热)→ 24　　25 ⇒(aldol) 26

不饱和羰基化合物 27 和 30 都可以切断成 1, 6 - diCO 化合物 28,化合物 28

则可由天然苎烯 **29** 制备。这里有两个化学选择性问题需要考虑：怎样使其中一个烯键断开而另一个不受影响以及怎样控制环化反应？

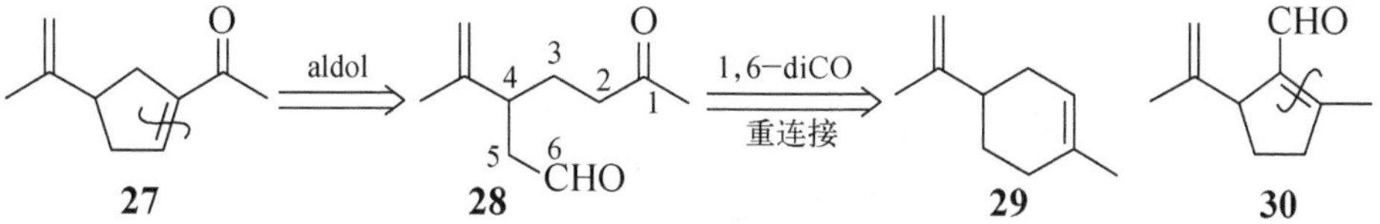

aldol　1,6−diCO 重连接

27　**28**　**29**　**30**

环氧化反应优先发生在环中取代基更多的烯烃上。**31** 开环生成邻二醇 **32**,**32** 在高碘酸钠作用下氧化断裂生成 **28**。酮醛化合物 **28** 没有被分离而是直接分子内关环。[4]

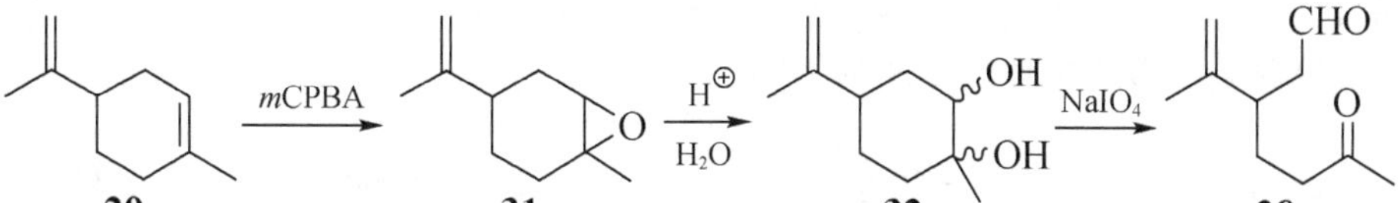

*m*CPBA　$H^{\oplus}$ H_2O　$NaIO_4$

29　**31**　**32**　**28**

酮醛化合物 **28** 如何关环的呢？在像氢氧化钾水溶液这样较强的质子碱条件下，成环反应都是可逆的，由热力学控制生成更稳定的酮 **27**。在弱胺碱和弱酸组成的缓冲体系中，只有活性较高的醛能够烯醇化，因此得到动力学控制产物 **30**。

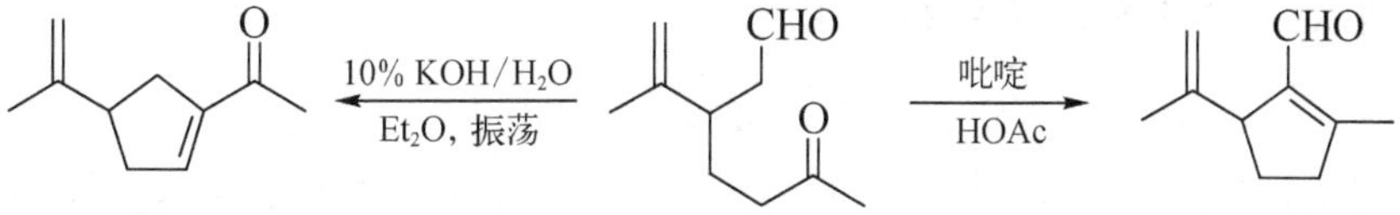

10% KOH/H_2O Et_2O, 振荡　吡啶 HOAc

27　**28**　**30;59% 收率**

从 1,5-二羰基化合物合成环戊烷

酮醇缩合反应在硅类化合物的辅助下能够以很高的产率生成五元环。传统方法只能以 18％的产率合成螺环化合物 **35**，而在三甲基氯硅烷的作用下化合物 **33** 的产率可以提高到 87％。[5]

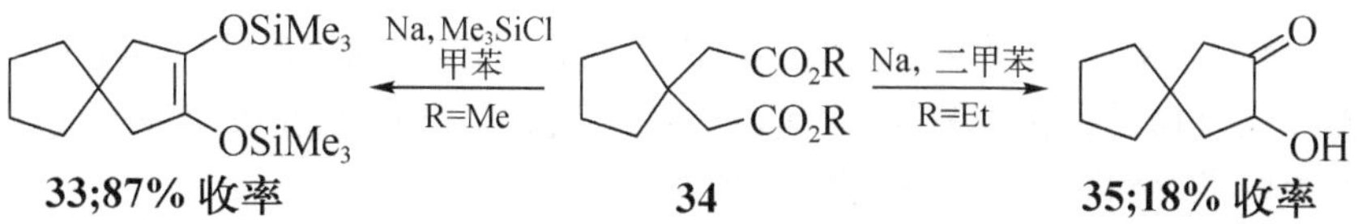

Na, Me_3SiCl 甲苯 R=Me　Na, 二甲苯 R=Et

33;87% 收率　**34**　**35;18% 收率**

即使对于包含四元环的螺环底物，反应也相当顺利。例如，对于仅有理论研究价值的螺环化合物 **39**，在硅类化合物的作用下发生酮醇缩合反应，接着水解，可以以较高产率得到目标化合物。[6]

Na, Me_3SiCl 甲苯 R=Me　　HCl H_2O

36　**37;84% 收率**　**38;95% 收率**　**39**

然而，在化合物 **40** 中链外烯烃的存在阻止了酮醇缩合反应的发生，可能是因为双键 120° 键角的要求使得两个羧酸酯相距太远。解决方案就是先 Michael 加成得到化合物 **41**，**41** 可以在三甲基氯硅烷的作用下以 78％的产率生成化合物 **42**。酮醇化合物 **43** 可以由化合物 **42** 在硅胶柱上一步反应生成。[7]在微弱的酸性条件下，烯醇硅醚的水解导致二甲胺的消除。

Me_2NH　　Na, Me_3SiCl 甲苯　　SiO_2 H_2O

40　**41;100% 收率**　**42;78% 收率**　**43;70% 收率**

通过两次连续共轭加成合成环戊烷

在二十一章中介绍了通过共轭加成联接 aldol 缩合的方法合成六元环。这里我们要介绍通过连续两次共轭加成的方法合成五元环。初始原料 **45** 可以由丙二酸甲酯与烯丙基溴化合物 **44** 经烷基化反应得到。化合物 **45** 与不饱和酮 **46** 在碱性条件下以高立体选择性(＞50∶1)生成反式环戊烷 **47**。[8]

1.NaOMe, MeOH 2.　　NaOMe MeOH

44　**45**　**46**　**47;81% 收率**

化合物 **45** 与不饱和酮 **46** 生成 **47** 的反应是一锅完成的。化合物 **45** 的负离子形式 **48** 与不饱和酮 **46** 发生 Michael 加成生成烯醇式中间体 **49**，接着 **49** 发生分子内共轭加成得到目标化合物 **47**。这种连续两次共轭加成的方法比我们先前讨论过的方法可以得到更多取代的环戊烷类化合物。

$$45 \xrightarrow[\text{MeOH}]{\text{NaOMe}} 48 \longrightarrow 49 \longrightarrow 47$$

如 **47** 所示，切断 1,5-二羰基有两种方式，切断次序并不是非常重要。在 a 位置切断可以得到前体 **51**，继续切断即为我们上面提到的原料；在 b 位置切断得到前体 **50**，但接下来 **50** 的继续切断需要一定的想象力。烯丙基溴化合物 **44** 的溴和双键之间只有一个亚甲基，因此只能生成五元环；如果中间有两个亚甲基就可以生成六元环，这也将是第三十六章将要介绍的内容。

$$50 \xLeftarrow[\text{b}]{1,5\text{-diCO}} 47a,b \xRightarrow[\text{a}]{1,5\text{-diCO}} 51$$

（董环文　译）

参考文献

1. S. Wolff, W. L. Schreiber, A. B. Smith and W. C. Agosta, *J. Am. Chem. Soc.*, 1972, **94**, 7797.
2. *Vogel*, page 1045.
3. *Vogel*, page 1101.
4. J. Meinwald and T. H. Jones, *J. Am. Chem. Soc.*, 1978, **100**, 1883; J. Wolinsky and W. Barker, *J. Am. Chem. Soc.*, 1960, **82**, 636; J. Wolinsky, M. R. Slabaugh and Gibson, *J. Org. Chem.*, 1964, **29**, 3740.
5. J. J. Bloomfield, D. C. Owsley and J. M. Nelke, *Org. React.*, 1976, **23**, 259.
6. R. D. Miller, M. Schneider and D. L. Dolce, *J. Am. Chem. Soc.*, 1973, **95**, 8468.
7. R. C. Cookson and S. A. Smith. *J. Chem. Soc.*, *Perkin Trans. 1*, 1979, 2447.
8. R. A. Bunce, E. J. Wamsley, J. D. Pierce, A. J. Shellhammer and R. E. Drumright, *J. Org. Chem.*, 1987, **52**, 464.

第三十五章　策略ⅩⅥ：合成中的周环反应：制备五元环化合物的特殊方法

本章所需的背景知识：周环反应Ⅱ：σ-迁移反应和电环化反应。

到目前为止，本书中讨论过的周环反应只有环加成反应：即第十七章的 Diels-Alder 反应和第三十三章的 2+2 环加成反应。电环化反应和 σ-迁移反应也都运用到合成中，是合成五元环化合物方法的基础。这两类反应均被归入本章。

电环化反应

电环化反应是在一个共轭 π 体系的两端形成一个新的 σ 键或相反的过程。因此这个过程将导致一个 σ 键的形成或裂解。己三烯 **1** 能以对旋的方式环化成六元环化合物 **2**。但更加令人兴奋的是戊二烯正离子 **3** 通过顺旋的方式转化成了五元环阳离子 **4**。参加反应的电子数目决定了产物的立体化学构型。[1]

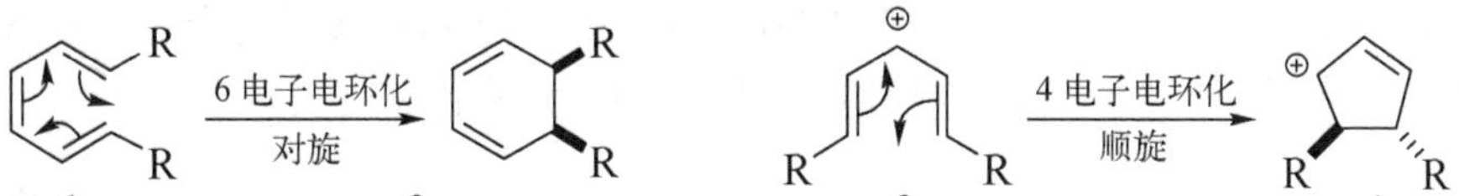

R R 6 电子电环化 对旋 R R
1 2

R R 4 电子电环化 顺旋 R R
3 4

Nazarov 反应

如化合物 **3**，Nazarov 反应可能是最重要的反应之一。[2]二烯酮 **5** 质子化形成正离子化合物 **6**，环化后形成了烯丙基正离子 **7**。经推测该过程是一个顺旋的过程，在形成环戊酮 **9** 的过程中通常失去了立体化学控制。

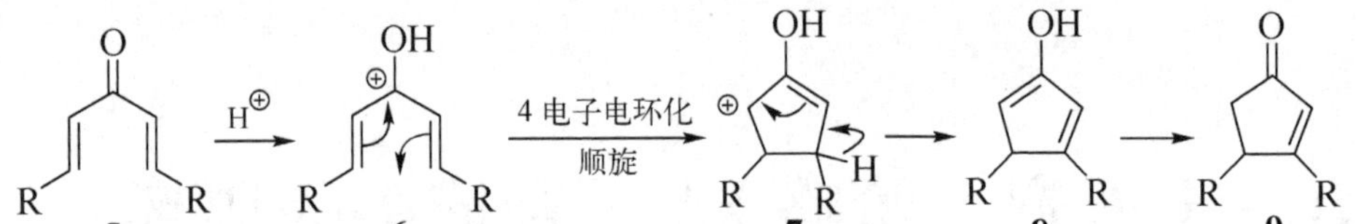

5 6 7 8 9

例如，带有玫瑰香味的天然产物突厥酮 **10**，在酸性条件下环化成阳离子化合物 **11**，该正离子从一侧失去一个质子选择性地生成化合物 **12**。[3]对 Nazarov 反应来说，该切断是在化合物 **12a** 所示羰基对位的五元环的单键上。

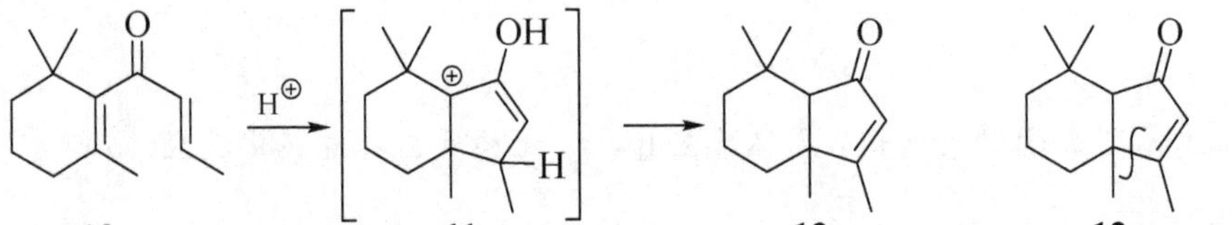

10 11 12 12a

环上的双键同时亦为苯环的一部分。因此，芳香酮 **13** Nazarov 切断后形成了一个芳香酮 **14**，该芳香酮肯定可以从酸 **16** 的衍生物通过 Friede - Crafts 反应来制备。

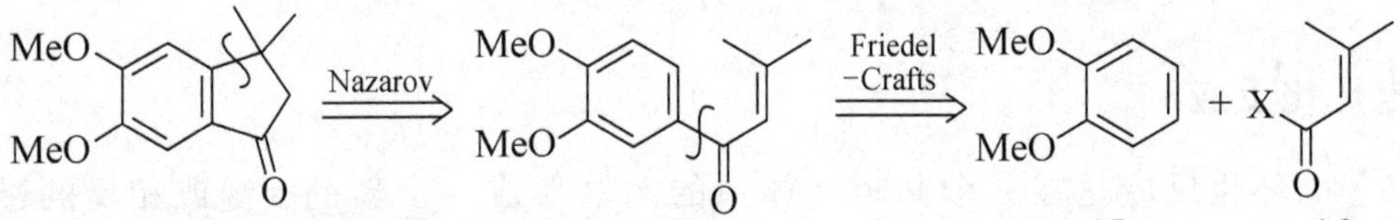

13 14 15 16

你可能想到用酸 **16** 的酰氯(X=Cl)和 Lewis 酸反应会成功地生成化合物 **14**。但结果是用酸 **16**(X=OH)和酚醚 **15** 在多聚磷酸的催化下通过 Friedel-Crafts 和 Nazarov 反应一锅法生成 **13**。虽然产率只有 70%，但是该路线很短。[4]

芳香杂环化合物如 N - Ts 保护的吡咯 **17** 也能用酸酐(酸可能会破坏吡咯环)催化一锅化反应。该反应的区域选择性由氮[5]的邻位酰化反应决定。[6]

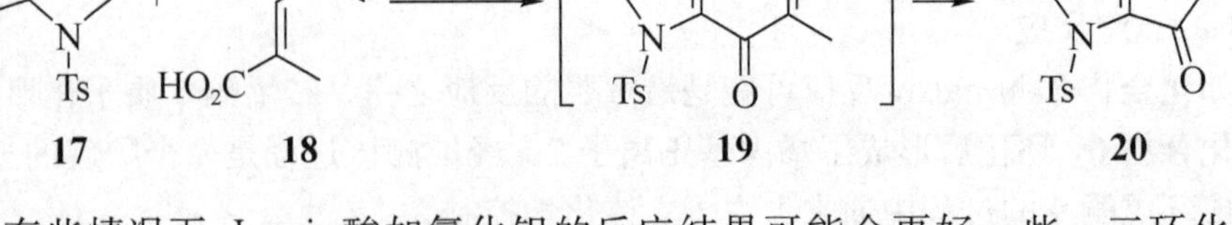

17 18 19 20

有些情况下，Lewis 酸如氯化铝的反应结果可能会更好一些。三环化合物 **21** 在中间环上的单键切断是最好的切断方式。Nazarov 切断后生成了简单的

二烯酮 **22**。**22** 中包含两个环状烯酮片段。因此，我们宁愿切断环之间的键得到合成子 **23** 和 **24**。

Nazarov　C—C

21　**22**　**23**　**24**

选择这种切断方式的一个原因是因为二氢吡喃 **25** 的锂盐衍生物 **26** 容易制备。并且烯醛 **27** 也是己二醛的环化产物。**28** 氧化(二氧化锰氧化烯丙醇比较好)后，接着和三氯化铝反应高产率地生成了 **21**。化合物 **21** 中生成的双键与醚氧原子共轭，因此其两个五元稠环处的立体化学必然是顺式的。[7]

BuLi　[O]　$AlCl_3$　CH_2Cl_2　**21** **88%收率**

25　**26**　**27**　**28**

σ-迁移重排

σ-迁移重排反应是一种单分子的反应(**29**)，该反应是一个 σ 键从分子的一端迁移到另一端的过程。但是反应中 σ 键不会有数目上的变化。该反应按照下述的原则分类：将 **29a** 中旧的 σ 键两端均编号为"1"，然后如 **30a** 所示一直分别编号到新形成的 σ 键。因此，化合物 **29** 的反应是一个[3,3]-σ 迁移重排。通过这两个数字的总和可以得出环状过渡态的大小。[8]

[3,3]

29　**30**　**29a**　**30a**　**31**

乙烯基环丙烷到环戊烯的重排反应

加热条件下，乙烯基环丙烷 **32** 异构化生成环戊烯 **33**。[9]这是一个[1,3]-σ 重排反应。从 **32a** 到 **33a**，存在一个张力很大的四元环过渡态 **34**。因此该反应通常需要强热（一般>300℃）。该反应机理尚存在争议：有些人认为该反应是协同的(如 **32** 所示)，而有些人认为三元环中的碳碳单键均裂形成二自由基中间体 **35**(如 **32b** 所示)，该中间体能再结合生成 **33**。该反应没有产生环，但存在一组重要的 σ 迁移重排，该重排产生了五元环——从乙烯基环丙烷到环戊烯。

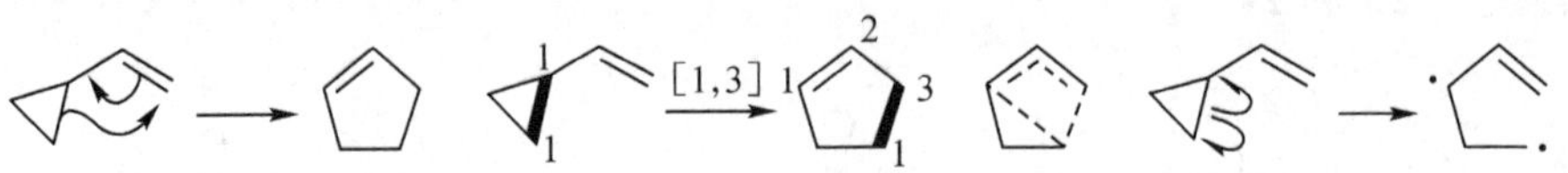

32 33 32a 33a 34 32b 35

因此毫无疑问地，环丙烷化合物 **36** 在高温下通过［1，3］-迁移异构化生成 **37**。化合物进一步形成烯醇化合物 **38**，双键移动形成共轭产物 **39**。在天然产物 Zizaene 合成中会用到产物 **39**。[10]

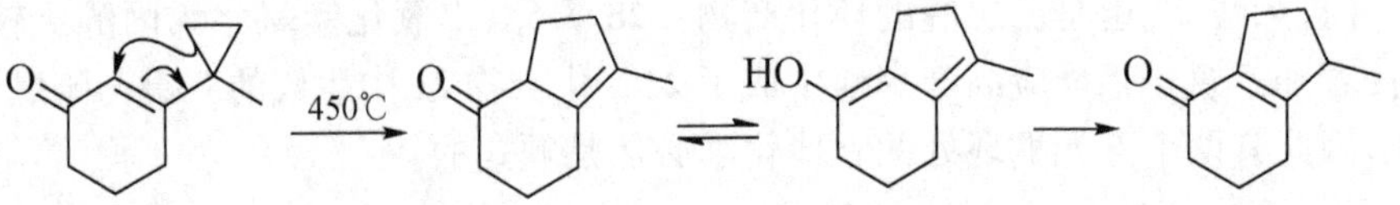

450℃

36 37 38 39

该切断看起来难以捉摸，但如果我们简单倒推一下重排反应，假想逆反应过程就很容易了。存在两种可能的起始原料。光反应实验中所需的环戊烯 **40** 能按照 **40a** 或 **40b** 两种方式进行切断。**41** 不容易再继续被切断下去，而 **42** 具有一个烯酮结构片断，能从醛 **43** 和像 **44** 一样的试剂来制备。

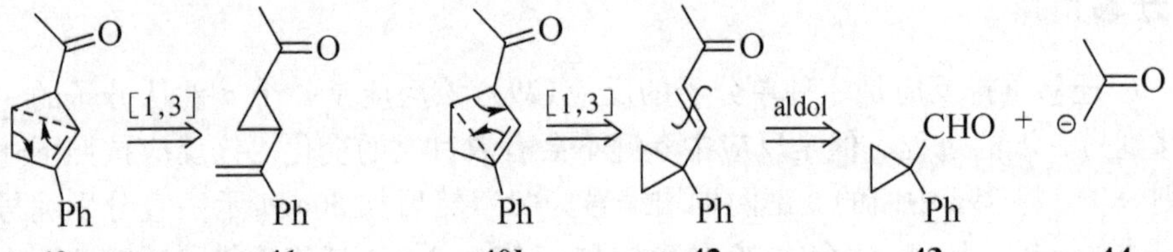

40a 41 40b 42 43 44

醛 **43** 可用腈 **45** 烷基化后还原（实际上用 $LiAlH_4$，虽然我们可能更喜欢用 DIBAL）而制得。Wittig - Horner 生成 **46**，接着转化成烯酮 **42**。最后一步的重排需要 400℃高温。[11]

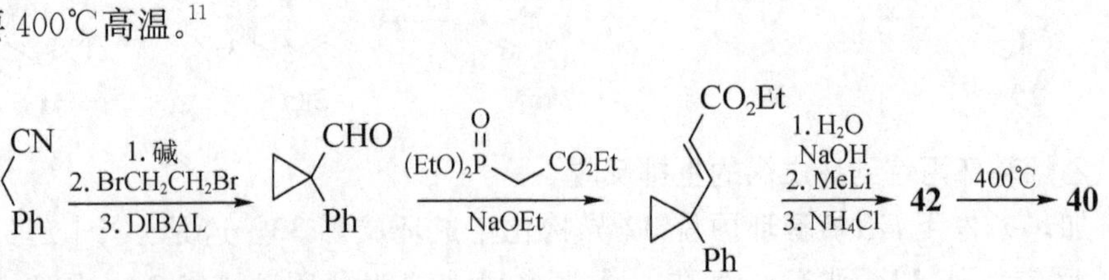

1. 碱 2. $BrCH_2CH_2Br$ 3. DIBAL；$(EtO)_2P(O)CH_2CO_2Et$, NaOEt；1. H_2O, NaOH 2. MeLi 3. NH_4Cl → **42** —400℃→ **40**

45 43 46

如果反应化合物中有杂原子存在，［1，3］-迁移反应能用酸或者路易斯酸催化。杂环化合物 **49** 可以在氢溴酸的催化下从环丙基亚胺 **48** 制备，[12] 前者是合成从水仙属生物碱的必备原料。亚胺 **48** 可由醛 **47** 通过合成 **43** 一样的方法制备。

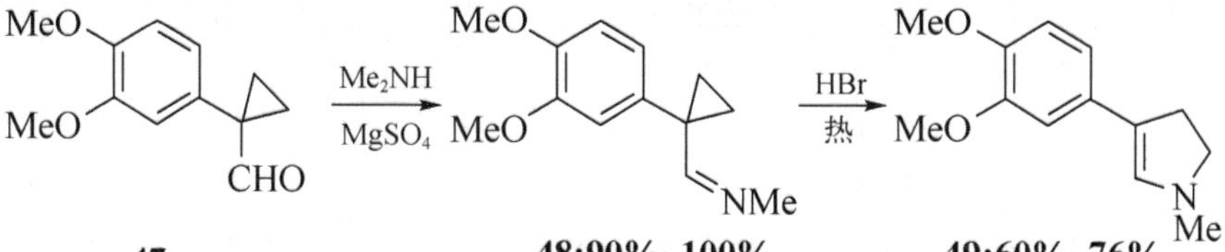

47　**48;90%~100%**　**49;60%~76%**

如果用像 Et_2AlCl 一类强的路易斯酸，低一点的反应温度就可以了。环丙烷 **52** 可由二氢呋喃 **50** 通过铑催化的卡宾插入反应而制得。**52** 在很低的温度下重排生成具有三个五元稠环的环丙烯 **53**。[13]

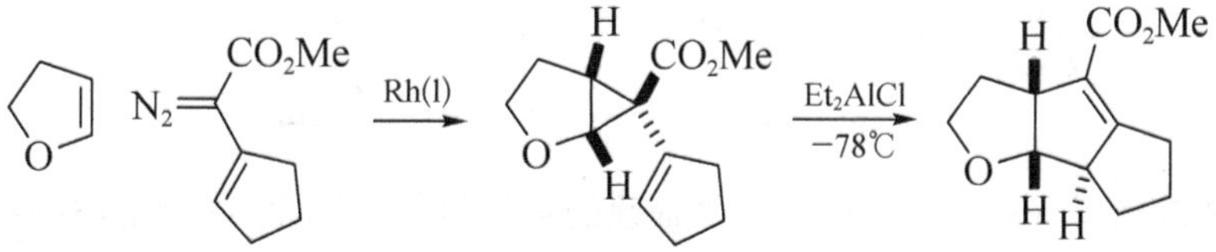

50　**51**　**52**　**53;69%~79% 收率**

[3,3]-σ-迁移重排

在前面我们用了全碳原子 **29** 的 Cope 重排反应来介绍本节。但现在我们想阐述更有用的 Claisen 重排反应。[14]对大部分取代基来说，脂肪族取代的 **54** 绝大多数底物都可以进行 Claisen 重排，在该反应中一个双键消失形成了更稳定的羰基化合物 **55**。底物不管是醛（X＝H）、酮（X＝R）、酸（X＝OH）、酯（X＝OR）还是酰胺（$X=NR_2$），反应都很好。最初的 Claisen 重排反应都是用芳香衍生物 **56**，反应中生成不稳定的非芳香的中间体 **57**。中间体 **57** 迅速地失去一个质子重新芳环化成成产物酚 **58**。

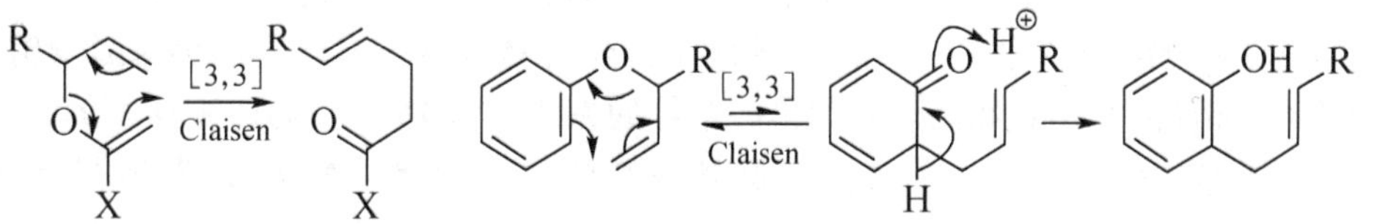

54　**55**　**56**　**57**　**58**

对于芳香族的 Claisen 重排的切断，需要倒推重排反应。看起来很简单：**59** 的 C—C 键断开同时形成 C—O 键。但要记住的是要把烯丙基体系颠倒过来。如果起始原料合成 **59a** 的话很容易看清楚（点线代表键重新接上）。下一步即是常规醚的切断。

59 或 59a $\xrightarrow{\text{Claisen}}$ 60 $\xrightarrow[\text{ether}]{\text{C—O}}$ 61 + 62

烷基化反应中所需的烯丙基卤化物容易制备。通过醇醛缩合或者 Wittig 类型的反应生成 **63**，**63** 还原后羟基转化为溴化物。酚（p*K*a 10）的烷基化是很容易的，因为用碳酸盐类的弱碱就足够了。Claisen 重排反应只要加热就可以了。[15]

$$\text{RCHO} \xrightarrow[\text{R}_2\text{NH, AcOH}]{\text{CH}_2(\text{CO}_2\text{H})_2} \text{R-CH=CH-CO}_2\text{H}\ (\mathbf{63}) \xrightarrow[\text{2. LiAlH}_4]{\text{1. EtOH, H}^{\oplus}} \text{R-CH=CH-CH}_2\text{OH}\ (\mathbf{64}) \xrightarrow{\text{PBr}_3} \mathbf{62}$$

脂肪族的 Claisen 重排相对于芳香族的重排显得更简单，因为最后的反应不存在重新芳环化。但是，当合成乙烯基醚 **67** 的时候会有一步离子化的过程。最简单的方法是从烯丙醇 **65** 开始，通过和另一乙烯醚的缩醛交换生成 **66**，最后消去生成 **67**。所有的反应步骤，包括重排反应都是在相同条件下发生的。[16] 生成的产物是 γ，δ-不饱和羰基化合物 **68**。

65 $\xrightarrow[\text{RCO}_2\text{H}]{\text{CH}_2\text{=CH-OEt}}$ [66] → [67] → 68 = 68

判断一个 Claisen 重排反应是否能用得上，最简单的方法是去考查烯烃和羰基化合物之间的结构关联。一个简单的例子是化合物 **69** C—C 键的切断，暗示烯醇化物 **71** 和烯丙基卤化物的烷基化是一个好的方法。但 **70** 会在烯丙基体系的错误的一端反应。因此需要一个方法颠倒烯丙基体系即用烯丙醇 **72** 来发生 Claisen 重排。

69 $\xrightarrow[\text{烯醇烷基化}]{\text{C—C}}$ 70 + $^{\ominus}\text{CH}_2\text{-CO}_2\text{Et}$ (71)　　72

正像 **65** 生成 **68** 一样，**72** 也生成 **69**。[17] 区别只不过是这里用原酸酯 MeC(OEt)_3 制备缩醛 **74**，继而生成的是酯 **69** 而不是用醛 **68**。

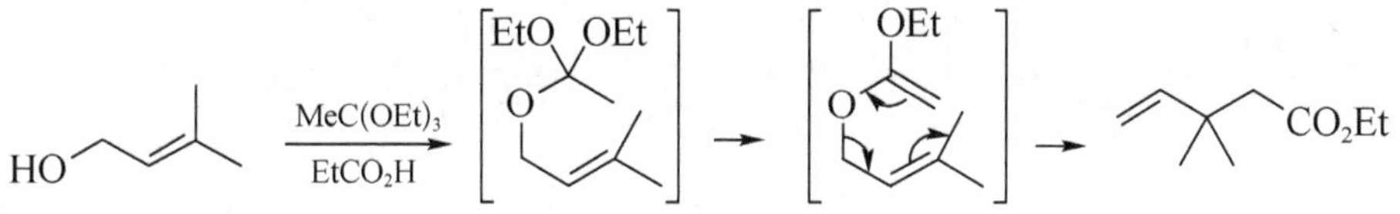

72 73 74 69

Claisen 重排的立体选择性

如果新的烯烃有空间构型，Claisen 重排是反式-选择性的。因此烯丙醇 **75** 生成的是反式的不饱和醛 **77**。重排的过渡态是六元环中间体 **78**，它有一个椅式构象 **79**。除非所有的取代基都是氢，R 取代基更倾向于占据 e 键。如果只看图 **79** 的右侧，就会发现反式烯烃的结构已经镶嵌于这个构象图中。

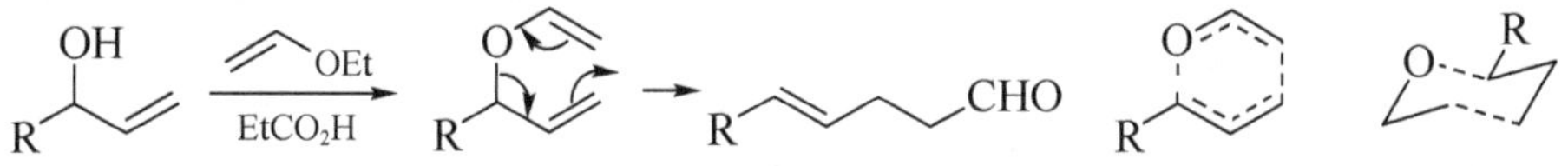

75 76 77 78 79

下面的例子可以很好地说明立体选择性问题：**82** 的 Claisen 重排来合成反式的 **84**（R 是保护基）。[18]需要指出的是羰基和呋喃环都不影响该反应。合成胆色素原（卟啉的前体）的下一步反应是分子内烯烃和呋喃环的 Diels－Alder 反应。

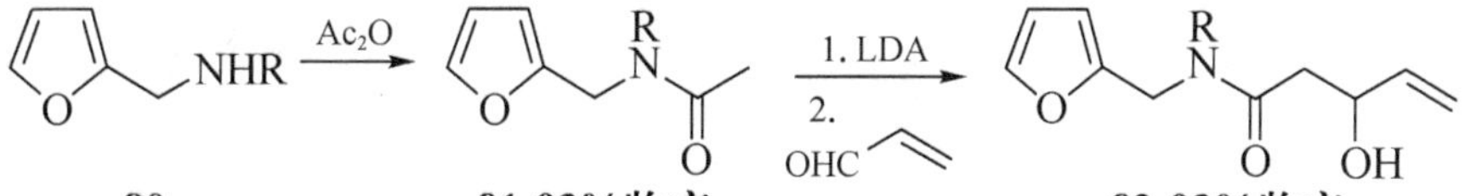

80 **81;93%收率** **82;93%收率**

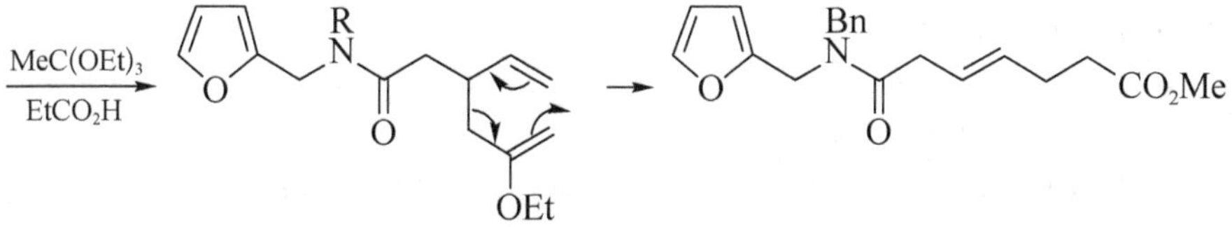

83;没有分离 ***E*-84;72%收率**

合成新化合物的一个重要的原因是运用这些化合物去构建有机原料如高枝化的聚合物。四溴化合物 **89** 就是其中之一。值得注意的是，该化合物可以通过 Claisen 重排来制备。[19]烯丙醇 **85**（一般通过 Wittig 反应然后还原来制备）和黄原酸乙酯的 Claisen 重排反应生成不饱和酯 **86**，**86** 硼氢化生成内酯 **67**，还原后生成二醇 **88**。通过简单的操作醇最后都转化为溴化物。该化合物用作四胺的合成，继而合成枝状物（高分枝的树状聚合物）。

$MeC(OEt)_3$, $EtCO_2H$, 180℃; 1. R_2BH 2. H_2O_2; $LiAlH_4$; PBr_3, HBr

85 **86;84% 收率** **87;76% 收率** **88;82% 收率** **89**

如果用 DMF 的二甲基缩醛 **91** 去制备烯基醚，Claisen 重排反应也能用作制备酰胺。这里最后的一个例子同时是对下一章的内容的介绍。下一章我们会介绍六元环的形成，将用 Birch 还原的方法来还原芳香环。Birch 还原芳香环后生成烯丙醇 **90**。**92** 的 Claisen 重排有一个特征：重排跨过环的顶面发生，因此产物 **93** 是单一差向异构体。我们还会注意到其他的烯烃会发生移位与酯形成共轭。产物 **93** 可以用来合成生物碱。[20]

90 **91** **92** **93;50% 收率**

（钟传富　译）

参考文献

1. Fleming, *Orbitals*, page 103.
2. K. L. Habermas, S. E. Denmark and T. K. Jones, *Org. React.*, 1994, **45** 1; S. E. Denmark, Comp. *Org. Synth.*, **5**, 751.
3. G. Ohloff, K. H. Schulte-Elte and E. Demole, *Helv. Chim. Acta*, 1971, **54**, 2913.
4. T. R. Kasturi and S. Parvathi, *J. Chem. Soc.*, *Perkin Trans. 1*, 1980, 448.
5. Clayden, *Organic Chemistry*, chapter 43.
6. C. Song, D. W. Knight and M. A. Whatton, *Org. Lett.*, 2006, **8**, 163.
7. G. Liang, S. N. Gradl and D. Trauner, *Org. Lett.*, 2003, **5**, 4931.
8. Clayden, *Organic Chemistry*, chapter 36; Fleming, *Orbitals*, page 98; R. K. Hill, *Comp. Org. Synth.*, **5**, 785.
9. T. Hudlicky, T. M. Kutchan and S. M. Naqvi, *Org. React.*, 1985, **33**, 247.
10. E. Piers and J. Banville, *J. Chem. Soc.*, *Chem. Commun.*, 1979, 1138.
11. H.-U. Gonzenbach, I.-M. Tego-Larsson, J.-P. Grossclaude and K. Schaffner, *Helv.*

Chim. Acta, 1977, **60**, 10911; H. Kunzel, H. Wolf and K. Schaffner, *Helv. Chim. Acta*, 1971, **54**, 868.

12. C. P. Forbes, G. L. Wenteler and A. Weichers, *Tetrahedron*, 1978, **34**, 487.
13. H. M. L. Davies, N. Kong and M. R. Churchill, *J. Org. Chem.*, 1998, **63**, 6586.
14. A. Martin Castro, *Chem. Rev.*, 2004, **104**, 2939; P. Wipf, *Comp. Org. Synth.*, **5**, 827.
15. D. S. Tarbee, *Org. React.*, 1944, **2**, 1.
16. R. Marbet and G. Saucy, *Helv. Chim. Acta*, 1967, **50**, 2095; A. W. Burgstahler and I. C. Nordin, *J. Am. Chem.* Soc., 1961, **83**, 198.
17. Y. Nakada, R. Endo, S. Muramatsu, J. Ide and Y. Yura, *Bull. Chem. Soc. Jpn.*, 1979, **52**, 1511.
18. P. A. Jacobi and Y. Li, *J. Am. Chem.* Soc., 2001, **123**, 9307.
19. K. S. Feldman and K. M. Masters, *J. Org. Chem.*, 1999, **64**, 8945.
20. T.-P. Loh and Q.-Y. Hu, *Org. Lett.*, 2001, **3**, 279.

第三十六章　六元环

构建六元碳环的基本方法有三种，每种方法得到的六元环都带有特征的取代模式。首先是羰基缩合，Robinson 环化（第二十一章）是羰基缩合中最好的方法。[1] 切断的方法是羟醛缩合 **1** 和共轭（Michael）加成 **2**。目标分子是一个共轭的环己烯酮。

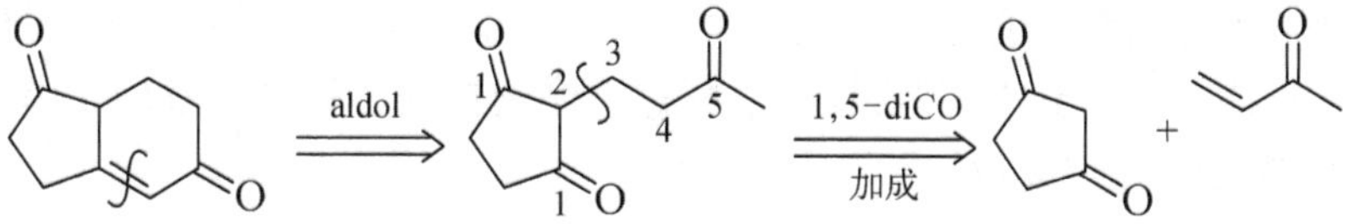

其次是 Diels - Alder 反应（第十七章）。目标分子 **5** 也有一个羰基和一个烯键，但是只有烯键是在环内，羰基位于环外远离烯键的位置。最简单的切断方法是画出 **5a** 的逆反应机理。箭头从烯键开始有 **5a** 和 **5b** 两种环绕方法。

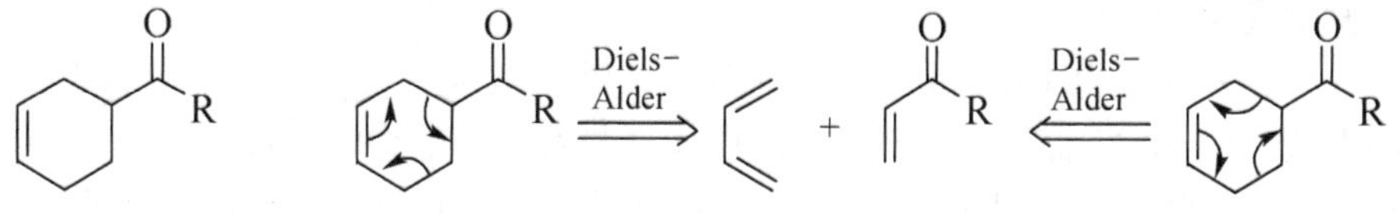

第三种方法是芳环的部分或全部还原。任何一个商品目录中都会列出许多各种各样取代的苯环。饱和环化合物 **8** 很明显可以由 **9** 彻底还原得到。但是 **9** 的部分还原（Birch 还原）也可以得到烯酮 **11**，这一点就不是那么显而易见的了。这里 Birch 还原是唯一的新方法，因此我们只对 Robinson 关环和 Diels - Alder 反应做些修改，重点放在阐述 Birch 还原上。

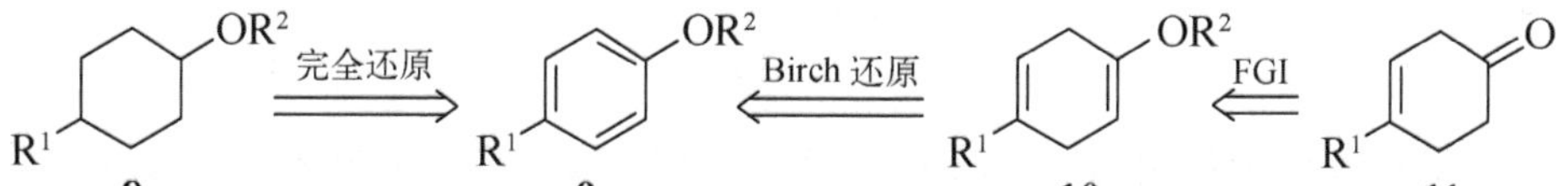

羰基缩合：Robinson 环化

近年来对 Robinson 环化作了很大的改进：有机催化剂的发展可以使很多反应给出单一的对映异构体产物(见 *Strategy and Control*)。有些化合物，例如 **12**，不但能够加速反应的进程而且能够完全控制羟醛缩合中间体 **13** 的立体化学。[2]

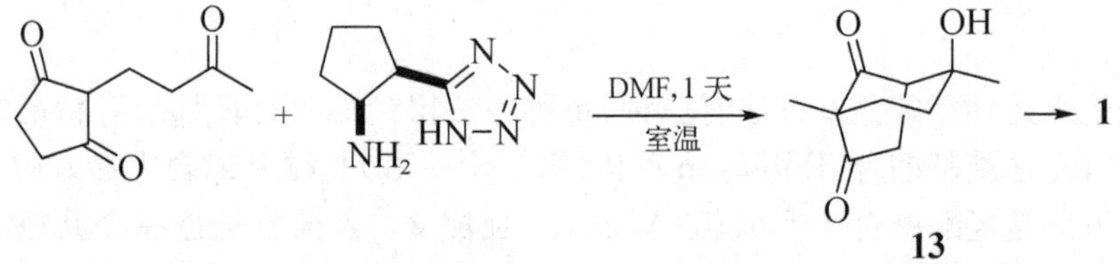

DMF, 1 天 室温

2 30 mol%**12** **13** **100% 收率** → **1**

两个起始原料都不必是环状化合物。非环状的烯酮 **14** 和 β-酮酸酯 **15** 在胺的催化下以高收率得到 **16** 并且也有很好的立体选择性(97∶3)。[3] **13** 和 **16** 都能很容易脱水得到烯酮 **1** 或 **17**。

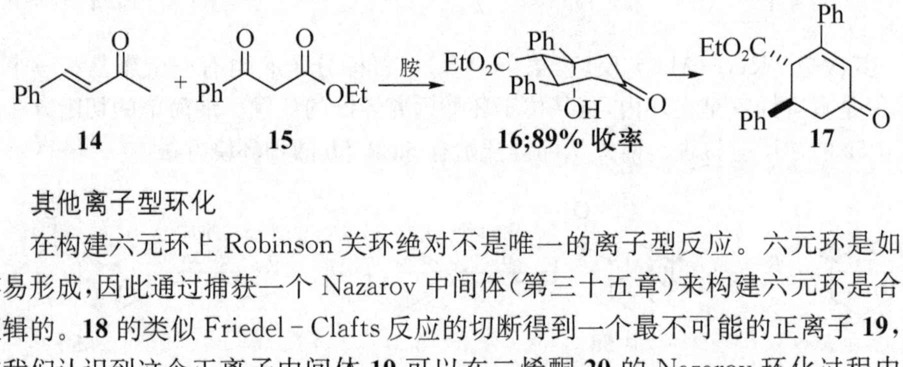

胺

14 **15** **16;89% 收率** **17**

其他离子型环化

在构建六元环上 Robinson 关环绝对不是唯一的离子型反应。六元环是如此容易形成，因此通过捕获一个 Nazarov 中间体(第三十五章)来构建六元环是合乎逻辑的。**18** 的类似 Friedel-Clafts 反应的切断得到一个最不可能的正离子 **19**，只有我们认识到这个正离子中间体 **19** 可以在二烯酮 **20** 的 Nazarov 环化过程中形成，这个切断才显得合乎情理。这个反应在工具书中也有讨论。

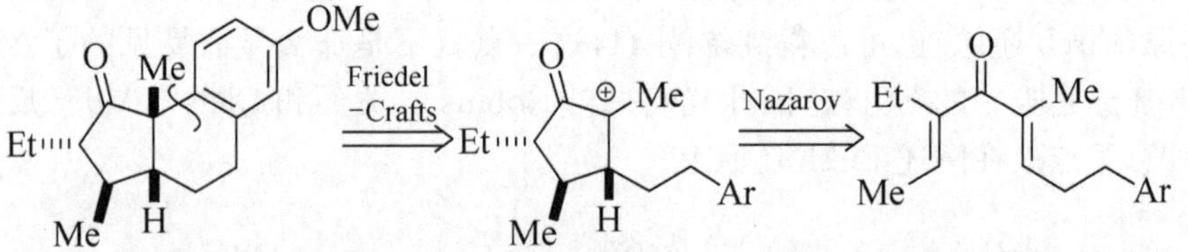

Friedel-Crafts ⇒ Nazarov ⇒

18 **19** **20**

在这个反应中使用的催化剂是 $TiCl_4$，配合物 **21** 以顺旋方式环化，因此在中间体 **22** 中 2 个氢原子是反式直立构型。发生在苯环对位(被甲氧基活化)的环化从五元环的下面连接过去得到烯醇钛酯 **23**，质子化后乙基处在环的下面(优势构象)，和最近的甲基处于反式位置。[4]

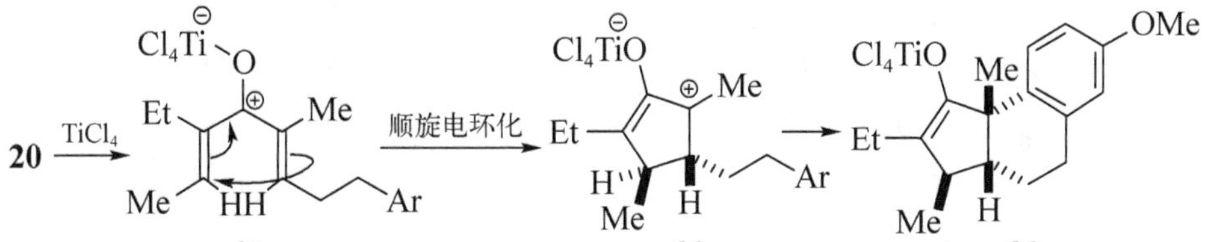

由乙酸香叶酯 **24** 通过双羟基化和形成环氧化合物 **26** 得到的烯烃环化与上面类似，生成取代的环己烷 **28**。Lewis 酸 $ZrCl_4$ 的作用是打开环氧环。中间体 **27** 的分子内环化得到顺式- **28**，取代基都处于平伏建。烯和环氧的椅式构象 **27a** 是非对映立体选择性的关键。[5]区域选择性：烯烃从取代较少的位置进攻环氧取代较多的位置。这仅仅是众多离子型反应构建六元环中的两个普通例子。

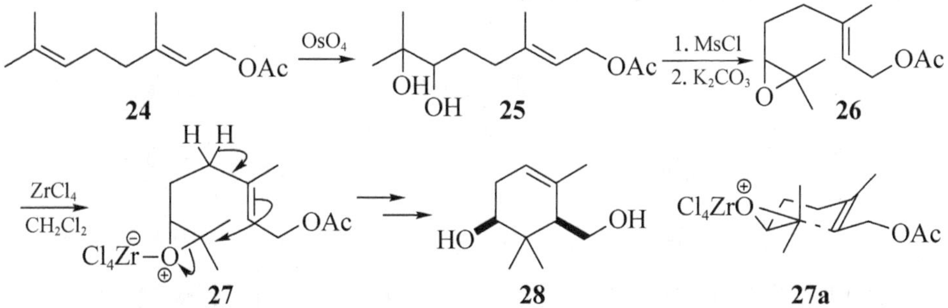

Diels - Alder 反应

在第十七章我们曾提到 Diels - Alder 反应由于其独特的反应选择性在众多合成反应中是最重要的反应之一。[6]因此当 Nicolaou 用 **29** 合成 columbiasin A 时，他准备多用几步转化把 **29** 变为 Diels - Alder 合成子。环上适当的位置既没有烯键也没有羰基，初看起来似乎没有任何希望。但是从逆向思维来看，环 **A** 的酮可从烯醇醚转变而来，苯环 **B** 也可以从喹诺酮得到。

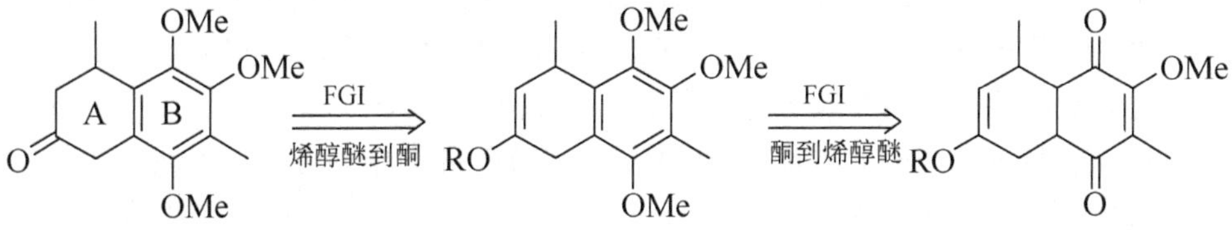

31a 的逆 Diels - Alder 反应得到一个新的烯醇醚 **32** 和一个喹诺酮 **33**。烯醇醚 **32** 是简单烯酮 **34** 的衍生物，它可由烯酮 **34** 的烯醇式硅醚保护得到。

31a $\xRightarrow{\text{Diels-Alder}}$ **32** + **33**　**34**

在 **32** 中，Nicolaou 用了 TBS 作为保护基，并且发现这个 Diels - Alder 反应具有完全的区域和立体选择性。[7] 立体选择性在这里倒不是很重要，因为下一步还会被破坏。但是区域选择性在这里是很重要的也是很有意义的。喹诺酮上的甲氧基(OMe)和低位的羰基共轭，因此"对位"定位效应发生在 OTBS 和高位的羰基之间。同样的原因导致喹诺酮上右侧烯键亲电性较低。值得注意的是，这些微小的因素往往会对化学反应有很大的影响。

34 $\xrightarrow[\text{2. } t\text{-BuMe}_2\text{SiCl}]{\text{1. LDA}}$ **32a** + **33** $\xrightarrow[\text{乙醇}]{25℃}$ **31b;83% 收率**

31b 甲基化得到 **30**，然后硅基烯醇醚用 CF_3CO_2H 水解，芳构化得到酮 **29**。

31b $\xrightarrow[\text{丙酮回流}]{K_2CO_3,\ \text{MeI}}$ **30;83% 收率** $\xrightarrow[CH_2Cl_2]{CF_3CO_2H}$ **29;91% 收率**

Guanacastepene 骨架的合成

Guanacastepene 是从哥斯达黎加稀有菌类中提取的一种抗生素，具有 **35** 的基本骨架。该骨架包含有五、六、七元环碳环结构。其中 **C** 环是环己烯，意味着有可能通过 Diels - Alder 反应来构建。事实上，Shipe 和 Sorensen 选择了一个看起来不像是直接 Diels - Alder 切断的中间体 **36** 作为关键的中间体。[8] 如果我们再构建一个内酯 **37** 会有帮助吗？

O R A B C O O 多步 MeO_2C OH MeO_2C CO_2Me C—O O O MeO_2C MeO_2C

35　36　37

会有帮助的，因为 **37** 可以由酮 **38** 经过 Baeyer - Villiger 重排得到，在这个重排中是取代更多的基团迁移并且构型保持。现在环外有羰基(2 个 CO_2Me)，但是在环上是不能有羰基的。因此把环上羰基转换为烯醇醚 **39**，Diels - Alder 切断即得到两个简单的起始原料 **40** 和 **41**。

37 C—C Baeyer-Villiger MeO_2C MeO_2C O FGI 烯醇醚到酮 MeO_2C MeO_2C OR Diels-Alder CO_2Me CO_2Me + OR

38　39　40　41

环己烯酮 **42**(分子内的羟醛缩合得到)在动力学条件下其烯醇化物硅醚保护得到双烯 **41**。D - A 反应得到中间体 **39**，水解得到酮 **38**。经过 Baeyer - Villiger 氧化得到内酯 **37**。我们注意到，每一步的收率都很高，特别是重排这一步的选择性控制相当好。内酯 **37** 在酸性条件下开环得到关键中间体 **36**，同时构建好环 C。**42** 中最初的六元环已经被一个由 D - A 反应构建的新的六元环所取代。

O 1. LDA 2. Me_3SiCl $OSiMe_3$ 1. 40 2. 1 M HCl H_2O **38** **99%** mCPBA **37** **96%** $H^{\oplus}$ MeOH MeO_2C OH MeO_2C CO_2Me

42　41;98% 收率　36;100% 收率

芳香族化合物还原

苯环的完全还原需要在压力和活性催化剂的条件下才能完成，并且在工业上比在试验室里更容易操作。在下面的情形下我们就可以选用这个方法。脂肪族化合物如 **43** 和 **45** 中取代基之间看上去毫无相关，但是在相应的芳香族化合物 **44** 和 **46** 中可以很容易找到关联。这通常意味着在目标分子中为“互为对位”的关联关系。

43 $\xRightarrow{FGA/I}$ 44　　45 $\xRightarrow{FGA/I}$ 46

酚 **44** 可以很容易地从 Friedel－Crafts 反应制得，胺 **45** 则可以由 **46** 中的硝基和苯环同时还原得到。由于酚羟基(OH)和乙氧基(OEt)都是邻、对位定位基，因此合成很简单。[9]

47 $\xrightarrow[AlCl_3]{t\text{-}BuCl}$ 44 $\xrightarrow[Ni]{H_2}$ 48 $\xrightarrow{CrO_3}$ 43　　49 $\xrightarrow[2.\ H_2,\ 催化剂]{1.\ HNO_3,\ H_2SO_4}$ 45

一个更有趣的例子是包含有两个六元环结构片段的抗痉挛药双环胺 **50** 的合成。把 **50** 中的酯基切断得到 **51**，更容易看得出来其中有一个环可从苯环还原得到。如果把羧基转换为氰基化合物 **52**，就可以看得出来 **B** 环很容易由双烷基化制备得到。由于 **B** 环有一个季碳中心，因此不可能从还原得到。

50; 双环胺 $\xRightarrow[酯化]{C-O}$ **51** $\xRightarrow{2\times FGI}$ **52**

合成路线很简单。苯乙腈 **53** 烷基化得到 **52**，氰基在酸性醇溶液中水解得到酯 **54**，**54** 通过酯交换得到 **55**，最后一步苯环还原得到双环胺 **50**。[10]

53 $\xrightarrow[Br(CH_2)_5Br]{NaNH_2}$ 52 $\xrightarrow[H^{\oplus}]{EtOH}$ 54 $\xrightarrow[碱]{HO\sim\sim NEt_2}$ 55 $\xrightarrow[HOAc]{H_2,\ PtO_2}$ 50

苯环的部分还原(Birch 还原)

Birch 还原就是芳环的部分还原，是靠碱金属溶在液氨中与液氨反应产生溶剂化电子来完成的。[11]典型的条件是钠溶在液氨中或锂溶在甲胺中。可能的过程是产生的电子转移到苯环上得到一个双负离子 **57**，**57** 很快会被体系中的弱酸(通常是叔醇)质子化得到 **58**。中间体 **57** 的双负离子彼此之间尽可能远离，因此得到的最终产物是非共轭的双烯体 **58**。这个反应成功的关键在于有溶剂化电子溶液(蓝色)，一旦反应释放出 H_2 和生成 $NaNH_2$ 则反应就失效了。

$Na^{\cdot} \xrightarrow{NH_3(l)} Na^{\oplus} + e^{\ominus}(NH_3)_n$

2e　t-BuOH

56　**57**　**58**

如果苯环上带有给电子基(烷基或烷氧基)，还原得到的双负离子远离给电子基(如 **60** 所示)，因此苯甲醚的 **59** 还原得到的是烯醇醚 **61**，在温和的条件下水解得到烯酮 **62**，如果使用剧烈的反应条件会得到烯键移位的共轭烯酮。

MeO　2e　MeO　t-BuOH　MeO　$H^{\oplus}$ / H_2O　O

59　**60**　**61**　**62**

另外，对于吸电子基尤其是羰基如 **63**，会吸引负离子如 **64** 所示，同样也会得到一个非共轭的双烯化合物。如果 **63** 中的 R＝H，那么这个双负离子中间体 **64** 会从酸上捕捉质子得到烯醇化的双负离子 **66** 作为中间态。这通常和亲电试剂例如烷基卤化物的反应相关联，接下来我们将会遇到。

RO_2C　2e　RO_2C　t-BuOH　RO_2C　**63;R=H**　2e

63　**64**　**65**　**66**

很明显，环氧化物 **67** 是从双烯 **68** 制备得到的，**68** 又是由 **69** Birch 还原得到。理论上 **69** Birch 还原可以得到 **68** 和 **70** 两个产物，实际上双负离子 **70** 的稳定性相对要弱一些。

1,2-diO　Birch

67　**68**　**69**　**70**

钠氨还原后，取代越多即亲核性越强的双键与过氧酸作用得到目标化合物 **67**。[12]这里过氧酸 **71** 是作为氧化剂。

Na, NH_3(l) / MeOH　RCO_3H　CO_3H　CO_2H

69　**68;92% 收率**　**67;83% 收率**　**71**

一个生物碱的合成

Guillou 和她的小组需要用 **73** 来合成细胞毒素 **72**。[13]胺 **74** 和相应的芳醛还原胺化看起来是个不错的选择。

MeO MeO OH H N **72;maritidine** ⟹ MeO MeO I H N O **73** $\overset{C—N}{\underset{还原胺化}{\Longrightarrow}}$ ArCHO + H_2N O **74**

很明显,胺 **74** 可由对位二取代的苯环 **76** 经伯奇还原得到烯醇醚 **75** 得到。

NH_2 O **74** $\overset{FGI}{\Longrightarrow}$ NH_2 OR **75** $\overset{Birch 还原}{\Longrightarrow}$ NH_2 OR **76; 保护胺基**

实际上,R=Me 的 **76** 的 Birch 还原在标准的钠氨条件下 1958 年就已经完成了,只不过收率很低(20%),首先分离得到的是共轭的烯酮 **77**。[14] Guillou 和她的小组改进了反应条件,在锂氨和叔丁醇条件下几乎定量得到 **78**。[15] 用 $NaBH_4$ 和 MeOH 还原胺化以 78%的收率得到 **73**,从 **73** 出发完成了 **72** 的合成。

NH_2 O **77; 低收率** $\xleftarrow[\text{2. } H_2SO_4, H_2O, boil]{\text{1. Na, } NH_3(l), MeOH}$ NH_2 OMe **76;R=Me** $\xrightarrow[-78℃]{\text{1. Li, } NH_3(l), t\text{-BuOH}}$ NH_2 OMe **78;95% 收率**

芳香族羧酸的还原

在上个章节中我们把 **79** 用在脂肪族化合物的克莱森重排上制备莽草素中间体。现在我们知道了 **79** 是由 **80** 经 Birch 还原得来的。考虑到使用 Friedel - Crafts 反应,醇 **80** 可转变为酮 **81** 然后 Friedel - Crafts 反应切断即为起始原料 **82**。

HO CO_2Me **79** $\overset{Birch}{\Longrightarrow}$ HO CO_2Me **80** $\overset{FGI}{\Longrightarrow}$ O CO_2Me **81** $\overset{C—C}{\underset{Friedel-Crafts}{\Longrightarrow}}$ CO_2H CO_2Me **82**

这个路线看起来很合理，但实际工作中发现 CO_2Me 在反应中是不合适的，因此制备了没有酯基取代的醇 **86**。酯 **84** 用 PPA 直接傅-克酰基化反应得到环化产物 **85**，大位阻的还原剂从甲基的反面进攻五元环得到醇 **86**。

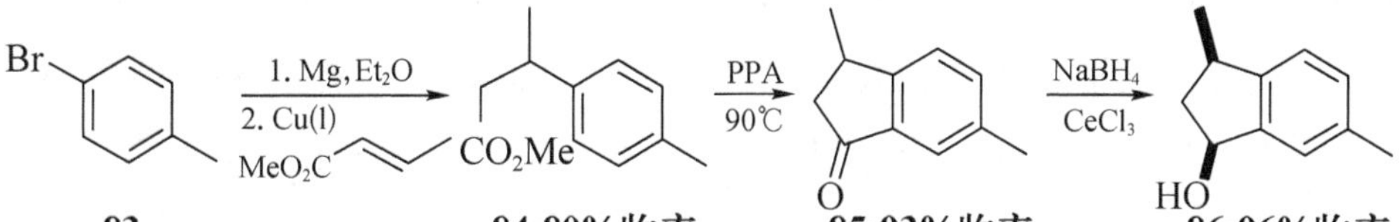

83 **84;80%收率** **85;93%收率** **86;96%收率**

接下来是定位锂化，这个主题在 *Strategy and control* 一书中阐述，经过双锂化中间体 **87** 得到羧酸 **88**。Birch 还原得到 **79**(CO_2H)，该化合物的两个双键与给电子基(三个烷基)相连且远离吸电子基。[16] 剩下的合成工作请参见第三十五章。

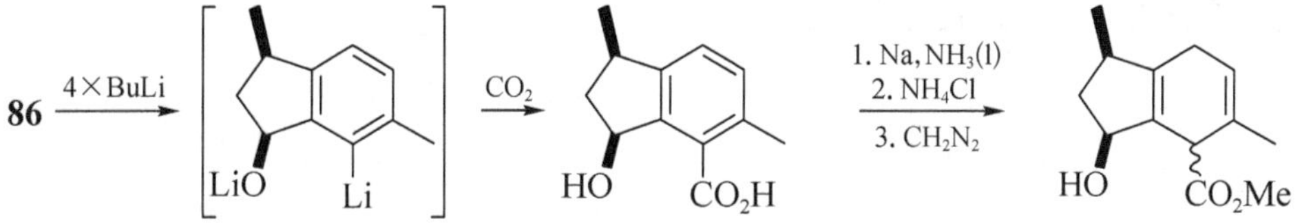

87 **88;65%收率** **79;60%收率**

如果羧酸衍生物的 Birch 还原中首先生成的烯醇化物(如 **66**)继续用作亲核试剂的话，那么得到的产物将会更丰富多样。这里提到的例子也可以链接到上一章的 Cope 重排。松叶菊烯类生物碱具有 **89** 这样的双环结构。按照常规的切断方法去掉氮原子得到碳骨架 **91**。我们很难一眼看出这是一个 Birch 还原的产物。

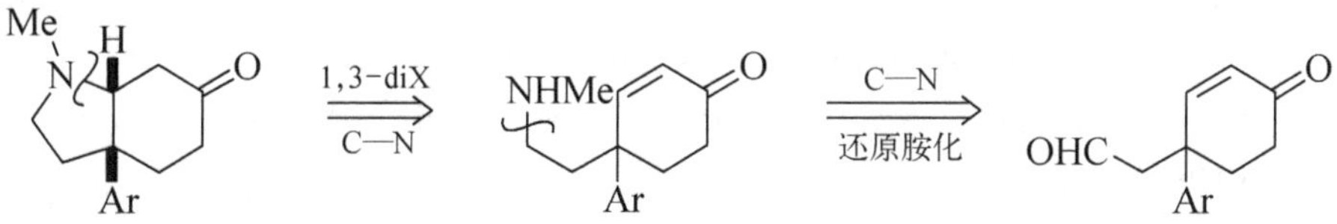

89 **90** **91**

芳香前体 **92** Birch 还原得到烯醇负离子 **93**，**93** 烷基化得到 **94**，**94** 在盐酸中水解得到酮 **95**。实际上"NR_2"是手性的，得到的 **95** 是单一对映异构体。[17] 骨架上增加了一个三碳侧链，但是是在错误的位置上。

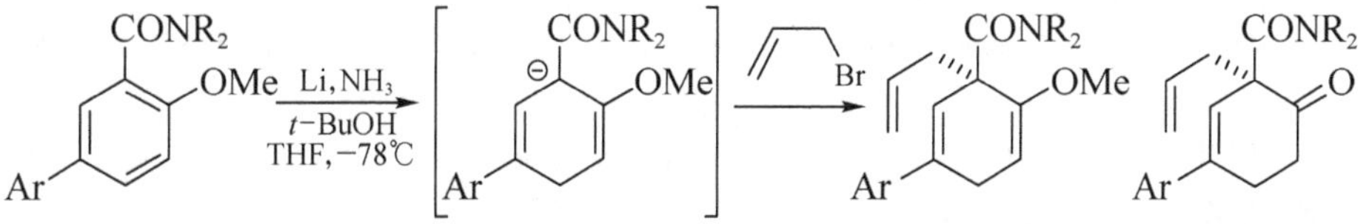

92 **93** **94;70%收率** **95;95%收率**

95a 在邻二氯苯中加热发生 Cope 重排，烯丙基迁移到正确的位置上如 **96** 所示。Cope 重排之所以能够发生是因为重排后(**96**)的双键和两个羰基共轭，与重排前(**95** 中与苯环共轭)相比更稳定。**96** 臭氧解得到醛 **97**，随后的还原胺化伴随 Michael 加成关环得到五元环 **98**。剩余的工作就是通过水解和脱羧去掉酰胺基。

CONR$_2$ O Ar **95a** —180℃→ CONR$_2$ O Ar **96;80%收率** —O_3, Me_2S→ CHO CONR$_2$ O Ar **97** —$MeNH_2$, $NaB(CN)H_3$→ Me N H CONR$_2$ O Ar **98;63%从96**

构建六元环的每一种方法都有自己独到的特点，如果把这几种方法结合起来使用会更有效。虽然这三种方法不是构建六元环仅有的方法，但是当我们遇到问题时应该首先想到这几种方法。

(张素娜　译)

参考文献

1. M. E. Jung, *Tetrahedron*, 1976, **32**, 3; R. E. Gawley, *Synthesis*, 1976, 777.
2. S. G. Davies, R. L. Sheppard, A. D. Smith and J. E. Thompson, *Chem. Commun.*, 2005, 3802.
3. N. Halland, P. S. Aburel and K. A. Jorgensen, *Angew. Chem. Int. Ed.*, 2004, **43**, 1272.
4. C. C. Browder, F. P. Marmsatter and F. G. West, *Org. Lett.*, 2001, **3**, 3033.
5. M. Bovolenta, F. Castronovo, A. Vadala, G. Zanoni and G. Vidari, *J. Org. Chem.*, 2004, **69**, 8959.
6. W. Oppolzer, *Comp. Org. Synth.*, **5**, 315; W. R. Roush, *Comp. Org. Synth.*, **5**, 513; E. Ciganek, *Org. React.*, 1984, **32**, 1.
7. K. C. Nicolaou, G. Vassilikogiannakis, W. Magerlein and R. Kranich, *Angew. Chem. Int. Ed.*, 2001, **40**, 2482.
8. W. D. Shipe and E. J. Sorensen, *Org. Lett.*, 2002, **4**, 2063.
9. S. Winstein and N. J. Holness, *J. Am. Chem. Soc.*, 1955, **77**, 5562; E. L. Eliel, R. J. L. Martin and D. Nasipuri, *Org. Synth. Coll.*, 1973, **5**, 175; R. W. West, *J. Chem. Soc.*, 1925, 494.
10. C. H. Tilford, M. G. Van Campen and R. S. Shelton, *J. Am. Chem. Soc.*, 1947, **69**, 2902.
11. *Vogel*, page 1114; P. W. Rabideau and Z. Marcinow, *Org. React.*, 1992, **42**, 1; L. N.

Mander, *Comp. Org. Synth.*, **8**, 489.
12. E. Giovanni and H. Wegmuller, *Helv. Chim. Acta.*, 1958, **41**, 933.
13. C. Bru, C. Thal and C. Guillou, *Org. Lett.*, 2003, **5**, 1845.
14. C. B. Clarke and A. R. Pinder, *J. Chem. Soc.*, 1958, 1967.
15. C. Guillou, N. Milloy, V. Reboul and C. Thal, *Tetrahedron Lett.*, 1996, **37**, 4515.
16. T. P. Loh and Q.-Y. Hu, *Org. Lett.*, 2001, **3**, 279.
17. T. Paul, W. P. Malachowski and J. Lee, *Org. Lett.*, 2006, **8**, 4007.

第三十七章　通用策略 C：环的合成策略

本章将前面八章关于环合成的内容综合后纳入本章作为环合成的通用策略。这里无需再引入其他重要的新原理，我们将使用在第十一章和第二十八章里建立起来的准则，另加一两个特殊的准则来阐述环状化合物的合成。

环化控制选择性

环化是容易的。在第七章和第二十一章中，我们看到很多环化反应是无需控制的，因为分子内的反应通常比分子间的反应更容易发生。因此，如果要在合成中用到一个很困难的步骤，让它成为一个环化反应是一个不错的策略。

Corey 在合成海洋异源信息素（allomone）**1** 时，曾用酮 **2** 作为中间体。[1] 从 **2a**（Friedel - Crafts 烷基化）方向切开，甲氧基的邻对位定位效应使得 Friedel - Crafts 烷基化发生在甲氧基的对位是容易实现的。而从 **2b** 方向切开，定位于甲氧基的间位是比较困难的。因此，我们应该先切开键 **b**，通过环化形成键 **b**。

O　b　OMe　Me　i-Pr　a　b　Friedel-Crafts　CO_2H　OMe　Me　i-Pr

1　**2**　**3**

化合物 **3** 作共轭加成切断，给出了 C—C 键的两个切开点（**3a**，**3b**）可供选择。

i-PrMgCl + CO_2H Ar　a 共轭加成　CO_2H OMe Me b a i-Pr　a 共轭加成　CO_2H i-Pr + ArMgCl

4　**3a,b**　**5**

该合成用邻甲酚 **6** 做起始原料，先甲基化，再通过 Vilsmeier 酰化在甲氧基的对位引入一个醛基。经过一个 Knoevenagel 类型的 aldol 反应得到不饱和羧酸 **4**，在铜催化下，Grignard 试剂对甲酯 **9** 加成完成碳骨架的合成。用多聚磷酸环化，得到较少取代的环化发生在甲氧基对位的化合物 **2**。

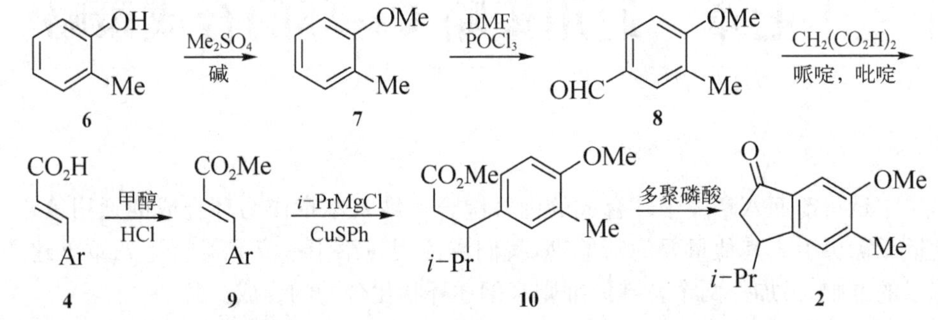

小环化合物的早期切断

在初始阶段就切断一个小环（三元环或者四元环）或者至少在做其他切断之前就考虑到小环如何形成，这通常是一个好的策略。合成小环的特殊方法往往决定合成策略。因此，对于具有一个三元环、一个六元环和两个酮基，其中一个被缩酮保护的化合物 **11**，由卡宾对烯 **12** 加成看来是一个很好的选择，同时马上可以联想到六元环可由 Birch 还原得到。

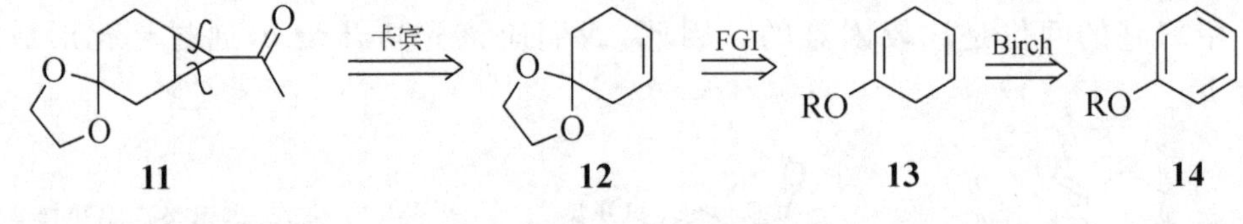

起始原料 **14** 选择了甲基醚。实际证明，烯醇醚 **13** 可以直接转化到缩酮 **12**。在引入另外一个酮基时把已有的酮基保护起来在合成中是非常必要的。重氮酮（铜催化）对缩酮 **12** 加成得到三元环。[2]

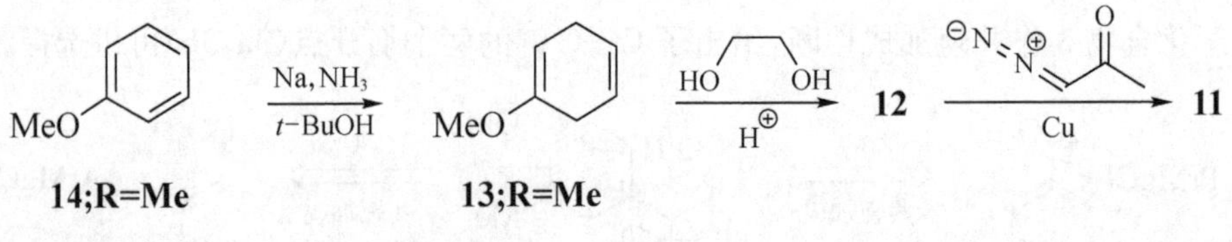

四元环和给定合成子的新试剂

具有四元、五元、六元三个环的酮 **15** 必须通过 2+2 光化学环加成（第三十二章）来完成，小环又一次支配合成策略。这里有两种切断法 **15a** 和 **15b**，各自的起始

原料 **16** 和 **17** 具有一个烯酮和孤立的烯结构。我们无需关注区域或是立体选择性，这两种切断法都只能得到一个环化产物。

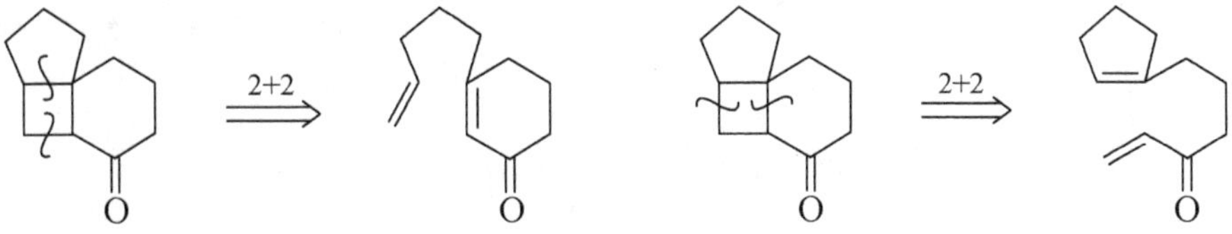

2+2　2+2

15a　**16**　**15b**　**17**

化合物 **17** 不能立即看到明显的切断位置，而化合物 **16** 有一个策略键的切断能给出短的合成路线。现在我们有一个新的问题：化合物 **16a** 切断的片段极性没有一个是完全令人满意的。我们能很容易想到 **18** 的试剂（Grignard 试剂）或者 **20**（烷基卤代物），但是 **19** 和 **21** 的试剂呢？然而我们还坚持这个策略是因为切断环与链之间的键是具有战略性的。

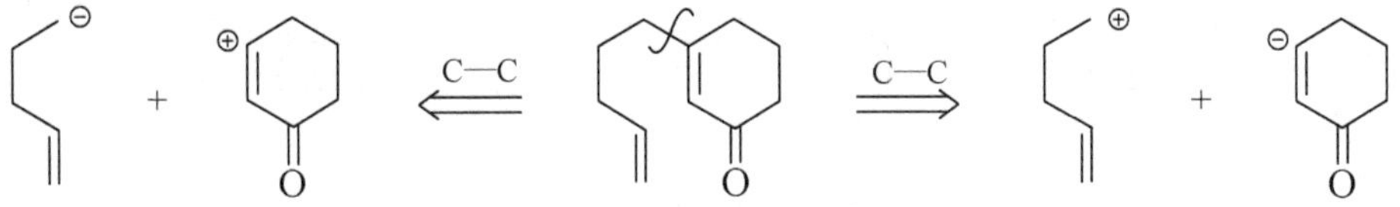

C—C　C—C

18　**19**　**16a**　**20**　**21**

至少化合物 **19** 具有烯酮的自然极性，但共轭加成后烯将失去，因此，我们需要在合适的位置加上一个离去基团，一个可能是由烯醇醚 **23** 替代，而它可以由 1,3-二酮 **24** 和适当的醇制备。

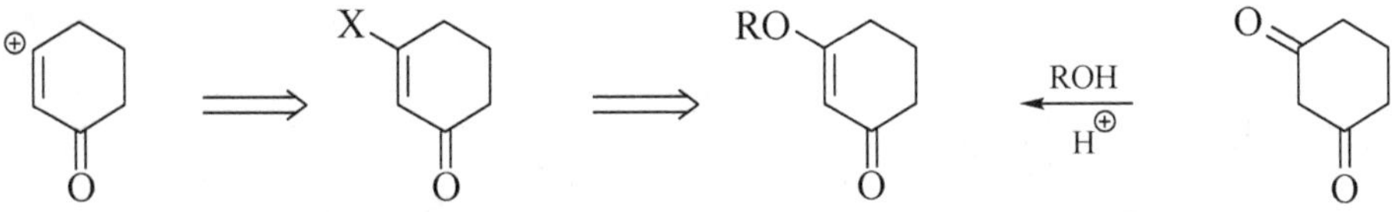

X　RO　ROH　$H^{\oplus}$

19　**22**　**23**　**24**

乙醇被用来制备烯醇醚 **23**（取代基为乙基），由 Grignard 试剂 **25** 对其成功加成、环化的收率相当好。[3]

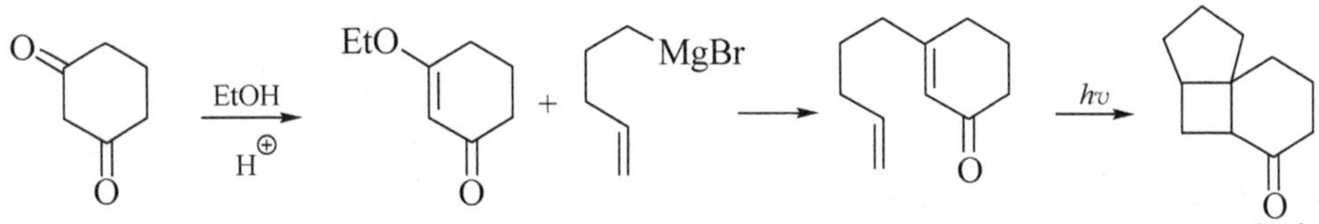

EtOH　$H^{\oplus}$　EtO　MgBr　$h\nu$

24　**23;R=Et**　**25**　**16**　**15;92%收率**

异构的酮 **26** 是一个更具挑战性的例子。同样的两种切断法给出两个烯酮 **27** 和 **28**。这时 2+2 环加成的区域选择性在两种情况下都是"错误"的，但又是无关紧要的，因为它们将是分子内的反应。

2+2 ⟹ 2+2 ⟹

26a **27** **26b** **28**

当我们不得不在五元环 **28** 或六元环 **27** 之间作出选择时，我们选择后者，因为后者提供了更多的可能性。在支点处切断得到合成子 **20**，它将是简单的烷基卤代物。亲核性合成子 **29** 由烯醇提供，化合物 **30** 将无需是共轭烯，它可看成是 Birch 还原的产物。

C—C ⟹ + FGI ⟹ EtO_2C Birch还原 ⟹ EtO_2C OMe

27a **20** **29** **30** **31**

实验证明，[4]游离的羧酸 **32** 可以直接用于 Birch 还原，产物无需后处理直接烷基化。用盐酸水溶液水解烯基醚，得到的 β-酮酸脱羧，双键移位共轭后得到化合物 **27**。如同所预期的，光化学环加成高收率得到右侧位置的异构体 **26**。[5]这一方法被 Mander 用于他在赤霉酸的合成中。[6]

HO_2C OMe 1. Li, NH_3(l) 2. Br → HO_2C OMe HCl/H_2O → $h\upsilon$ →

32 **33** **34** **27** **26;83%收率**

可选择的切断

我们需要强调的是：合成策略的基本准则应该首先尝试，但它不如对于特定目标分子的研究来得重要。我们也提出过小环可能决定合成策略。因此，对于酮 **36** 的第一种切断法 **a**，明显的给出可由卡宾对烯 **37** 加成。不幸的是，烯 **37** 是 α-萘酚的互变异构体且不能制得。这时就必须按 **36b** 的方法先切断六元环。

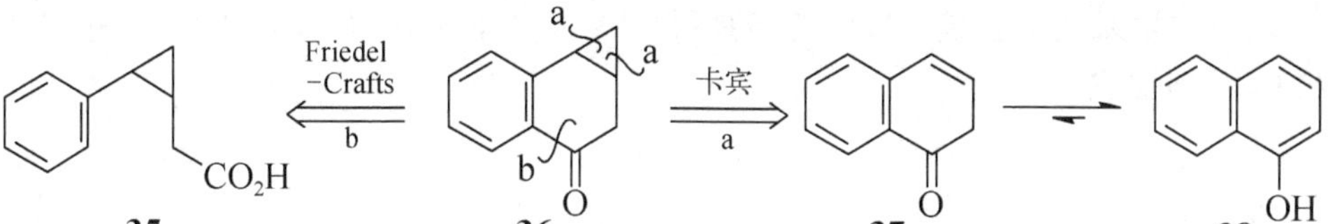

35　　**36**　　**37**　　**38**

切断化合物 **35a** 环丙基上任意一对键都不能令人满意。我们更愿意用重氮羰基化合物如 **42** 充当卡宾，这意味着环丙烷化后需要增长碳链。

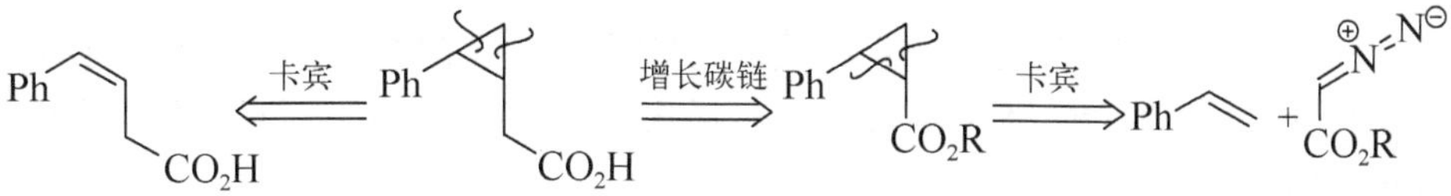

39　　**35a**　　**40**　　**41**　　**42**

因此，在这个例子中，环丙烷基的形成是第一步而不是最后一步。重氮乙酸乙酯 **42** 对苯乙烯加成得到化合物 **40** 的顺反异构体混合物，[7] 只有顺式异构体能够环化，因此分离游离羧酸得到 34% 收率的顺式异构体 **43**。[8] 用 Arndt - Eistert 操作[9]（第三十一章）增长碳链得到顺式化合物 **35**，通过适当的方法环化得到化合物 **36**。

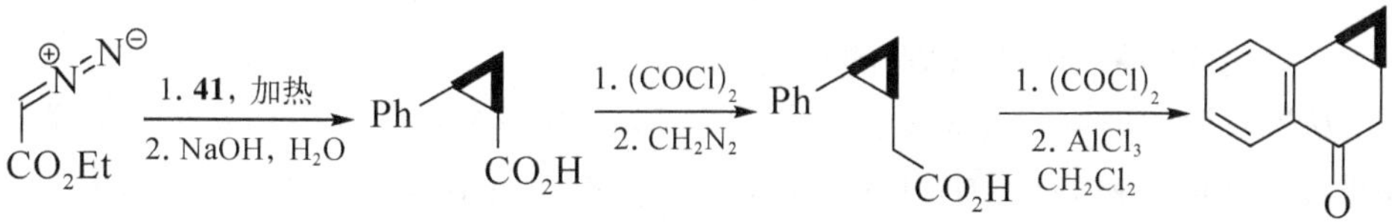

42; R=Et　　***cis*-43**　　***cis*-35; 44% 收率**　　**36; 85% 收率**

根据区域选择性来改变策略

Raphael 合成独脚金萌素（strigol，引发寄生植物独脚金发芽的化合物）时需要中间体二酮 **44**。[10] 关于 **44** 的合成，很容易想到一条亲电取代路线，由 **45** 出发应该是很有希望的。但是，这里的区域选择性是错误的。酚羟基的定位效应更强，所以亲电取代应该在酚羟基邻位。事实上，文献中已经有报道，**46** 和 **47** 反应会生成异构体 **48**。[11]

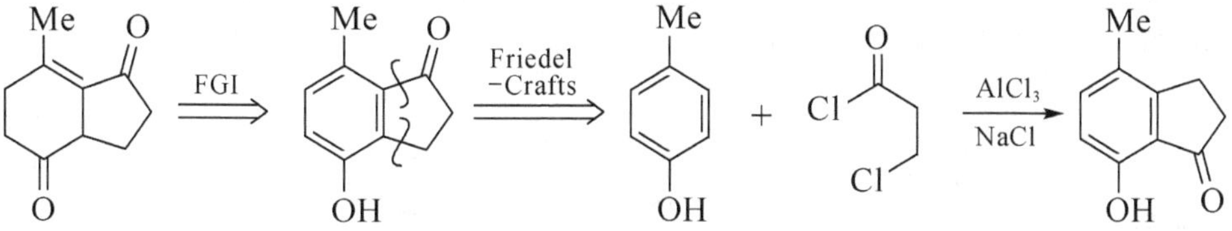

44　　**45**　　**46**　　**47**　　**48**

更好的策略是切断六元环 **44a**。羟醛切断法得到的是三酮化合物 **49**，包含两个 1,4-二羰基关系。最合适的切断是得到“一碳”合成子 **51**,既可以和 **50** 也可以和 **52** 共轭加成。

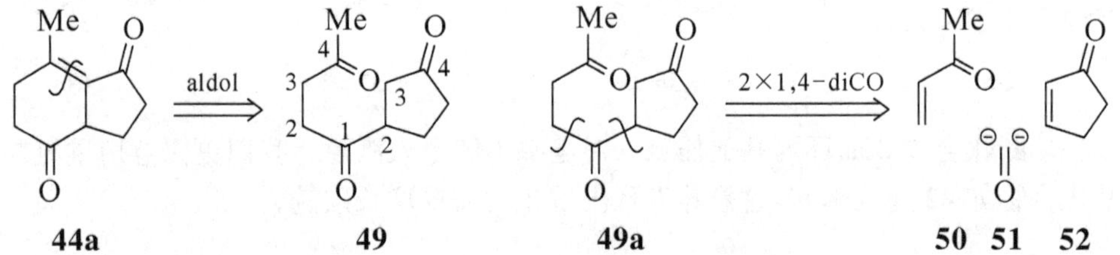

44a **49** **49a** **50** **51** **52**

使用硝基甲烷 **53** 作为“一碳”合成子效果很好。与 **50** 共轭加成,然后再与 **52** 共轭加成可以得到二酮 **55**。[12] 酸性条件下环化得到 **56**。最后用 $TiCl_3$ 水解硝基可以得到目标酮 **44**。[13]

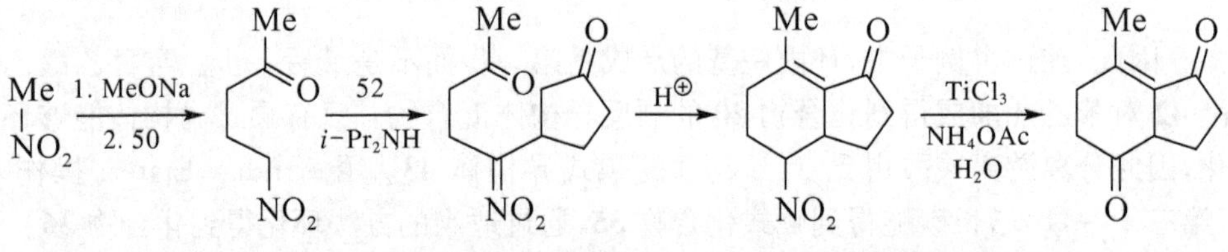

53 **54** **55; 75% 收率** **56; 94% 收率** **44**

抗癌化合物紫杉醇(Taxol)的合成

从紫杉树中提取的抗癌化合物紫杉醇 **58** 具有两个六元碳环和一个八元碳环骨架。[14] Nicolaou 认为切断两个 C—C 键就可以得到简单六元环前体 **57** 和 **59**。[15]

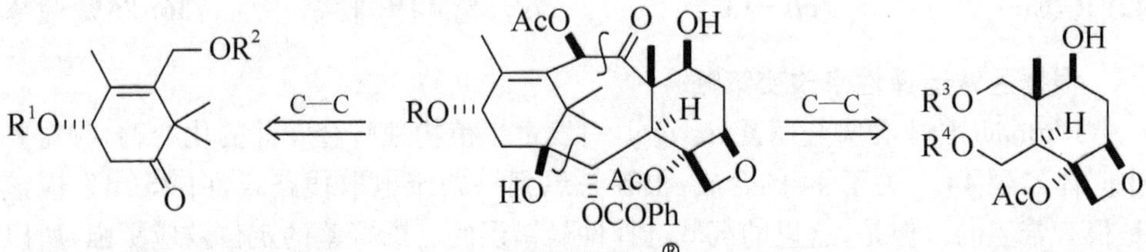

57 **58; Taxol®** **59**

化合物 **57** 看起来很像一个 Diels - Alder 加成物,当然,酮必须转化为化合物 **60**。如果将烷氧基去掉转化为 **61** 那就显得更简单了。Diels - Alder 切断法可以得到已知的亲二烯体 **62** 和二烯 **63**。

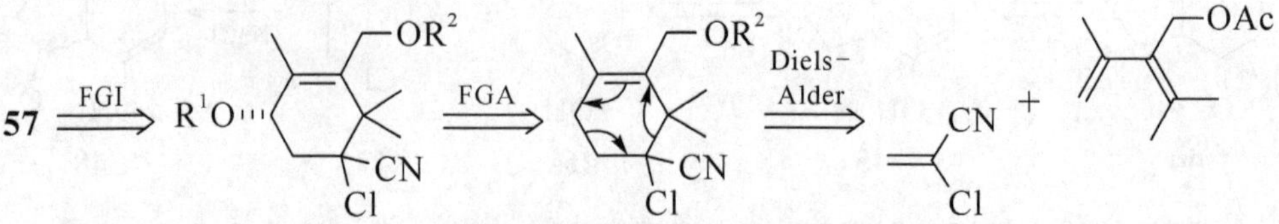

60 **61** **62** **63**

Nicolaou 发现相近的二烯 **64** 在 20 世纪 60 年代就有报道了，仅仅用到羟醛缩合、格氏试剂和消去反应。[16]

63 ⟹(FGI) 64 ⟹(FGI) 65 ⟹(C—C) 66 ⟹(aldol) 乙酰乙酸乙酯 + 丙酮

这部分的实际合成工作进行得非常顺利。虽然 Diels - Alder 反应需要很高温度且在一个密封体系里，但反应生成 **61** 的产率很高。

乙酰乙酸乙酯 + 丙酮 $\xrightarrow[ZnCl_2]{Ac_2O}$ **66** $\xrightarrow[Et_2O]{MeMgCl}$ **65** $\xrightarrow{KHSO_4}$ **64** $\xrightarrow[2.\ Ac_2O]{1.\ LiAlH_4}$ **63** $\xrightarrow[135℃]{62}$ **61; R^2=Ac 85% 收率**

水解和再次乙酰化后得到酮 **67**，接着保护羰基，SeO_2 氧化得到烯酮 **68**，然后还原和脱保护得到 **57**(R^1 = H)。另一个原料 **59** 也是用 Diels - Alder 反应合成的。

61; R^2=Ac →(1. NaOH, *t*-BuOH; 2. Ac_2O, DMAP) **67; 88% 收率** →(1. RSO_2OH, HO⁀OH; 2. SeO_2; 3. Cr(VI)) **68; 69% 收率**　**57; R^1=H**

瓶子草素(Sarracenin)的合成

这里有一个非凡的策略，我们只需要看看 Yin 和三位 Chang 关于瓶子草素(Sarracenin)**69** 的合成就知道了。[17] **69** 包含的全部是杂环，而原料是全碳环 **73**。包含一些 1,1 -二杂原子关系，可以任何顺序切断。所以切断缩醛 **69** 得到的是包含羟基、醛基和半缩醛的 **70**。**70** 可以继续切断得到包含二级醛和烯醇的 **71**，**71** 的烯醇式可以画成酮式 **72**。**72** 有很多手性中心，可以用 **72a** 来表示。**72a** 有好几个 1,5 -二羰基关系，普通的共轭加成虽然可以生成这些 1,5 -二羰基关系，但立体化学方面很难控制。在这种情况下可以使用通常用于六元环的重新连接策略(第三十六章)，实际中使用的起始原料为 **73**(X 是一个杂原子)。

69; sarracenin ⟹(1,1-diX, 缩醛) **70** ⟹(1,1-diX, 半缩醛) **71**

72　重画⟹　72a　重连接 1,5-diCO ⟹　73

原料**73**的合成也使用了很有趣的策略。第一步是环戊二烯**77**和亲二烯体**62**(Nicolaou在合成紫杉醇中使用过)之间的Diels-Alder加成反应。二烯**77**是用环戊二烯**74**的负离子和甲酸乙酯反应后再乙酰化得到的**76**转化而来的。[18] **77**与**62** Diels-Alder加成反应,然后水解烯醇酯得到加成产物**78**。[19]

74 —1. NaOEt 2. HCO_2Et→ [75] → 76 —Ac_2O→ 77 —1. 62 2. $H^{\oplus}$ H_2O→ 78; 93% 收率

醛**78**保护羰基后得到缩醛**79**,然后水解得到酮**80**。烯醇锂化物的甲基化从位阻小的底部进行,得到化合物**81**。精彩的合成才刚刚拉开序幕。

78 —MeOH TsOH→ 79; 95% 收率 —NaOH EtOH DMSO→ 80; 73% 收率 —1. LDA 2. MeI→ 81; 73% 收率

81扩环后得到**82**,烯醇式**82**甲硫化后得到**83**,然后在酸性溶液中水解环化得到**84**,化合物**73**中的五元环开始显现出来。

81 ⟶⟶ 82 —NaH Me_2S_2→ 83; 70% 收率 —HCl H_2O→ 84; 85% 收率

游离的羟基甲磺酰化后,在碱催化条件下离去得到两个并五元环(如**85**所示)。在酸性条件下,烯烃双键移位到更稳定的位置,接着酯化就得到**73**。值得注意的是,**84**含有三个五元环和一个七元环。分解后切开了一个五元环和七元环,留下了两个我们需要的五元环。其中一个五元环的C—C键在最初的Diels-Alder反应中形成，另一个五元环就是二烯。

84 —1. MsCl 吡啶 2. KOH→ 85 → 86 —1. $H^{\oplus}$ 2. CH_2N_2→ 73; 66% 收率从 84

（邵志军 译）

参考文献

1. E. J. Corey, M. Behforouz and M. Ishiguro, *J. Am. Chem. Soc.*, 1979, **101**, 1608.
2. G. Stork, D. F. Taber and M. Marx, *Tetrahedron Lett.*, 1978, 2445; see footnote 3.
3. J. M. Conia and P. Beslin, *Bull. Soc. Chim. Fr.*, 1969, 483; R. L. Cargill, J. R. Dalton, S. O'Connor and D. G. Michels, *Tetrahedron Lett.*, 1978, 4465.
4. D. F. Taber, *J. Org. Chem.*, 1976, **41**, 2649.
5. R. L. Cargill, J. R. Dalton, S. O'Connor and D. G. Michels, *Tetrahedron Lett.*, 1978, 4465.
6. J. M. Hook and L. Mander, *J. Org. Chem.*, 1980, **45**, 1722; J. M. Hook, L. Mander and R. Urech, *J. Am. Chem. Soc.*, 1980, **102**, 6628.
7. A. Burger and W. L. Yost, *J. Am. Chem. Soc.*, 1948, **70**, 2198.
8. C. Kaiser, J. Weinstock and M. P. Olmstead, *Org. Synth.*, 1979, **50**, 94.
9. M. J. Perkins, N. B. Peynircioglu and B. V. Smith, *J. Chem. Soc.*, *Perkin Trans. 2*, 1978, 1025.
10. G. A. MacAlpine, R. A. Raphael, A. Shaw, A. W. Taylor and H.-J. Wild, *J. Chem. Soc.*, *Chem. Commun.*, 1974, 834.
11. B. R. Davis and I. R. N. McCormick, *J. Chem. Soc.*, *Perkin Trans. 1*, 1979, 3001.
12. W. D. S. Bowering, V. M. Clark, R. S. Thakur and Lord Todd, *Annalen*, 1963, **669**, 106.
13. G. A. MacAlpine, R. A. Raphael, A. Shaw and A. W. Taylor, *J. Chem. Soc.*, *Perkin Trans. 1*, 1976, 410.
14. K. C. Nicolaou and R. K. Guy, *Angew. Chem. Int. Ed.*, 1995, **34**, 2079.
15. K. C. Nicolaou, C.-K. Hwang, E. J. Sorensen and C. F. Clairbourne, *J. Chem. Soc.*, *Chem. Commun.*, 1992, 1117.

16. M. A. Kazi, I. H. Khan and M. Y. Khan, *J. Chem. Soc.*, 1964, 1511; I. Alkonyi and D. Szabo, *Chem. Ber.*, 1967, **100**, 2773.
17. M. -Y. Chang, C. -P. Chang, W. -K. Yin and N. -C. Chang, *J. Org. Chem.*, 1997, **62**, 641.
18. K. Haffner, G. Schultz and K. Wagner, *Annalen*, 1964, **678**, 39.
19. E. D. Brown, R. Clarkson, T. J. Leeney and G. E. Robinson, *J. Chem. Soc.*, *Perkin Trans. 1*, 1978, 1507.

第三十八章　策略 XⅦ：立体选择性 B

本章所需的背景知识：环状化合物的立体选择性反应；非对映选择性。

本章延续介绍关于立体控制基本概念的第十二章。那后面我们遇到很多立体专一性的反应，例如周环反应，包括 Diels - Alder 反应（第十七章）、2＋2 光化学环加成（第三十二章）、热化学反应（第三十三章）、环加成和电环化反应（第三十五章）。我们还看到迁移基团保持构型不变的重排反应，例如 Baeyer - Villiger 反应（第二十七章和三十三章）、Arndt - Eistert 反应（第三十一章）和嚬呐醇反应（第三十一章）。

我们还将扩展我们的关于立体选择性反应的范围，例如从 Witting 反应（第十五章）和炔（第十六章），以及通过热力学控制的烯酮合成（第十八和十九章）和 σ 迁移的重排反应（第三十五章）制备烯烃。我们已经看到 E-式或 Z-式烯酮通过 Diels - Alder 反应（第十七章）、亲电加成反应（第二十三章和三十章）、卡宾插入反应（第三十章）和环加成合成四元环（第三十二和三十三章）转化成三维的立体化学。

有如此多的立体化学控制的方法可供选择，是时候研究合成中立体化学主导策略的总规则了。这是一个非常大的课题，本章仅涉及非对映选择性。我们的 *Strategy and Control* 一书详述了非对映选择性和单一对映异构体的合成。

多手性中心分子的合成

Prelog - Djerassi 内酯

刚开始逆合成分析时候，你不仅应该注意识别官能团和特殊的结构特征（例如环）或方便切断方面考虑，还应该注意手性中心的数目和它们之间的相互关系。Prelog - Djerassi 内酯 **1** 是合成大环内酯类抗生素的一个重要中间体，它有一个六元环的内酯和一个孤立的羧酸。[1] 不仅如此，它还有 4 个手性中心（如 **1a** 所示），其中三个相邻，另外一个是孤立的。我们可以说三个相邻的手性中心应该容易控制，因为它们是彼此相邻的，但是我们在 C(5)的合成中可能会遇到麻烦。换一个说法就是六元环上的三个手性中心[C(2)、C(3)和 C(5)]应该容易控制，因为六元环的构型是非常容易明白的，但是我们在 C(1)的合成中可能会遇到问题。最明显的是

内酯切断 **1b**，这个切断并没有多大的帮助，因为 **2** 是开链的。

O O; CO_2H H **1**; 5 3 2 1 CO_2H H **1a**; CO_2H H **1b** $\Longrightarrow$ C—O 内酯; CO_2H OH CO_2H H **2**

一个吸引人的策略是建立 C(5)和三个相邻手性中心的其中一个，然后从这一个手性中心出发控制另外两个手性中心。**1c** 的切断就是利用 1,3-二杂官能团相互之间的关系。**3** 可以逆 Aldol 切断成几乎对称的有 1,4-二羰基关联的 **4**，环状酸酐 **5** 中的两个羰基很容易被区分开来，所以被选作起始原料。[2]

O O CO_2H H **1c** $\xRightarrow{\text{1,3-diO}}$ O OH CO_2H **3** $\xRightarrow{\text{aldol}}$ O 4 OH 3 2 CHO 1 **4** $\xRightarrow{?}$ O O O **5**

既然 **5** 是对称的(它是平面对称和非手性的)，哪一个羰基去反应就无关紧要了。用乙醇对称的开环，形成酰氯 **7**，还原酰氯生成的醛 **8** 可以用于 Aldol 反应。

5 $\xrightarrow{\text{1. EtOH}}$ CO_2Et CO_2H **6** $\xrightarrow{\text{2. }SOCl_2}$ CO_2Et COCl **7** $\xrightarrow{\text{3. }H_2\text{, Pd/C}}$ CO_2Et CHO **8**

Bartlett 和 Aldam[2] 利用 Wittig 反应以很好的收率合成烯烃 **3**，用实验方法找到了从 **3** 关环合成 **1** 的条件，产物是 **1** 和它的 C(2)差向异构体的混合物，它们可以通过柱层析分离。

$Ph_3P^{\oplus}$ CO_2Et **9** $\xrightarrow[\text{3. NaOH, }H_2O]{\text{1. NaOEt; 2. 8}}$ CO_2H CO_2H **3; 97% 收率** $\longrightarrow$ H Me O Me HO_2C O Me **1:*epi*-1(4:1)**

还有更多合成这个重要化合物的路线和有趣的策略，包括将 1,7-关联的羧酸 **2a** 切断成一个七元环化合物 **10** 的起始原料。[3]

7 6 CO_2H OH 3 1 2 CO_2H 5 4 H　重画　5 7 6 CO_2H 4 1 CO_2H 3 2 HO　再连接　HO

2　　2a　　10

通过铜试剂对烯酮 **11** 在大位阻的 TBDMS 基团的反面加成引入 C(2)上的甲基，烯醇化合物的锂盐 **12** 被三甲基氯硅烷捕获生成 **13**。这个烯醇硅醚被臭氧化，硅烷基水解，然后氧化的同时内酯化得到 **1** 总收率以化合物 **11** 为起始原料计为 12%。

O　Me_2CuLi　OLi　Me_3SiCl　$OSiMe_3$　1. O_3　2. $NaBH_4$　3. HCl, H_2O　4. Cr(VI)　1

t－$BuMe_2SiO$　t－$BuMe_2SiO$ Me　t－$BuMe_2SiO$ Me

11　　12　　13

内酯通过 Baeyer－Villiger 重排切断，逆向推导出环戊基酮 **14**，取代更多的基团迁移，但是它是哪一个呢？这个不确定性很容易通过切断甲基而得以明确，这里的甲基可以很容易地通过烯醇化物的烷基化装载上去。现在侧链的碳必须迁移，构型保持不变。酮 **15** 可以有多种方法去合成，[4] 在一篇综述文章里有更多的细节和更多的合成方法。[5]

O O CO_2H H　Baeyer－Villiger 重排　O CO_2H H　C—C 烯醇化物 烷基化　O CO_2H H

1c　　14　　15

利用 Diels－Alder 反应

一个相似的立体化学问题出现在生物碱合成所需的二醛 **16** 上，1,6－二醛重接成 **17**，除去缩醛是从烯酮和丁二烯 Diels－Alder 反应的加成产物 **18**，Diels－Alder 反应是真正生成正确的非对映异构体。[6]

H R CHO CHO O O　1,6－diCO 再连接　H R O O　1,2－diO 缩酮　H O R　D—A　H R O

16　　17　　18　　19

折叠分子的立体化学控制

顺式稠环小环(四元、五元和六元环)具有折叠的构型,就像是半开的书。这个四/四的稠环系统具有几乎平面环形化合物 **20** 和像一本书的构型的化合物(如 **20a** 所示)。它有两面:在里面,凹的或环内面(*endo*-);在外面,凸的或环外面(*exo*-)。试剂优先从外面进攻,从内面发生取代是很困难的。所以,这个五/四稠环酮 **21** 形成的烯醇化物从环外面烷基化,这意味着新的取代基和环连接处两个氢原子是同面的,如 **22** 所示。

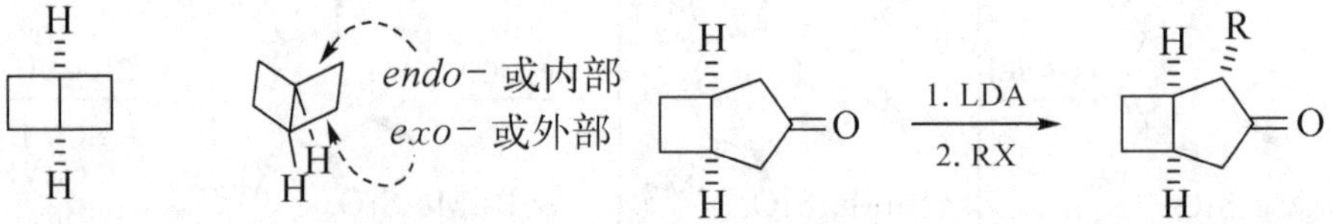
H
H
endo- 或内部
exo- 或外部
H
H
O
1. LDA
2. RX
R
O

20 **20a** **21** **22**

抗癌化合物革盖菌素 **23** 具有三个稠环的五元环和两个环氧结构,应当注意的是五/三和两个五/五的稠环是顺式的,革盖菌素有很多合成方法,大多数利用了折叠前体的立体化学。[7]我们应该举出一些例子。Matsomoto 的合成涉及烯 **24** 的硼氢化,硼烷的加成得到顺式的 **25**,硼被羟基取代后构型保持不变得到 **26**。硼氢化反应发生在分子的环外面,就是环连接处氢原子的同一面。[8]

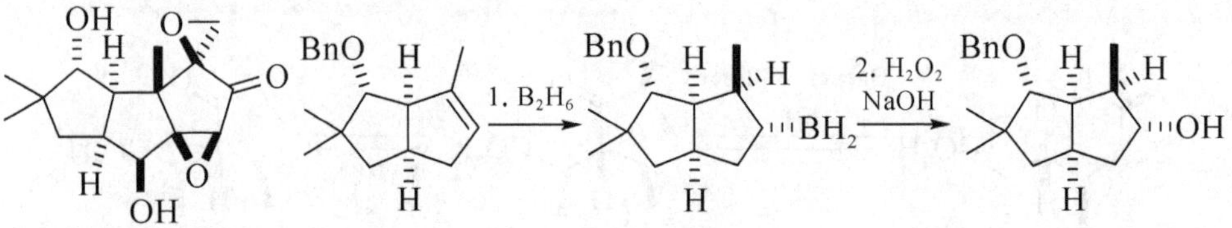
OH
O
BnO
1. B2H6
BH2
2. H2O2
NaOH
OH

23; 革盖菌素 **24** **25** **26**

Ikegami 的合成中有两步值得特别关注。烯醇化物 **27** 的烯丙基化反应在环外引入了一个新的烯丙基,迫使原来的甲基到环内面(**28**)。这个平面的烯醇化物是一个中间体,最后一步主要通过一个游离的羟基的 VO$^+$ 离子配位作用在分子的外面引入了环氧基团,[9]这也使得两个右侧的五/五和五/三是顺式稠环。[10]

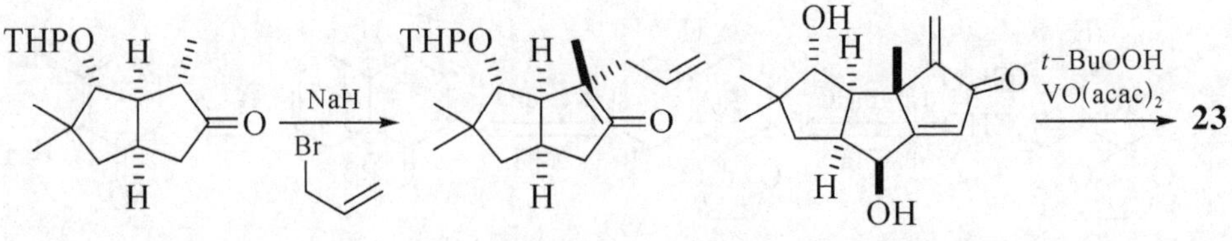
THPO
NaH
Br
OH
t-BuOOH
VO(acac)2
23

27 **28** **29**

我们在第三十二章讨论了三环的 **30**(在那里是化合物 **12**)，但是没有讨论环连接的立体化学是如何实现的。环 A/B 形成一个折叠体系统，当酮被硼氢化钠还原时，我们期望试剂从环外面进攻，也就是环连接处氢原子的同一面。事实上，内酯 **32** 被分离出来，这个化合物只有羟基和分子中的酯基在同一面的时候才可能得到。[11] 因此，**31** 肯定是预测中的结构，**30** 的结构肯定也是如图所示。

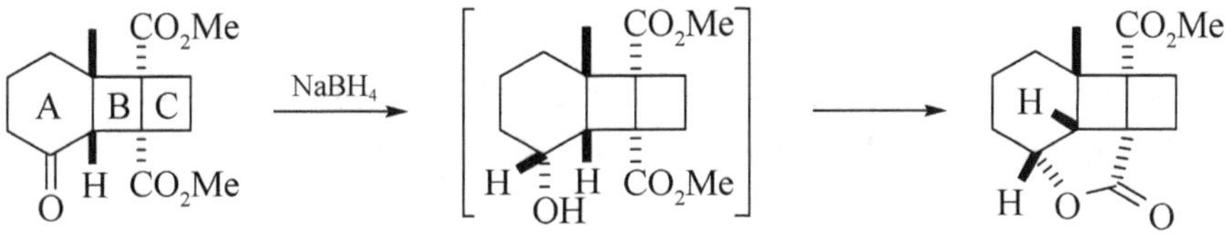

CO_2Me　A　B　C　O　H　CO_2Me　$NaBH_4$　CO_2Me　H　OH　H　CO_2Me　CO_2Me　H　H　O　O

30　**31**　**32**

当我们提到两个六元稠环 **33** 时，它的环内面和环外面就不是那么显而易见了。但是如果都具有如 **33a** 所示的椅式构型，就会有环内面和环外面。即使只有一个环连接取代(**34**)也是有差别的。

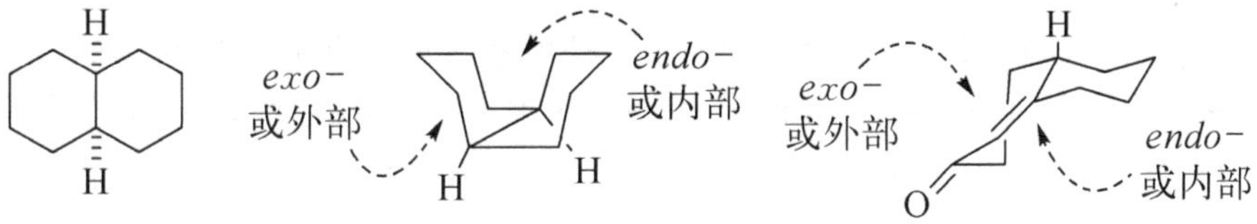

H　H　*exo*-或外部　*endo*-或内部　H　H　*exo*-或外部　H　*endo*-或内部　O

33　**33a**　**34**

一个明显的例子是 Robinson 关环产物 **36** 的催化氢化。氢化加成是在烯烃的环上面得到顺式的稠环 **35**，其要点是烯烃必须位于催化剂的表面，在环上面反应就容易得多。在环连接处直立键甲基和另外一个环相比位阻较小。但是如果试剂从靠近直立甲基的另一个环进攻，如硼氢化还原得到 **37**，它是可以从底面进攻的。

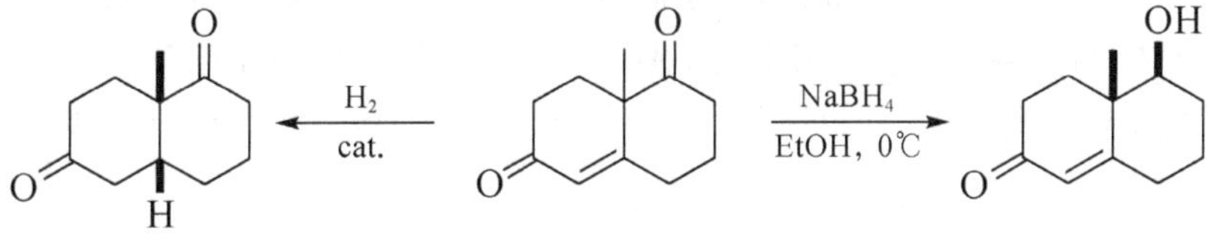

O　O　H　H_2 cat.　O　O　$NaBH_4$ EtOH, 0℃　OH　O

35　**36**　**37**

古巴烯的合成

结构奇特的萜，古巴烯 **38** 中有两个六元环骨架，一个四元环连接在当中，Heathcock 选择引入了一些官能团的化合物 **39** 来帮助进行切断。[12] 基于 2＋2 光化学环加成的合成路线是不太可能有帮助的：起始原料将是有两个反式烯

烃的十元环 **40**。

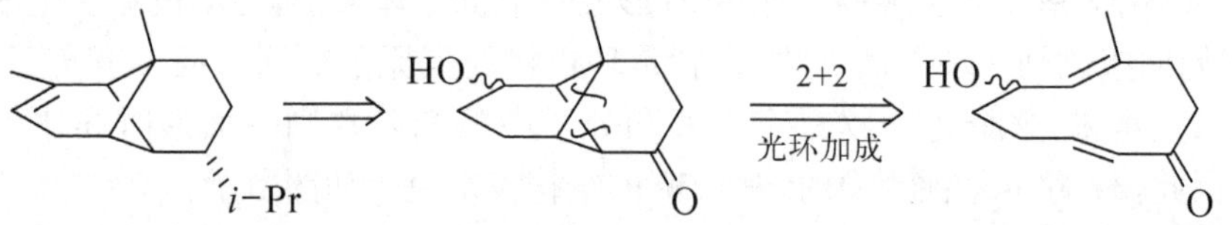

38; α- 古巴烯 **39** **40**

仅仅将四元环的一个键进行切断，可能会利用到酮的烯醇式去取代一个离去基团(**41**)，这会得到一个更有帮助的顺式十氢化萘 **41a**。

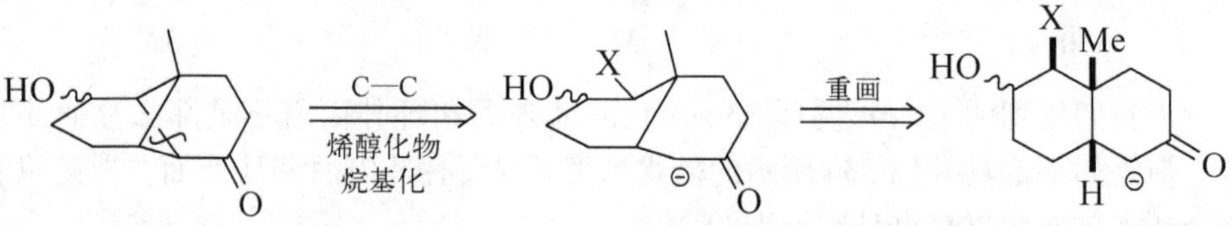

39a **41** **41a**

当卤素和羟基彼此相邻时，环氧化物 **42** 看起来是一个很好的选择。它来自烯烃 **43**，而烯烃 **43** 可能是来自 Robinson 关环产物 **36**，它的还原我们刚刚讨论过。

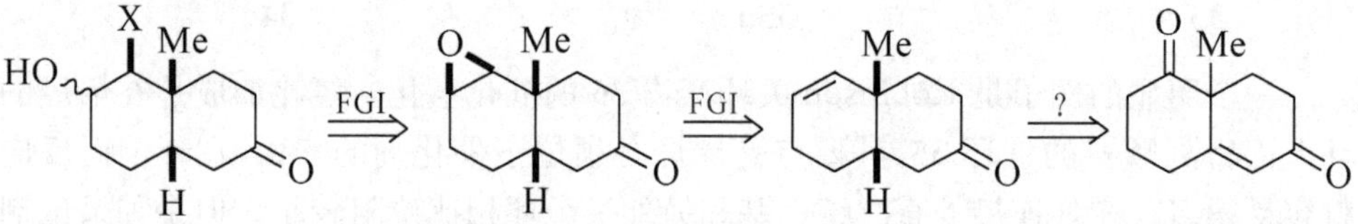

41 **42** **43** **36**

两种还原(羰基和碳碳双键)都是需要的，**37** 被选为起始原料。对甲苯磺酰基化生成离去基团 **44**，氢化得到期望的选择性。这个平伏的甲苯磺酰基几乎在烯烃的平面上没有什么影响。而且仅只有一种方式可以消除，我们经过几步反应就得到了 **43**。

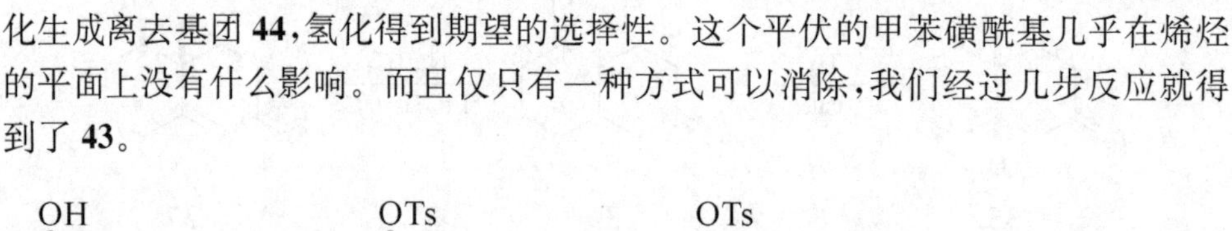

37 **44** **45** **43**

酮在环氧化之前必须被保护(避免 Baeyer - Villiger 反应?)，环氧化发生在折叠分子 **47** 的环外面。

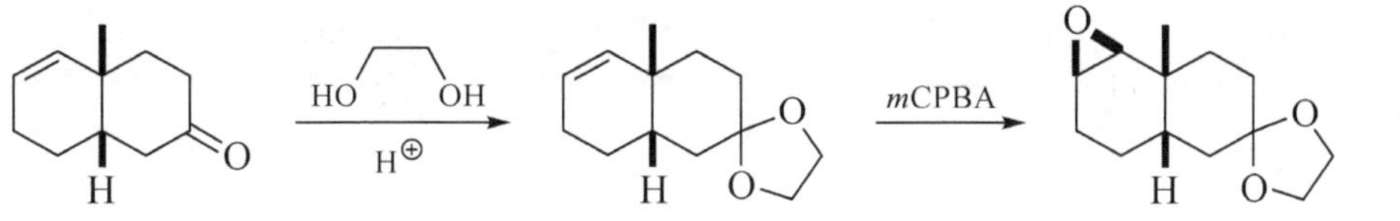

H　HO　OH　$H^{\oplus}$　O　H　O　O　mCPBA　O　H　O　O

43　46　47

环氧化物显然不能作为关环的离去基团，因此它被苄氧基负离子开环，对甲苯磺酰基化得到 **49**。脱保护以后，烯醇化关环生成 **50**。从 **50** 出发即可合成蒎烯。从 **49** 有两种可能的烯醇化方式：另一种关环可能性将会生成一个四元环，但是由于空间距离太远而不可能实现。

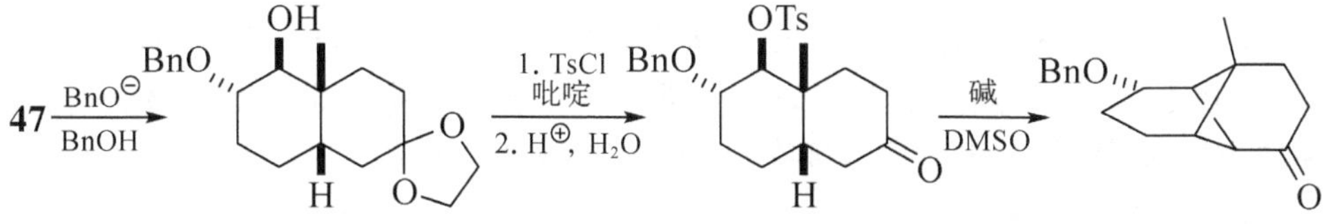

47　$BnO^{\ominus}$　BnOH　BnO　OH　H　O　O　1. TsCl 吡啶　2. $H^{\oplus}$, H_2O　BnO　OTs　H　O　碱　DMSO　BnO　O

48　49　50

氧负离子通过进攻位阻更小的一面的环氧化物开环肯定生成一个反式的两个直立键的产物 **48a**。这不可避免地是从环内面（*endo*）进攻，但是进攻环氧化物的另一端将会是从折叠分子的内侧进攻。作为顺式十氢萘烷，它和平伏键的构象异构体 **48b** 是一个平衡，化合物 **51** 的排列方式对环化来讲是完美的。

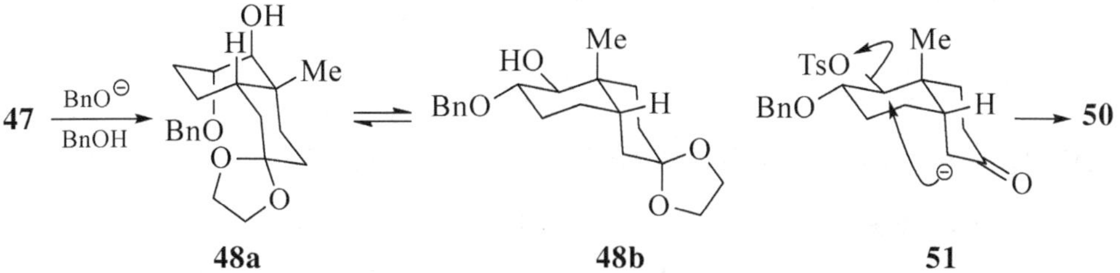

47　$BnO^{\ominus}$　BnOH　OH　H　Me　BnO　O　O　HO　Me　BnO　H　O　O　TsO　Me　BnO　H　O　→ 50

48a　48b　51

折叠分子的立体选择性总结

不管是亲电试剂还是亲核试剂，更优先进攻折叠分子“外面”或“环外面”。一些顺式稠环四元、五元和六元环，如果取代需要是“里面”或“环内面”，它必定是第二种切断 **54b**，如合成酮 **54**。如果只有一种取代，那么它是环内 endo，R^2 可能是氢。

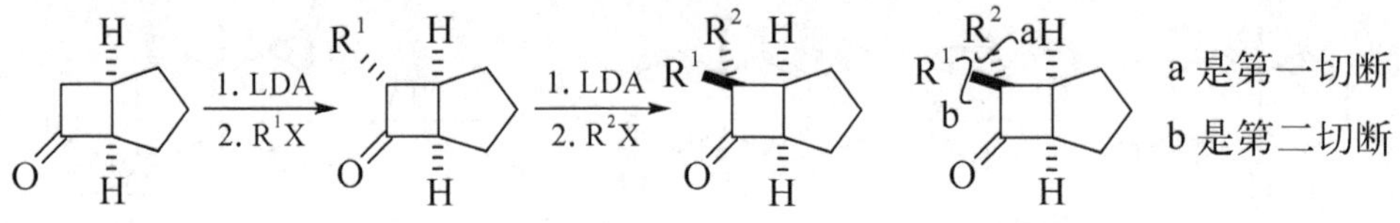

52 53 54 54a, b

a 是第一切断
b 是第二切断

保幼酮的合成

保幼酮 **55** 是胶杉产生的抵御害虫的仿生保幼激素，它可以阻止幼虫变成成虫。它有一个六元环和两个相邻的手性中心：一个在环上，另一个在环外。一种明显的不饱和酯的切断是有 1,6-二羰基关联的三羰基化合物 **56**，重接能够回到保幼酮，但是另一个可能性是得到一个不同的环己酮 **57**。毫无疑问，这个化合物是能够合成的，但是，并没有任何迹象显示能够控制立体化学。

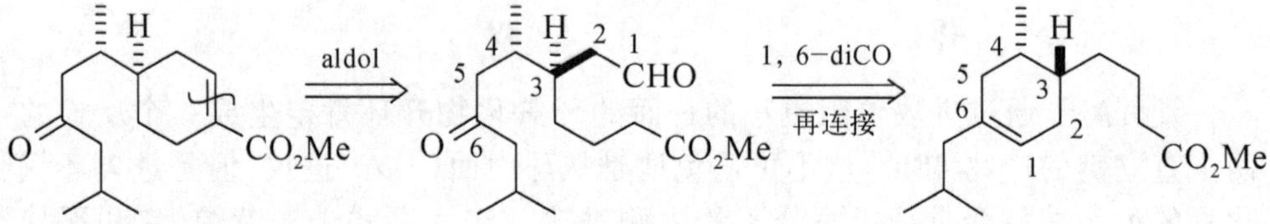

55; 保幼酮 **56** **57**

一组更加激进的切断是除去侧链 **55a** 的异丁基，用一个酮代替不饱和酯，这似乎是在"错误的"碳原子上。[13]

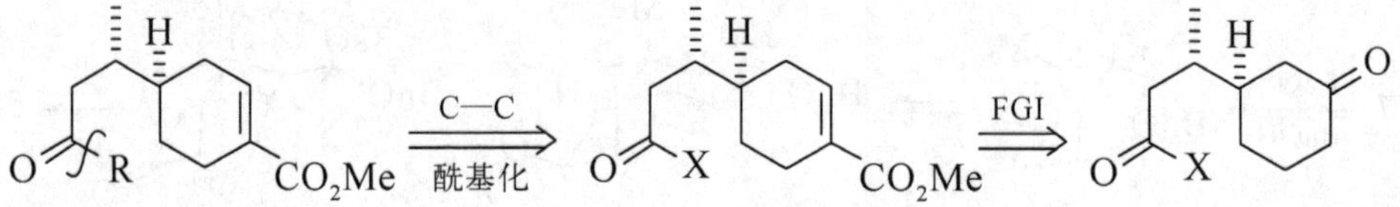

55a; R=*i*-Bu **58** **59**

当你看到新 1,6-二羰基的关联可以进行非常有意思的重接时，这个切断的理由就变得清楚了。调整氧化态推导出内酯 **61**，它是酮 **62** 的 Baeyer - Villiger 重排后的产物。

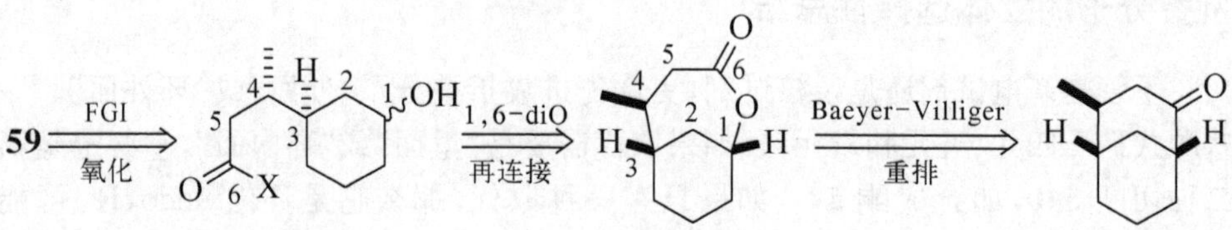

60 **61** **62**

现在所有的三个手性中心都在一个具有刚性结构的化合物 **62a** 上，这使得控制它们变得相对容易了。一个烯烃被引入后，你可能认为 Schultz 和 Dittani 下一步会做逆 Aldol 切断：二酮 **64** 是对称的，可能很好地关环得到 **63**。

FGA　羟醛缩合

62　**62a**　**63**　**64**

然而，这并不是他们制备 **63** 使用的方法。他们倾向于一个我们在第三十七章曾提到的用环己烯酮烷基化的方法。烯醇醚 **68** 有三种烷基化方式，一种是与亲核试剂；两种是与亲电试剂。这里是把 C_3 侧链进行了两次烷基化切断（如 **63a** 和 **66**），同时一个甲基的共轭加成穿插其间。

C—C 烯醇化物烷基化　C—C　C—C

63a　**65**　**66**　**67**　**68**

最初几步用到 **67**：一端是碘（X＝I），另一端是氯（Y＝Cl），确保有一端反应更快。对于中间体 **66**，若 X 为氯，关环收率不高；但是用一个更好的离去基团（碘原子）取代氯，关环得到了很高的收率。应该注意的是，虽然我们在第三十七章说过这样的烯醇醚是必须对称的，此处 **68** 先烷基化，再与甲基格氏试剂加成后重排仅得到 **65** 的一个异构体。

1. LDA　2. I⌒⌒Cl　1. MeMgBr　2. $H^{\oplus}$, H_2O　1. NaI　2. LDA　**63** **83% 收率**

68; R=Et　**66; X=Cl**　**65; 50% 收率从 68**

63 的氢化收率是定量的，并且有很高的立体选择性（25∶1 优先生成 **62**），Baeyer－Villiger 重排也以很高的区域选择性（12∶1）生成 **61** 和异构化的内酯。直接将 **61** 转化为酮 **60** 的尝试均告失败。

H_2, Pd/C　EtOH　CH_3CO_3H　*i*-BuMgCl　**60** **X=*i*-Bu** **低收率**

63　**62; 100% 收率**　**61; 58% 收率**

用甲醇对内酯开环,用大位阻的叔丁基二甲基硅醚保护羟基得到 **69**,它与异丁基氯化镁反应从 **61** 为起始原料以 90%收率生成酮 **70**。接下来从 **70** 合成保幼酮可以按照 Ficini 的合成方法。[14]

61 MeOH/TsOH → **60; X=OMe** t-BuMe$_2$SiCl/咪唑 → **69; R=TBDMS** t-BuMgCl → **70; R=TBDMS**

用缩酮保护游离的酮 **70**,然后用氟化物脱硅醚生成醇 **71**,再用氯铬酸吡啶盐(PCC)氧化 **71** 到酮 **72**。

70; R=TBDMS 1. TsOH, HO—OH; 1. TBAF → **71; 91% 收率** PCC → **72; 97% 收率**

这个新的酮能够被用于立体选择性地在位阻较小的一侧(虽然这不是重要的)添加酯基。酮被还原得到差向异构体的混合物醇 **73**,对甲苯磺酰基化和通过 E1cB 机理消除后得到共轭烯烃。我们可以看到这里对甲苯磺酸酯基团的立体化学与产物立体化学是不相关的,脱保护后即得到保幼酮 **65**。

72 1. 过量 (MeO)$_2$CO, 2 × NaH; 2. NaBH$_4$ → **73; 60% 收率** 1. TsCl, 吡啶; 2. H$^{\oplus}$, H$_2$O → **55; 55% 收率**

你可能认为这个合成路线很长。但是,其他较短的合成路线是不能控制立体化学的。最短的路线用 Diles - Alder 反应和 Horner - Witting 反应能够很快地得到烯酮 **75**,但是还原的立体选择性仅仅是中等的。[15]

74 i-BuCOCH$_2$P(O)(OMe)$_2$, NaH, DMSO → **75; 74% 收率,9:1 *E*:*Z***

Birch 的合成失败在第一步：二烯 **76** 和烯酮的 Diles－Alder 反应能够得到保幼酮的整个骨架。但是，得到的是 1∶1 的 *exo*－**77** 和 *endo*－**78** 的混合物。即便如此，从这些化合物到最终产物也需要很长路线。[16]

OMe　O　180℃　OMe O　+　OMe Me O

76　**77**　**78**

立体化学在有机合成设计中既是最困难的又是最有意思的方面。近几年，在非对映选择性[17]和对映选择性[18]的合成方面取得了巨大的进展，这方面的专题可以在 *Strategy and Control*[19] 这本书中可以看到。

（王建兵　译）

参考文献

1. S. F. Martin and D. E. Guinn, *Synthesis*, 1991, 245.
2. P. D. Barlett and J. L. Adams, *J. Am. Chem. Soc.*, 1980, **102**, 337.
3. J. D. White and Y. Fukuyama, *J. Am. Chem. Soc.*, 1979, **101**, 226.
4. P. Grieco, Y. Ohfune, Y. Yokoyama and W. Owens, *J. Am. Chem. Soc.*, 1979, **101**, 4749; P. M. Wovkulich and M. R. Usokovic, *J. Org. Chem.*, 1982, **47**, 1600.
5. S. F Martin and D. E. Guinn, *Synthesis*, 1991, 245.
6. T. Harayama, M. Takanati and Y. Inubushi, *Tetrahedron Lett.*, 1979, 4307.
7. J. Mulzer, H. J. Altenbach, M. Braun, K. Krohn and H. U. Reissig, *Organic Synthesis Highlights*, VCH, Weinheim, 1991, page 323.
8. T. Ito, N. Tomoyashi, K. Nakamura, S. Azuma, M. Izawa, M. Muruyama, H. Shirahama and T. Matsumoto, *Tetrahedron Lett.*, 1982, **23**, 1721; *Tetrahedron*, 1984, **40**, 241.
9. S. Danishefsky, R. Zamboni, M. Kahn and S. J. Etheredge, *J. Am. Chem. Soc.*, 1980, **102**, 2097 and 1981, **103**, 3460.
10. M. Shibasaki, K. Iseki and S. Ikegama, *Tetrahedron Lett.*, 1980, **21**, 3587; K. Iseki, M. Yamazaki, M. Shibasaki and S. Ikegama, *Tetrahedron*, 1981, **37**, 4411.
11. G. L. Lange, M. A. Huggins and E. Neiderdt, *Tetrahedron Lett.*, 1976, 4409.
12. C. H. Heathcock, R. A. Badger and J. W. Patterson, *J. Am. Chem. Soc.*, 1967, **89**, 4133.
13. A. G. Schultz and J. P. Dittami, *J. Org. Chem.*, 1984, **49**, 2615.

14. J. Ficini, J. d'Angelo and Nioré, *J. Am. Chem. Soc.*, 1974, **96**, 1213.
15. M. Fujii, T. Aida, M. Yoshikara and A. Ohno, *Bull Chem. Soc. Jpn.*, 1990, **63**, 1255.
16. A. J. Birch, P. L. Macdonald and V. H. Powell, *Tetrahedron Lett.*, 1969, 351.
17. Clayden, *Organic Chemistry*, chapter 34.
18. Clayden, *Organic Chemistry*, chapter 35.
19. *Strategy and Control*, chapter 20 - 31.

第三十九章　芳香族杂环化合物

本章所需的背景知识：芳香族杂环化合物的结构、反应以及合成。

芳香族杂环化合物有很多形式和组成。它们可以是包含 1 到 2 个杂原子的五元环状化合物，例如呋喃 **1**、咪唑 **2** 和噻唑 **3**。它们可以是六元环状化合物例如吡啶 **4** 或者嘧啶 **5** 甚至可以是并环化合物如吲哚 **6** 和异喹啉 **7**。各种取代的芳香族杂环化合物在制药、农药、香料、食物和染料化学中有广泛的应用。在各种百科全书和著作对这些化合物有着广泛的描述并且超过半数的已知有机化合物是芳香族杂环化合物。[1]本章对已知的合成芳香族杂环化合物的方法和策略做一个简单的描述。

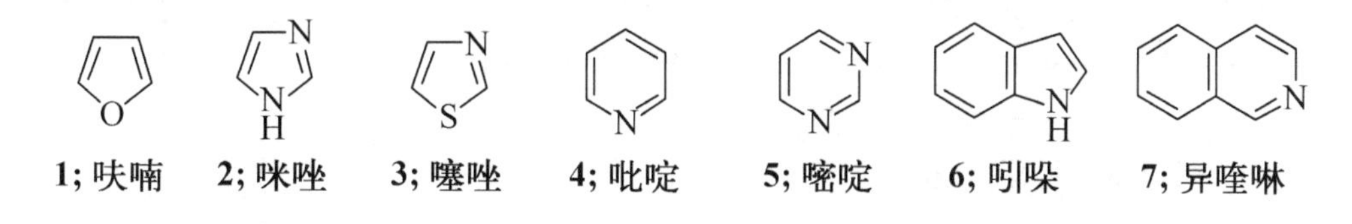

碳—杂原子切断

许多芳香族杂环化合物是由形成 C—杂原子键而得到的。在这样的合成计划中，正确氧化态的碳亲电试剂是非常重要的。如果我们切断吡咯 **8** 的碳氮键，反推得到一个含有酮羰基和氨基官能团的化合物 **9**。如果我们切断咪唑 **10** 亚胺的 C—N键，反推得到一个含有酮羰基和氨基官能团的化合物 **11**。化合物 **9** 和 **11** 都是不稳定的，两者都不可能是一个实际的中间体。但是做这样的切断是必要的，因为我们可以从中知道碳亲电试剂是处在醛或者酮的氧化态。

C—N ⟹ 烯胺　　C—N ⟹ 烯胺

8　**9**　**10**　**11**

和吡咯的切断相比，切断吡啶酮 **12** 得到的是一个同样不稳定的含有氨基和羧基官能团的化合物 **13**。我们永远不会计划通过这些中间体来合成 **8**、**10** 和 **12**，但是重要的是通过切断识别出在 **12a**、**14** 和 **15** 中标记的碳是处于羧酸的氧化态。

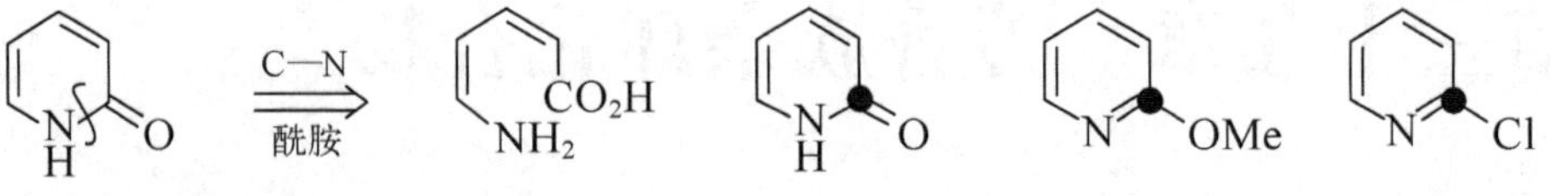

C—N 酰胺 CO_2H NH_2 OMe Cl

12 **13** **12a** **14** **15**

在合成吡咯 **16** 中我们可以立刻实践这一原则。切断 C—N 键得到一个十分合理的中间体，即 1,4-二酮 **17**。**17** 可以通过第二十五章介绍的方法合成然后用氨气处理得到 **16**。另一方面，如果需要合成呋喃 **18**，则不要添加杂原子。**17** 直接在酸性条件下环合得到呋喃 **18**。

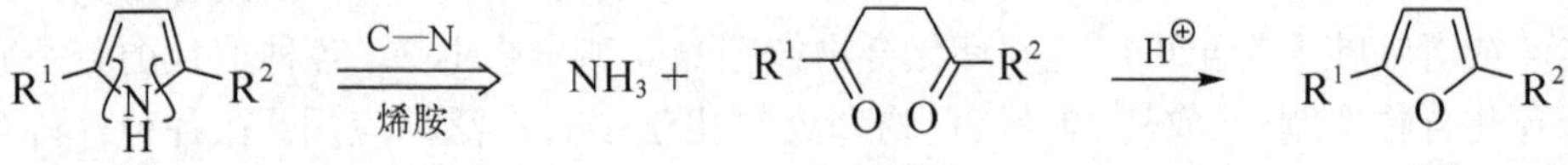

R^1 R^2 C—N 烯胺 NH_3 + R^1 R^2 $H^{\oplus}$ R^1 R^2

16 **17** **18**

吡咯的合成

一个简单的例子是吡咯 **19** 被应用在抗炎药 clopirac 的合成中。切断 2 个 C—N 键得到 2,5-己二酮 **20** 和一个简单的芳香胺 **21**。把 **20** 和 **21** 混合反应就可以得到吡咯 **19**。这一方法可以得到 *N*-取代的吡咯化合物。[2]

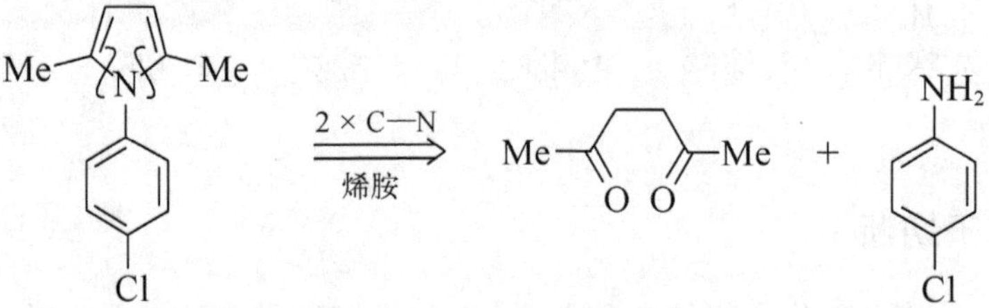

Me Me 2 × C—N 烯胺 Me Me + NH_2 Cl Cl

19 **20** **21**

如果 1,4-双羰基化合物是不对称的，则需要用到第二十五章中介绍过的方法来合成。其中的一个例子是在 Yadiv 的文献中合成得到的化合物 **22**。[3] 二酮 **23** 如下图所示在支点处切断，通过叔丁醛对烯酮 **24** 的共轭加成来制备。

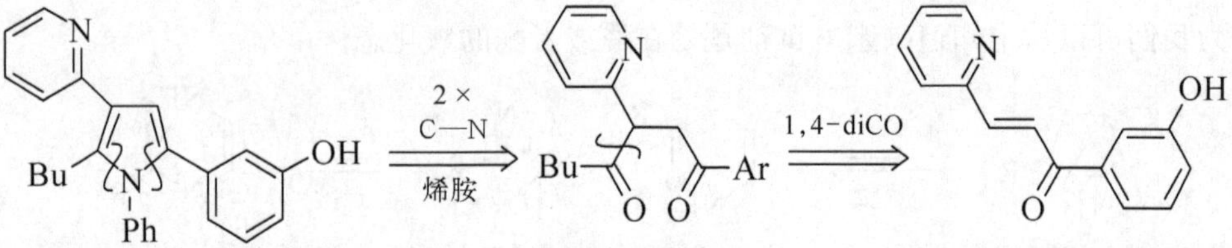

N Bu Ph OH 2 × C—N 烯胺 N Bu Ar 1,4-diCO N OH

22 **$PhNH_2$ + 23** **BuCHO + 24**

所有在第二十五章介绍的"一碳"试剂都可以使用，但是原作者更愿意使用 Stetter 设计的使用噻唑盐 **25** 的催化反应。[4] **25** 同样是一个芳香族杂环化合物，反应的机理在文献中有阐述。他们选择微波来加速第一步反应，然后在第二步反应中应用了一个不太常用的 Lewis 酸催化剂 $Bi(OTf)_3$，并且这步反应是在离子液体 Bmim **26** 中进行。[5] **26** 同样是一个芳香族杂环化合物。这些双取代咪唑盐化合物很容易通过对咪唑的双烷基化来制备。[6]

25 →（叔丁醛，**24**；DBU/Al_2O_3，微波）→ **23** 85% 收率 →（$PhNH_2$，$Bi(OTf)_3$，[Bmim. BF_4]）→ **22** 85% 收率

26; [Bmim. BF_4]

噻唑

如果在五元芳香环中含有 2 个不同的杂原子，那么就会有区域选择性问题。不对称噻唑 **27** 可以在亚胺处切断反推得到不稳定的一级烯胺 **28**，接着在硫酯处切断得到一个酰化试剂 **29** 和一个毫无疑问极为不稳定的化合物 **30**。注意到在 **30** 的结构中，巯基和氨基必须在烯烃的同侧关环反应才有可能发生。我们希望找到更好的路线。

27 ⟹（C—N 亚胺）**28** ⟹（C—S 硫酯）**29** + **30**

但是更多的杂原子意味着更多的备选方案。我们可以首先在 **27a** 的烯胺处切断然后在 **31** 的碳硫处切断。这样得到一个合理的 α-卤代酮 **33** 和一个看起来不稳定的亚胺 **32**。幸运的是 **32** 就是硫酰胺 **34** 的互变异构体。尽管硫酮是不稳定的，硫酰胺却由于额外的共轭作用而得以稳定。

27a ⟹（C—N 亚胺）**31** ⟹（C—S 1,2-diX）**32** + **33**　　**34; 硫酰胺**

大多数的噻唑合成遵循以上的策略。区域选择性问题是和试剂以哪种方式结合在一起相关的。这里有两种可能性：硫原子和氮原子都既能够进攻羰基，也可以进攻饱和的碳原子，但是硫是极好的 S_N2 反应试剂而氮能更

好地对羰基加成。所以生成的产物是 **27**，而不是 **35**。此反应的中间态是无法分离得到的：原因是一旦 C—S 键或是 C—N 键生成，环化和芳香化的速率非常快。这就意味着在这个例子中芳香族杂环化合物比非芳香族杂环化合物更容易生成。

35 ⟵✕ **34**; + **33** + **34**; ⟶ **27**

一个简单的例子是抗炎药 fecntiazac **36**。[7]把图中的两根键同时切断我们得到已知的硫酰胺 **37** 和 α-卤代酮 **38**。**38** 可以从酮 **39** 合成，而酮 **39** 由环状酸酐通过 Friedel-Crafts 反应制备得到(第二十五章)。

36; fentiazac ⟹(C—N, C—S) **37** + **38** ⟹(碳一氮) **39**

合成 Stetter 噻唑盐 **25** 使用的是不同的策略。第一次切断显然是在苄基的位置。然后我们需要一个 α-氯代酮 **41** 和甲硫酰胺反应。

25 ⟹(C—N) **40** ⟹(C—N, C—S) **41** + **42**

你也许认为 **41** 能很容易地从羟基酮 **43** 的氯化制备得到，但是我们怎么才能控制烯醇化呢？一个方法是添加"控制官能团"乙酯基如 **44** 所示，**44** 可以利用 C—C切断反推为环氧乙烷和乙酰乙酸乙酯 **45**。

41 ⟹(C—Cl, 1,2-diX) **43** ⟹(FGA) **44** ⟹(C—C, 1,4-diX) 环氧乙烷 + **45**

在第二十五章中我们提到过，中间体实际上是内酯 **46**，**46** 以极好的收率被氯代，然后通过几步合成后得到噻唑。[8]

45 —1. NaOEt; 2. 环氧乙烷→ 46 —Cl_2, $CaCO_3$, H_2O→ 47; 84% 收率 —$H^{\oplus}$, H_2O, heat→ 43 —42, H_2SO_4, H_2O→ 40 —BnCl, MeCN→ 25

噻唑 40 是商品化的，因为它是工业化生产维生素 B 的一个中间体。在一篇专利合成中是通过完全不同的途径由二氯化合物 **49** 来合成 **41** 的。[9]

48 —Cl_2→ 49 —$H^{\oplus}$, 吡啶→ 41 —42, H_2SO_4, H_2O→ 40

六元环：吡啶

将吡啶 **50** 的 C—N 键切断得到一个含共轭双键的双酮 **51**。但是这个双键必须是 *cis*-构型才有可能关环，然而 *cis*-构型的烯酮是极端不稳定的。通常比较容易的做法是去掉双键这样反推得到一个可以利用在第二十一章中介绍的方法合成的饱和 1,5-二酮化合物 **52**。这通常意味着一个烯醇化合物对烯酮的共轭加成。

50 ⟹(2 × C—N, 亚胺, 烯胺) 51 ⟹(FGA) 52 ⟹(1,5-diCO) **对烯醇的共轭加成第二十一章**

将双酮 **52** 用氨气处理得到二氢吡啶 **53**。**53** 很容易被多种氧化剂氧化成吡啶 **50**。由于产物是芳香性的，所以 C(4)上的氢很容易被除去。如果你了解一些生物化学则你会意识到这和 **NADPH** 非常类似。

52 —NH_3→ 53 —氧气（空气）或 Ce(IV) 或苯醌或溴→ 50

如果不想纠缠于氧化反应，我们可以使用羟氨来代替氨气。这样得到的中间体 **54** 不稳定，很容易如 **54** 所示脱去一分子水。两个在 C(4)上标记的氢之中的一个作为质子离去同时较弱的 N—O 键断裂得到一分子水和吡啶 **50**。

R^1 O O R^2 —NH_2OH→ [H H R^1 N R^2 OH] —$-H_2O$→ R^1 N R^2

52 54 50

一个简单的例子会显示这是非常容易的。双环吡啶 **55** 通过切断和反推得到二酮化合物 **56**。对 **56** 在支点处切断得到烯酮 **57** 和环己酮的烯醇化物等同体。

N Ph ⟹(2 × C—N，亚胺，烯胺) O O Ph ⟹(1,5-diCO) ⊖ O + O Ph

55 56 57

在第二十一章中已经阐述过，烯酮，例如 **57** 是不稳定的，我们经常会用 Mannich 碱来代替。下面的例子演绎得非常完美。将 Mannich 碱 **58** 和环己酮在一起加热以得到 1,5-二酮 **55**，然后和羟胺混合得到吡啶 **54**。两个反应的收率都非常高。[10]

O Ph —(Me_2NH，CH_2O)→ Me_2N O Ph + O —160℃→ **55** 95% 收率 —(NH_2OH，HCl，EtOH)→ **54** 94% 收率

58

吡啶酮和苯酚 **61** 不一样，它并不以烯醇的形式 **59** 存在而是以酰胺的互变异构体 **60** 的形式存在。苯酚的烯醇互变异构体 **61** 是芳香性的，然而酮式异构体 **62** 并没有芳香性。吡啶酮的两个互变异构体都是芳香性的。在 **60** 中酰胺的氮上有一对离域的电子，因此羰基额外的稳定性使 **60** 更加稳定地存在。

N OH ⇌ N H O OH ⇌ O

59 60 61 62

在纸面上作切断时使用哪种互变异构并不重要。如果我们把图中 **63** 的 C—N 键都切断我们会得到酮酸 **64**。然后把双键移去得到一个简单的 1,5-双羰基化合物 **65**。和氨气反应接着氧化就可以得到相应的吡啶酮。

R N H O ⟹(2×C—N，亚胺，烯胺) R O CO_2H ⟹(FGA) R O CO_2H ⟹(1,5-diCO) **对烯醇的共轭加成，第二十一章**

63 64 65

嘧啶

含有两个间位关系氮原子的吡啶 **66** 就是嘧啶。在核酸中这类化合物是以嘧啶碱的形式存在，如胞嘧啶 **67** 和胸腺嘧啶 **68**。我们注意到它们都是嘧啶酮。一个重要的新型抗癌药物格列卫(Glivec)**69** 含有一个嘧啶的核心结构且与一个吡啶环相连接。

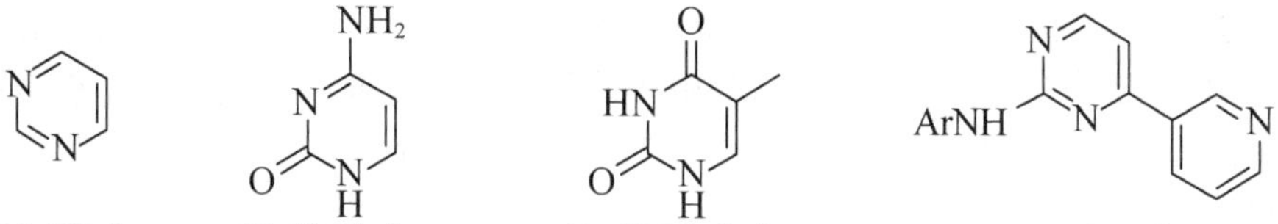

66；嘧啶　**67**；胞嘧啶　**68**；胸腺嘧啶　**69**；格列卫

作为一个嘧啶结构的化合物，抗蚜威(**Aphox**) **70** 能够在不伤害瓢虫的情况下杀死蚜虫。把酯基边链进行切断反推得到一个嘧啶 **71**。**71** 的结构实际上就等同于嘧啶酮 **72**。对两根 C—N 键进行切断得到简单的起始原料：二甲基胍 **73** 和乙酰乙酸衍生物 **74**。

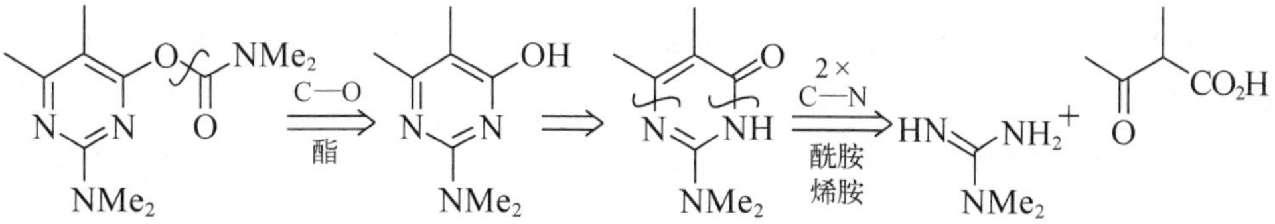

C—O 酯　2× C—N 酰胺 烯胺

70；抗蚜威　**71**　**72**　**73**　**74**

乙酰乙酸乙酯甲基化后得到 **74**，然后和二甲基胍 **73** 环合得到嘧啶酮 **72**。在氧原子上酰化即得到 **70**。[11]

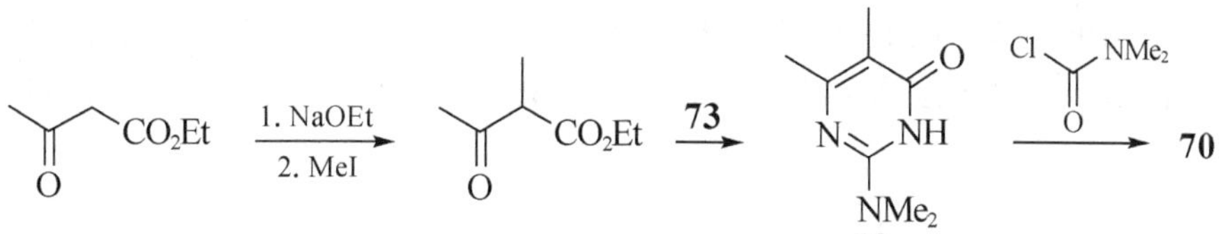

1. NaOEt 2. MeI　**73**　**72**　$ClC(O)NMe_2$　**70**

苯并杂环：吲哚

最重要的苯并杂环是吲哚 **75**。很明显从烯胺处切断得到 **76**，**76** 可以环合得到吲哚,但是我们怎样来制备 **76**? 正是基于这个困难,人们发明了许多特殊的反应来合成吲哚,而在其中最重要的就是 Fischer 吲哚合成。[12]一个醛或者是酮的苯腙衍生物用酸或者是 Lewis 酸处理,产物即为吲哚。

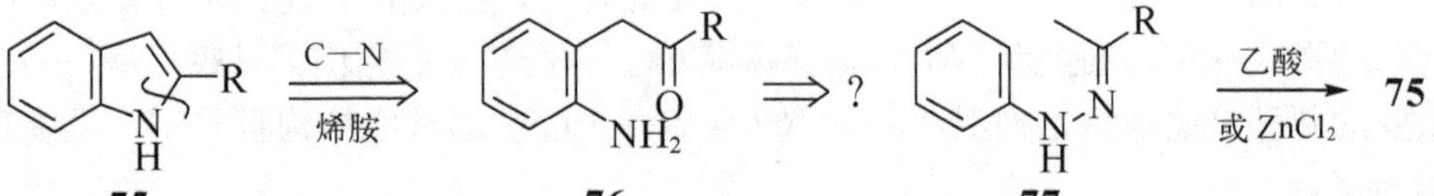

75 ⟹(C—N 烯胺) **76** ⟹ ? **77** —(乙酸 或 $ZnCl_2$)→ **75**

实际上,从酮 **78** 和苯肼反应得到的苯腙 **77** 首先在酸性条件下异构化成为烯胺 **79**,然后经 [3,3]-σ 迁移重排,其中较弱的 N—N 键断裂得到一个不稳定的中间体 **80**,该中间体芳香化得到 **81**。氨基对烯胺进攻导致环合并且脱去一分子氨气得到吲哚。

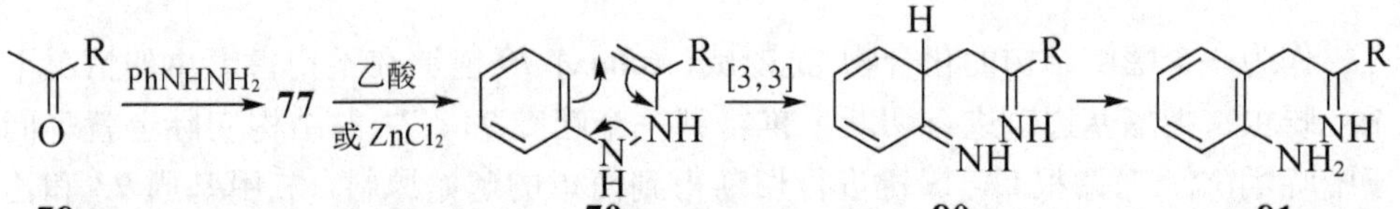

78 —($PhNHNH_2$)→ **77** —(乙酸 或 $ZnCl_2$)→ **79** —([3,3])→ **80** → **81**

最简便的合成吲哚的方案是只对反应中生成的两根键进行切断: **82** 中的 C—C 键和 C—N 键同时得到相关的苯肼 **83** 和酮 **78**。现在产生了两个和选择性有关的问题: 其一是反应会发生在哪一个邻位的原子上(**84** 中黑色标注)? 答案是没有关系,因为两个位置是一样的。

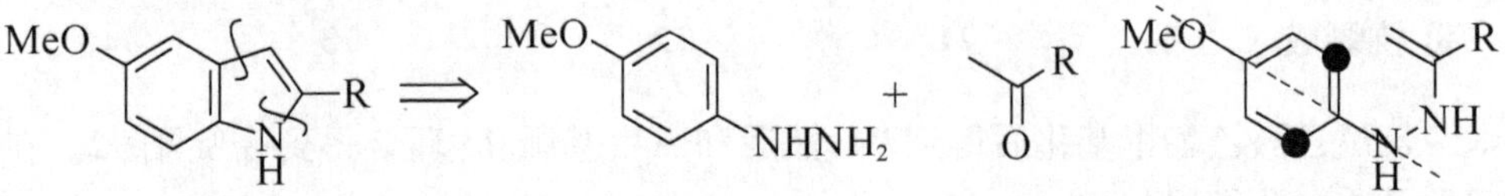

82 ⟹ **83** + **78**　　**84**

另一个问题是: 酮的哪一边会进行烯醇化或者更精确地说是形成烯胺 **79**? 在 **86** 中比较简单,因为这两个位置依然是一样的。在图 **86** 和 **84** 中,虚线显示了对称性。

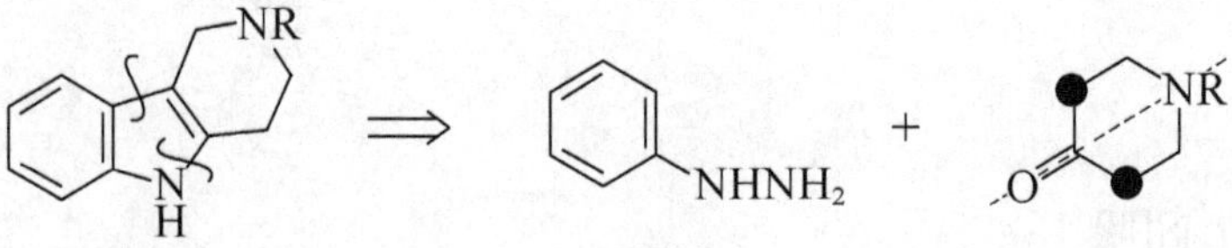

85 ⟹ 苯肼 + **86**

范例：茚甲新(Indomethacin)的合成

茚甲新(Indomethacin)**87** 是 Merck 公司的一个非甾体抗炎药。切断酰胺得到简单的吲哚 **88**，然后进行 Fischer 吲哚合成切断得到两个起始原料 **89** 和 **90**。很明显苯肼具有理想的对称性：两个邻位是完全一样的，然而酮却没有。

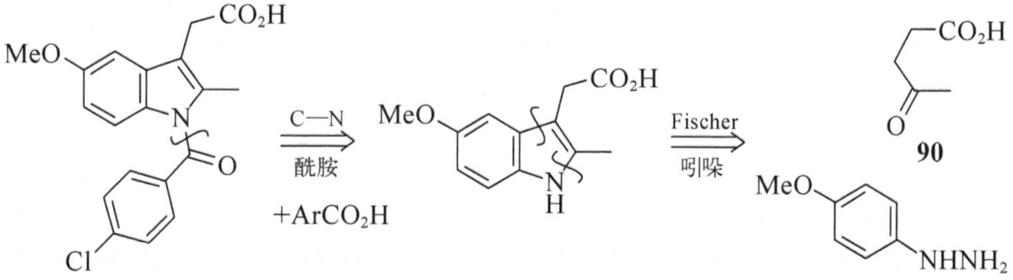

肼 **89** 是通过胺的亚硝化然后还原来制备的。酮酸 **90** 即乙酰丙酸可以直接得到。现在出现了一个大的疑问：在用腙 **91** 进行 Fischer 吲哚合成时，会生成哪一个烯胺？是我们所想要的 **92**，还是不需要的 **93**？由于 Fischer 吲哚是在酸(或者是 Lewis 酸)催化下的反应，我们预测较多取代的烯胺 **92** 更容易生成。

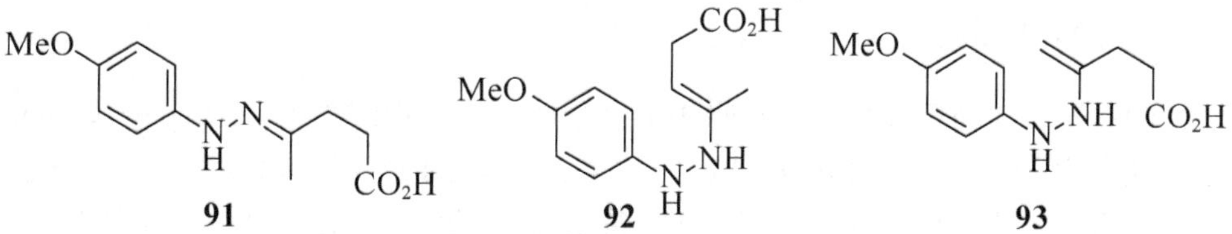

事实也确实如此。使用 **90** 的叔丁酯然后以 HCl 为催化剂在乙醇溶液中加热就以很好的收率得到吲哚 **96**。接下来的酰化需要使用酰氯 **97**，在加热条件下脱去叔丁基得到茚甲新。[13]

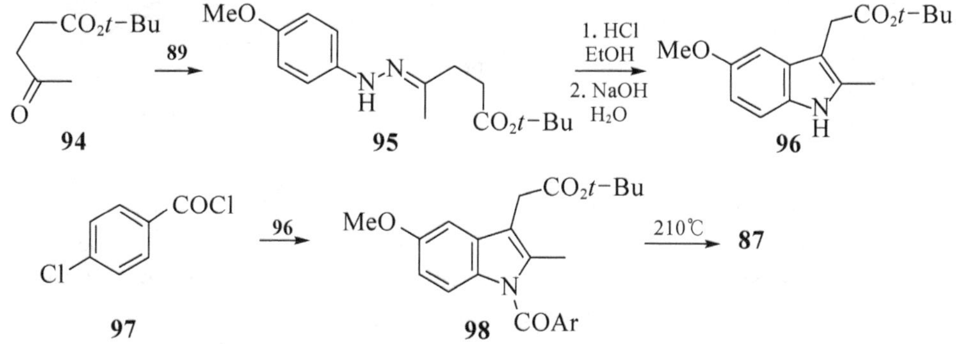

在预先合成的杂环上增加新的键

截止目前，我们集中讨论了完整的取代杂环化合物的制备。例如，茚甲新在合成时在苯环上即有一个甲氧基且在吡咯环上有两个取代基，在吲哚环被合成后只是在氮上添加了取代基而已。接下来我们需要思考哪些反应可以被用来在杂环上添加取代基。这些反应通常是亲电或者亲核的芳香取代反应。对于五元和六元芳香族杂环而言最重要的区别是：吡咯，吲哚和呋喃对亲电试剂有良好反应活性，而吡啶和嘧啶却对亲核取代有良好反应活性。

吡咯-吲哚和呋喃上的亲电取代反应

这些五元环的杂原子提供了一对离域孤对电子因此它们都是富电子的。它们非常容易和亲电试剂反应而且在质子酸和 Lewis 酸中都不稳定。对这些底物，我们必须去探寻那些在中性或者是弱酸性溶剂中进行的反应。托美汀(tolmetin)**99** 的合成展示了两个至关重要的反应。[14] 酮的切断自然会反推得到用酰氯 **100** 和吡咯 **101** 在 $AlCl_3$ 催化下的 Friedel - Crafts 反应。

C—C Friedel -Crafts

99; 托美汀 **100** **101**

但是在这样的反应条件下吡咯 **101** 会分解。因此我们改用 Vilsmeier 反应来合成这个化合物。其中用三级酰胺来替换酰氯同时用 $POCl_3$ 来替换 $AlCl_3$。酰胺的反应活性很低，但是一旦和 $POCl_3$ **102** 混合后即得到一个活性的中间体 **103**。它能进攻吡咯环上正确的位置并且再重新芳构化后得到亚胺盐 **106**，然后水解后得到酮 **99**。我们会注意到这和在苯环上亲电取代反应有相似之处。

$POCl_3$ H_2O

102 **103** **104** **105** **106** **99; Ar=*p*-Tol**

这个酰化反应还需要去制备含有烷基边链的吡咯 **101**。Friedel－Crafts 反应不是个好选择但是吡咯有足够的活性来进行 Mannich 反应。甲醛和二甲胺混合得到另一个亚胺盐 **107** 然后和 *N*－甲基吡咯反应，再去芳香化生成 **109** 和重新芳构化后得到取代的吡咯 **110**。

$H_2C{=}O + Me_2NH$ → $H_2C{=}\overset{\oplus}{N}Me_2$ **107**；**108** $H_2C{=}\overset{\oplus}{N}Me_2$ → **109** → **110**

我们也许会注意到一个问题：胺 **110** 并不是我们想要的分子。然而，在 Mannich 反应的产物中三级胺经常可以被其他的官能团所取代：在第二十章中我们探讨过利用烷基化和消除反应可以制备烯酮。在这里烷基化生成季胺盐后和氰化钠取代后得到氰基化合物 **111**。**111** 就是我们在酰化步骤中所使用的原料。最后将氰基水解得到最终产物托美汀 **99**。

110 —(1. MeI; 2. NaCN)→ **111** —($ArCONMe_2$, $POCl_3$)→ **112; Ar=*p*－Tol** —(NaOH)→ **99**

我们注意到在吡咯 **104** 和 **108** 上的取代反应都是发生在氮原子的邻位。吲哚与亲电试剂，例如 Vilsmeier 和 Mannich 盐的反应却选择性地发生在 C(3)碳上。[15] 这也许是因为如果亲电取代发生在 **116** 的 C(2)上会破坏苯环和吡咯环。前文已经描述过，在吲哚的合成中引入 C(2)上的取代基是非常容易的。因此这并不是一个太大的缺陷。

113 → **114** → **115**；**116**

吡啶和嘧啶上的亲核取代

另一方面吡啶对于亲电反应是十分不利的，以至于几乎很难尝试。但是吡啶对于亲核反应是非常有利的。一个最重要的事例是吡啶酮到 2－氯吡啶 **119** 的转换。后者可以被用来合成任意的衍生物。例如，胺 **120** 所用的试剂仍然是 $POCl_3$，它首先进攻 **117** 中的氧原子 $POCl_3$ 得到一个含有优良离去基团的高活性的中间体 **118**。然后被氯离子取代得到氯代物 **119**。所有这些反应发生的机理都是类似 **118** 的加成-消去反应。从本质上说在环上至少需有一个氮原子才能让这些反应发生。如果有两个氮原子例如嘧啶那会更有利于反应。

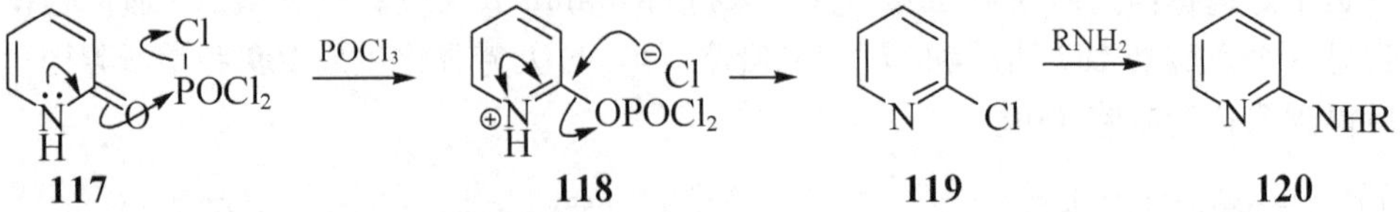

一个抗癌化合物的合成

我们用一个有很好应用前景的新型抗癌药 Novartis **PKI 166 121** 的合成来对本章做一个总结。[16]这个化合物是由吡咯和嘧啶组成的并环化合物。按照我们刚才讨论的策略，首先从 **121** 的嘧啶环上的氨基取代基处进行切断。然后我们就可以按照常规的策略对两个芳杂环 **122** 和 **123** 的 C—N 键依次进行切断，逆推得到一个简单的起始原料 **124**。

酮酸 **124a** 具有 1，4-双羰基结构。最有希望的对 **124b** 的切断是得到一个 α-卤代酮 **125** 和双烯胺 **126**。这个反应要求亲核的碳必须通过 S_N2 反应取代溴原子同时氮原子必须进攻羰基。这也是根据机理得到的“正确的”方法。

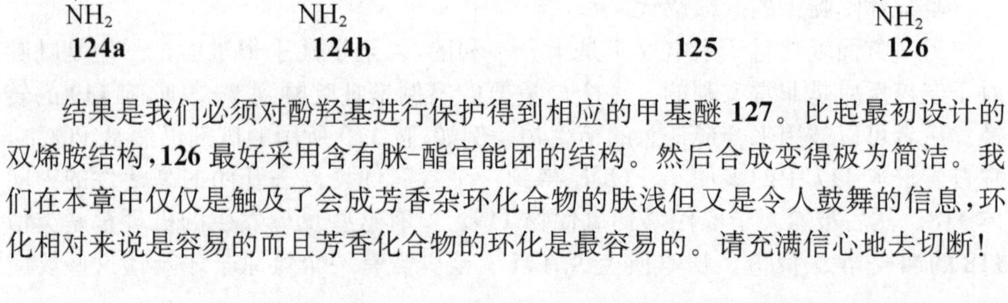

结果是我们必须对酚羟基进行保护得到相应的甲基醚 **127**。比起最初设计的双烯胺结构，**126** 最好采用含有脒-酯官能团的结构。然后合成变得极为简洁。我们在本章中仅仅是触及了会成芳香杂环化合物的肤浅但又是令人鼓舞的信息，环化相对来说是容易的而且芳香化合物的环化是最容易的。请充满信心地去切断！

OMe HN CO$_2$Et NH$_2$ NaOEt, EtOH Ar[1] HN H$_2$N CO$_2$Et HCONH$_2$ HCO$_2$H DMF Ar[1] HN N NH O 1. POCl$_3$ 2. 1-苯基乙胺 3. BBr$_3$ 121

O Br

127 128 129

（吴益明 译）

参考文献

1. J. A. Joule and K. Mills, *Heterocyclic Chemistry*, Blackwell, Oxford, Fourth Edition 2000; Clayden, *Organic Chemistry*, chapters 43 and 44.
2. G. Lumbelin, J. Roba, C. Gillet and N. P. Buu-Hoi, *Ger. Pat.*, 2,261,965,1973; *Chem. Abstr.*, 1973, **79**, 78604a.
3. J. S. Yadav, R. V. S. Reddy, B. Eeshwaraiah and M. K. Gupta, *Tetrahedron Lett.*, 2004, **45**, 5873; J. S. Yadav, K. Anuradha, R. V. S. Reddy and B. Eeshwaraiah, *Tetrahedron Lett.*, 2003, **44**,8959.
4. H. Stetter and H. Kuhlmann, *Org. React.*, 1991, **40**, 407.
5. T. Welton, *Chem. Rev.*, 1999, **99**, 2071.
6. J. S. Wilkes, J. A. Levisky, R. A. Wilson and C. L. Hussey, *Inorg. Chem.*, 1982, **21**, 1263; P. J. Dyson, M. C. Grossel, N. Srinavasan, T. Vine, T. Welton, D. J. Williams, A. J. B. White and T. Zigras, *J. Chem. Soc.*, *Dalton Trans.*, 1997, 3465.
7. K. Brown, D. P. Cater, J. F. Cavalla, D. Green, R. A. Newberry and A. B. Wilson, *J. Med. Chem.*,1974, **17**, 1177.
8. I. A. Bubstov and B. Shapira, *Chem. Abstr.*, 1970, **73**, 56015.
9. T. E. Londergan and W. R. Schmitz, *U. S. Pat.*, 2,654,760,1953; *Chem. Abstr.*, 1954, **48**, 12810a.
10. N. S. Gill, K. B. James, F. Lions and K. T. Potts, *J. Am. Chem. Soc.*, 1952, **74**, 4923.
11. F. L. C. Barabyovits and R. Ghosh, *Chem. Ind.* (*London*), 1969, 1018.
12. B. Robinson, *Chem. Rev.*, 1963, **63**, 373; 1969, **69**, 227; J. A. Joule in *Science of Synthesis*, ed. E. J. Thomas, 2000, Thieme, Stuttgart, vol. **10**, page 361.
13. T. Y. Shem, R. L. Ellis, T. B. Windholz, A. R. Matzuk, A. Rosegay, S. Lucas, B. E. Witzel, C. H. Stammer, A. N. Wilson, F. W. Holly, J. D. Willet, L. H. Sarett, W. J. Holz, E. A. Risaly, G. W. Nuss and M. E. Freed, *J. Am. Chem. Soc.*, 1963, 85, 488.
14. E. Shaw, *J. Am. Chem. Soc.*, 1955, **77**, 4319.
15. Joule and Mills, chapter 10.
16. G. Bold, K.-H. Altmann, J. Frei, M. Lang, P. W. Manley, P. Traxler, B. Wietfeld, J.

Bruggen. e. Buchdunger, R. Cozens, S. Ferrari, P. Furet, F. Hofmann, G. Martiny-Baron, J. Mestan, J. Rosel, M. Sills, D. Stover, F. Acemoglu, E. Boss, R. Emmenegger, L. Lasser, E. Masso, R. Roth, C. Schlachter, W. Vetterli, D. Wyss and J. M. Wood, *J. Med. Chem.*, 2000, **43**, 183, 2310.

第四十章　通用策略 D：高级战略

在这最后一章我们收集了一些策略方针并且把它们应用到许多我们一直在讨论的各类分子当中。

吡唑的合成

上一章我们提到过，吡唑 **1** 的合成可以直接切断通过肼 **2** 和 1,3-二酮 **3** 来合成。化合物 **3** 又可以十分简单地通过烯醇 **4** 和酰化试剂 **5** 来合成，这个方法我们已经在前面的第十九章讲过。

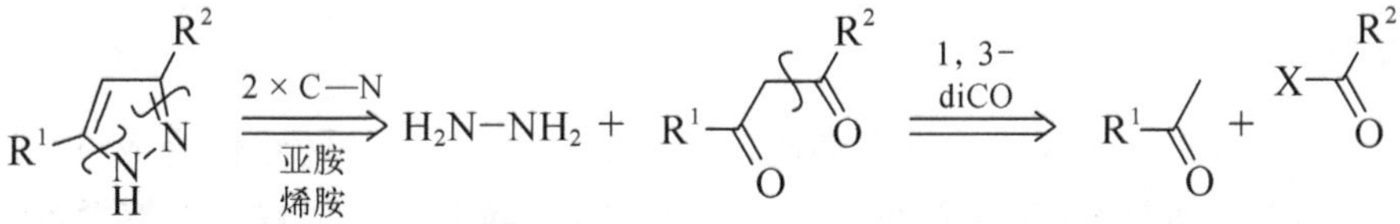

R^2　R^1　N　N　H　$2 \times C—N$　亚胺　烯胺　H_2N-NH_2 +　R^1　O　R^2　O　1, 3-diCO　R^1　O　+　X　R^2　O

1　**2 肼**　**3**　**4**　**5**

那么在这一章我们又会有什么新鲜的内容呢？如果我们能够把这两步反应通过一锅来完成的话，我们将会节约许多时间、原料和精力。在这样的串联反应中，我们不再需要控制反应以及分离纯化这些可能有难度的中间体：比如在第十九章就讨论过如何控制烯醇的酰化反应。Merck 的工作人员就成功地把烯醇 **7** 的酰化反应和中间体 **9** 与肼合成稳定的化合物 **10** 的反应一锅来完成。[1]下面是这个反应的摘要：

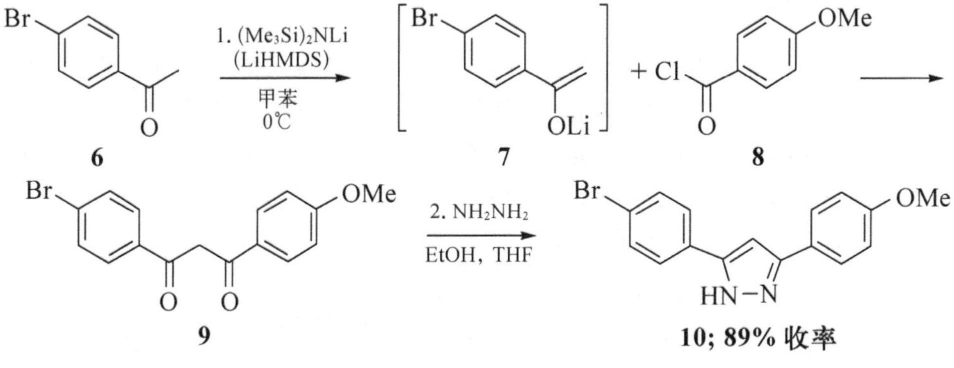

Br　O　1. $(Me_3Si)_2NLi$ (LiHMDS)　甲苯　0℃　Br　OLi　+ Cl　O　OMe

6　**7**　**8**

Br　O　O　OMe　2. NH_2NH_2　EtOH, THF　Br　HN−N　OMe

9　**10; 89% 收率**

在新药研发的时候往往需要通过多样性导向来合成一系列相似的化合物。也就是说设计的合成方法往往需要适合许多类似化合物的合成。像吡唑这样的化合物，我们可以以合成都是脂肪取代基的化合物 **13** 或者是其他三取代的化合物 **15** 来说明这一点。在这里一共 25 个不同的二取代或者三取代的吡唑通过这种方法来合成，仅仅一个反应失败。

11 —(1. LiHMDS; 2. $C_5H_{11}COCl$)→ [**12**] —(3. NH_2NH_2)→ **13; 82% 收率**

14 —(1. LiHMDS; 2. ArCOCl(**8**); 3. NH_2NH_2)→ **15; 83% 收率**

会聚法

长步骤地线性合成往往收率都比较低。例如一个 10 步的线性合成(i)，每一步的收率都达到 90%，但是总收率也在 35%以下。而且什么时候又能够做到每一步反应都有 90%的收率呢？会聚或者分支策略通过使线性长度变短可以使结果变得好一些，即使是只有一个分支。例如合成路线(ii)最长的路线只有 8 步，而这样也就使得总收率能够提高到 43%。

$$A \longrightarrow B \longrightarrow C \longrightarrow D \longrightarrow E \longrightarrow F \longrightarrow G \longrightarrow H \longrightarrow I \longrightarrow J \longrightarrow TM \quad (i)$$

$$\left.\begin{matrix} A \longrightarrow B \longrightarrow C \\ D \longrightarrow E \longrightarrow F \end{matrix}\right\} \longrightarrow G \longrightarrow H \longrightarrow I \longrightarrow J \longrightarrow K \longrightarrow TM \quad (ii)$$

我们还可以做得更好，例如合成路线(iii)最长的路线只有 5 步，而总收率则能够提高到 59%。例子(iv)和(v)都是不同的通过分支来提高收率的方法。这里并没有什么神奇的地方，我们仅仅是通过策略来得到一个好的结果而已。一般来说，分子结构越大，越有利于发展不同的会聚法策略。事实上这也是我们在一个分子的中央或者是支点处进行切断的理由。

$$\left.\begin{matrix} A \longrightarrow B \longrightarrow C \longrightarrow D \longrightarrow E \\ F \longrightarrow G \longrightarrow H \longrightarrow I \longrightarrow J \end{matrix}\right\} K \longrightarrow TM \quad (iii)$$

$$A \longrightarrow B \longrightarrow C \left.\begin{matrix} \\ \end{matrix}\right\} \longrightarrow F \longrightarrow G, \quad D \longrightarrow E; \quad H \longrightarrow I \longrightarrow J \longrightarrow K; \quad \} L \longrightarrow M \longrightarrow TM \qquad (iv)$$

$$A \longrightarrow B \longrightarrow C, \; D \longrightarrow E \longrightarrow F \; \} \longrightarrow G; \quad H \longrightarrow I \longrightarrow J \longrightarrow K; \quad \} L \longrightarrow M \longrightarrow TM \qquad (v)$$

Methoxatin 的合成

Methoxatin **16** 是一个辅酶，它能够让一些杆菌用甲醇作为它们的碳来源。在这个结构中，中间环上的邻二醌可以氧化甲醇。由于生物试剂具有可逆性，使得从化合物 **17** 来合成这个辅酶是可行的。当合成 **17** 的时候不管是断开吡咯环或者是吡啶环，都会导致一个线性的合成路线。于是 Hendrickson 选择了从中央的苯环去断开。[2] 这个听起来是有难度的，但是他们认为从烯烃 **18** 能够很容易通过关环得到化合物 **17**。

HO_2C　NH　CO_2H　O　O　N　CO_2H ⟹ RO_2C　NN　CO_2R　N　CO_2R ⟹ RO_2C　NH　CO_2R　N　CO_2R

16; methoxatin　　**17**　　**18**

对于 **18a** 我们可以通过 Wittig 反应来合成，考虑起始原料的易得程度，从分子的烯键处切断我们可以得到两个合成子吡咯甲醛 **19** 和膦盐 **20**。而膦盐 **20** 则可以从化合物 **21** 来合成。

RO_2C　NH　CO_2R　N　CO_2R ⟹(Wittig) RO_2C　NH　CHO ＋ $Ph_3\overset{\oplus}{P}$　CO_2R　N　CO_2R ⟹ CO_2R　N　CO_2R

18a　　**19**　　**20**　　**21**

化合物 **23** 的合成出乎意料的简单：将丙酮酸 **22** 与氨水混合即成！虽然这个反应的收率并不高，但这又有谁在意呢？一般来说，如果有收率比较低的反应步骤，最好的办法就是把它放在合成路线的前面，这样可以节约原料和精力。在这个合成例子当中，大多数步骤的反应收率都不错，因而个别的低收率也是可接受的。化合物 **22** 通过酯化反应可以得到二酯 **21**；然后用 NBS 溴代

(第二十四章)再与 Ph_3P 反应就可以产生所需的鏻盐 **20**,这样第一个分支的合成就完成了。

22 丙酮酸 →(NH_3)→ 23 →(MeOH, $H^{\oplus}$)→ 21 R=Me →(NBS)→ 24; 76% 收率 →(Ph_3P)→ 20 R=Me 100% 收率

吡咯 **19** 可以从钝化的吡咯 **25** 通过 Friedel - Crafts 反应来合成。该结构中由于酯基 CO_2Et 的存在,C(3)和 C(5)两个位置活性较低,使得反应只能在不受影响的位置进行。同时由于酯基的拉电子效应使得该结构在 Lewis 酸的条件下不容易被降解(第三十九章)。该结构与从 **20** 衍生出来的叶立德进行 Wittig 反应的时候能够有 95%的收率,但是得到的最终产物主要是反式构型,这个结构不能够进行下一步的关环反应。

25 + 26 →(1. $AlCl_3$, CH_2Cl_2, 0℃; 2. $H^{\oplus}$, H_2O)→ 19; R=Et, 82% 收率 →(20; R=Me, NaH)→ 酯 *E*-18 84% 收率

一个具有创造性的方案是:在光照的情况下,化合物 *Z* - **18** 能够异构化为 *E* - **18** 并且完成关环反应,同时顺旋电环化得到的是 *trans* - **27**,该反应液用二苯基二硒(PhSe - SePh)作用的话可以进一步氧化得到化合物 **28**。在这里总共三步反应一锅就完成了。

酯 *E*-18 →(hν)→ 酯 *Z*-18 →(hν)→ 27 →(hν, $(PhSe)_2$)→ 28;44% 收率

该化合物的合成同时还有两个其他的线性合成路线被报道出来:都是以苯环作为母核,在此基础上进行修饰将其他的结构合成出来,都要在苯环需要被氧化的地方占住位置。Corey 合成的时候在化合物 **29** 上用了 MeO 来占位,他选择了切断吡啶环通过吲哚 **30** 和一个不饱和的化合物 **31** 来合成这个化合物,化合物 **31** 又可以从已知的化合物 **32** 来合成。[3]

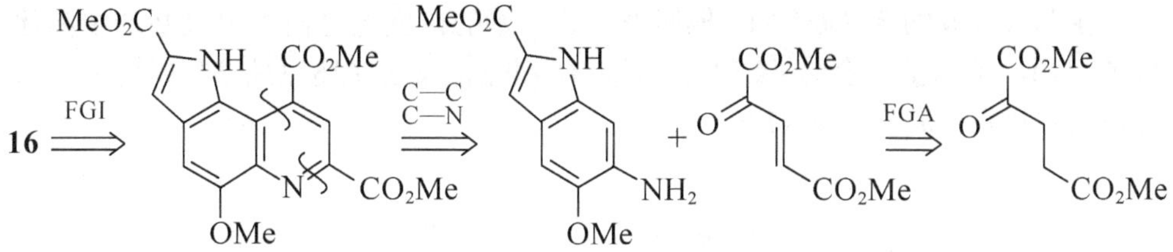

29　30　31　32

通过 Fischer 吲哚合成法来切断化合物 **30a**(第三十九章)可以切出两个合成子丙酮酸甲酯 **33** 和芳基肼 **34**。而肼 **34** 又可以通过重氮盐 **36** 来合成,而 **36** 中的苯环上的氨基需要保护。他们采用了一个简洁的方法用 Japp - Klingemann 反应用乙酰乙酸酯 **35** 和相同的重氮盐来合成这个化合物。

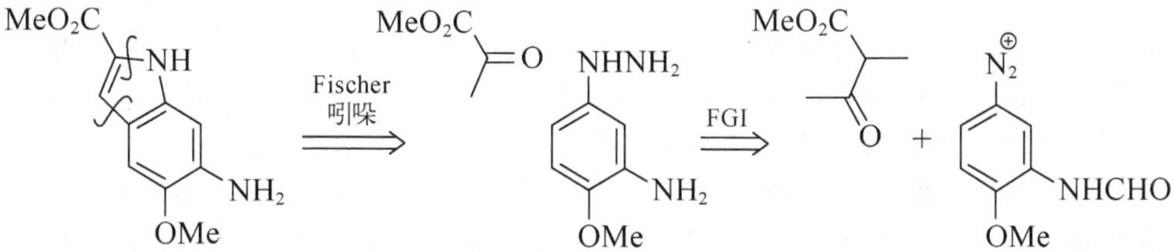

30a　33　34　35　36

把 **35** 加到重氮盐 **36** 中,在 KOH 的作用下可以生成腙 **38**,然后异构化成烯胺 **39**,再通过 Fischer 吲哚合成得到甲酰基保护的吲哚,再在盐酸水溶液中水解可以得到化合物 **30**。该反应具有非常高的区域选择性,这个可能是由于位阻的原因。

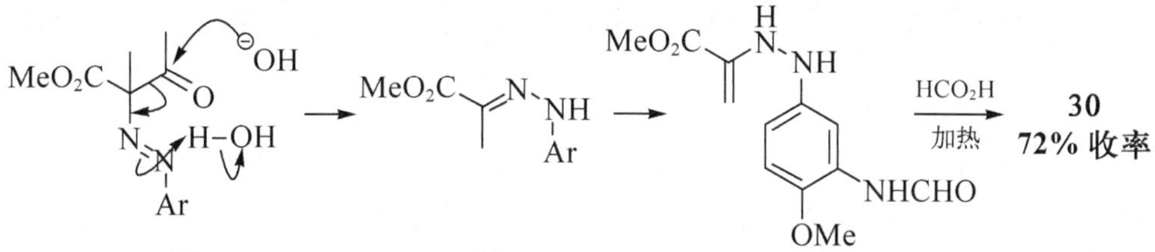

37　38　39

化合物 **32** 先进行溴代,然后消去溴化氢得到化合物 **31**。该化合物和 **30** 作用首先能够生成杂环化合物 **40**,然后在干燥的 HCl 的作用下芳构化得到化合物 **29**。**29** 能够非常容易地被 Ce(VI)氧化成目标化合物 Methoxatin**16**。

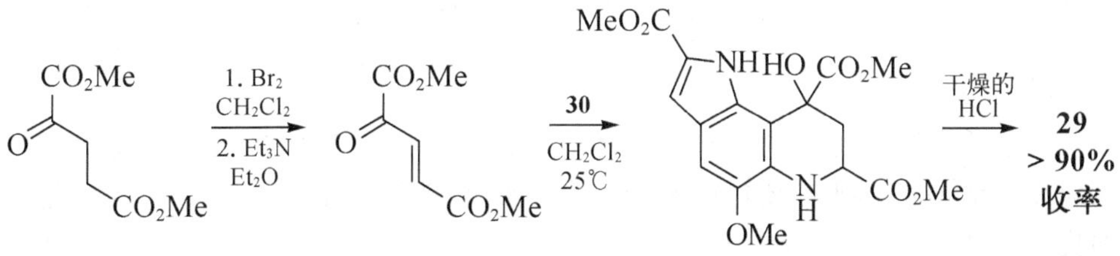

32　31; 97% 收率　40

在 Weinreb 的合成路线中，他们采用邻二醌的位置上是两个甲氧基的中间体 **41** 在。[4]用一个硝基化合物 **42** 通过 Reissert 吲哚合成法在还原硝基的时候能够自动与酮缩合来合成化合物 **41**。

16 ⟹(FGI) 41 ⟹(C—N, Reissert 吲哚) 42

41: MeO_2C, NH, CO_2Me, MeO, N, CO_2Me, OMe

42: MeO_2C, O, NO_2, CO_2Me, MeO, N, CO_2Me, OMe

由于硝基的存在使**43** 中的甲基形成的负离子的稳定性会更好，Reissert 因而建议如 **42** 所示可以直接从 C—C 键断开来合成。而化合物 **44** 可以直接硝化得到所需要的化合物 **43** 而不会生成其他异构体：一方面吡啶环上由于两个酯基的存在而不会发生硝化(第三十九章)，而在苯环上由于两个甲氧基的存在，只剩下一个位置能够反应。而化合物 **44** 的合成采用的切断方法与 Corey 合成 **29** 是相同的，但是在反应条件上却并不一样。即使是同样的策略(同样的切断法)也不能够限定合成人员用一个特定的反应。

42 ⟹(C—C) 43 ⟹(C—N) 44 ⟹(C—C, C—N) 45

43: NO_2, CO_2Me, Me, MeO, N, CO_2Me, OMe

44: CO_2Me, Me, MeO, N, CO_2Me, OMe

45: Me, MeO, NH_2, OMe

现在我们开始整个合成。首先用商品化的试剂 **46** 通过两步反应合成化合物 **45**，然后在水合三氯乙醛和盐酸羟胺的作用下得到化合物 **47**，再在多聚磷酸的作用下关环得到化合物 **48**。[5]

46 →(2 步) 45 →($Cl_3C\cdot CH(OH)_2$, $NH_2OH\cdot HCl$, Na_2SO_4, H_2O) 47 →($H^{\oplus}$) 48

46: Me, MeO, OMe

47: Me, NOH, MeO, N, H, O, OMe

48: O, Me, O, MeO, N, H, OMe

这个反应得到的产物中与苯并环的环的大小不对！但是当把它与丙酮酸反应后就能够得到所需要的喹啉化合物 **50**，不需要纯化就能将它直接酯化得到化合物 **44**。[6]

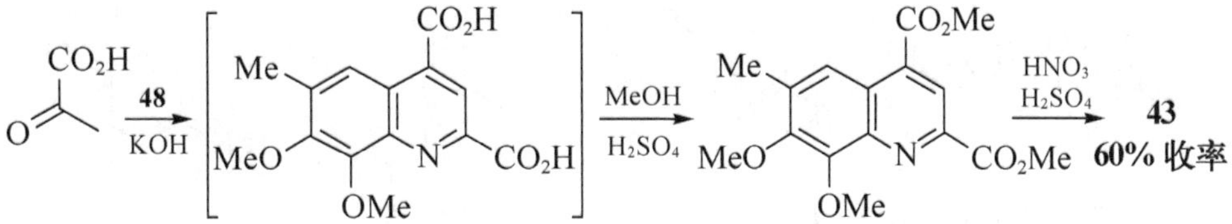

49 丙酮酸 50 44；50% 收率从 48 43 60% 收率

对于这个 Reissert 反应来讲，现在甲基需要在碱的作用下与草酸二甲酯来合成化合物 **42**，根据文献报道“他们尝试了许多不同的碱，但是尝试生成 **42** 的反应都失败了”。在这种情况下，他们通过自由基溴代的条件用 NBS 合成了化合物 **51**（第二十四章），然后将其与乙酰乙酸甲酯进行烷基化反应得到了化合物 **52**。

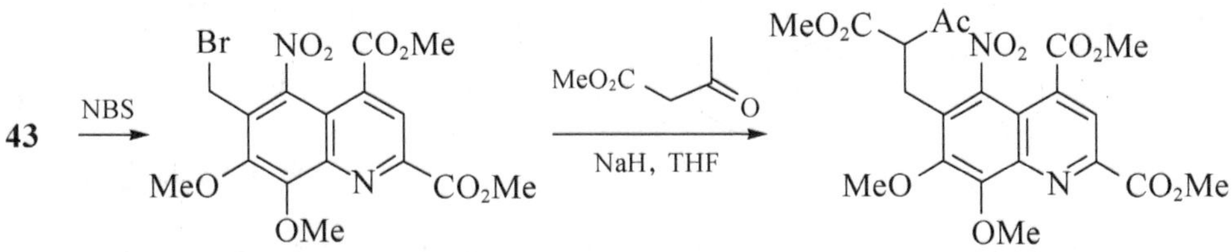

51；90% 收率 52；92% 收率

接下来是一个与 Corey 合成化合物 **39** 相同的反应，这里得到了腙 **53**，然后在还原的条件下得到三环化合物 **41**。和所预期的一样，下一步的氧化反应是非常简单的，但是仍然需要使用氧化银和硝酸。这是一个有 11 步合成反应的线性，但却是这个化合物的第一次合成。

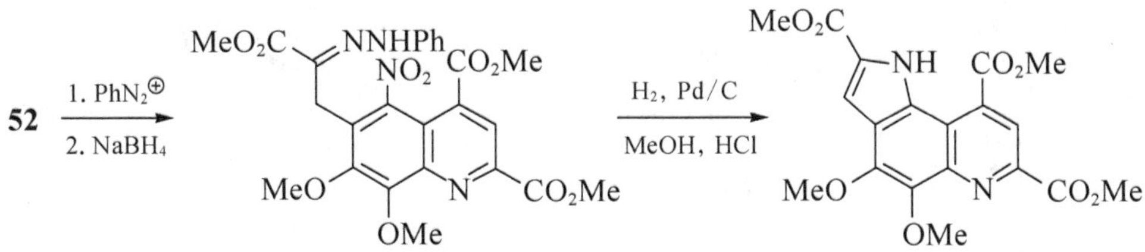

53；70% 收率 41；62% 收率

会聚法在商业合成上的应用

会聚法在商业合成上具有更加重要的作用。比如 Merck 的抗艾滋病药 MIV-150 **54**，在实验室合成的时候，以间氟苯酚和化合物 **55** 为起始原料，用了 14 步的线性路线合成出来，总收率只有 1%左右。[7]

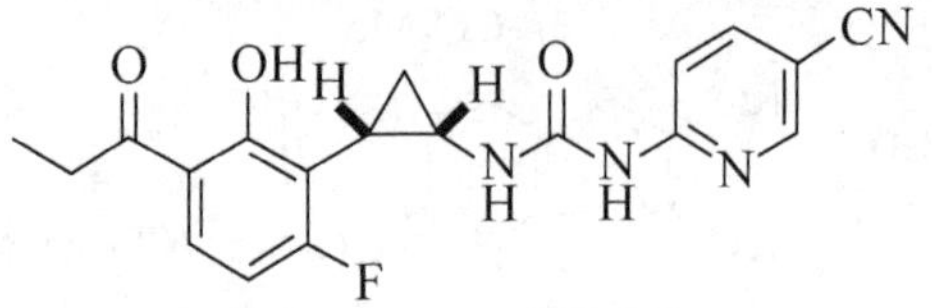

54; Merck's MIV-150 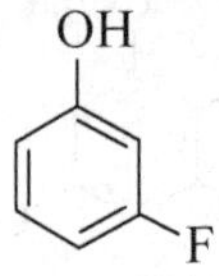　　**间氟苯酚** 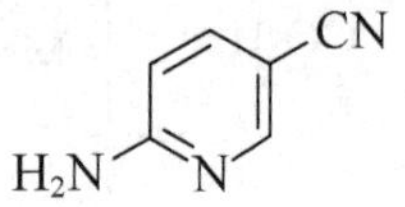　　**55**

从对氟苯酚通过 4 步反应来合成化合物 **56** 的收率都还比较好，但是从 **56** 通过 Duff 甲酰化反应和 Wittig 反应来合成 **57** 的时候，两步反应收率只有 18%，另外利用重氮试剂在铜(I)催化(第三十章)下通过环丙烷化来合成化合物 **58** 的时候对于产物中顺式的构型基本上没有什么选择性。更糟糕的是在合成的时候需要用甲基来保护酚羟基，而在最后一步脱掉这个保护基的时候只有 52%的收率，这样将造成差不多一半的原料损失。

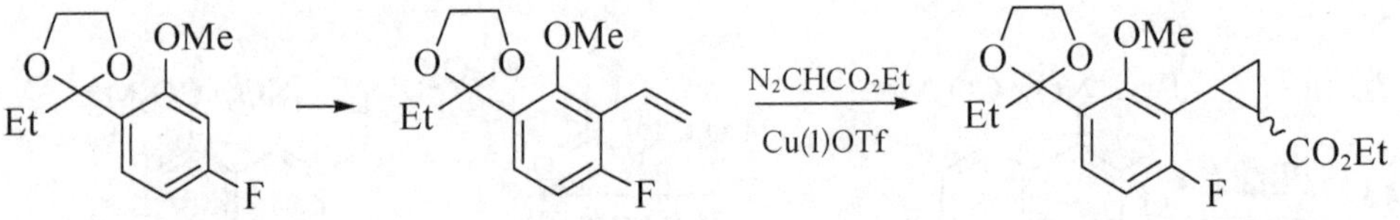

N_2CHCO_2Et, Cu(I)OTf

56　　**57**　　**58; 45% 顺式酯**

利用会聚法来合成这个化合物的路线是从两个片断，化合物 **59** 和光学纯的顺式环丙烷 **60** 来进行的。这两个片断通过两步反应可以得到化合物 **61**，然后再与胺 **55** 反应就可以得到脲 **54**。虽然在这条路线中仍然需要用到保护基，最后一步收率仍然很低，但是总收率却提高到了 27%，与 1%比较这是一个相当可观的提高。这个合成中一些化学内容对于本书来讲可能更为深奥了一些，请参考 *Strategy and Control* 一书。

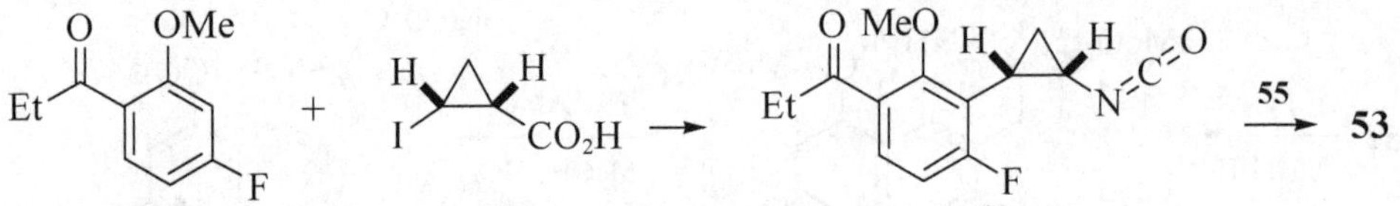

59　　**60**　　**61**　　→(**55**) **53**

关键反应战略

Diels-Alder 反应

我们已经讨论了利用易得的起始原料支配的战略或者是立体化学控制的战略。另一个经常出现的值得我们讨论的还有关键反应战略。Diels-Alder 反应是其中的一个代表。一些需要用 Diels-Alder 来合成的目标分子结构中有非常明显的切断点，例如南绿蝽 Nezara viridula 分泌的性外激素 **62**，一眼就能看出来其具有

Diels－Alder 产物骨架 **64**。

Wittig　FGI　Diels－Alder

62　**63**　**64**　**65**　**66**

但是实际上如果利用酮来控制，环氧化的立体化学是很难的。如果丙烯酸作为亲双烯体来反应得到化合物 **67**，然后溴内酯化以 86％的收率得到五元环内酯 **68** 和六元环内酯 **69** 的混合物，比例差不多 1∶1.5。幸运的是当用烷基锂处理它们的时候通过开环和 S_N2 关环都得到同一个环氧化合物 **70**。[8]该反应只有在带有一个吸电子基团例如 SPh 的情况下结果才比较好，SPh 可以在以后的反应中脱除。再用甲基锂与这个酮反应，经过消除反应就能够得到化合物 **62**。

66　NBS Na_2CO_3 DMF　RLi －78℃

丙烯酸　**67**　**68**　**69**　**70**

Lycorine 是来自水仙花的一种生物碱。在这些生物碱当中，**71～73** 是结构比较简单的几个，它们仅仅立体构型不太一样。它们的结构中都包含有六元碳环，这样我们立刻就想到 Diels－Alder 反应。

71; α－lycorane　**72; β－lycorane**　**73; γ－lycorane**

当我们分析 lycoranes 的整个分子结构 **74** 的时候，可以首先把氮原子与苯环之间的碳原子切断出来，它可以通过 Mannich 反应从 **75** 来合成。然后再切断分子中剩下的一个 C—N 键。为了能够进行 Diels－Alder 反应，我们在分子中引入一个吸电子的硝基 **77** 和一个双键 **78**。现在这个化合物就能够从二烯 **79** 和一个硝基取代的烯烃 **80** 通过 Diels－Alder 来合成了。

74 $\xRightarrow[\text{Mannich}]{\text{C—N, C—C}}$ 75 $\xRightarrow{\text{C—N}}$ 76 (NH_2, X)

76 $\xRightarrow{\text{FGI}}$ 77 (Ar, NO_2, X) $\xRightarrow{\text{FGA}}$ 78 (Ar, NO_2, X) $\xRightarrow{\text{Diels-Alder}}$ E-79 (Ar) + E-80 (NO_2, X)

81 的区域选择性是非常好的，双烯末端的亲核点进攻 **80** 末端的亲电点。但是立体化学同样是非常重要的。毫无疑问，反式的异构体 E - **79** 和 E - **80** 都是非常容易得到的，所以我们能够探讨这两个合成子在 Diels - Alder 反应中的结果。我们期望在反应中会经历一个 *endo* -过渡态 **82**，并且最终得到化合物 **83**。但是很不幸，实际上产物的立体化学与 Lycoranes 相比较都是错误的。

81 (NO_2, X)　82 (O_2N, H, H, H, R) $\xrightarrow{\text{Diels-Alder}}$ 83 (H, H, H, R, NO_2)

下面一条合成路线中我们让 **84** 中的烯键在不同的位置，这样我们切断后就能有一对不同于以前的合成子双烯 **86** 和亲双烯体 **85**。另外 E -构型的异构体相对也比较容易得到，在这种情况下我们得到了立体构型正确的化合物 **88** 用来合成α - lycorane。这个战略来自 Hill 早些时候的工作。[9] Irie 还有其他利用 Diels - Alder 反应合成的工作，具体内容都可以参考文献。[10]

77 $\xRightarrow{\text{FGA}}$ 84 (Ar, R, NO_2) $\xRightarrow{\text{Diels-Alder}}$ E-85 (Ar, NO_2) + E-86 (R)　87 (Ar, H, NO_2, H, H, R) $\xrightarrow{\text{Diels-Alder}}$ 88 (H, H, H, Ar, R, NO_2)

羟醛缩合和共轭加成反应

其他一些快速构建一个分子的反应有羟醛缩合和共轭加成反应，它们与 Diles - Alder反应和 Wittig 反应一样在有机合成中都是非常重要的反应。有人就用这些反应合成了 lycoranes。[11] 与前面的切断法一样，在多了一个羰基的化合物 **89** 上切断就得到了一个新的合成子 **90**。

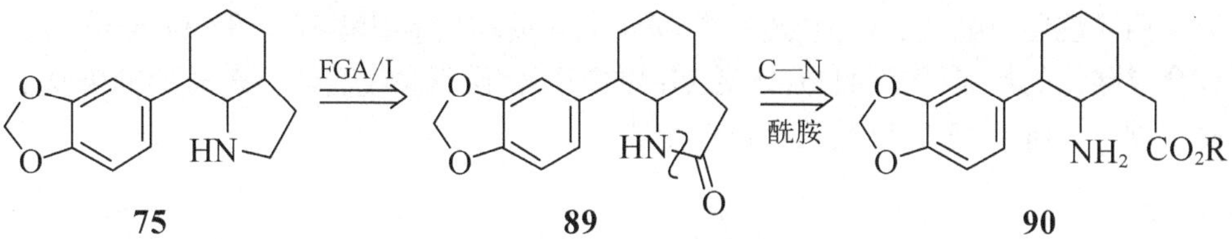

FGA/I　C—N 酰胺

75　**89**　**90**

现在第一个共轭加成反应是化合物 **92** 中硝基烷烃和一个不饱和酯的分子内反应。接下去的共轭加成就是芳基的金属衍生物与不饱和的硝基化合物 **93** 的反应。而所有这些不饱和的硝基化合物和酯基化合物都可以从羟醛缩合反应或者是 Wittig 反应得到。但是这里很明显有潜在的选择性问题。

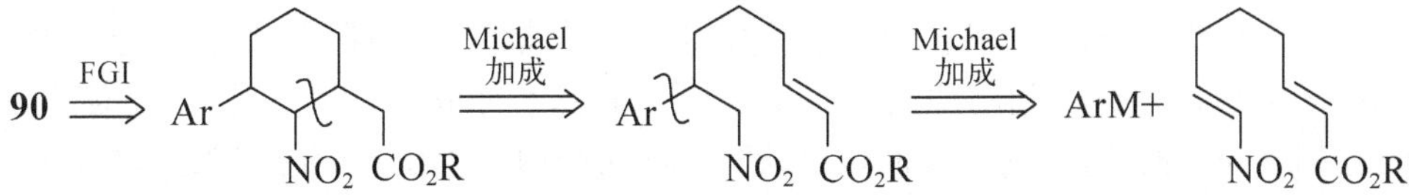

90 FGI ⟹ **91** Michael 加成 ⟹ **92** Michael 加成 ⟹ ArM+ **93**

稳定的半缩醛四氢吡喃醇通过 Wittig 反应得到一个不饱和的 *E*-酯 **95**，再经过氧化反应后与硝基甲烷反应，再经消除反应得到不饱和的硝基化合物 **98**。然后芳基锂在没有铜存在的情况下能够仅仅与硝基相邻的烯键进行共轭加成得到化合物 **99**。

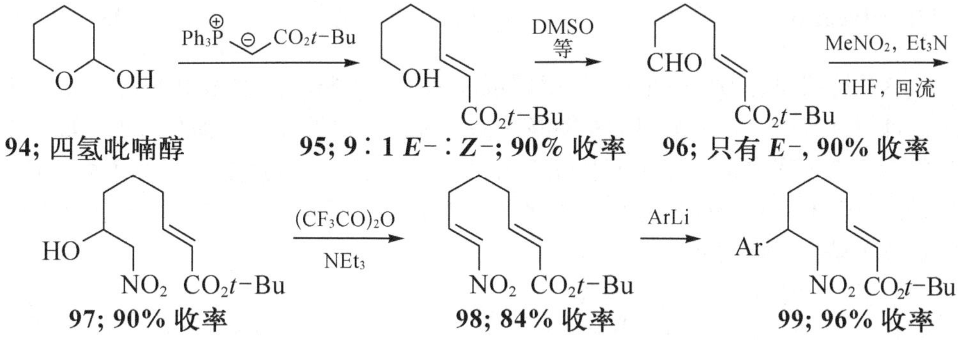

94; 四氢吡喃醇　**95; 9∶1 *E*-∶*Z*-; 90% 收率**　**96; 只有 *E*-, 90% 收率**

97; 90% 收率　**98; 84% 收率**　**99; 96% 收率**

现在将进行最关键的一步，即硝基烷烃和不饱和烯烃的分子内的共轭加成反应。在 CsF 和四烷基铵的催化下，该反应能够选择性(1.5∶1)地得到所有键都是 e 键的化合物 **100**。然后经过还原反应和关环反应就能够得到 lactam **102**，该化合物具有正确的立体构型用于合成 β-lycorane **72**。

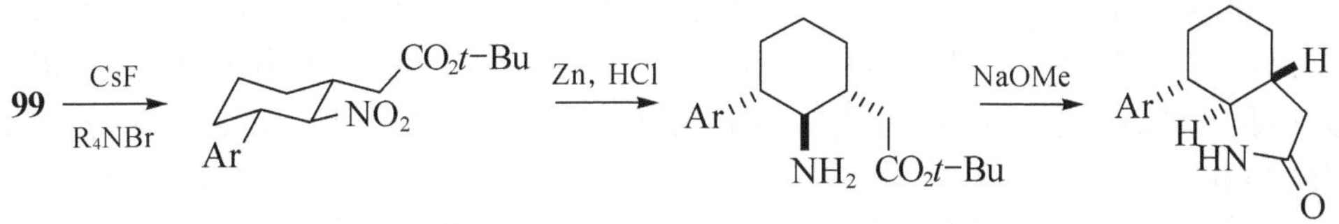

99 CsF/R_4NBr →　Zn, HCl →　NaOMe →

100; 94% 收率　**101; 99% 收率**　**102; 98% 收率**

用硼烷还原酰胺后，再经过一个 Mannich 关环反应就得到了 β - lycorane **72**。该合成路线的特点就是通过加入芳基锂的螯环化作用来改变整个合成的顺序从而使三种 lycoranes 都能够被选择性地合成。

102 $\xrightarrow[\text{THF, 回流}]{BH_3 \cdot THF}$ **103** $\xrightarrow[\text{HCl, MeOH}]{CH_2O}$ **72; β-lycorane**

立体选择性合成 γ - Lycorane

在所有的 Lycorane 的合成中立体化学是一个非常大的课题，但是在合成 γ - Lycorane 的时候这个问题却比较容易解决。[12] 在这个结构中所有三个手性位置上的氢都在同一面，这样的话我们可以让其中的两个通过氢化还原吡咯来直接得到，例如氢都是从烯烃位阻较小的一面进攻 **104** 或者 **105**。

73; γ-lycorane $\xRightarrow[\text{还原}]{FGI}$ **104** $\xRightarrow[\text{Mannich}]{2 \times C—N}$ **105**

这条路线还有另外一个优势，我们可以利用在吡咯上发生亲电取代反应来继续修饰目标分子。二级苄醇 **106** 能够在 Lewis 酸催化下关环得到化合物 **105**。这是因为反应过程中正离子中间体是有相当稳定性的，并且这是一个分子内反应。但是用 Friedel - Crafts 反应来合成化合物 **107** 却并不成功，主要是因为这里生成的正离子是在一级碳上。

105a $\xRightarrow[\text{Friedel-Crafts}]{C—C}$ **106** $\xRightarrow[\text{ArLi}]{C—C}$ **107** $\Rightarrow$?

因此我们决定用琥珀酸酐作为亲电试剂来合成这个化合物（第五章）。对于吡咯来讲，氮原子的邻位更加容易发生亲电反应，但是如果我们在氮上链接一个大的取代基 **108** (i - Pr_3Si)，Friedel - Crafts 反应将会发生在间位从而得到化合物 **109**。然后我们把酮还原成为醇，再进一步催化氢化还原就能够以非常好的收率得到化合物 **110**。

AlCl$_3$　1. NaBH$_4$　2. H$_2$, Pd/C

108　109　110; 95% 收率从 108

当保护基改变以后，Weinreb 酰胺 **111**（另外一条从氰基来合成酮的路线在 *Strategy and Control* 一书中有详尽的讨论）与芳基格氏试剂反应，然后经过还原将得到化合物 **112**，这是一个用于关环反应所需的带有保护基的 **106**。

Steps　1. MgBr　2. NaBH$_4$

111; 84% 收率　112; 70% 收率

化合物 **112** 在 Sn(OTf)$_2$ 的作用下经过 Friedel - Crafts 反应能够定量地得到化合物 **113**。这个化合物再经过在二氧化铂催化下的氢化反应能够得到全部都是顺式的单一异构体 **114**。由于现在氮原子上有一个酰基保护基，预计中的 Mannich 反应将可以用 POCl$_3$ 作用下的分子内酰化反应所代替（Vilsmeier，第三十九章），得到的酰胺能够被硼烷所还原。

112　Sn(OTf)$_2$　H$_2$ PtO$_2$　POCl$_3$

113; 100% 收率　114; 97% 收率　115; 71% 收率

值得注意的是，这个合成中的三个关键性反应都进行得非常好：**113** 的氢化还原反应是一个具有很高收率的完全立体控制的反应。吡咯上的两个亲电取代反应则有非常好的区域选择性：**108** 的酰化反应被位阻效应所控制，而 **112** 的烷基化反应由于是一个分子内的反应而完全被电子效应所控制。

我们期望大家能够从书中讨论过的一小部分天然产物合成中了解到：即便是结构相对简单的化合物，依然可以使用各种不同的策略去合成。事实上对于合成中的问题并没有所谓“正确”的答案。全世界工业界或者是科研院校里的合成人员对同一个化合物的合成往往会设计出完全不同的合成路线。一个合成问题的解决也往往会给以后的合成工作提供一些新的有价值的合成方法。

（罗永 译）

参考文献

1. S. T. Heller and S. R. Natarajan, *Org. Lett.*, 2006, **8**, 2675.
2. J. B. Hendrickson and J. G. deVries, *J. Org. Chem.*, 1982, **47**, 1148.
3. E. J. Cory and A. Tramontino, *J. Am. Chem. Soc.*, 1981, **103**, 5599.
4. J. A. Gainor and S. M. Weinreb, *J. Org. Chem.*, 1981, **46**, 4319.
5. C. S. Marvel and G. S. Hiers, *Org. Synth. Coll.*, 1932, **1**, 327.
6. A. R. Senear, H. Sargent, J. F. Mead and J. B. Koepfli, *J. Am. Chem. Soc.*, 1946, **68**, 2695.
7. S. Cai, M. Dimitroff, T. Mckennon, M. Reider, L. Robarge, D. Ryckman, X. Shang and J. Therrien, *Org. Proc. Res. Dev.*, 2004, **8**, 353.
8. S. Kuwuhara, D. Itoh, W. S. Leal and O. Kodama, *Tetrahedron Lett.*, 1998, **39**, 1183.
9. R. K. hill, J. A. Joule and L. J. Loeffler, *J. Am. Chem. Soc.*, 1962, **84**, 4951.
10. H. Tanaka, Y. Nagai, H. Irie, S. Uyeo and A. Kuno, *J. Chem. Soc.*, *Perkin Trans. 1*, 1979, 874.
11. T. Yasuhara, K. Nishimura, M. Yamashita, N. Fukuyama, K. Yamada, O. Muraoka and K. Tomioka, *Org. Lett.*, 2003, **5**, 1123; T. Yasuhara, E. Osafune, K. Nishimura, M. Yamashita, K. Yamada, O. Muraoka and K. Tomioka, *Tetrahedron Lett.*, 2004, **45**, 3043.
12. S. R. Angle and J. P. Boyee, *Tetrahedron Lett.*, 1995, **36**, 6185.

索　引

粗体是表中给出的对应信息。

acetals,缩醛,2 - 3
Achilles Heel strategy,Achilles Heel 策略,69
acyl anion equivalents,酰基阴离子等同体,189.
acyloin rection,偶姻缩合反应,203
adrenaline,肾上腺素,56
AIDS drugs,AIDS 药,133
aldehydes,醛
from alcohols,由醇而来,72
synthesis by acylation,通过酰基化合成,93 - 96
aldol reaction,羟醛缩合反应,134,321 - 322
alkaloids,生物碱,275
alkenes,烯烃
cyclisation by carbine insertion,卡宾对烯烃的插入-环化,231 - 234
from alkynes by reduction,炔烃还原而来,116 - 117
synthesis,合成
of 1,2 - difunctionalised compounds,由 1,2 -二官能团化合物合成,170 - 171
by elimination,由消除反应,107 - 108
by Witting reaction,Witting 反应,108 - 112
alkylation,烷基化
amination,胺化,56 - 57
aromatic compounds,芳香族化合物,9 - 10,10 - 11
alkynes,炔烃
in anti - AIDS drugs,应用于抗 AIDS 药物,119 - 120
reduction to alkenes,还原为烯烃,116 - 117
allylic carbons,烯丙基碳,177 - 179
amides, as protecting groups,酰胺,作为保护基,62 - 64
amines,胺
allomone 309
azadirachtin 茚苦楝子素 73
overview,综述,53 - 54
primary,伯胺,55,56 - 57
secondary,仲胺,55,57
tertiary,叔胺,56
from nitro compounds by reduction,由硝基化合物还原而来,161 - 162
Monomorine I synthesis,Monomorine I 的合成,57 - 59
reductive amination,还原胺化,55 - 56
amino acids,氨基酸,31 - 32
Aphox,抗蚜威,337
Arndt - Eistert procedure,Arndt - Eistert 法,237 - 238
aromatic compounds,芳香族化合物
acylation,酰基化,8 - 9
disconnection,切断法,7 - 8
function group addition, general stratgy,官能团的引入,通用策略,17 - 22
function groups, and reactivity,官能团,以

及反应活性,18
reduction,还原,273 - 277
aspartame,阿斯巴甜,70
axial attack,从 a -键方向的进攻,89 - 90
azides,叠氮,56
aspirin 阿司匹林 57

Baeyer - Villiger reaction,Baeyer - Villiger 反应,203 - 204,253
Beckman rearrangement, Beckman 重排,253
benzene rings,Birch reduction,苯环,Birch 还原,274 - 275
benzocaine,苯佐卡因,7
benzoin condensation,安息香缩合,174 - 175
biotin,生物素,200
Brich reduction,Brich 还原,274 - 275
aromatic carboxylic acids 芳香族羧酸的 Brich 还原,276 - 277
brevianamide B 194
bromohexaboic acid,溴代己酸,47
BHT 9
t - butylloxycabonyl group, 叔丁氧羰基(Boc),64

captodiamine 卡普托二胺 34
carbenes,卡宾
metal complexes,金属配合物,233
synthesis by α - elimination,通过 α -消除而来,232 - 233
carbobenzyloxy groups,苄氧羰基(Cbz),63
carbon acids,碳氢酸,131 - 132
carbon nucleophiles,碳亲核试剂,70
carbonyl compounds,羰基化合物
1,2 di -,1,2 -二羰基-,173 - 174
1,3 di -,1,3 -二羰基-,136 - 137
1,4 di -,1,4 -二羰基-,190 - 191
1,5 di -,1,5 -二羰基-,151 - 159
1,6 di -,1,6 -二羰基-,199 - 204
and amination,羰基化合物的胺化,54
β - hydroxy,β -羟基,133 - 135
by conjugate addtion,共轭加成,98 - 100
cyclisation to five-membered rings, 环合成五元环,255 - 256
derivatives,衍生物,23 - 25
dicarbonyl,二羰基,129 - 132
intramolecular reacrion, 分子内反应,140 - 141
nucleophilicity,亲核性,129
α, β - unsaturated, α, β - 不饱和, 135 - 136
α - functionalisation, α - 官能团化, 172 - 173
carbonyl condensations, compounds which cannotenolise,不可烯醇化的羰基的缩合反应,141 - 144
carboxylic acids,羧酸
C—C disconnection, C—C键切断,72 - 73
reduction,还原,276 - 277
Cbz group,Cbz 基团,63
chemoselectivity,化学选择性,29 - 34
chirality *see* stereichemstry,手性,参见立体化学
chlorbenside 氯杀螨 29
coccinelline 173
chloroacetyl chloride,氯乙酰氯,47
cis - chrysanthemic,*cis* -菊酸,254
citronellal,香茅醛,221
Claisen rearrangement,Claisen 重排,265 - 267
氯吡酸,302 - 303
conformational control,构象控制,89 - 90
conjugate addition, 共轭加成, 36, 37 - 38, 321 - 322
of acyl anion equivalents,酰基负离子等价体,187 - 189
carbon nucleophiles,碳亲核试剂, 104 - 106

nitro-alkanes,硝基烷烃,163
convergences,会聚法,314 - 318, 319
copaene,古巴烯,323
Cope rearrangement,Cope 重排,265
coriolin,革盖菌素,322
cyanide ion,氰根离子,169 - 170,187
cyclisation,环化,48 - 49,217 - 219
there-membered rings,三元环,219
cyclopropanes,环丙烷,229 - 231
sulfonium ylides,硫叶立德,234 - 235
four membered rings,四元环,220 - 221,245,280 - 282
by ionic reactions,离子型反应而来,248
five-membered rings, 五元环, 221 - 223,225 - 258
six-membered rings, 六元环, 223 - 224,270 - 271
Diels - Alder reaction, Diels - Alder 反应,201 - 202
seven-membered rings,七元环,224 - 226
disconnections for small rings,小环的切断法,280 - 282
general consideration,总论,217 - 219
ketenes,(乙)烯酮,251 - 254
kinetic and thermodynamic,动力学和热力学,218
ring expansion and contraction,扩环与缩环,238 - 240
Robinson annelation, Robinson 增环反应,156 - 157
salbutamol,沙丁胺醇,50 - 51
and selenctivity control, 选择性控制,279 - 280
cyclomethycaine,环美卡因,32
cyclopentanes,环戊烷,257 - 258
by conjugate addition,共轭加成而来,258
ayclopropanes,环丙烷,229 - 231
demascenone,突厥酮,288
darifenacin,达非那新,83
dendrimers,树状聚合物,267
diarylketones,二芳基酮,182 - 183
diastereoidomers,非对映异构体,83 - 85
diazoalkanes,重氮烷,237 - 238,238 - 240
dicarbonyl compouds,二羰基化合物,193 - 196
dichlorocarbene,二氯卡宾,232
dicyclomine,双环胺,273 - 274
Diels - Alder reaction, Diels - Alder 反应,121 - 127,269,271 - 273,320 - 321
1,6 - dicarbonyl compounds,1,6 -二羰基化合,201 - 202
functional group interconversion (FGI) of products, 产物的官能团相互转换(FGI),126
molecules with several chiral centers,多手性中心的分子,291
nitroalkene synthesis,硝基取代烯的合成,164 - 165
regioselectivity,区域选择性,124 - 125
in water,水相中的反应,126 - 127
diene,二烯
stereospecificity,立体专一性,122 - 123
synthesis,二烯的合成,117
by Witting reaction,由 Witting 反应而来,112
dienosdstrol,己二烯雌酚,202
difunctionalised,二官能团化合物
1,1 - difunctionalised,1,1 -二官能团化合物,41 - 43
1,2 - difunctionalised,1,2 -二官能团化合物,39 - 41
1,3 - difunctionalised,1,3 -二官能团化合物,37,38
see also disconnections, two-group,请参见:双官能团化合物的切断法
dihydropyran,二氢吡喃,63

dimedone,双甲酮,230
disconnection,切断法
1,5 - difunctionalised compounds,1,5 -二官能团化合物断,151 - 158
overview,综述,1 - 2, 80
symbol,标记,7
examples,实例,2 - 4
guidelines,指南,80
order of events,切断中的次序问题,17 - 18
C—C,C—C 键切断
one group,单官能团
1,1 - C—C,70 - 73
1,2 - C—C,73 - 75
other,其他,75 - 76
simplification,简化,77 - 78
starting materials,起始原料,78 - 79
symmetry,对称性,78
two-group,双官能团
1,2 - difunctionalised compounds,1,2 -官能团化合物,167 - 176
1,3 - difunctionalised compounds,1,3 -官能团化合物,133 - 138
1,4 - difunctionalised compounds,1,4 -官能团化合物,185 - 192
1,5 - difunctionalised compounds,1,5 -官能团化合物,151 - 159
1,6 - difunctionalised compounds,1,6 -官能团化合物,199 - 205
Diels - Alder reaction,Diels - Alder 反应,129 - 132
C—heteroatom,碳—杂键切断,301 - 303
polarity reversal,极性翻转,45 - 46
carbonyl compounds,羰基化合物,207 - 214
heterocyclic compounds,杂环化合物,301 - 304
two functional groups,双官能团
as analytic preliminary,初步分析,43 - 44
overview,综述,35 - 36
recognition,识别,36
see also Diels - Alder reactions; disconnections, C—C, two-groups,也可参照 Diels - Alder 反应、切断法,C—C 键切断,双基团
disparlure,环氧十九烷,125
DMF 94 - 97
efavirenz 依法韦仑 133
electroclclic reaction,电环化反应,261 - 263
elm bark beetle,欧洲榆小蠹,2
enamines,烯胺,147 - 148
enantiomers,对映体,83 - 85
enolates,烯醇化物
1,3 - dicarbonyl compounds,1,3 -二羰基化合物,97 - 98
alkylation to cyclopropanes,烷基化合成环丙烷,229 - 231
anionic,负离子,131 - 132,132
lithium,锂盐,96 - 97,145 - 146
enols,烯醇
alkylation,烷基化,96 - 98
specific,特定的,144 - 148
enones, spiro 螺环烯酮,210 - 211
epoxides,环氧化合物,45 - 46
rearrangement reaction,重排反应,241
equilibrium reaction,平衡反应,148 - 149
esters,酯
lithium enolates,烯醇化锂盐,145 - 146
synthesis by acylation,由酰化反应合成,93 - 96
ethers,醚
as protecting groups,作为保护基,62
synthesis,合成,25 - 26

Facorskii rearrangement, Facorskii 重排,242 - 243
fencamfamin,芬坎法明,184
fentiazac,334

fluconazole,氟康唑,45
fluoxetine,氟西汀,13
folded molecules,折叠的分子,90
stereochemistry,立体化学,292 - 293
formaldehyde, Mannich reaction,甲醛参与的 Mannich 反应,143 - 144
Friedel - Crafts reaction,Friedel - Crafts 反应, 8 - 9,209
functional group additon,官能团加成(FGA)
1,4 - difunctionalised compounds,1,4 -二官能团化合物,196 - 197
aromatic compounds,芳香族化合物,10 - 11
carbonyl compounds,羰基化合物,191
order of events,次序问题,17 - 18
functional group interconversion,官能团转换(FGI),7 - 8
Diels - Alders products,Diels - Alders 产物, 126
functional groups,官能团
choice and yields,选择和收率,33
functionalisation,allylic and benzylic,烯丙位的和苄位的官能团化,177 - 179
interaction,相互作用,17 - 18
and reactivity,官能团及反应活性,18
two-group disconnections,双官能团切断法, 35 - 36
see also protecting groups,请见保护基
furans,electrophilic,呋喃环上的亲电取代, 309 - 310
furfural,糠醛,133

gingerol - 6,生姜醇- 6,164
Grandisol 诱导剂,168
guanacastetepenes,300

halicholactone,235
halogenation,卤化
acids,酸,47
ketones,酮,46 - 47
Henry reaction,Henry 反应,163
heterocyclic,杂环化合物
1,5 - dicarbonyl compounds,由 1,5 -二羰基化合物而来,158
aromatic,芳香性的,301 - 302
indoles,吲哚,307
saturated,饱和,217 - 227
substitution reaction,取代反应, 308 - 311
homoenolates,高烯醇化物,189 - 190
4 - hydroxyketones,4 -羟基酮,187

indoles,吲哚, 337
indolmethacin,茚甲新,339
intramolecular reactions, cyclisation,分子内环化,217 - 226

jasmone,茉莉酮,133
juvabione,保幼酮,326
junionone　263
ketenes,烯酮,251 - 254
ketones,酮
alkylation, regiospecfic,烷基化中的区域专一性,101 - 103
cyclopentyl,环戊酮,256 - 257
from alcohols,由醇而来,71 - 72
halogenation,卤化,46 - 47
synthesis,合成,95
by acetylene hydration,由乙烯水合,118
by acylation at carbon,由碳原子上的酰化,93 - 96
by aljylation of enolates,由烯醇化物烷基化,96 - 98
by conjugate addition,由共轭加成,98 - 100
by oxidation of alcohols,由醇氧化,72
unsaturated,不饱和酮,133 - 149
Knoevenagel reaction, Knoevenagel 反应, 144

limonene 苎烯 283
lactones,内酯,148-149,208-209
laulimalide,月桂酰胺,65
LHASA program,LHASA 程序,2
lithium enolates,烯醇化物锂盐,96-97,145-146
lycorane,石蒜碱,353

(S)-malic acid 马来酸 94
Mannich reaction,Mannich 反应,143-144
mannicone 马尼康 246
maritidine,304
metal carbenoids,金属类卡宾,233-234
metaproterenol,间羟异丙肾上腺,172
methoxatin,吡咯喹啉醌,347
methylenomycin,甲基霉素,208
Michael reaction,Michael 反应
  acceptors suitable for conjugate additon,共轭加成受体,155-156
  enol equivalents sutiable for sonjugate additon,共轭加成的烯醇等价体,155-156
MIV-150,351
monomorine I,64,211
multistriatin,双环缩酮类信息素,2,5,93,97
musk ambrette 人工麝香 18

Nazarov reaction,Nazarov 反应,261-263
nifedipine 178
nitro compounds,硝基化合物,161,162-164,**165**,188-189
Novartis PKI 166 anti-cancer drug,Novartis PKI 166 抗癌药,342
nuciferal 89

oblivon,129

patulin 棒曲霉素 161
Palanil,派拉尼尔光学增白剂,125
paracetamol,对乙酰氨基酚,31
perhydro-histrionicotoxiu 265
pentalenoactone,戊丙酯菌素,201
pH, and chemoselectivity,pH 和化学选择性,30-31
Phenodoxone 苯吗庚酮 54
phenaglycodol,非那二醇,169
phesuximide 芬苏美 210
photochemistry, cycloaddition,光化学中的环加成反应,245-248
pinacol reaction,嚬呐醇反应,179-180,240-242
piquindone,匹喹酮,236
p*K*a of bases and carbon acids,碱和碳氢酸的p*K*a 值,132
polarity, synthons,极性,合成子,130-131
Prelog-Djerassi lactone,Prelog-Djerassi 内酯,319
propanil,敌稗(除草剂),26
propecting groups,保护基,31,61-62,67
  for alcohols,醇,65-66
[4.4.4] propellane 螺桨烷 104
  for amines,胺,62-64
  literature,文献,66-67
pulegone 胡薄荷酮 267
pyrazols,吡唑,345
pyridines,吡啶,335
  nucleophilic substitution,亲核取代,310
pyrimidine,嘧啶,337
pyrroles,吡咯,332
  electrophihilic substitution,亲电取代,309-310

radical reaction,自由基反应
  C—C bond formation,C—C 键的形成,179-182
  strategy,策略,177-183
reactivity, functional groups, and selectivity,反应活性,官能团和选择性,29-30

rearrangement reaction,重排反应,238 - 240
Claisen 重排,265 - 267
Cope 重排,265
Favorskii 重排,242 - 243
pinacol,噘呐醇重排,240 - 242
sigmatropic,σ-重排,263 - 267
reconnection,重接,193 - 197
definiton,定义,194
regioselectivity,区域选择性,101 - 106,124 - 125
of cyclisation reaction,环化反应,283
in photochemical cyclisations,光环化反应,247
enones,烯酮,103 - 106
Reissert synthesis,Reissert 合成,317,318
Reppe process,Reppe 法,116
reserpine,利血平,19
Robinson annelation,Robinson 增环,156 - 157,269,270 - 271

saccharine,糖精,15
salbutamolz,沙丁胺醇,20,56,58
sarracenin,瓶子草素,48,315
sigmatropic rearrangement,σ-重排,263 - 267
silyl groups, as protecting groups,硅烷,作为保护基,65
spiro-enones,螺烯酮,210 - 211
starting materials,起始原料,78 - 80
1,2 - dicarbonyl,1,2-二羰基,173 - 174
1,4 - dicarbonyl,1,4-二羰基,190 - 191
enantiomeric purity,对映纯,83 - 84
steganone,木脂素,233 - 234
stereochemnistry,立体化学,4 - 5
α - lycorane,α-石蒜碱学,323 - 324
conformational control,构象控制,89
sildenafil　西比那非(伟哥)　55
salicyclic acid　水杨酸　57
siglure　138
staurone　219
folded molecules,折叠分子,90,292 - 293
molecules with many chiral centres,多手性中心分子,289 - 291
ortho- and *para-*product mixtures,邻位和对位产物混合物,14 - 15
stereoselectivity,立体选择性,88 - 89
Claisen rearrangement,Claisen 重排,266 - 267
stereospcificity,立体专一性,85 - 88,86
Diels - Alder reaction,Diels - Alder 反应,122 - 123
stereoselectivity,立体选择性,88 - 89,266 - 267
stereospcificity,立体专一异性,85 - 88,86,266 - 267
subergorgic acid　柳珊瑚酸　227
substitution reaction,取代反应
difficult-to-add substitution,很难引入的取代基,19
electrophilic,亲电的
aromatic compounds,芳香族化合物,19 - 20
reagents,试剂,11
nucleophilic,亲核取代反应
allylic halides,烯丙基卤化物,26
aromatic compounds,芳香化合物,11 - 12,13 - 15,20 - 21
sulfides, synthesis,硫醚,合成,27
Surfynol,129
swainsonine　277
symmetrical compounds, alcohols,对称化合物,醇类,78 - 80
synthesis design, general strategy,合成设计,通用策略,4
synthons,合成子,9 - 10
definition,定义,9
polarity,极性,130 - 131

t - butyldimethylsilyl group,叔丁基二甲基

硅基
(TBDMS),65
tandem process,串联反应,313
tolmetin 托美汀 340
vanillin 香兰素 165
weinreb amide (酰胺)
tertrate salt 酒石酸盐 94
Taxol,紫杉醇,314
thiazoles,噻唑,333
thiols,硫醇,32
tri-iso-propylsilyl groups,三异丙基硅基,65
triethylsilyl group,三乙基硅基,65
troponone,托品酮,2
vinyl cycloproane,乙烯基环丙烷,263 - 264
vinyl halides,卤乙烯,105 - 106

Witting reaction,Witting 反应,108 - 112
and lithium enolates,烯醇化物,146 - 147

X - 506 antibiotic,抗生素 X - 506,194

ylids,叶立德
stabilized, Witting reaction,稳定的,Witting 反应,110 - 112
sulfur,硫叶立德,234 - 235

Z group,Z 基团,63